高等学校土木工程专业“十三五”规划教材
全国高校土木工程专业应用型本科规划推荐教材

钢 结 构

主 编 张光伟
参 编 刘 静 高晓梅 田晓艳 李明飞

中国建筑工业出版社

图书在版编目（CIP）数据

钢结构/张光伟主编．—北京：中国建筑工业出版社，2019.7（2024.6重印）
全国高校土木工程专业应用型本科规划推荐教材
ISBN 978-7-112-23668-8

Ⅰ．①钢…　Ⅱ．①张…　Ⅲ．①钢结构-高等学校-教材　Ⅳ．①TU391

中国版本图书馆 CIP 数据核字（2019）第 081848 号

本书是根据高等学校土木工程学科专业指导委员会编制的《高等学校土木工程本科指导性专业规范》的基本要求，依据最新《钢结构设计标准》GB 50017—2017，结合当前的教学实际情况而编写的。全书共 8 章，主要内容包括：绪论、钢结构的材料、钢结构的连接、轴心受力构件、受弯构件、拉弯和压弯构件、钢屋架设计及实例、钻井井架结构等。书中理论与设计并重，并给出了适量的例题和复习思考题。

本书可作为高等学校土木工程专业及相关专业的教学用书，也可供有关工程技术人员参考。

为了更好地支持教学，本书作者制作了教学课件，有需要的读者可发送邮件至：2917266507@qq.com 索取。

* * *

责任编辑：聂　伟　王　跃
责任校对：张　颖

高等学校土木工程专业“十三五”规划教材
全国高校土木工程专业应用型本科规划推荐教材

钢结构

主　编　张光伟
参　编　刘　静　高晓梅　田晓艳　李明飞

*

中国建筑工业出版社出版、发行（北京海淀三里河路 9 号）
各地新华书店、建筑书店经销
霸州市顺浩图文科技发展有限公司制版
建工社（河北）印刷有限公司印刷

*

开本：787×1092 毫米　1/16　印张：18¾　字数：453 千字
2019 年 8 月第一版　2024 年 6 月第三次印刷
定价：**45.00** 元（赠教师课件）
ISBN 978-7-112-23668-8
（33978）

前　言

“钢结构”是一门综合性很强的专业课程。编者在吸取已有同类教材编写经验的基础上，结合多年的教学经验，博采众长，编写了本教材。为了适应当前钢结构领域的迅速发展，本教材根据《高等学校土木工程本科指导性专业规范》，结合学生的学习能力培养和社会需求编写。

本教材具有以下特点：

（1）注重应用能力的培养，以阐述基本理论、解决实际问题为重点，尽可能采用通俗易懂的方式阐述钢结构基本原理和设计方法。

（2）结合《钢结构设计标准》GB 50017—2017，列举了大量的计算实例，使学生能够学以致用，理论与实际设计相结合。

（3）每章中均有计算例题和详细的图表，力求语言通俗易懂、思路明确、条理清晰，方便教学。

（4）每章的教学目标，便于学生对本章有一个初步了解，明确主要内容和要求。

（5）每章的小结中列出了主要知识点，并阐述理论发展的思路、相关结论，便于学生明确重点，并将所学知识系统化。

参加本书编写的人员有：西安石油大学的张光伟（第 1 章、第 8 章）、刘静（第 3 章）、高晓梅（第 5 章、第 6 章）、田晓艳（第 2 章、第 4 章）、李明飞（第 7 章、附录）。本书由张光伟教授任主编，负责组织编写和统稿工作。

在本书编写过程中得到了中国建筑工业出版社的大力支持和帮助，对此深表感谢。另外，研究生高嗣土整理部分书稿，在此表示谢意。

限于编者水平，书中不妥之处在所难免，敬请读者批评指正。

目　录

第1章　绪　　论

【教学目标】 本章主要介绍钢结构的特点、钢结构的应用、钢结构的发展和钢结构的主要结构形式，以及钢结构设计方法。通过本章的学习，掌握钢结构的特点和应用范围；掌握钢结构的极限状态设计法，特别是概率极限状态设计法的基本概念和原理，以及用分项系数的设计表达式进行计算的方法。

钢结构是土木工程结构的主要形式之一，广泛应用于各类工程结构中。钢结构的广泛应用源自钢材自身的优异性能、制作安装的高度工业化、结构形式的丰富多样化，以及对复杂结构的良好适应性等特点。21世纪以来，随着科学技术的迅猛发展及人们对物质文化生活要求的不断提高，钢结构行业面临着飞速发展的机遇和挑战。新的结构形式、新的设计理念、新的计算分析理论、新的制作安装技术层出不穷，为钢结构的发展提供了前提和保障。

1.1　钢结构的特点和应用

1.1.1　钢结构的特点

钢结构是由型钢和钢板通过焊接、螺栓连接或铆接而制成的工程结构，有些钢结构还部分采用钢丝绳或钢丝束。与钢筋混凝土结构、砖石等砌体结构相比，在使用、设计、施工方面都具有一定优势，以下简要说明钢结构的优缺点。

(1) 钢结构的优点

1) 强度高、重量轻。与混凝土、砖石、木材等其他结构材料相比，钢材的密度虽然较大，但其强度较其他结构材料高得多，从而使钢结构具有较大的承载能力。钢材的强度与密度的比值远大于混凝土和木材，因此，在相同的荷载条件下，钢结构构件的截面面积小、重量轻。例如，当跨度和荷载均相同时，钢屋架的重量仅为钢筋混凝土屋架的1/4～1/3，冷弯薄壁型钢屋架甚至接近1/10，轻质的结构使得钢结构可以跨越大空间，因此，钢结构更适合大跨度结构及荷载大的结构。

2) 塑性、韧性好。钢材属于理想的弹塑性材料，具有很好的变形能力。因塑性较好，一般情况下，钢结构不会因偶然或局部超载而发生突然断裂，而是以事先有较大变形为先兆；钢材的韧性好，则使钢结构能很好地承受动力荷载；这些性能均为钢结构的安全提供了可靠保证。

3) 材质均匀，有利于建立相应的数学模型。钢材在冶炼和轧制过程中质量可严格控制，材质波动的范围小，材质均匀性好，内部组织比较接近于匀质和各向同性，而且在一定的应力幅度内几乎是完全弹性的。因此，钢结构实际受力情况与力学计算结果较吻合，根据力学原理建立钢结构的计算方法，工作可靠性高。

4）工业化程度高，施工周期短。钢结构所用的材料单纯，而且是成品材料，加工比较简便，并能使用机械操作。因此，大量的钢结构一般在专业化的金属结构工厂做成构件，然后运至工地安装。型钢的大量采用再加上专业化的生产，使其精度高、制作周期短。工地安装广泛采用螺栓连接，良好的装配性可大幅度缩短工期，进而为降低造价、提高效益创造有利条件。

5）抗震性能好。由于钢结构自重轻，受到的地震作用较小。钢材具有较高的强度和较好的塑性和韧性，合理设计的钢结构具有很好的延性、很强的抗倒塌能力。国内外历次地震中，钢结构损坏程度相对较轻。

6）密闭性较好。钢材本身组织致密，钢材和焊缝连接的水密性和气密性较好，甚至铆接或螺栓连接都可以做到。因此，钢材适宜建造密闭的板壳结构，如高压容器、油库和管道，甚至载人太空结构物等。

7）绿色环保。钢结构产业对能源的利用相对合理，对环境破坏相对较少，是一项绿色环保型建筑产业，钢材是具有很高再循环利用价值的材料，边角料都可以回炉再生循环利用。对同样规模的建筑物，钢结构建造过程中有害气体的排放量只相当于混凝土结构的65%。钢结构建筑物由于很少使用砂、石、水泥等散料，从而在根本上避免了扬尘、废弃物堆积和噪声等污染问题。

（2）钢结构的缺点

1）造价较高。钢结构材料成本相对较高，其上部结构成本高是目前制约建筑钢结构应用的一个重要因素。但应该看到，上部结构造价占工程总投资的比例是相对较小的，采用钢结构与采用钢筋混凝土结构间的结构费用差价占工程总投资的比例就更小了。以高层建筑为例，前者约为10%，后者则不到2%，显然，结构造价单一因素不应作为决定采用何种材料的主要依据。如果综合考虑各种因素，尤其是工期优势，则钢结构将日益受到重视。

2）耐腐蚀性差。普通钢材容易锈蚀，对钢结构必须注意防护，特别是薄壁构件。处于较强腐蚀性介质中的建筑物不宜采用钢结构。在加工制造中应避免使结构受潮、淋雨，构造上应尽量避免存在难以检查、维修的死角；一般还需要定期维护，维护费用较高。不过在没有侵蚀性介质的一般厂房结构中，构件经过彻底除锈并涂上合格的油漆，锈蚀问题并不严重。近年来出现的耐候钢具有较好的抗锈蚀性能，已经逐步推广应用。

3）钢材耐热不耐火。钢材受热，长期经受100℃辐射热时，强度没有多大变化，具有一定的耐热性能，但温度达到150℃以上时，就需要用隔热层加以保护。但温度超过250℃后，材质变化较大，强度总趋势逐步降低，还有变脆和徐变现象。温度达到600℃时，钢材进入塑性状态已不能承载。因此，《钢结构设计标准》GB 50017—2017规定钢材表面温度超过150℃后需要加以隔热防护，有防火要求者，更需要按相应规定采取隔热保护措施。

4）失稳和变形过大造成的破坏。由于钢材强度高，一般钢结构构件截面面积小、壁厚薄，因此在压力和弯矩等作用下易受稳定承载力和刚度要求所控制，使强度难以充分发挥，必须在设计、施工中给予足够重视，确保安全。

5）钢结构可能发生脆性断裂。钢结构在低温和某些条件下可能发生脆性断裂，通常低温下的材质较脆，使得钢材在低于常规强度下突然脆断。此外，交变应力的动荷载条件下的疲劳破坏和厚板的层状撕裂，也应引起设计者特别注意。

6）钢结构对缺陷较为敏感。不仅钢材出厂时有内在缺陷，构件在制作和安装过程中还会出现新的缺陷。钢结构对缺陷较为敏感，设计时需要考虑其效应。

1.1.2 钢结构的应用

（1）大跨度结构

随着结构跨度增大，结构自重在全部荷载中所占比重相应越大，减轻自重可获得明显的经济效益；钢结构自重轻，已成为大跨度结构的主要结构形式。我国近年来建设的大型体育场馆、剧院、飞机场航站楼、火车站站房等大型公共建筑的屋盖几乎全部为钢结构，如国家体育场、国家大剧院、上海浦东机场航站楼、武汉高铁站等；水利枢纽工程中的垂直升船机的行车大梁，不仅跨度大，而且承受荷载也大，通常采用钢结构。

越来越多的大跨度桥梁采用钢结构，南京公路长江三桥是我国第一座钢塔钢箱梁桥面斜拉桥，主桥跨长 648m，也是世界上第一座弧线形斜拉桥；江苏公路苏通长江大桥为钢箱梁桥面斜拉桥，主跨长 1080m；江苏公路润扬大桥为钢箱梁桥面悬索桥，跨度 1490m。武汉杨泗港悬索桥（图 1-1），跨度 1700m；日本明石海峡悬索桥跨度 1991m；上海卢浦大桥为钢拱桥，跨度 750m；沪通公路铁路两用长江大桥正桥为两塔五跨斜拉桥，大桥主跨 1092m，为世界首座跨度超千米的公路铁路两用桥。

图 1-1 武汉杨泗港大桥

（2）高层建筑

高层建筑已成为现代化城市的一个标志。钢结构重量轻和抗震性能好的特点对高层建筑具有重要意义。钢材强度高则构件截面尺寸小，可提高有效使用面积。重量轻可大大减轻构件、基础和地基所承受的荷载，降低基础工程等的造价，且有利于抗震。国内目前的最高建筑为上海中心大厦，其高度为 632m（图 1-2），深圳的平安大厦高度为 599m，天津 117 大厦高度为 596.5m。

（3）高耸结构

高耸结构主要有塔架和桅杆等，它们的高度大，横截面尺寸较小，风荷载和地震作用常常起主要作用，自重对结构的影响较大，常采用钢结构。广州电视塔高 450m（图1-3），若加上 160m 的天线，总高度达 610m；美国的北达科他 KVLY 电视塔，高 628.8m，属柔性缆索全钢结构；波兰建成高 645m 同类型电视塔；火箭发射架也采用钢结构。

（4）工业建筑

当工业建筑的跨度和柱距较大，或者设有大吨位吊车，结构需承受大的动力荷载时，往往部分或全部采用钢结构（图 1-4）。为了尽快发挥投资效益，要求缩短厂房建设周期，近年来我国的普通工业建筑大量采用了钢结构。

（5）轻型结构

当自重是使用荷载较小或跨度不大结构的主要荷载时，常采用冷弯薄壁型钢或轻型钢制成轻型钢结构。轻型钢结构主要包括轻型门式刚架房屋钢结构（图 1-5）、冷弯薄壁型

图 1-2　上海中心大厦

图 1-3　广州电视塔

钢结构、钢管结构和拱形波纹屋盖结构。轻型钢结构已广泛用于仓库、办公楼、工业厂房、住宅、体育馆等公共设施。

图 1-4　工业厂房

图 1-5　门式刚架结构

（6）活动式结构

活动式结构如水利水电工程中的水工钢闸门、升船机等，可充分发挥钢结构重量轻的特点，降低启闭设备的造价和运转所耗费的动力。一些钢闸门为动水启闭，可发挥钢材塑性和韧性好的性能。三峡水利枢纽工程的永久船闸设计采用双线五级连续梯级船闸，闸门孔口净宽 34m，门高近 40m，共采用 24 扇门，每扇门重达 820 多吨。无论是面积还是重量，都堪称“天下第一门”。三峡工程的升船机承船厢设计轮廓尺寸为 132.0m×23.4m×10.0m，一次可通过一艘 3000t 级客货轮或一艘 1200 马力的 1500t 级驳船，最大提升重量为 11800t，提升高度为 113m。

（7）可拆卸或移动的结构

钢结构可采用便于拆装的螺栓连接，一些临时建筑如钢栈桥、流动式展览馆、移动式平台等采用钢结构，可发挥钢结构重量轻，便于运输、安装和拆卸方便的优点。我国建造的深水半潜式钻井平台“海洋石油 981”号重量超过 3 万 t（图 1-6），平台高 136m，可在

3000m 深水区作业，钻井深度可达 12000m。

（8）容器和大直径管道

利用钢结构密闭性好的特点，可制成储罐、输油（气、原料）管道、水工压力管道、石油化工塔等。我国管径最粗的原油管道是日照-仪征原油管道，该管道北起山东日照，南达江苏仪征，长 390km，管径 914mm。

（9）抗震要求高的结构

钢结构自重轻，受到地震作用较小，钢材塑性和韧性好，是国内外历次地震中损坏最轻的结构形式，在抗震设防区特别是强震区宜优先选用钢结构。

图 1-6　钻井平台“海洋石油 981”号

（10）特种结构

特种结构主要有管道支架、井架、发射架、纪念性建筑、城市大型雕塑、钢水塔、钢烟囱等。

综上所述，钢结构是在各种工程中广泛应用的一种重要的结构形式。终止使用的钢结构可拆除异地重建或用作炼钢材料，钢结构符合可持续发展要求。我国钢材产量已位居世界第一，产能约 10 亿 t。钢结构在工程建设中将会发挥重要的作用，具有广阔的应用发展前景。

1.2　钢结构与力学的进步

钢结构是应用力学知识最多的工程领域之一，大量钢结构学者在从事着力学方面的研究，他们的研究成果形成了钢结构原理和设计方法，对钢结构中常见的结构构件，例如柱、梁和桁架等的结构分析，进行了大量的基础理论方面的研究工作，建立了这些基本构件的力学模型，用于分析其变形和受力特征。可以毫不夸张地说，钢结构是建立在基本构件的力学分析的基础上的。

1.2.1　柱

1744 年著名的瑞士数学力学家欧拉（L. Euler）建立了柱的受压屈曲的力学模型。1757 年，欧拉再版了关于柱的屈曲问题的书，又简单地导出了计算临界载荷的公式。第一次柱的压屈实验是由包辛格（J. Bauschinger）做出的。当时，随着钢材在结构工程中的应用日渐广泛，世界各国纷纷建立材料力学实验室，对其力学性能进行实验研究。欧洲大陆第一所材料力学实验室是 1871 年在慕尼黑工业学院建立的，它的第一届主任就是力学教授包辛格。包辛格的实验证明了只要保证试件端部可以自由转动且载荷始终沿中心线作用，细长柱（杆）的实验结果就和欧拉公式非常相符；较短的试件在超过弹性极限的压应力下发生弹塑性压屈，而欧拉关于压杆弹性屈曲的公式不适用于弹塑性屈曲。

与此同时，力学家们却在注意一个根本性问题，即结构压屈失稳前后，虽然结构的形状发生了变化，但它们都满足弹性理论方程。这无疑是对德国教授基尔霍夫（G. R. Kirchhoff）关于弹性理论方程解的唯一性的严重挑战。1888 年，布赖恩（G. H. Bryan）发表了一篇关于弹性稳定的一般理论的论文，指出弹性理论方程解的唯一性定理只在物体的三维尺寸都属于同一量级时才适用；对于细杆、薄板和薄壳，同样的外力有时可能具有不止一种平衡形式。布赖恩的理论大大提高了人们对于稳定性的认识，也为以后的薄壁构件的稳定性理论打下了基础。布赖恩本人给出了四边简支受压矩形板的压屈问题的解。

欧拉把结构稳定性当作静力学问题处理。自从 1928 年尼古拉（E. L. Nicolai）发现了有随动力的结构之后，欧拉以静力学方法研究稳定性的局限性就变得明显了。对于有随动力的结构，更好的办法是把它看作围绕该结构自然平衡状态的结构运动的稳定性问题来处理。

运动稳定性的思想是著名的意大利数学力学家拉格朗日（J. L. Lagrange），于 1788 年在对有限自由度动力学系统的振动和在平衡位置附近运动的稳定性问题的研究中引入的。1884 年，英国剑桥大学教授劳斯（E. L. Routh）把这种思想推广到稳态运动受扰动后所产生的运动稳定性问题。1892 年，俄国学者里雅普诺夫（A. M. ЛеПуНОВ）又将其推广到一般运动受扰动后所产生的运动稳定性问题。

事实上，稳定性理论有三个研究方向。除了欧拉和拉格朗日的两个方向以外，另一个方向则是法国数学力学家庞伽莱（H. Poincaré）于 1881 年在研究周期运动轨道稳定性问题时所开创的。目前，一些力学家致力于将上述三个方向结合起来进行稳定性理论研究。

1.2.2 梁

梁的弯曲问题是伽利略最早提出的，被许多学者研究了将近 100 年。现在，也把梁称为“伯努利梁”，这是为了纪念 17～18 世纪瑞士伯努利（Bemoul）家族的雅科布（Jacob）、约翰（Johnann）和约翰的儿子达尼尔（Daniel）对解决这一问题作出的贡献。特别是雅科布，他正确地作了梁的挠度计算，第一次指出，梁的挠曲线上每一点的曲率与该点的弯矩成正比，对梁的变形和强度分析作出了突出的贡献。

伯努利的梁理论也称为纯弯理论。对于较短粗的梁，伯努利的理论不够精确，必须改用铁木辛柯（Timoshenko）的梁理论。铁木辛柯是近代著名的应用力学家，在他的梁理论中计入了横向剪切变形的影响。

对梁的弯曲理论有重大贡献的还有著名力学家、法国人库仑（C. A. Coulomb），纳维（C. L. M. H. Navier）和圣维南（A. J. C. B. de saint-Venant）。库仑在摩擦理论和柱形杆扭转理论上的研究成果至今仍被工程师们所应用。纳维在 1826 年出版《材料力学》，正确地假定了梁的横截面在弯曲时仍保持为平面。他还是第一个用一般方法来分析超静定梁的人。圣维南是第一个验证弯曲基本假设精确性的人。所谓弯曲基本假设，即：①弯曲时梁的横截面保持为平面；②梁的纵向纤维不互相挤压。他说明，只有当梁两端承受两个大小相等且反向的力偶成为纯弯曲时，这两个假定才能严格满足；他还第一次研究了当梁弯曲时，横截面发生翘曲的现象；梁内切应力问题的精确解也是圣维南提出来的，不过它只包括几种最简单的截面形状。圣维南还非常重视近似解法，关于计算悬臂梁挠度的面矩法就是他提出的。

在土木工程中经常用到连续梁，即具有多于两个支座的梁。纳维第一个分析了连续梁中所遇到的超静定问题，在重建巴黎附近的达斯尼尔斯（d′ Asnieres）桥时（1849 年），克拉珀龙（B. P. E. Clapeyron）推导出一组求解公式，可以求解连续梁每跨的最大应力和支座反力。法国路桥学院的应用力学教授布雷斯（J. Bresse）进一步推广到跨距不等，并且载荷任意分布的情况，得出了一般形式的三弯矩方程。

1.2.3 桁架

最早的全金属桁架是1840年在美国建成的。美国桥梁工程师惠普尔（S. Whipple）和俄国工程师儒拉夫斯基（Zhulavski）最先提出了求静定桁架各杆内力的节点平衡法。随后，德国工程师里特（A. Ritter）和施维德勒（J. W. Schwedler）提出了截面法。英国剑桥大学教授麦克斯维（J. C. Maxwell）把图解法引入到桁架分析中，1864年在分析桁架节点位移时，他提出了位移互等定理，直至今天，这个定理还是分析超静定结构的重要工具，称为麦克斯维互等定理。

有趣的是，力学中两个重要的原理都是在分析桁架时发现的。第一个是功互等定理，是贝蒂（E. Beti）和瑞利在上述位移互等定理的基础上，加以推广而得到的，也称为贝蒂-瑞利功互等定理，适用于线弹性系统，瑞利还把它推广到线弹性振动系统；第二个是最小势能原理，其理论证明是意大利工程师卡斯蒂利亚诺（A. Castigliano）给出的，他用最小势能原理求桁架的节点力。此后，意大利工程师克罗蒂（F. Crotti）于1878年，德国工程师恩盖塞（F. Engesser）于1889年，提出了余能的概念，指出余能对力求导可以得到位移，也称为克罗蒂-恩盖塞定理。

在桁架分析中作出很多贡献的还有莫尔，他独立导出了麦克斯维的公式，讨论了桁架的一般理论。从他开始，在桁架分析中使用了虚位移原理。德国慕尼黑工程学院的弗普尔（A. Föppl）发展了空间桁架理论，并讨论了把空间桁架作为屋盖的可能性。研究空气动力学理论最著名的先驱人物茹科夫斯基（Zhukovski）也为桁架分析作出过贡献。1892年，莫尔提出了一种相当精确的近似方法，在实际工程中获得广泛应用。

1.3 钢结构的设计方法

钢结构设计的目的是保证结构和结构构件在充分满足功能要求的基础上，安全可靠地工作，即在施工和规定的设计使用年限内能满足预期的安全性、适用性和耐久性的要求。钢结构的设计方法可分为容许应力法和极限状态设计法两种。

1.3.1 钢结构设计的基本要求

钢结构设计应满足安全适用、技术先进、经济合理、质量合格等要求，主要体现在以下几个方面：

（1）安全可靠。钢结构在运输、安装和使用过程中必须满足正常使用极限状态和承载能力极限状态的设计要求，保证具有足够的强度、刚度和稳定性。

（2）经济合理。合理地选择结构体系，使结构传力明确、受力合理，充分发挥材料强度，以尽可能地节约钢材，降低造价。

（3）减少工时。避免采用过于复杂的体系和节点构造，充分利用钢结构工业化生产程度高的特点，尽可能地缩短制造、安装时间，节约劳动工时。

（4）实用耐久。钢结构设计要充分考虑运输、安装及维修养护的便利，合理选择材料、结构方案和构造措施，使结构具有良好的耐久性。

（5）造型美观。在满足以上基本要求的前提下，要求钢结构设计充分考虑结构外形美观与周边环境协调。设计中还应注意推广和创新结构体系，采用先进的制造工艺和安装技术以获得更好的综合指标。

1.3.2 容许应力法

容许应力法也称为安全系数法或定值法，即将影响结构设计的诸因素取为定值，采用一个凭经验选定的安全系数来考虑设计诸因素的影响，以衡量结构的安全度。其表达式为：

$$\sigma \leqslant [\sigma] \tag{1-1}$$

式中 σ——由标准荷载与构件截面尺寸所计算的应力；

$[\sigma]$——容许应力，$[\sigma]=\dfrac{f_k}{K}$；

f_k——材料的标准强度，对于钢材为屈服点；

K——安全系数。

容许应力法作为一种传统的设计方法，计算简便，目前许多国家在不同的规范中仍在采用。但此设计方法采用定值的安全系数考虑不确定诸因素的影响不科学，不能定量度量结构的可靠度，而且给人一种误导；K 的取值越大，结构越安全（砌体构的 K 最大，但不能说明砌体结构比其他结构安全）；静力荷载和动力荷载没有区分。目前，《钢结设计标准》GB 50017—2017 中，只有结构构件或连接的疲劳强度计算采用此方法。

1.3.3 极限状态设计法

极限状态设计问世于 20 世纪 50 年代，其将各种设计参数采用概率分析引入结构设计中。根据应用概率分析的程度分为三种水准，即半概率极限状态设计法、近似概率极限状态设计法和全概率极限状态设计法。目前，钢结构设计方法采用的是近似概率极限状态设计法，有时也称为概率极限状态设计法。

（1）可靠性定义

按照概率极限状态设计法，结构可靠性可定义为：结构在规定的时间内，在规定的条件下，完成预定功能的概率，其是结构安全性、适用性和耐久性的总称。

（2）状态的定义及分类

当结构或其组成部分超过某一特定状态不能满足设计规定的某一功能要求时，此特定状态称为该功能的极限状态，结构的极限状态可分为承载能力极限状态、正常使用极限状态和耐久性极限状态。

1）承载能力极限状态。对应于结构或结构构件达到最大承载能力或不适于继续承载的变形的状态，即承载能力极限状态。当结构或结构构件出现下列状态之一时，应认定为超过了承载能力极限状态。

① 结构构件或连接因超过材料强度而破坏，或因过度变形而不适于继续承载。

② 整个结构或结构构件的一部分作为刚体失去平衡。

③ 结构转变为机动体系。

④ 结构或结构构件丧失稳定。

⑤ 结构因局部破坏而发生连续倒塌。

⑥ 地基丧失承载能力而破坏。

⑦ 结构或结构构件的疲劳破坏。

2）正常使用极限状态。对应于结构或结构构件达到正常使用的某项规定值时的状态，即正常使用极限状态。当结构或结构构件出现下列状态之一时，应认定为超过了正常使用极限状态。

① 影响正常使用或外观的变形。

② 影响正常使用的局部损坏。

③ 影响正常使用的振动。

④ 影响正常使用的其他特定状态。

3）耐久性极限状态。对应于结构或结构构件在环境影响下出现的劣化达到耐久性能的某项规定限值或标志的状态。当结构或结构构件出现下列状态之一时，应认定为超过了耐久性极限状态。

① 影响承载能力和正常使用的材料性能劣化。

② 影响耐久性能的裂缝、变形、缺口、外观、材料削弱等。

③ 影响耐久性能的其他特定状态。

（3）结构的功能函数

结构的工作性能可以用结构的功能函数来描述，若结构设计时需要考虑影响结构可靠性的随机变量有 n 个，即 x_1，x_2，…，x_n，则在 n 个随机变量之间通常可以建立函数关系，若仅考虑 R、S 两个参数，则结构的功能函数为：

$$Z=g(R,S)=R-S \tag{1-2}$$

式中 R——结构的抗力；

S——荷载效应。

在实际工程中，随着条件的不同，Z 有以下三种可能性：

① 当 $Z>0$ 时，结构处于可靠状态。

② 当 $Z=0$ 时，结构达到临界状态，即极限状态。

③ 当 $Z<0$ 时，结构处于失效状态。

结构的可靠度及失效概率：

结构的可靠度

$$p_r=p(Z\geqslant 0) \tag{1-3}$$

结构的失效概率

$$p_f=p(Z<0) \tag{1-4}$$

两者关系：

$$p_r+p_f=1 \tag{1-5}$$

（4）设计表达式

现行国家标准《钢结构设计标准》GB 5017—2017 中除疲劳计算外，都采用设计人员熟悉的分项系数设计表达式表示，以概率理论为基础的极限状态设计方法。

1）承载能力极限状态表达式

对持久设计状态和短暂设计状况，应采用作用的基本组合；对偶然设计状况，应采用作用的偶然组合。

① 基本组合。基本组合的效应设计值按下式中最不利值确定。

$$\gamma_0 S\left(\sum_{i\geqslant 1}\gamma_{Gi}G_{ik}+\gamma_P\cdot P+\gamma_{Q1}\gamma_{L1}Q_{1k}+\sum_{j>1}\gamma_{Qj}\psi_{cj}\gamma_{Lj}Q_{jk}\right)\leqslant R_d \tag{1-6}$$

式中 $S(\cdot)$——作用组合的效应函数；

γ_0——结构重要性系数。安全等级为一级时，$\gamma_0\geqslant 1.1$；二级时，$\gamma_0\geqslant 1.0$；三级时，$\gamma_0\geqslant 0.9$；

γ_{Gi}——第 i 个永久荷载分项系数。一般情况下取 1.3，但是当永久荷载效应对结构构件承载能力有利时，不应大于 1.0；

γ_{Q1}，γ_{Qj}——第 1 个和第 j 个可变荷载的分项系数，一般情况下可采用 1.5，但是当可变荷载效应对承载能力有利时，应取为 0；各项可变荷载中，在结构构件或连接中产生应力最大者为第一个可变荷载；

S_{Gik}——第 i 个永久作用标准值的效应；

S_{Q1k}——第一个可变作用标准值的效应；

S_{Qjk}——第 j 个可变作用标准值的效应；

ψ_{cj}——第 j 个可变荷载的组合值系数，其值不应大于 1.0，按载荷规范的规定采用；

R_d——结构或结构构件的抗力设计值。

② 偶然组合。偶然作用的代表值不乘以分项系数，偶然组合的效应设计值按下式确定。

$$\gamma_0 S\left(\sum_{i\geqslant 1}G_{ik}+P+A_d+(\psi_{f1}\text{ 或 }\psi_{q1})Q_{1k}+\sum_{j>1}\psi_{qj}Q_{jk}\right)\leqslant R_d \tag{1-7}$$

式中 A_d——偶然作用的设计值；

ψ_{f1}——第 1 个可变作用的频遇值系数；

ψ_{q1}、ψ_{qj}——第 1 个和第 j 个可变作用的准永久值系数。

2）正常使用的极限状态

对于正常使用的极限状态，钢结构设计主要是控制变形和挠度，如梁的挠度、柱顶的水平位移、高层建筑层间相对位移等。按正常使用极限状态计算时，应根据不同情况分别采用荷载的标准组合、频遇组合及准永久组合进行计算，并使变形等设计值不超过相应的规定限值。

钢结构只考虑荷载的标准组合，其设计表示式为：

$$S\left(\sum_{i\geqslant 1}G_{ik}+P+Q_{1k}+\sum_{j>1}\psi_{cj}Q_{jk}\right)\leqslant C \tag{1-8}$$

式中 C——设计对变形、裂缝等规定的相应限值，取值应按有关结构设计标准的规定采用。

1.4 钢结构的发展

1.4.1 钢结构简史

早期的钢结构仅是部分构件、配件用铸铁、熟铁制成。成功的范例有：1772 年英国利物浦的圣安妮教堂，最早采用铸铁制作结构构件。1851 年伦敦国际博览会建造的水晶宫（图 1-7），充分展示了铸铁结构和预制装配技术的潜力。

18 世纪西方工业革命后，冶炼出了抗拉性能好于生铁的熟铁；19 世纪初发明了铆钉，出现了生熟铁的组合结构；1856 年转炉炼钢的出现，以及随后出现的电炉炼钢和 20 世纪 40 年代焊接方法的采用，为钢结构的应用与发展带来了巨大的变革。

工业革命以后，钢结构在欧洲各国的应用逐渐增多，范围也不断扩大。1883 年美国在芝加哥建造的 11 层保险大楼，是世界上最先用铁框架承重的建筑物，被认为是高层建筑的开始。1889 年建成的位于巴黎塞纳河畔的埃菲尔铁塔（图 1-8），高 300m，是 19 世纪世界上最高的钢结构构筑物，这个纪录保持了 40 年。

图 1-7 英国伦敦水晶宫

图 1-8 法国巴黎埃菲尔铁塔

自 20 世纪 70 年代起国外钢结构发展的高峰期到来。代表性建筑有 1974 年建成的 110 层、高 443m 的美国芝加哥西尔斯大厦（图 1-9）。

1998 年建成通车的中央跨长 1991m 的日本明石海峡吊桥（图 1-10），实现了超大跨度的飞跃。

图 1-9 美国芝加哥西尔斯大厦

图 1-10 日本明石海峡吊桥

2013年建成了地上82层（不含天线）、地下4层、高541m的纽约世界贸易中心1号楼（图1-11）。

我国是最早用铁建造结构的国家之一，其中以铁塔及铁链桥为典型代表。铁塔是古代的一种宗教建筑，如建于967年的广州光孝寺铁塔，共7层，塔身高6.35m；建于1051年的湖北荆州玉泉寺铁塔（图1-12），共17层，塔身高17.9m；山东济宁铁塔寺铁塔、江苏镇江甘露寺铁塔等，均以独特的建筑造型和超凡的冶金技术，展示了我国劳动人民的聪明智慧和我国古代金属结构的辉煌成就。建于公元58～75年的兰津桥（图1-13）是最早的一座铁链桥，比欧洲最早的铁链桥早70余年；建于1706年的四川泸定大渡河桥，净跨10m，宽2.8m，由13根铁链组成，每根约1.6t，铁链锚固于直径20cm，长4m的铸铁锚桩上，该座桥比英国用铸铁建造的欧洲第一座跨度31m的拱桥早83年，比美洲第一座跨度为21.3m的铁链桥早105年。

图1-11　纽约世界贸易中心1号楼

图1-12　玉泉寺铁塔

在公共建筑方面代表作有1962年建成的北京工人体育馆，其采用圆形双层辐射式悬索结构，直径94m；1967年建成的浙江体育馆采用双曲抛物面正交索网的悬索结构，椭圆平面，80m×60m；1975年建成的上海体育馆，跨度110m的三向平板网架；1977年建成的北京环境气象塔为高达325m的5层纤绳三角形杆身的钢桅杆结构；在桥梁方面具代表性的有1957年建成的武汉长江大桥；1968年建成的南京长江大桥等；1994年建成的天津新体育馆，采用圆形平面球面双层网壳，直径108m；1996年建成的嘉兴电厂干煤棚，采用矩形平面三心圆柱面双层网壳，跨度为103.5m；1997年建成的上海体育馆马鞍山环形大悬挑空间钢结构屋盖，最大悬挑长度78m；2000年建成的上海浦东机场航站楼张弦梁屋盖钢结构，张弦梁屋架最大跨度为80m；2007年建成的中国国家大剧院的钢结构东西跨度212.24m，南北跨度143.64m，高度46.285m，蛋壳面积3.5万m^2；2008奥运会主场馆（北京鸟巢）（图1-14）等。这些建筑标志着我国大跨度空间钢结构已迅速接近国际先进水平。

另外，高层及超高层钢结构建筑在北京、上海、深圳等地拔地而起，标志着我国超高

图 1-13　兰津桥

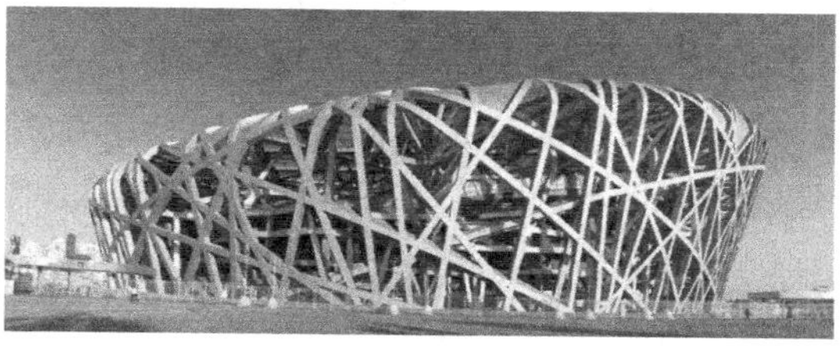

图 1-14　2008 奥运会主场馆（北京鸟巢）

层钢结构已进入世界前列。

世界最长跨海大桥港珠澳大桥，主桥最大跨径的青州航道桥（图 1-15），为双塔空间双索面钢箱梁斜拉桥，主梁采用扁平流线型整体式钢箱梁，索塔采用横向 H 形框架结构，全桥采用半漂浮体系，桥跨 1150m。索塔采用双柱门形框架塔，塔高 163m，共设 14 对斜拉索。

图 1-15　港珠澳大桥青州航道桥

1.4.2　钢结构发展趋势

建筑结构设计规范把技术先进作为对结构要求的一个重要方面。先进的技术并非一成不变，而是随时间推移而不断发展。钢结构的发展主要体现在以下几个方面：开发高性能钢材，深入了解和掌握结构的真实极限状态，开发新的结构形式和提高钢结构制造工业的技术水平。

（1）开发研究和推广应用高性能钢材

① 高强度钢材。钢材的发展是钢结构发展的关键因素，应用高强度钢材，对大跨重型结构非常有利，可以有效减轻结构自重。现行国家标准《钢结构设计标准》GB 50017—2017 将 Q420 钢列为推荐钢种，Q460 钢已在国家体育场等工程成功应用。从发展趋势来看，强度更高的结构用钢将会不断出现。

② 冷成型钢。冷成型钢是指用薄钢板经冷轧形成各种截面形式的型钢。由于其壁薄，材料离形心轴较普通型钢远，因此能有效地利用材料，节约钢材。近年来，冷成型钢的生产在我国已形成了一定规模，壁厚不断增加，截面形式也越来越多样化。冷成型钢用于轻钢结构住宅，并形成产业化，将会使我国的住宅建筑出现新面貌。

③ 耐火钢和耐候钢。随着钢结构广泛应用于各种领域，对钢材各种性能的要求也不断提高，包括耐腐蚀和耐火性能等。目前，我国对于这两种钢材的开发有了很大进步。宝钢等公司生产的耐火钢，在600℃时屈服强度下降幅度不大于其常温标准值的1/3，同国外的耐火钢相当。

（2）完善改进设计方法和计算理论

结构的计算理论和计算方法是结构设计的重要基础。结构学科的进步和计算技术的发展为钢结构分析方法的改进和完善提供了良好的前提和基础。钢结构在外界荷载作用下的全过程反应正在越来越多地受到关注。除了依据材料力学的基本假定和计算理论进行一般钢结构分析外，人们还关心钢结构从弹性进入弹塑性→出现塑性内力重分布→形成结构丧失承载力，整个过程中的内力、应力和变形的变化情况，以及结构在丧失承载能力后的性态表现；对于钢材的脆性断裂，人们还需要研究裂缝在钢构件受力过程中的衍生、拓展及断裂等过程。建立符合实际的钢材本构关系（如常温、高温和复杂受力时的本构关系及材料的断裂准则等）、几何非线性、材料（物理）非线性及尺寸效应等是进行钢结构全过程响应分析的基础。

优化是结构设计的重要过程。结构优化准则、优化目标都是影响结构设计效果的重要因素，强调结构方案的全面优化、避免结构方案的片面化，正成为结构优化的指导思想。

（3）开发新的结构形式

① 高强度钢索。用高强钢丝束作为悬索桥的主要承重构件，已经有七八十年的历史，钢索用于房屋结构可以说是方兴未艾，新的大跨度结构形式，如索膜结构和张拉整体结构等不断出现。钢索是只能承受拉力的柔性构件，需要和刚性构件如桁架、环、拱等配合使用，并施加一定的预应力。预应力技术也是钢结构形式改革的一个因素，可以少用钢材和减轻结构重量。

② 钢与混凝土组合结构。钢与混凝土组合结构是将两种不同性能的材料组合起来，共同受力并发挥各自的长处，从而达到提高承载力和节约材料的目的。组合楼盖已经在高层建筑中得到大量应用，压型钢板可以充当模板和受拉钢筋，不仅减小楼板厚度，还方便施工，缩短工期；钢梁和所承的钢筋混凝土楼板（或组合楼板）协同工作，楼板当作钢梁的受压翼缘，可以节约钢材15％～40％，降低造价约10％。钢与混凝土组合梁可以节约钢材，减小梁高，节省空间；钢管混凝土柱具有很好的塑性和韧性，抗震性能好，而且其耐火性能优于钢柱，具有很好的发展前景。

③ 杂交结构。索和拱配合使用，常被称为杂交结构，这是结构形式的杂交。钢和混凝土组合结构，可以认为是不同材料的杂交。相信今后还会有其他方式的杂交出现。制造业正在趋向于机电一体化，钢结构也不例外。发达国家的工业软件将钢材切割、焊接技术和焊接标准集成在一起，既保证构件质量又节省劳动力。我国参与国际竞争，必须在提高技术水平和降低成本方面下功夫。提高技术水平除技术标准（包括设计规范）要与国际接轨外，制造和安装质量也必须跟上。

④ 大跨空间结构。大跨空间结构在我国得到了较大发展，我国已兴建了大量各种类型的钢网架结构，属于空间结构体系，节约了大量钢材。以后除改进设计方法外，还应积极研究开发更加节省钢材的新型空间结构，如将网架、悬索、拱等几种不同的结构结合在

一起的杂交结构，这是一种在建筑形式上新颖别致、受力非常合理的结构形式，是钢结构形式创新的重要方向。

⑤ 预应力钢结构。采用高强度钢材，对钢结构施加适当的预应力，可增加结构的承载能力，减少钢材用量和减轻结构质量；预应力钢结构是发展的重要方向。

（4）不断提高制造工业水平和安装技术

提高钢结构加工制作和施工安装技术的总体水平，加强科学管理和质量控制，提高劳动生产率，改进钢结构制造的工艺和设备更新，提高机械化和自动化水平；促进结构形成系列化、标准化、产品化，实现工厂化批量生产，作为产品投放市场。创造具有中国特色的施工技术和成套方法，积累建设大型钢结构工程的经验，不断提高我国的钢结构安装技术水平，进一步提高工程质量、降低生产成本，实现钢结构的制作、安装水平接近或达到国际先进水平。

本 章 小 结

本章讨论了钢结构主要结构形式和钢结构设计方法。内容包括：钢结构的极限状态设计方法、概率极限状态设计法以及用分项系数的设计表达式进行计算的方法。

（1）钢结构具有材质均匀，力学性能好，轻质高强、承载能力大，塑性、韧性好，密闭性好，制作简便、施工速度，耐热性好等优点。

（2）钢结构适合于大跨度结构、重型工业厂房结构、受动力荷载影响的结构、高层建筑、高耸结构、可拆卸的移动结构、容器和其他构筑物等。随着我国工业生产和城市建设的高速发展，以及国民经济的不断提高，钢结构的应用范围也扩大到轻型工业钢结构厂房和民用住宅等。

（3）钢结构设计理论的容许应力设计法，是以概率理论为基础的极限状态设计法。

（4）钢结构的发展主要是在高效钢材的应用、设计方法的改进和新型结构的采用等方面不断进行研究。

复习思考题

1-1　钢结构的合理应用范围是什么？各发挥了钢结构的哪些特点？

1-2　如何理解钢结构的塑性好和韧性好？

1-3　容许应力设计法与概率极限状态设计法各有何特点？

1-4　钢结构有哪些优点和缺点？设计中如何扬长避短？

1-5　什么是极限状态？怎样判别结构是否超过了承载力极限状态、正常使用极限状态和耐久性极限状态？

1-6　钢结构设计的目的是什么？如何实现这个目的？

1-7　举例说明你参观过的钢结构工程，它们有哪些特点？如何评价？

1-8　调查实际钢结构工程，说明主要发挥了钢结构的哪些优点？

第 2 章　钢结构的材料

【教学目标】 本章着重论述钢材破坏形式、钢材生产以及钢结构对钢材的要求，并在此基础上深入探讨钢材的主要力学性能和工艺性能及设计指标、影响钢材性能的因素，介绍了钢材的牌号与规格以及选用钢材的原则。通过本章的学习，使学生掌握钢材在不同条件下可能产生的两种破坏形式及其具体特征；了解钢材生产过程以及钢结构对钢材的具体要求；掌握钢材在正常情况下的主要力学性能与工艺性能及相应的设计指标；理解钢材的疲劳破坏机理以及掌握相应疲劳的验算原理；熟悉钢材的种类与规格以及正确选用钢材的原则。

目前全球独领风骚的建筑材料是钢材，钢结构现今已是发达国家主导的建筑结构，被广泛应用于高层建筑、超高层建筑、大跨度大空间建筑、量大面广的中小型工业、商业等建筑群体以及大部分的低层非居住型建筑群体中。

2.1 钢材的破坏形式

钢材有两种性质完全不同的破坏形式—塑性破坏（延性破坏）和脆性破坏（非延性破坏）。钢结构所用的钢材在正常使用情况下，虽然有较高的塑性和韧性性能，但钢材塑性变形能力的大小，不仅取决于钢材的化学成分、熔炼和轧制条件，还取决于其所处的工作条件，如荷载性质、温度条件及构造情况等。即使原来塑性性能很好的钢材，在一定的工作条件下，如低温下受冲击荷载作用，仍然可能呈现脆性破坏。

2.1.1 塑性破坏

塑性破坏的特点：破坏前变形大，持续时间长，易于发现和补救，危险性相对较小。钢材塑性破坏的测定可采用一种标准圆棒试件拉伸破坏试验加以验证，即取一个标准的光滑试件在拉力试验机上均匀地加荷，当应力达到抗拉强度时，试件发生颈缩现象而断裂破坏，常在钢材表面出现明显的相互垂直交错的锈迹剥落线，破坏后其断口呈纤维状，色泽发暗，有时还能看到滑移的痕迹。由于塑性破坏前总有较大的塑性变形发生，且变形持续时间较长，即发生塑性破坏时特征明显且经历时间又长，故很容易被发现和及时采取补救措施，因而不致引起严重后果。另外适度的塑性变形能起到调整结构内力重分布的作用，使原先结构应力不均匀的部分趋于均匀，从而提高结构的承载能力。

2.1.2 脆性破坏

脆性破坏的特点：钢材在断裂破坏时没有明显的变形征兆。钢材脆性破坏的测定可通过采用一种比标准圆棒试件更粗的试件并在其中部位置设小凹槽，将凹槽处的净截面面积与标准圆棒截面面积相同的试件进行拉伸破坏试验加以验证，试件在拉断前的塑性变形很小，甚至没有塑性变形，且计算应力可能小于钢材屈服点，几乎无任何迹象地从应力集中处突然断裂，断口齐平，呈有光泽的晶粒状或人字纹。由于脆性破坏前没有明显的预兆，破坏具有突然性，无法预测，破坏速度又极快，无法及时察觉和补救，并且一旦发生常引发整个结构的破坏，故脆性破坏比塑性破坏要危险得多，引发后果极其严重。因此在钢结构设计、施工和安装使用过程中，适当采取措施尽量避免出现脆性破坏。

钢材存在的两种破坏形式与其内在的组织构造和外部的工作条件有关。试验及分析结果表明：具有体心立方晶格的铁素体很容易通过位错移动形成滑移，即产生塑性变形；而其抵抗沿晶格方向伸长至拉断的能力却强大得多，因此当单晶铁素体承受拉力作用时，总是首先沿最大剪应力方向产生塑性滑移变形（图 2-1）。实际钢材在常温下形成的基本组织有铁素体、珠光体和渗碳体三种，由于珠光体间层的限制，阻遏了铁素体的滑移变形，因此受力初期表现出弹性性能；当应力达到一定数值，珠光体间层失去了约束铁素体在最大剪应力方向滑移的能力，此时钢材将出现屈服现象，先前铁素体被约束了的塑性变形就充分表现出来，直到最后破坏。显然当内外因素使钢材中铁素体的塑性变形无法发生时，钢材将出现脆性破坏。

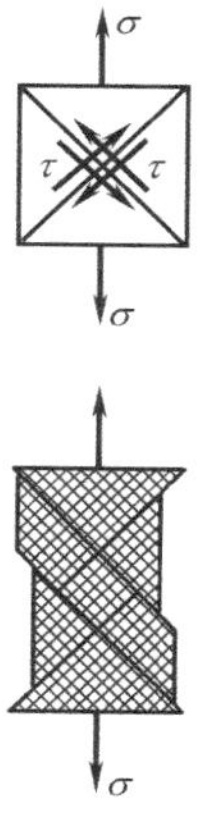

图 2-1 铁素体单晶体的塑性滑移

2.2 钢材生产

钢铁生产工艺流程为：烧结、炼铁、炼钢、连铸（模铸）、轧钢。其中钢材烧结就是把铁矿粉造块，为高炉提供精料的一种方法，是利用铁矿粉、熔剂、燃料等按一定比例制成块状冶炼原料的一个过程。

2.2.1 钢材冶炼

钢铁冶炼是钢、铁冶金工艺过程的总称。工业生产的铁根据含碳量分为生铁（含碳量2%以上）和钢（含碳量低于2%）。

（1）炼铁

炼铁是将金属铁从含铁矿物（主要为铁的氧化物）中提炼出来的工艺过程，主要有高炉法、直接还原法、熔融还原法、等离子法。现代炼铁绝大部分采用高炉炼铁，个别采用直接还原炼铁法和电炉炼铁法。

（2）炼钢

炼钢主要是以高炉炼成的生铁和直接还原炼铁法炼成的海绵铁以及废钢为原料，用不同的方法炼成钢。其基本生产过程是在炼铁炉内把铁矿石炼成生铁，再以生铁为原料，用不同方法炼成钢，再铸成钢锭或连铸坯。主要的炼钢方法有转炉炼钢法、平炉炼钢法、电弧炉炼钢法，这三种炼钢工艺可满足一般用户对钢质量的要求。

（3）钢材浇铸

钢液在炼钢炉中冶炼完成之后，必须经盛钢桶（钢包）注入铸模，凝固成一定形状的钢锭或钢坯才能进行再加工。钢锭浇铸可分为上铸法和下铸法。上铸钢锭一般内部结构较好，夹杂物较少，操作费用低；下铸钢锭表面质量良好，但因通过中注管和汤道，使钢中夹杂物增多。在铸锭方面出现了连续铸钢（连铸）、压力浇铸和真空浇铸等新技术，连铸可生产出镇静钢且没有缩孔，化学成分分布比较均匀，只有轻微的偏析现象，产品质量高，又降低成本，现已成为浇铸的主要工艺。

2.2.2 钢材轧制

轧制钢材，简称轧钢，在旋转的轧辊间改变钢锭、钢坯形状的压力加工过程叫轧钢，即将金属坯料通过一对旋转轧辊的间隙（各种形状），因受轧辊的压缩使材料截面减小、长度增加的压力加工方法。钢材轧制既能使金属的晶粒变细，也能使气泡、裂纹等焊合，故而改善了钢材的力学性能。轧钢方法按轧制温度不同可分为热轧与冷轧；按轧制时轧件与轧辊的相对运动关系不同可分为纵轧、横轧和斜轧；按轧制产品的成形特点还可分为一般轧制和特殊轧制，其中周期轧制、旋压轧制、弯曲成形等都属于特殊轧制方法。此外，由于轧制产品种类繁多，规格不一，有些产品是经过多次轧制才生产出来的，所以轧钢生产通常分为半成品生产和成品生产两类。

2.2.3 钢材热处理

钢材热处理是将钢材按规定的温度制度进行加热、保温和冷却处理以改变其结构，得到所需要性能的一种工艺。其目的是改变钢的内部组织结构，以改善钢的性能，通过适当的热处理可以显著提高钢的机械性能，延长机器零件的使用寿命。钢厂的某些产品是以热处理状态提供的，如建筑用钢中的热处理钢筋、优质碳素钢丝等。常用热处理方法有淬火、回火、退火和正火。

（1）淬火：指将建筑钢材加热至900℃以上（基本组织改变温度723℃以上）保温一段时间，然后迅速置于水（机油）中冷却。淬火后的钢材机械强度提高，硬脆性增加。

（2）回火：指建筑钢材重新加热到650℃（基本组织改变温度以下）并保温一段时间，然后在空气中自然冷却。回火后的钢材，内应力消失，硬脆性降低，韧性得到改善。按回火的温度不同分为：高温回火（500～600℃）、中温回火（300～500℃）、低温回火（150～300℃）。回火温度越高，钢材塑性恢复的越好。高温回火处理又称调制处理。

（3）退火：指将建筑钢材加热至基本组织改变温度723℃以上，在退火炉中缓慢冷却。退火后的钢材硬度降低、塑性提高、晶粒细化、力学性能得到改善，消除了冷、热加工所产生的内应力。

（4）正火：正火属于最简单的热处理，即将钢材加热至850～900℃并保持一段时间后在空气中自然冷却。正火后的钢材硬度降低、塑性提高、晶粒细化、力学性能得到改善，消除了冷、热加工所产生的内应力。

2.3 钢结构对材料的要求

钢材种类繁多且性能差别较大，而其中只有一小部分（如碳素钢 Q235 和合金钢 Q355、Q390、Q420）是用于钢结构中的钢材。建筑钢材作为主要的受力结构材料，为确保工程质量和安全，钢材必须具备足够的力学性能（强度、塑性、韧性），同时还要求具有容易加工的性能，即用作钢结构的钢材必须具备下列要求：

（1）较高的强度

钢材具有较高的强度，即具有较高的抗拉强度和屈服强度。钢材的屈服强度是衡量结构承载能力的指标，同等条件下屈服强度高的钢材可缩减构件的截面尺寸，从而降低结构自重、节约钢材、降低工程成本；钢材的抗拉强度是衡量钢材经过较大变形后的抗拉能力，直接反映钢材内部组织的优劣程度，抗拉强度高可增加结构的安全保障，可增强结构的安全性能。

（2）足够的变形能力

足够的变形能力指建筑钢材具有良好的可塑性和韧性。建筑钢结构在静载和动载情况下应有足够的应变能力。塑性好表示结构破坏前变形比较明显从而可避免突然破坏的危险，并且可通过较大的塑性变形调整局部峰值应力使之趋于平缓；韧性好表示结构在动载作用下破坏时要吸收比较多的能量，同时也可减轻脆性破坏的倾向。对采用塑性设计的钢结构以及地震区的钢结构而言，钢材变形能力的强弱具有非常重要的意义。

（3）良好的工艺性能

工艺性能指钢材冷加工、热加工性能和良好的可焊性。建筑钢材具有良好的工艺性能既可保证钢材易于加工成各种形式的结构或构件，又不因这些加工而对强度、塑性、韧性等带来较大的不利影响。

此外针对结构的具体工作条件，钢材尚应具有适应低温、高温、有害介质侵蚀以及重复荷载作用等的性能。在满足上述性能的条件下，建筑钢材与其他建筑材料一样，应容易生产，价格低廉。

《钢结构设计标准》GB 50017—2017 明确规定：承重结构的钢材应具有抗拉强度、伸长率、屈服点和碳、磷、硫含量的合格保证；焊接结构尚应具有冷弯实验的合格保证；对某些承受动力荷载的结构以及重要的受拉或受弯的焊接结构尚应具有常温或负温冲击韧性的合格保证。《钢结构设计标准》GB 50017—2017 推荐的碳素结构钢、低合金高强度结构钢和建筑结构用钢板均符合上述要求。

2.4 结构钢材的主要性能及其影响因素

钢材的主要性能有抗拉、抗弯、冲击韧性、可焊性、硬度、耐疲劳性等。

2.4.1 钢材在单轴均匀受拉时的工作性能

钢材的多项性能指标可通过单向一次拉伸试验获得。试验一般是在标准条件下进行：试件的尺寸符合国家标准，表面光滑，没有孔洞、刻槽等缺陷；荷载分次逐级增加至破坏；室温 20℃左右，得到应力-应变曲线关系（图 2-2）。

由图 2-2 知：在比例极限 f_p 以前钢材的工作是弹性的；超过 f_p 后进入弹塑性阶段；到达屈服点 f_y 后，出现了一段纯塑性变形，也称塑性平台；此后强度又有所提高，出现所谓的强化阶段，直至产生颈缩而破坏。

调质处理的低合金钢（即高强度钢）没有明显的屈服点、屈服台阶和塑性平台，故这

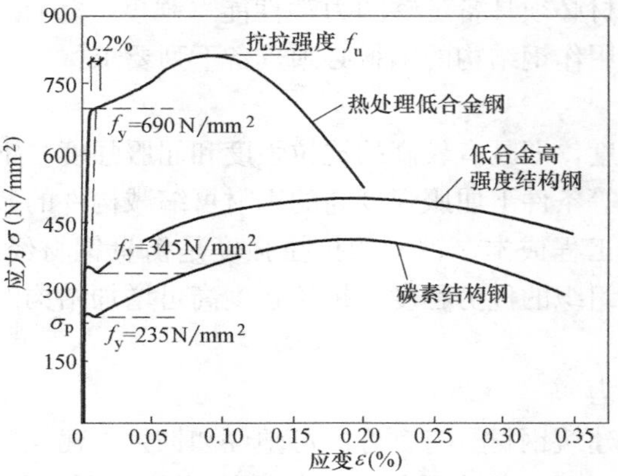

图 2-2　钢材的单向拉伸应力-应变图

类钢的屈服点是根据试验分析结果人为规定的，是以卸载后试件中残余应变的 0.2%所对应的应力确定的，定义为名义屈服点（条件屈服点、屈服强度）或 $f_{0.2}$。因为此类钢材不具有明显的塑性平台，所以设计中不宜利用它的塑性。

普通碳素钢标准试件单向均匀受拉试验时的应力-应变简化的光滑曲线如图 2-3 所示，由此试验详细阐述钢材的主要力学性能指标。抗拉性能是建筑钢材最主要的技术性能，通过拉伸试验可以测得屈服点、抗拉强度和伸长率，这些是钢材的重要技术性能指标。钢材的抗拉性能可通过低碳钢（软钢）受拉时的应力-应变图来阐明，低碳钢从受拉到拉断，经历了 5 个阶段：弹性阶段、弹塑性阶段、塑性阶段、强化阶段、颈缩阶段。

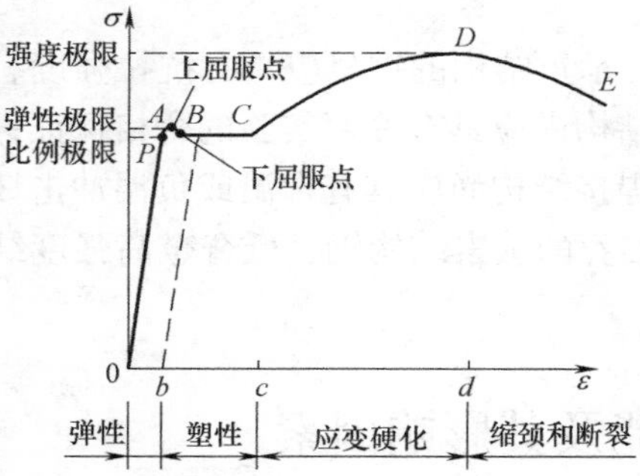

图 2-3　低碳钢受拉的应力-应变图

弹性阶段：应力与应变为直线关系，且直线段的最大应力值为比例极限 f_p（弹性极限），当应力不超过 f_p时，应力-应变关系符合虎克定律，二者呈正比关系，即应力应变的比值为常数，称为弹性模量，用 E 来表示，$\sigma/\varepsilon=E$，卸荷后变形完全恢复，即曲线中的弹性阶段 OP 段。E 反映钢材的刚度，它是钢材在受力时计算结构变形的重要指标，E 大，伸长率 δ 小。

弹塑性阶段：在曲线 AB 范围内，当应力超过弹性极限后，若卸去拉力，变形立刻恢复，表明已经出现塑性变形，此阶段中力不增加而试件继续伸长，应力和应变不成正比，这时相应的应力称为屈服极限或屈服强度。若达到屈服点后应力值继续下降，则应区分上屈服点和下屈服点。上屈服点是试件发生屈服而力首次下降前的最大应力；下屈服点是指不计初始瞬时效应时屈服阶段中的最小应力。由于下屈服点的测定值对试验条件较不敏感，并形成稳定的屈服平台，所以在结构设计计算中，以下屈服点作为材料的屈服强度标准值（f_y）。

塑性阶段：在曲线 BC 范围内，当应力增加到 f_y 时，应力保持不变而变形持续发展，形成塑性流动现象。在应力-应变曲线上形成稳定的水平段，即屈服平台，也称为塑性流动阶段。对应的应力值稳定于下屈服点，屈服点是建筑钢材的一个重要力学特性。

强化阶段：在曲线的 CD 范围内，钢材抵抗变形的能力又重新提高，故称为变形强化阶段。当曲线到达最高点 D 以后，试件薄弱处产生局部横向收缩变形（颈缩），直至破坏。试件拉断过程中的最大力所对应的应力（即 D 点）称为抗拉强度 f_u。由于到达 f_y 后构件产生较大的变形，故把它取为计算构件的强度指标；由于到达 D 点时构件开始破坏，故 f_u 是材料的额外安全储备。塑性设计虽然把钢材看作理想弹塑性体，不考虑应变硬化的有利因素，却是以 f_u 高出 f_y 为条件的；如若无硬化阶段，或是 f_u 比 f_y 高出不多，就不具备塑性设计应有的能力。即抗拉强度不能直接利用，但屈服点和抗拉强度的比值（即屈强比 f_y/f_u）或（强屈比 f_u/f_y）却能反映钢材的安全可靠程度和利用率。屈强比越小，表明材料的安全性和可靠性越高，材料不易发生危险的脆性断裂。若屈强比太小，则利用率低，造成钢材浪费，故《建筑抗震设计规范》GB 50011—2010（2016 年版）规定：钢材的抗拉强度实测值与屈服强度实测值的比值不应低于 1.18。

颈缩阶段：DE 为颈缩阶段。过 D 点材料抵抗变形的能力明显降低。在 DE 范围内，应变迅速增加，而应力反而下降，变形不再是均匀的。钢材被拉长，并在变形最大处发生"颈缩"，直至断裂。

伸长率代表材料在单向拉伸时的塑性应变能力，以试件破坏后在标定长度内的残余应变表示。将拉断的钢材拼合后，测出标距部分的长度，便可按下式求得伸长率 δ。

$$\delta=\Delta l/l_0\times100\%=(l_1-l_0)/l_0\times100\% \tag{2-1}$$

式中 l_0——试件原始标距长度，mm；

l_1——试件拉断后标距部分的长度，mm。

取圆试件直径的 5 倍或 10 倍为标定长度，其相应伸长率分别用 δ_5 或 δ_{10} 表示，即通常以 δ_5、δ_{10} 分别表示 $l_5=5d_0$、$l_{10}=10d_0$ 时的伸长率，d_0 为试件的原直径或厚度。对于同一钢材，$\delta_5>\delta_{10}$。

伸长率反映钢材塑性大小的情况，在工程中具有重要意义。塑性大，钢质软，结构塑性变形大，影响使用；塑性小，钢质硬脆，超载后易断裂破坏。塑性良好的钢材，偶尔超载、产生塑性变形，会使内部应力重新分布，不致由于应力集中而发生脆断。

屈服强度 f_y、抗拉强度 f_u、伸长率 δ 是钢材的三个重要力学性能指标。

2.4.2 钢材在多轴应力状态下的工作性能

在轴向拉伸试验中单向应力达到屈服点时，钢材进入塑性状态，即单向拉伸试验得到的屈服点是钢材在单向应力作用下的屈服条件，但实际结构中钢材常常受到平面或三向应力作用（图 2-4），即在复杂应力如平面或立体应力作用下，钢材由弹性状态转入塑性状

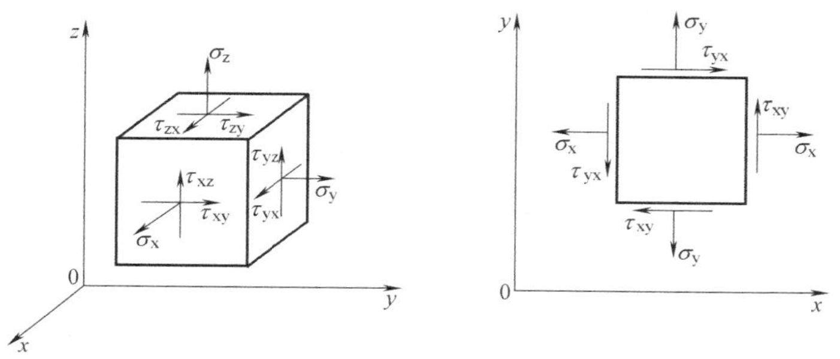

图 2-4 钢材单元体上的复杂应力状态

态的条件是：比较按能量强度理论（或第四强度理论）计算的折算应力 σ_{zs} 与单向应力下的屈服点 f_y。

$$\sigma_{zs}=\sqrt{\sigma_x^2+\sigma_y^2+\sigma_z^2-(\sigma_x\sigma_y+\sigma_y\sigma_z+\sigma_z\sigma_x)+3(\tau_{xy}^2+\tau_{yz}^2+\tau_{zx}^2)}=f_y \tag{2-2}$$

或以主应力表示：

$$\sigma_{zs}=\sqrt{\frac{1}{2}[(\sigma_1-\sigma_2)^2+(\sigma_2-\sigma_3)^2+(\sigma_3-\sigma_1)^2]}=f_y \tag{2-3}$$

（1）在平面应力状态下（若钢材厚度较薄时，厚度方向应力很小可忽略不计），即

$$\sigma_{zs}=\sqrt{\sigma_x^2+\sigma_y^2-\sigma_x\sigma_y+3\tau_{xy}^2}=f_y \tag{2-4}$$

$$\sigma_{zs}=\sqrt{\sigma_1^2+\sigma_2^2-\sigma_1\sigma_2}=f_y \tag{2-5}$$

（2）一般的梁只存在正应力与剪应力

$$\sigma_{zs}=\sqrt{\sigma^2+3\tau^2}=f_y \tag{2-6}$$

（3）当承受纯剪时

$\sigma_{zs}=\sqrt{3\tau^2}=f_y$ 或 $\tau=f_y/\sqrt{3}=f_{vy}$，则有 $f_{vy}=\tau=0.58f_y$，表示钢材的抗剪强度设计值为屈服点的 0.58 倍。f_{vy} 为钢材的屈服剪应力或剪切屈服强度。

当 $\sigma_{zs}\geqslant f_y$ 时为塑性状态；当 $\sigma_{zs}<f_y$ 时为弹性状态；由式（2-3）可知：当 σ_1、σ_2、σ_3 为同号应力且数值接近时，即使它们各自远大于 f_y，折算应力 σ_{zs} 仍小于 f_y，说明钢材很难进入塑性状态。当为三向拉应力作用时，甚至直到破坏也没有明显的塑性变形产生，破坏表现为脆性，这是由于钢材的塑性变形主要是由于铁素体沿剪切面滑动产生的，同号应力场剪应力很小，钢材转变为脆性；相反在异号应力场下，剪应变增大，钢材会较早地进入塑性状态，提高了钢材的塑性性能。

2.4.3 冷弯性能

冷弯性能指钢材在常温下承受弯曲变形的能力，是建筑钢材的重要工艺性能。冷弯试验将钢材按原有厚度（直径）做成标准试件，放在冷弯试验机上（图 2-5），用具有一定弯心直径的冲头，在常温下对标准试件中部施加荷载，使之弯曲达到 180°，然后检查试件表面，如果不出现裂纹和起层，则认为试件材料冷弯试验合格。

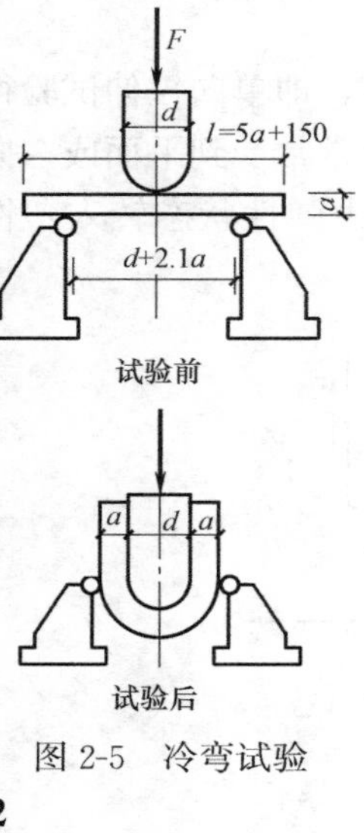

图 2-5　冷弯试验

钢材的冷弯性能指标是用弯曲角度和弯心直径对试件厚度（直径）的比值来衡量的。试验时采用的弯曲角度愈大（图2-6），弯心直径对试件厚度（直径）的比值愈小，表示对冷弯性能的要求愈高。冷弯试验的作用是：既可检验钢材是否适应构件制作过程中的冷加工工艺，又可暴露出钢材内部缺陷（颗粒组织、结晶状况、微裂纹、气泡等）。

2.4.4 冲击韧性

土木工程设计中，常遇到汽车、火车、厂房吊车等荷载作用，这些荷载称为动力（冲击）荷载。钢材的强度和塑性指标是由静力拉伸试验得到的，属于静力性能，用于承受动力荷载

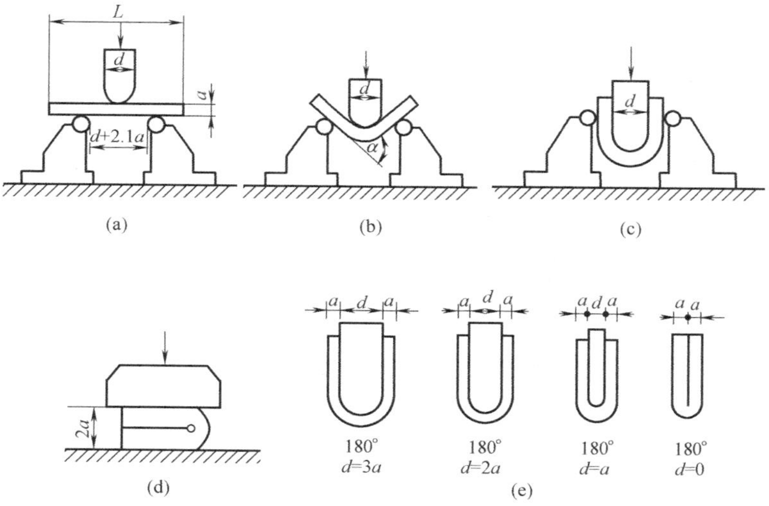

图 2-6　钢材冷弯

(a) 试样安装；(b) 弯曲 90°；(c) 弯曲 180°；(d) 弯曲至两面重合；(e) 规定弯心

时，显然有很大的局限性，而韧性试验则可获得钢材的一种动力性能。韧性是衡量钢材承受动力荷载作用时抵抗脆性破坏的性能，是材料在断裂时吸收机械能能力的量度。钢材断裂时吸收的能量愈多，韧性愈好。

韧性是指钢材抵抗冲击或振动荷载的能力，其衡量指标为冲击韧性。冲击韧性是指钢材抵抗冲击荷载的能力。建筑钢材的冲击韧性通过夏比（V 形缺口）冲击试验来测定。用带有 V 形缺口的标准试件，在摆锤式试验机上，进行冲击弯曲试验，测定其在冲击负荷作用下试样折断时所吸收的功（图 2-7）。

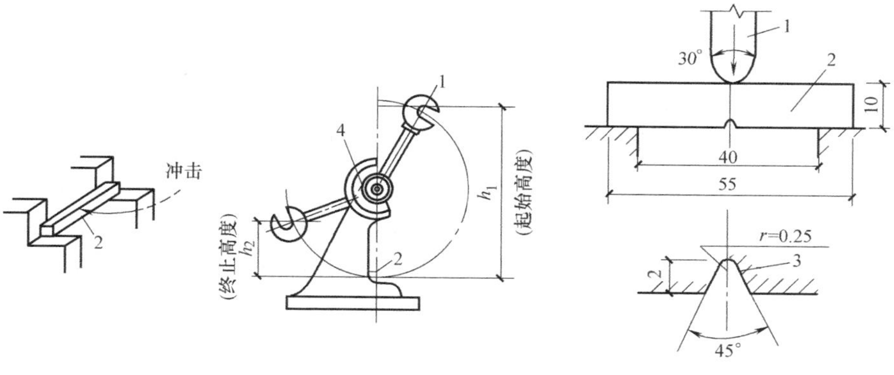

图 2-7　冲击韧性试验（单位：mm）

1—摆锤；2—试件；3—V 形缺口；4—刻度盘

冲击功 C_V 计算式为：

$$C_V = W(h_1 - h_2) \tag{2-7}$$

冲击韧性值 α_{kv}（单位面积的试样断口所吸收的冲击功）计算式为：

$$\alpha_{kv} = C_V / A \tag{2-8}$$

式中　C_V——可由试验机刻度盘读出，J；

W——摆锤所受的重力，N；

h_1——摆锤具有的高度，m；

h_2——摆锤冲断试样再升起的高度，m；

A——试样缺口处的截面积，cm^2。

C_V（或 α_{kv}）值越大，表示冲断时吸收的功愈多，钢材的冲击韧性愈好。同一种钢材的冲击韧性常随温度下降而降低。其规律是开始下降平缓，当达到某一温度时突然下降很多而呈冷脆性，称为钢材的冷脆性，此时的温度称脆性临界温度；低于这一温度时，钢材的冲击韧性降低又趋于缓和。脆性临界温度的数值越低，钢材的低温冲击性能越好。在严寒地区使用的结构钢材必须对其冷脆性进行评定，选用钢材的脆性临界温度应低于环境的最低温度。由于脆性临界温度的测定工作比较复杂，规范中通常是根据气温条件规定－20℃或－40℃的负温冲击值指标。对一切承受动荷载并可能在负温下工作的建筑钢材，都必须通过冲击韧性试验。

影响钢材冲击韧性的因素很多，包括钢的化学成分、组织状态以及冶炼、轧制质量等。钢材中的S、P 含量高时，由于偏析及非金属夹杂物的影响，会使冲击韧性显著降低；细晶粒结构的冲击韧性值高。冲击韧性除与钢材的质量密切相关外，还与钢材的轧制方向有关。由于顺着轧制方向（纵向）的内部组织较好，故在纵向切取的试件的冲击韧性值 α_{kv}较高，横向则较低，现行国家标准规定采用纵向；用于提高钢材强度的合金元素会使冲击韧性降低，故低合金钢的冲击韧性比低碳钢的略低，必须改善这一情况时，需经热处理。

总之，冲击韧性是衡量钢材断裂时所做功的指标，其值随金属组织和结晶状态的改变而急剧变化，钢材中的非金属夹杂、脱氧不良等都将给钢材的冲击韧性带来不良影响。冲击韧性是钢材在冲击荷载或多向拉应力下具有可靠性能的保证，可间接反映钢材抵抗低温、应力集中、多向拉应力、加荷速率（冲击）和重复荷载等因素导致脆断的能力。

2.4.5 可焊性

焊接是采用加热或加热且加压的方法使两个分离的金属件连接在一起的方法。焊接可以节约钢材，现已逐渐取代铆接，因此焊接性能也就成了重要的工艺性能之一。建筑工程中钢材间的连接绝大多数采用焊接方式来完成的，因此要求钢材具有良好的焊接性能。

在焊接过程中，由于高温及焊后急剧冷却，会使焊缝及其附近区域的钢材发生组织构造的变化，产生局部变形、内应力和局部变硬变脆等，甚至在焊缝周围产生裂纹，降低了钢材质量。可焊性良好的钢材，焊缝处局部变硬脆的倾向小，没有质量显著降低的现象，所得焊缝牢固可靠。钢材含C量大于0.3％时可焊性变差；杂质与其他元素增加，可焊性降低，特别是S能使焊缝硬脆。

2.4.6 硬度

硬度指钢材抵抗较硬物体压入产生局部变形的能力，也指其表面局部体积内抵抗外物压入产生塑性变形的能力。测定钢材硬度常用布氏法、洛氏法。布氏法是用一直径为 D 的硬质钢球，在荷载 P 的作用下压入试件表面，经规定的时间（10～15s）后卸去荷载，用读数放大镜测出压痕直径 d，以压痕表面积（mm^2）除荷载 P，即为布氏硬度值 HB（图 2-8）。HB 值越大，表示钢材越硬。一般说硬度高，耐磨性较好，但脆性也大。

2.4.7 耐疲劳性

（1）疲劳破坏的概念

钢材在交变应力反复作用下，往往在应力远小于其抗拉强度时就发生破坏，这种现象称为疲劳破坏，即钢材承受重复变化的荷载作用时，材料强度降低，破坏提早，破坏突然发生。

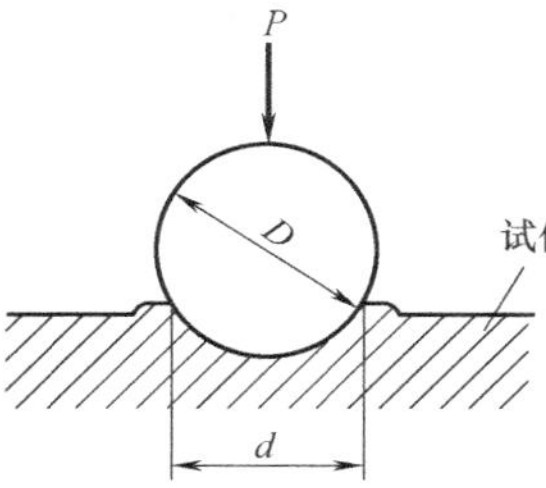

图 2-8　布氏硬度测定法

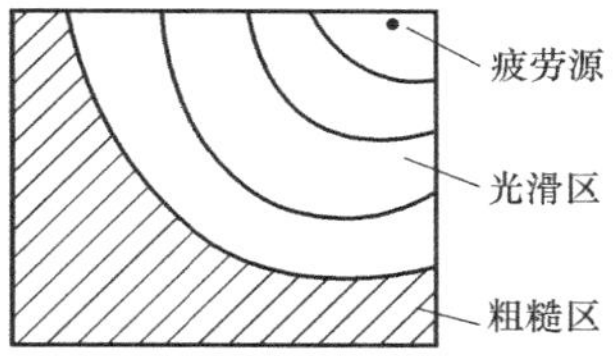

图 2-9　疲劳断口示意

一般认为，钢材疲劳破坏是由拉应力引起的，先从局部形成细小裂纹，由于裂纹尖端的应力集中而使其逐渐扩大，直至破坏。疲劳破坏的构件断口上面一部分呈现半椭圆形光滑区，其余部分则为粗糙区（图 2-9）。微观裂纹随着应力的连续重复作用而缓慢扩展，裂纹两边的材料时而相互挤压时而分离形成光滑区；裂纹的扩展使截面日益被削弱，至截面残余部分不足以抵抗破坏时，构件突然断裂，因有撕裂作用而形成粗糙区。

疲劳破坏的原因之一是应力集中，一般认为是由于钢材内部有微观细小裂纹，在连续反复变化的荷载作用下，裂纹端部产生应力集中，交变的应力使裂纹逐渐扩展，这种积累的损伤最后导致突然断裂；原因之二是应力变化及循环次数，连续重复荷载之下应力往复变化一周即为一个循环。

通常钢结构的疲劳破坏是高周低应变疲劳，即总应变幅小，破坏前荷载循环次数多。钢材的疲劳强度与重复荷载引起的应力种类（拉应力、压应力、剪应力和复杂应力等）、应力循环特征、应力循环次数、应力集中程度和残余应力等有直接关系。

《钢结构设计标准》GB 50017—2017 规定：直接承受动力荷载重复作用的钢结构构件及其连接，当应力变化的循环次数 n 大于等于 5×10^4 时应进行疲劳计算，例如桥式起重机梁、桥式起重机桁架等。疲劳计算应采用容许应力幅法，按弹性状态计算，容许应力幅按构件和连接类别以及应力循环次数确定。

引起疲劳破坏的重复荷载有两种类型：常幅疲劳与变幅疲劳。若重复作用的荷载值不随时间变化，则在所有应力循环内的应力幅将保持常量，称为常幅疲劳；若重复作用的荷载值随时间变化，则在所有应力循环内的应力幅将为变量，称为变幅疲劳。

（2）常幅疲劳

循环应力的特征包括应力谱、应力比、应力幅和应力循环次数等。

1）应力比和应力幅

循环荷载在钢材内引起的反复循环应力随时间变化的曲线称为应力谱。循环荷载引起的应力循环特征有同号应力循环和异号应力循环两种类型。

应力循环特性常用应力比 $\rho=\sigma_{min}/\sigma_{max}$ 来反映，以拉应力为正值。

当 $\rho=-1$ 时称为完全对称循环（图 2-10a）；当 $\rho=1$ 时相当于静荷载作用（图2-10f）；当 $\rho=0$ 时（图 2-10c）称为脉冲循环；当 $-1<\rho<0$ 时称为完全对称循环（图2-10b、d）；当 $0<\rho<1$ 时称为同号应力循环（图 2-10e）。

$\Delta\sigma=\sigma_{max}-\sigma_{min}$ 称为应力幅，代表应力变化的幅度，应力幅总为正值（图 2-10），各分图中的 $\Delta\sigma$ 表示了不同应力循环特征的应力幅。试验与分析证明：在同等应力幅条件下，最大、最小应力无论是较高或较低，应力比是较大或较小，对疲劳强度基本不起作用。

$\sigma_m=(\sigma_{max}+\sigma_{min})/2$ 称为平均应力，其值可正可负，代表某种循环下平均受力的大小。任何一种循环应力均可看成是平均应力与应力幅为 $\Delta\sigma$ 的完全对称循环应力的叠加。

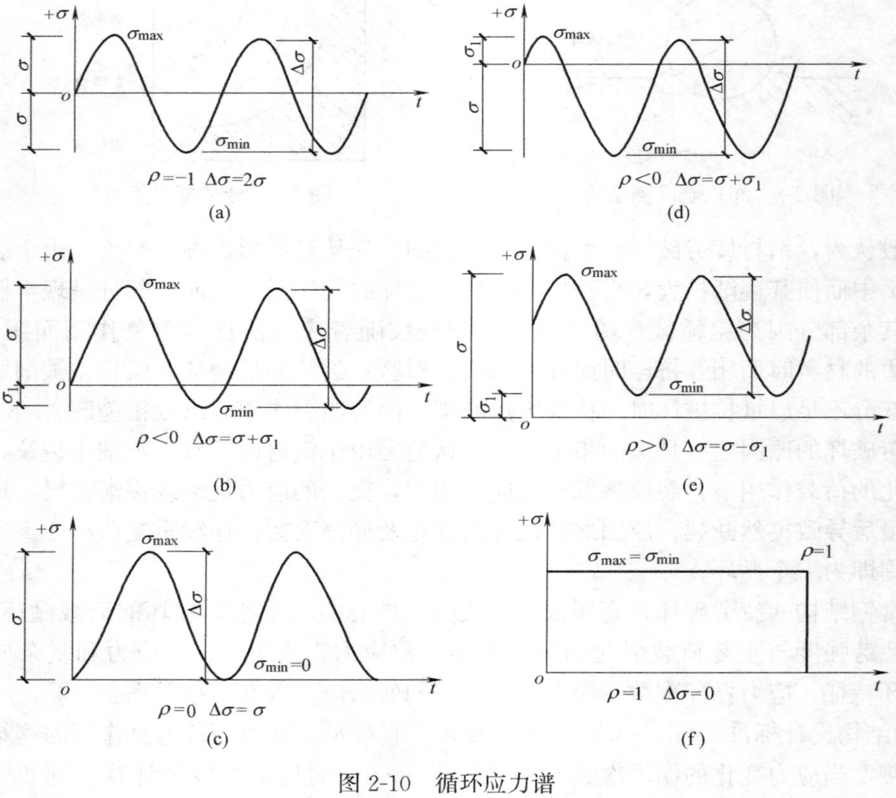

图 2-10 循环应力谱

2）疲劳强度与应力循环次数的关系

当应力循环的形式不变时，钢材的疲劳强度 σ 与应力循环次数 n（即试验到疲劳破坏时的反复次数）有关（图 2-11）。纵坐标为疲劳强度，横坐标为相应的应力循环次数，曲线的渐近线代表应力循环即使反复无穷多次，试件仍然不会破坏，这就是疲劳强度极限。

3）应力幅与应力循环次数的关系

由应力幅 $\Delta\sigma$ 与应力循环次数 n 的关系（图 2-12）可知：应力幅 $\Delta\sigma$ 越大，破坏时循环次数 n 越少。

4）容许应力幅

由于不同类型钢构件或连接的疲劳强度各不相同，为便于设计，《钢结构设计标准》GB 50017—2017 按连接方式、受力特点和疲劳强度，将其分为 8 类，且其中第 1 类疲劳

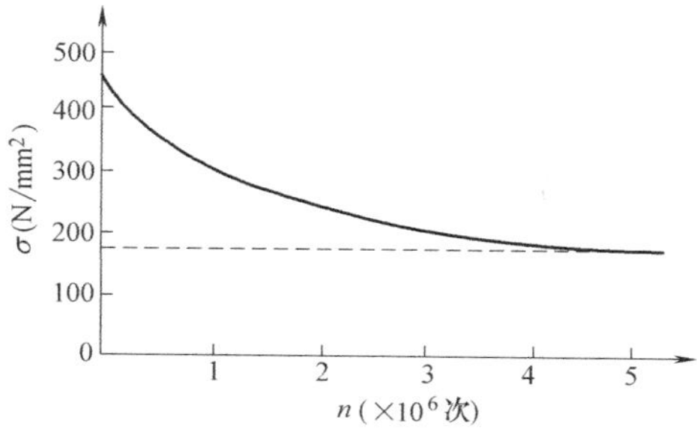

图 2-11　疲劳强度极限

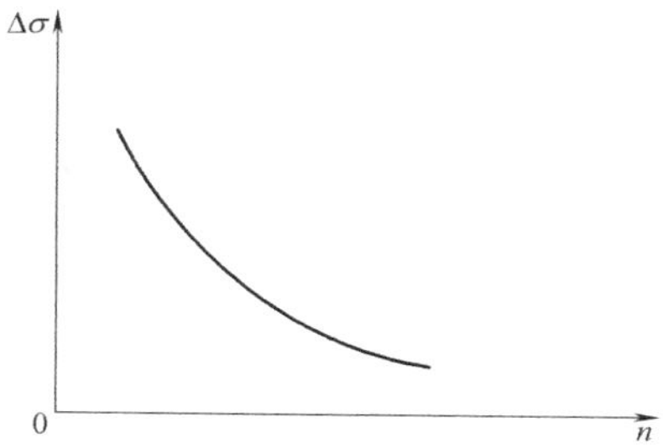

图 2-12　$\Delta\sigma$-n 曲线

性能最优，第 8 类最差。

验算疲劳不采用以概率理论为基础的设计方法，而采用容许应力设计方法，即采用标准荷载进行弹性分析求内力（并不考虑任何动力系数），用容许应力幅作为疲劳强度。

《钢结构设计标准》GB 50017—2017 采用容许应力幅的方法计算疲劳，见式（2-9）。

$$[\Delta\sigma]=\left(\frac{C}{n}\right)^{1/\beta} \tag{2-9}$$

式中　$[\Delta\sigma]$——常幅疲劳的容许应力幅；

n——应力循环次数；

C、β——与构件和连接类别有关的系数，由表 2-1 查得。

参数 C、β　　**表 2-1**

构件和连接类别	1	2	3	4	5	6	7	8
C	1940×10^{12}	861×10^{12}	3.26×10^{12}	2.18×10^{12}	1.47×10^{12}	0.96×10^{12}	0.65×10^{12}	0.41×10^{12}
β	4	4	3	3	3	3	3	3

5）常幅疲劳计算

长期以来以最大应力 σ_{max} 和应力循环特性 ρ 作为疲劳验算的重要依据，但随着焊接结构的广泛应用，多数国家已经转为按应力幅 $\Delta\sigma$ 进行验算。大量试验表明：焊接结构的疲劳破坏并不是名义上的最大应力重复作用的结果，而是焊缝处足够大的实际应力幅值重复作用的结果，这里残余应力的存在不容忽视，应力集中造成的高峰应力对疲劳性能十分不利。

对焊接结构的焊接部位的常幅疲劳，按下式计算：

$$\Delta\sigma=\sigma_{max}-\sigma_{min}\leqslant[\Delta\sigma] \tag{2-10}$$

式（2-10）表示：当作用于计算部位的设计应力幅小于等于容许应力幅时，不会发生疲劳破坏。

对非焊接部位为折算应力幅验算，见式（2-11）。

$$\Delta\sigma=\sigma_{max}-0.7\sigma_{min} \tag{2-11}$$

式中　σ_{max}——计算部位每次应力循环中的最大拉应力（取正值）；

σ_{min}——计算部位每次应力循环中的最小拉应力（取正值）或压应力（取负值）；

$[\Delta\sigma]$——常幅疲劳的容许应力幅。

（3）变幅疲劳

前述分析皆为常幅疲劳，但实际工程中，如厂房吊车梁所承受的荷载常低于计算荷载，性质为变幅的，即为变幅疲劳。变幅疲劳的应力谱曲线如图 2-13 所示。

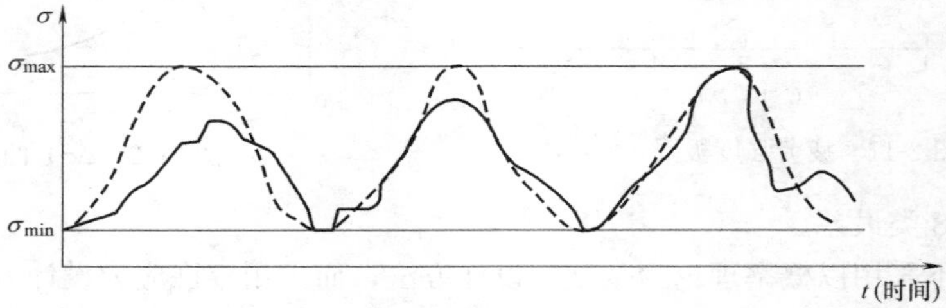

图 2-13　变幅疲劳的应力谱

对于变幅疲劳的计算，常将变幅疲劳折算为等效的常幅疲劳，之后按常幅疲劳公式验算。

为便于设计，《钢结构设计标准》GB 50017—2017 规定：重级工作制吊车梁和重级、中级工作制吊车桁架的疲劳，可作为常幅疲劳按下式计算。

$$\alpha_f \Delta\sigma \leqslant [\Delta\sigma]_{2\times10^6} = \left(\frac{C}{2\times10^6}\right)^{1/\beta} \tag{2-12}$$

式中　α_f——欠载效应系数。《钢结构设计标准》GB 50017—2017 规定：对重级工作制的硬钩吊车（如均热炉车间夹钳吊车）取 1.0，重级工作制的软钩吊车取 0.8，中级工作制吊车取 0.5；

$[\Delta\sigma]_{2\times10^6}$——循环次数 $n=2\times10^6$ 次的容许应力幅，按表 2-2 采用。

循环次数 $n=2\times10^6$ 次的容许应力幅　　**表 2-2**

构件和连接类别	1	2	3	4	5	6	7	8
$[\Delta\sigma]_{2\times10^6}$	176	144	118	103	90	78	69	59

【例 2-1】 某承受轴心拉力的钢板，截面为 400mm×200mm，Q355 钢，因长度不够而用横向对接焊缝接长，如图 2-14 所示，焊缝质量等级为一级，但表面未进行磨平加工，预期循环次数 $n=10^6$ 次，荷载标准值 $N_{max}=1350$kN，$N_{min}=0$kN，荷载设计值 $N=1800$kN，要求进行疲劳计算。

【解】 由附录 A，横向对接焊缝附近的主体金属当焊缝表面未经加工但质量等级为一级时，计算疲劳时属第 3 类。查表 2-1 得 $C=3.26\times10^{12}$，$\beta=3$。

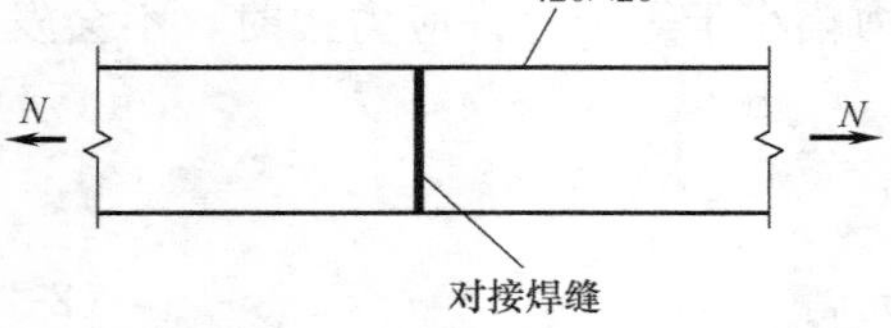

图 2-14　例 2-1 图

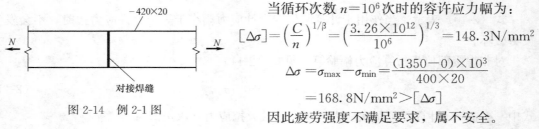

当循环次数 $n=10^6$ 次时的容许应力幅为：

$$[\Delta\sigma]=\left(\frac{C}{n}\right)^{1/\beta}=\left(\frac{3.26\times10^{12}}{10^6}\right)^{1/3}=148.3\text{N/mm}^2$$

$$\Delta\sigma=\sigma_{max}-\sigma_{min}=\frac{(1350-0)\times10^3}{400\times20}$$

$$=168.8\text{N/mm}^2>[\Delta\sigma]$$

因此疲劳强度不满足要求，属不安全。

若对焊缝表面进行加工磨平，则计算疲劳时由附录 A 可知为第 2 类，即 $C=861\times 10^{12}$，$\beta=4$，因而

$$[\Delta\sigma]=\left(\frac{C}{n}\right)^{1/\beta}=\left(\frac{861\times 10^{12}}{10^6}\right)^{1/4}=171.3\text{N/mm}^2$$

符合 $\Delta\sigma=[\Delta\sigma]$，因此疲劳强度满足要求。

可见焊缝表面进行加工、磨平可提高疲劳强度。

2.4.8 影响钢材性能的因素

在一般情况下钢结构常用的结构钢既有较高的强度，又有很好的塑性和韧性，是理想的承重结构材料，但是有很多因素会影响钢材的机械性能，引起塑性和韧性降低，促使发生脆性破坏。总之影响钢材性能的主要因素之其一是化学成分，其二是金相组织和晶粒度。前者由钢材冶炼过程决定，后者除与冶炼有关外，还受其轧制和其后的热处理影响。

（1）建筑钢材的化学成分对钢材性能的影响

钢中主要元素是铁（99%），其余是各种元素（1%），钢是以铁和碳为主要成分的合金，虽然碳和其他元素所占比例甚少，但却左右着钢材的性能。

1）有益成分

碳（C）：普通碳素钢中的重要元素，通常以固溶体、化合物及机械混合物等形式存在。它对钢材机械性能的影响：土木工程中，C≤0.8%，在此范围内，随着含 C 量的增加，强度和硬度提高，塑性和韧性降低，可焊性降低，冷脆性和时效敏感性增加，抵抗大气腐蚀性减弱。碳素钢按碳的含量可分为：小于 0.25%的钢为低碳钢，介于 0.25%和 0.6%之间的钢为中碳钢，大于 0.6%的钢为高碳钢。标准推荐的钢材含碳量均不超过 0.22%，对于焊接结构则严格控制在 0.2%以内。

硅（Si）：有益元素，在普通碳素钢中，它是一种强脱氧剂，常与锰共同除氧，生产镇静钢。适量的硅可以细化晶粒，提高钢的强度，而对塑性、韧性、冷弯性能和焊接性能无显著不良影响；过量的硅会恶化焊接性能和抗锈蚀性能。硅的含量在一般镇静钢中为 0.12%～0.30%，在低合金钢中为 0.2%～0.55%。简言之，硅含量小于 1%时，可提高钢的强度，但对塑性和韧性影响不大。

锰（Mn）：有益元素，在普通碳素钢中，它是一种弱脱氧剂，可提高钢材强度，消除硫引起的热脆性，改善热加工性能，同时不显著降低其塑性和韧性。锰还是我国低合金钢的主要合金元素，其含量一般在 1%～2%内，但锰对焊接性能不利，因此含量也不宜过多。

钒（V）、钛（Ti）、铌（Ni）：属于微量元素，在钢中形成微细碳化物，加入适量能起细化钢的晶粒和弥散强化作用，故而密实钢的组织，提高钢的强度和韧性，又可保持其良好的塑性。

铬（Cr）：既是提高钢材强度的合金元素，又可提高钢的耐腐蚀性。

2）有害成分

磷（P）：炼铁原料中带入的杂质。它的一部分固溶于铁素体中，另一部分以 Fe_3P 形态存在，使钢在常温下的强度和硬度增加，塑性、韧性、冷弯性能和焊接性能显著降低，

此作用在低温时尤甚（钢在低温使用下突然断裂），称“冷脆”，因此磷的含量要严格控制，一般应控制在0.050%以内，在焊接结构中应控制在0.045%以内。但磷的存在使钢易切削，与铜共存时，耐蚀性提高。

硫（S）：有害元素，常以FeS形式存在于钢中。由于其熔点低，使钢在热轧时突然断裂，称热脆；此外硫也会降低钢材的冲击韧性、疲劳强度、抗锈蚀性能和焊接性能等。因而应严格控制其含量，一般不允许超过0.055%，焊接结构中不允许超过0.050%。

氧（O）：以FeO形式存在于钢中，使钢的强度、焊接性、冷弯性能变差。其影响与S类似使钢热脆，因此其含量均应严格控制，一般控制在0.050%以内。

氮（N）：主要嵌溶于铁素体中，呈化合物形式存在，它能使钢的强度提高，韧性、塑性降低，其影响与P类似，含量需严格控制，含量不应超过0.008%。

（2）冶金缺陷

钢材常见的冶金缺陷有偏析、非金属夹杂、分层、气泡、裂纹。

偏析：钢材中化学成分（有害成分）分布的不一致和不均匀性称为偏析。偏析使钢材的性能变化，特别是P、S的偏析将降低钢材的塑性、冷弯性能、冲击韧性和可焊性能。沸腾钢的偏析一般比镇静钢严重。

非金属夹杂：非金属夹杂物的存在，对钢材的性能很不利。常见的钢中混有硫化物、氧化物等杂质，前者使钢材在800～1200℃高温下变脆，后者降低钢材的力学性能和工艺性能。

分层：沿厚度方向形成的层间并不相互脱离的分层，不影响垂直于厚度方向的强度，但会显著降低钢材的冷弯性能。在分层的夹缝处还易被锈蚀，在应力作用下锈蚀将加速，甚至形成裂纹，严重降低钢材的冲击韧性、疲劳强度和抗脆断能力。如钢板（厚度大于40mm）沿厚度出现薄弱层，将导致层状撕裂。

气泡：指浇注时气体不能充分逸出而留在钢锭中形成的缺陷。

裂纹：无论是微观的还是宏观的裂缝，均使钢材的冷弯性能、冲击韧性和疲劳强度显著降低，并增加钢材脆性破坏的危险性，危害最严重。

（3）钢材硬化

引起钢材硬化，主要有时效硬化、冷作硬化、应变时效硬化三种情况。

时效硬化：在高温时熔化于铁中的少量氮和碳，随时间的推移逐渐从铁中析出，形成氮化物和碳化物微粒，散布在晶粒的滑动面上，阻碍滑移，遏制纯铁体的塑性变形发展，从而使钢材的屈服强度和抗拉强度提高，而塑性和冲击韧性下降，这种现象称为时效硬化，即老化，发生时效硬化的过程一般很长，在自然条件下可延续几十年。

冷作硬化：常用冷拉、冷拔、冷弯、冲孔和机械剪切等冷加工方法使钢材产生很大的塑性变形，提高了钢材的屈服点，而塑性和韧性降低的现象称为冷作硬化，即应变硬化，应变硬化增加了钢材脆性破坏的危险。

应变时效硬化：在钢材产生一定的塑性变形后，晶体中的固溶氮和碳将更容易析出，时效硬化加速进行，故而应变时效硬化是冷作硬化后又加时效硬化，即应变硬化和时效硬化的复合作用。

无论哪一种硬化，都会降低钢材的塑性和韧性，对钢材不利，并且一般钢结构并不利用硬化来提高强度；对于特殊或重要的结构，往往还要采取刨边或扩钻的措施，以消除或减轻硬化的不良影响。

（4）温度的影响

温度升高，钢材强度及弹性模量降低，塑性和韧性提高；相反温度降低，钢材强度会略有增加，塑性和韧性却会降低，使钢材变脆（图 2-15）。

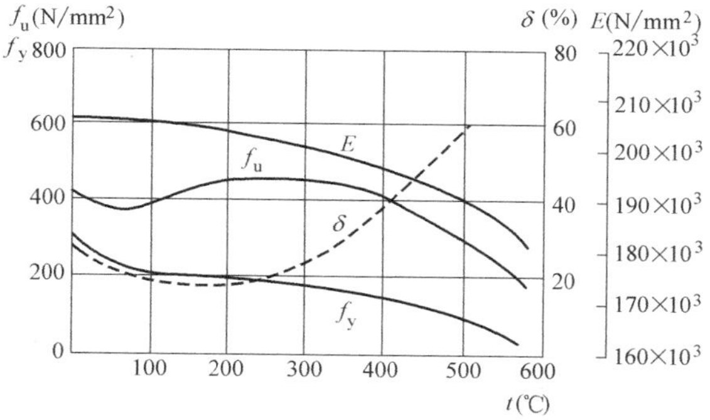

图 2-15　温度对钢材性能的影响

在 200℃以内，钢材性能变化不大；超过 430℃后，钢材强度和弹性模量显著下降，塑性显著上升；到 600℃上，钢材强度很低，几乎为零，塑性急剧上升，表现为丧失承载力。

钢材在 250℃附近，钢材强度有所提高，而塑性相应降低，钢材性能转脆，由于在这个温度下，钢材表面氧化膜呈蓝色，故称“蓝脆现象”，因此钢材应避免在这个温度区进行热加工。

钢材在 260～320℃时，在应力持续不变的情况下，钢材以很缓慢的速度继续变形，这种现象称为徐变现象。从 200℃以内钢材性能无变化来看，工程结构表面所受辐射温度应不超过这一温度，设计时规定以 150℃为适宜，超过该温度钢结构表面需加设隔热保护层。

在负温度范围内（0℃以下），随着温度降低，钢材的强度虽有提高，但塑性和韧性降低，材料逐渐变脆，这种性质称为低温冷脆。

（5）应力集中

钢材拉伸试验是采用经机械加工的光滑圆形或板状试件，在轴拉作用下截面应力分布均匀，但实际中由于钢结构存在着孔洞、刻槽、凹角、裂纹以及厚度的突然改变，此时构件中的应力不再保持均匀分布，而是某些区域产生局部高峰应力，而另外一些区域则应力降低，即应力集中现象（图 2-16）。应力集中往往引起脆性破坏，故在设计中应采取措施避免或减小应力集中，并选用质量优良的钢材。

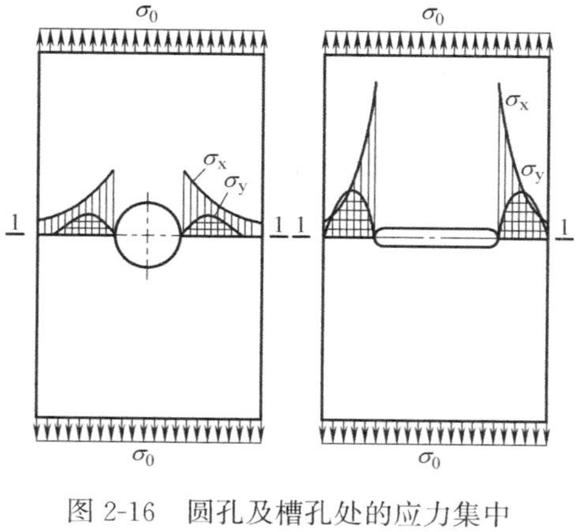

图 2-16　圆孔及槽孔处的应力集中

σ_x：沿 1-1 纵向应力；σ_y：沿 1-1 横向应力

（6）反复荷载作用

钢材在反复荷载作用下，结构的抗力及性

能都会发生重要变化，甚至发生疲劳破坏，即在连续反复荷载作用下，当应力低于抗拉强度甚至低于屈服强度时，钢材会发生破坏，称为钢材的疲劳破坏，疲劳破坏前钢材并无明显的变形和局部收缩，与脆性破坏一样，是一种突然发生的断裂。

2.5 结构钢材的种类、规格和选用

2.5.1 建筑钢材的种类

我国建筑用钢主要为碳素结构钢、低合金高强度结构钢和建筑结构用钢板三种。优质碳素结构钢在冷拔低碳钢丝和连接用紧固件中也有应用。

（1）碳素结构钢

按照国家标准《碳素结构钢》GB/T 700—2006 根据钢材厚度（直径）小于等于16mm 时的屈服点数值，普通碳素钢分为 Q195、Q215、Q235 和 Q275 四个牌号。钢结构一般用 Q235 钢，其含碳量在 0.22%以下，属于低碳钢，其钢材的强度适中，塑性、韧性均较好；该牌号钢材根据其化学成分和冲击韧性的不同划分为 A、B、C、D 四个质量等级，其中 D 级最优，A 级最差；根据不同的质量等级分别规定化学成分 C、Mn、S、P 的含量；在脱氧方法上，A、B 级按脱氧程度分为沸腾钢（F），半镇静钢（b），C、D 级则分为镇静钢（Z）和特殊镇静钢（TZ）；在机械性能上，A 级钢材仅保证拉伸试验（f_y、f_u 和 δ），不做冲击试验，冷弯试验也只在使用方要求时才进行，B、C、D 级钢材还应分别保证 20℃、0℃和－20℃的冲击韧性值和冷弯性能合格。如 Q235 中 A、B 级有沸腾钢、半镇静钢，C 级全部为镇静钢，D 级全部为特殊镇静钢。

钢材牌号表示方法由字母 Q、屈服点数值（N/mm^2）、质量等级代号（A、B、C、D）及脱氧方法代号（F、b、Z、TZ）四个部分组成，即碳素结构钢的表示方法为“Q＋屈服强度＋质量等级＋脱氧方法”，如钢号的代表意义如下：Q235-BF 表示屈服点为 235N/mm^2 的 B 级沸腾碳素结构钢。

（2）低合金高强度结构钢

国家标准《低合金高强度结构钢》GB/T 1591—2018 将低合金钢分为 Q355、Q390、Q420、Q460、Q500、Q550、Q620、Q690 八种牌号，板材厚度不大于 16mm 的相应牌号的屈服点与碳素结构钢相应强度等级的钢相同。这些钢的含碳量均不大于 0.20%，主要通过添加少量的几种合金元素达到提高强度的目的，由于合金元素的总量低于 5%，故而称为低合金高强度钢。其中 Q355、Q390、Q420 均按化学成分和冲击韧性各划分为 A、B、C、D、E 共 5 个质量等级，且字母顺序越靠后的钢材质量越高，相对于碳素结构钢而言，低合金高强度钢增加了 1 个等级 E，E 级钢主要是要求－40℃的冲击韧性。由于 Q355、Q390、Q420 这三种牌号均有较高的强度和较好的塑性、韧性、焊接性能，被标准选为承重结构用钢，且这三种钢的牌号命名与碳素钢类似，只是低合金高强度结构钢均为镇静钢，因此牌号中不注明脱氧方法，如 Q355-E 表示屈服点为 345N/mm^2 的 E 级低合金高强度结构钢。常用的低合金钢 16Mn 为 Q355，15MnV 为 Q390。

（3）建筑结构用钢板

按现行国家标准《建筑结构用钢板》GB/T 19879—2015 生产的钢材共有 Q235GJ、

Q345GJ、Q390GJ、Q420GJ、Q460GJ 五个牌号，且板材厚度不大于 16mm 的相应牌号的钢材屈服点也与碳素结构钢和低合金高强度结构钢相应强度等级的钢相同；各强度级别又分为 Z 向和非 Z 向钢，Z 向钢有 Z15、Z25、Z35 三个等级，表示其厚度方向断面收缩量（三个试样的平均值）分别不小于 15%、25%、35%；各牌号又按不同冲击试验要求分为不同质量等级。

该钢材的牌号由屈服点、高性能、建筑的汉语拼音字母、屈服点数值、质量等级符号组成；对于有厚度方向性能要求的钢板，在质量等级符号后加上 Z 向钢级别。如 Q345GJCZ15：其中 Q、G、J 分别为屈服点、高性能、建筑的首个汉语拼音字母；345N/mm^2 为屈服点数值；C 对应于 0℃冲击试验温度要求的质量等级，Z15 为厚度方向性能级别。

该钢板有害的 P、S 元素含量少，纯净度高，且轧制过程控制严格，故具有强度高，强度波动小，强度厚度效应小，塑性、韧性、焊接性能好等优点，是一种高性能钢材，尤其适用于地震区高层大跨等重大钢结构工程。考虑到与现行钢结构设计标准相适应，建议选择前 4 种牌号钢材为承重结构用钢，其化学成分、力学性能和可焊性要求均应符合现行《建筑结构用钢板》GB/T 19879—2015 的有关规定。

（4）优质碳素结构钢

优质碳素结构钢以不热处理或热处理（正火、退火或高温回火）状态交货，要求热处理状态交货的应在合同中注明，未注明者按不热处理交货，如用于高强度螺栓的 45 号优质碳素结构钢需经热处理，强度较高，对塑性和韧性又无显著影响。

优质碳素结构钢与碳素结构钢的主要区别在于钢中含杂质元素较少，P、S 等有害杂质元素的含量均不大于 0.035%，且其他缺陷的限制也较严格，故具有较好的综合性能。按现行国家标准《优质碳素结构钢》GB/T 699—2015 生产的钢材分为两大类：第一类为普通含锰量的钢；第二类为较高含锰量的钢。两类钢号均用两位数表示，表示钢中的平均含碳量的万分数，第一类钢数字后不加 Mn，第二类钢数字后加 Mn；如 45 钢表示平均含碳量为 0.45%的优质碳素钢；45Mn 钢则表示同样含碳量、锰含量较高的优质碳素钢。由于此钢种成本较高，钢结构中使用较少，仅用经热处理的优质碳素结构钢冷拔高强钢丝或制作高强度螺栓、自攻螺钉等。

（5）其他建筑用钢

对于一些复杂或大跨度的建筑钢结构，有时需要用到铸钢。按《钢结构设计标准》GB 50017—2017 规定：铸钢在钢结构中应用时间不长，主要用于大型空间结构的复杂节点和支座，用于焊接结构的铸钢按国家标准《焊接结构用铸钢件》GB/T 7659—2010 生产；用于非焊接结构的铸钢件分为碳素钢和低合金钢两类，其国家标准的代号分别为《一般工程用铸造碳钢件》GB/T 11352—2009 和《一般工程与结构用低合金钢铸件》GB/T 14408—2014；处于外露环境对耐腐蚀有特殊要求或在腐蚀性气、固态介质作用下的承重结构采用耐候钢时，应满足国家标准《耐候结构钢》GB/T 4171—2008 的规定；当焊接承重结构为防止钢材的层状撕裂而采用 Z 向钢时，应满足国家标准《厚度方向性能钢板》GB/T 5313—2010 的规定。

2.5.2 建筑钢材的规格

钢结构所用的钢材主要为热轧成形的钢板、型钢以及冷弯（或冷压）成形的薄壁型钢。

（1）钢板

用光面辊轧轧制而成的扁平钢称为钢板。土木工程用的钢种主要是碳素结构钢，对于某些重型结构、大跨度桥梁等也采用低合金钢。

钢板的表示方法：一宽×厚×长，单位为“mm”，如：— 600×10×1200。

厚钢板：厚度 4.5～60mm，宽度 600～3000mm，长度 4～12m，常用作大型梁、柱等实腹式构件的翼缘和腹板以及节点板（即用于型钢的连接与焊接，组成钢结构承力构件）等。

薄钢板：厚度 0.35～4mm，宽度 500～1500mm，长度 0.5～4m，常用作制作冷弯薄壁型钢的原料或可用作屋面或墙面等围护结构。

扁钢板：厚度 4～60mm，宽度 12～200mm，长度 3～9m，可用作焊接组合梁、柱的翼缘板、各种连接板、加劲肋等。

（2）热轧型钢

常用的型钢有角钢、工字钢、H 型钢、槽钢和钢管等。我国建筑用热轧型钢主要采用碳素结构钢和低合金钢，在碳素结构钢中主要采用 Q235-A（含碳量约为 0.14%～0.22%），其强度较适中，塑性和可焊性较好，而且冶炼容易，成本低廉，适合土木工程使用；在低合金钢中主要采用 Q355（16Mn）和 Q390（15MnV），可用于大跨度、承受动荷载的钢结构中。

1）角钢

角钢，用“∟”表示。角钢分为等边（等肢）和不等边（不等肢）两种。等边角钢的表示方法：∟边宽×厚度，单位为 mm，如∟125×8；不等边角钢的表示方法：∟长边宽×短边宽×厚度，单位为 mm，∟125×80×8。角钢主要用来制作桁架等格构式结构的杆件和支撑等连接杆件。

2）工字钢

常用的工字钢有普通工字钢、轻型工字钢和 H 型钢三种。

普通工字钢的型号用符号“I”后加“号数”（号数即为其截面高度的厘米数）来表示。20 号和 32 号以上的工字钢，同一号数分别有两种或三种不同的腹板厚度可供选用，分别为 a、b 或 a、b、c。如 I20a（b），I32a（b、c）；其中 I20a 表示高度为 200mm，腹板厚度为 a 类的工字钢。普通工字钢的型号为 10～63 号，供应长度为 5～19m。

轻型工字钢的腹板和翼缘均较普通工字钢薄，因而在相同重量下其截面模量和回转半径均较大，轻型工字钢用“QI”表示。轻型工字钢的型号为 10～70 号，供应长度也为 5～19m。

H 型钢是世界各国使用很广泛的热轧型钢，H 型钢与普通工字钢相比，其翼缘的内外边缘平行，截面抗弯性能高，便于与其他构件相连；H 型钢与焊接工字钢相比是成品钢材，减小制造工作量且降低残余应力和残余变形。

H 型钢分为宽翼缘 H 型钢（代号 HW，翼缘宽度 B 与截面高度 H 相等）；中翼缘 H 型钢（代号 HM，$B=(1/2\sim2/3)H$）；窄翼缘 H 型钢（代号 HN，$B=(1/3\sim1/2)H$）。各种 H 型钢均可剖分为 T 型钢供应，对应于宽翼缘、中翼缘、窄翼缘，其代号分别为 TW、TM、TN。宽翼缘和中翼缘 H 型钢可用于钢柱等受压构件；窄翼缘 H 型钢则适用于钢梁等受弯构件。

H 型钢和部分 T 型钢的规格标记均采用高 H×宽 B×腹板厚 t_1×翼缘厚 t_2 来表示，单位为“mm”；如 HM340×250×9×14，其部分 T 型钢为 TM170×250×9×14；HW400×400×13×21，其部分 T 型钢为 TW200×400×13×21 等。供货长度可与生产厂家协商，通常定尺长度为 12m，且目前国内生产的最大型号 H 型钢为 HN1000×300×21×40。

3）槽钢

槽钢，用“［”表示。分为普通槽钢和轻型槽钢（Q［）两种；槽钢是以其截面高度的厘米数编号。14 号和 25 号以上的普通槽钢同一号数又分为 a、b 和 a、b、c 三种规格，随 a、b、c 的次序，槽钢腹板厚度和翼缘宽度以 2mm 递增，如［32a（b、c）；其中“［32a”指截面高度 320mm，腹板较薄的槽钢；目前国内生产的最大型号为［40c，供货长度为 5～19m。槽钢适用于作檩条等双向受弯构件，也可用其组成格构式构件。

4）钢管

钢管有无缝钢管和焊接钢管两种，用 Φ 外径×厚度表示，单位为“mm”；如 Φ400×6。由于回转半径较大，常用作桁架、网架、网壳等平面和空间格构式结构的杆件；也应用于钢管混凝土柱中。国产热轧无缝钢管标准系列的最大外径为 610mm，供货长度为 3～12m。

（3）冷弯薄壁型钢

冷弯薄壁型钢（图 2-17）常采用壁厚为 1.5～6mm 的薄钢板（Q215、Q235 或 Q355 钢）或钢带经冷轧（弯）或模压而成。由于其截面形式及尺寸均可按受力特点合理设计，能充分利用其钢材的强度，节约钢材，特别经济，故而广泛应用于国内外轻钢建筑结构中。有角钢、槽钢等开口薄壁型钢及方形、矩形等空心薄壁型钢，可用于轻型钢结构中。其实冷弯薄壁型钢的壁厚并无特别的限制，主要取决于加工设备的能力，近年来冷弯高频焊接圆管和方、矩形管的生产和应用在国内有了较快的发展，故而冷弯型钢的壁厚已达到 12.5mm，且部分壁厚可达到 22mm，而国外壁厚已用到 25.4mm。

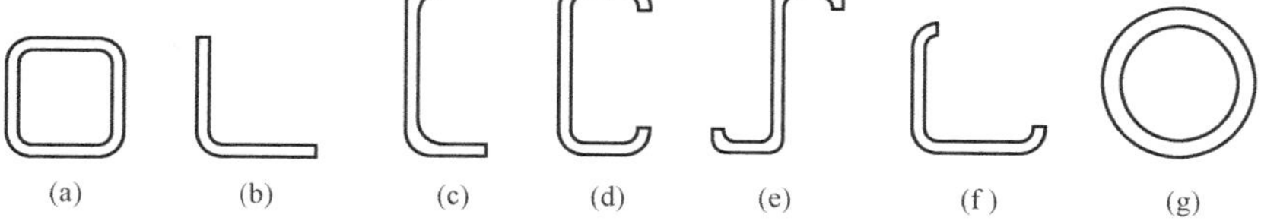

图 2-17　热轧型钢截面

（4）压型钢板

压型钢板用厚度为 0.4～1.6mm 的钢板、镀锌钢板、彩色涂层钢板经冷轧（压）成的各种类型的波形板，在建筑上一般用作轻型屋面板、楼板、墙面等围护结构；还可将其与保温材料等复合制成复合墙板等，用途十分广泛。

2.5.3　建筑钢材的选用原则

钢材的选用必须慎重，既要确保结构物的安全可靠，又要经济合理。为了保证承重结构的承载能力，防止在一定条件下出现脆性破坏，钢材选用时应考虑以下因素：

（1）结构或构件的重要性（安全等级高的选用质量等级好的钢材）；

（2）荷载性质情况（区分动荷载和静荷载）；

（3）连接方法（区分焊接和非焊接，需控制 C、S、P 的含量）；

（4）工作条件（温度变化，腐蚀性介质等）；

（5）符合国情（充分利用国内已有材料）。

一般来说，对于直接承受动力荷载的构件和结构（如吊车梁、工作平台梁或直接承受车辆荷载的栈桥构件等）、重要的构件或结构（如桁架、屋盖楼面大梁、框架横梁及其他受拉力较大的类似结构和构件等）、采用焊接连接的结构以及处于低温下工作的结构，应采用质量较高的钢材。

对承受静力荷载的受拉及受弯的重要焊接构件和结构，宜选用较薄的型钢和板材；当选用的型钢和板材厚度较大时，宜采用质量较高的钢材，目的是防止钢材中较大的残余拉应力和缺陷等与外力共同作用形成的空间拉应力场而引发脆性破坏。

承重结构采用的钢材应具有抗拉强度、伸长率、屈服强度和 P、S 含量的合格保证，对焊接结构尚应具有含碳量的合格保证。焊接承重结构以及重要的非焊接承重结构采用的钢材，还应具有冷弯试验的合格保证。对于承受动荷载的结构，处于低温环境的结构，应选择韧性好、脆性临界温度低、疲劳极限较高的钢材；对于焊接结构，应选择可焊性较好的钢材。

本章小结

（1）钢材常出现两种破坏形式：塑性破坏和脆性破坏，脆性破坏为变形小的突然性断裂，危险性大，故在设计、制造与安装中应采取措施予以避免。

（2）钢材的生产包括烧结、炼铁、炼钢、连铸（模铸）、轧钢等工艺流程。

（3）钢结构对材料的要求：强度、塑性、韧性、工艺性能。

（4）钢材的主要性能有抗拉、抗弯、冲击韧性、可焊性、硬度、耐疲劳性等。

（5）影响钢材性能的主要因素。

（6）钢材种类繁多，但适用于钢结构只有碳素结构钢和低合金高强度结构钢中的几种牌号，以及性能较优的其他几种专用结构钢。

（7）钢材应根据结构或构件的重要性、荷载性质、连接方法、工作条件等合理选用。

复习思考题

2-1　引起钢材脆性破坏的主要因素有哪些？如何防止脆性破坏的发生？

2-2　简述建筑钢结构对钢材有哪些要求？规范推荐使用的钢材有哪些？

2-3　钢材的主要力学性能指标有哪些？简要说明相应指标的测定方法。

2-4　影响钢材性能的主要化学成分有哪些？C、S、P 元素对钢材性能有哪些影响？

2-5　解释名词“钢材的可焊性”，并说明影响钢材焊接性能的化学元素有哪些？

2-6　钢材力学性能随温度是如何变化的？

2-7　名词解释：①碳素结构钢；②低合金高强度结构钢；③建筑结构用钢板；④应

力集中；⑤疲劳断裂；⑥等效应力幅。

2-8　为什么合金钢无沸腾钢和镇静钢之分？

2-9　钢材的选用应考虑哪些因素？

2-10　某承受轴心拉力的钢板，截面为 400mm×20mm，Q355B，因长度不够而用横向对接焊缝接长，焊缝质量等级为一级，但表面未进行磨平加工，钢板承受重复荷载，预期循环次数 $n=10^6$ 次，荷载标准值 $N_{max}=1200kN$，$N_{min}=-200kN$，试进行疲劳计算。

第 3 章 钢结构的连接

【教学目标】 本章主要介绍了钢结构连接的主要方式、特性、构造及焊接应力与焊接变形，叙述了焊接连接中角焊缝、对接焊缝及螺栓连接中普通螺栓、高强度螺栓连接的受力特性及其设计计算，并给出了相应的计算公式。通过学习本章使学生了解钢结构连接的主要方式、特性、构造及焊接应力与焊接变形，掌握角焊缝、对接焊缝、普通螺栓、高强度螺栓连接的受力特性及其设计计算。

3.1 钢结构的连接方法

钢结构是由钢板、型钢通过组合连接成为构件，再通过安装连接成为整体结构骨架。连接（图 3-1）往往是传力的关键部位，因此连接部位应有足够的强度、刚度及延性。连接构件间应保持正确的相对位置，以满足传力和使用要求。选定合适的连接方案和节点构造是钢结构设计中重要的环节。连接设计不合理，将使结构的计算简图与真实情况相差很远；连接强度不足，将使连接破坏，导致整个结构迅速破坏。这将会影响整个钢结构的造价、安全和寿命。

图 3-1 钢结构的连接

设计时应根据连接节点的位置及其所要求的强度和刚度，合理地确定连接方式及节点的细部构造和计算方法，并应注意以下几点：(1) 连接的设计应与结构内力分析时的假定一致；(2) 结构的荷载内力组合应能提供连接的最不利受力工况；(3) 连接的构造应传力直接，各零件受力明确，并尽可能避免严重的应力集中；(4) 连接的计算模型应能考虑刚度不同的零件间的变形协调；(5) 构件相互连接的节点应尽可能避免偏心，不能完全避免时应考虑偏心的影响；(6) 避免在结构内产生过大的残余应力，尤其是约束造成的残余应力，避免焊缝过度密集；（7）厚钢板沿厚度方向受力容易出现层间撕裂，节点设计时应予以充分注意；（8）连接的构造应便于制作、安装，综合造价低。

钢结构中所用的连接方法有：焊缝连接、螺栓连接和铆钉连接，如图 3-2 所示。最早的连接方法是螺栓连接，分为普通螺栓连接和高强度螺栓连接。目前以焊缝连接为主，铆钉连接已很少采用。

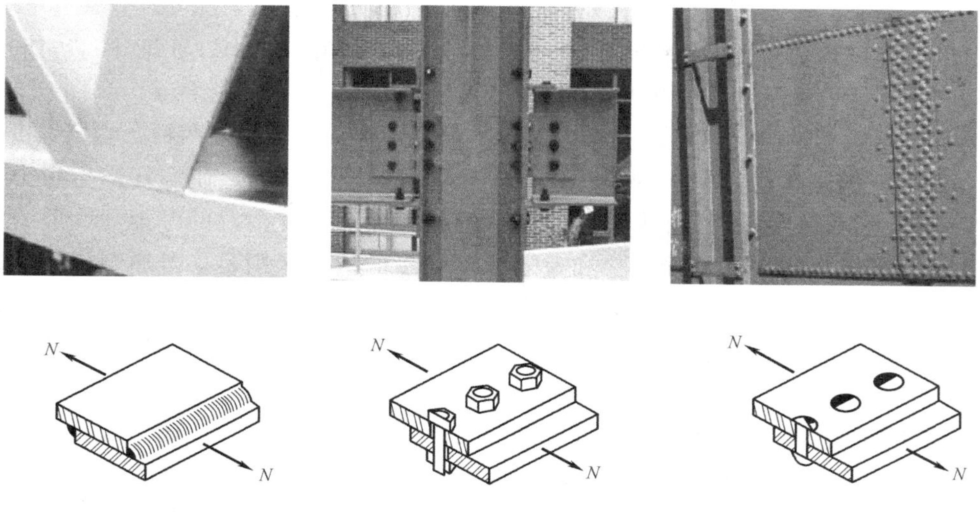

(a) (b) (c)

图 3-2　钢结构的连接方法

（a）焊缝连接；（b）螺栓连接；（c）铆钉连接

焊接连接是目前钢结构最主要的连接方式，它的优点是任何形状的结构都可用焊缝连接，构造简单。焊接连接一般不需拼接材料，不削弱构件截面、省料省工，而且能实现自动化操作，生产效率较高。而且连接的密封性好、刚度大。缺点是焊接残余应力和残余变形对结构有不利影响，焊接结构的低温冷脆问题也比较突出。因此对钢材材性要求较高，高强度钢更要有严格的焊接程序，焊缝质量要通过多种途径的检验来保证。

螺栓连接分普通螺栓连接和高强度螺栓连接。普通螺栓（图 3-3）连接的优点是施工简单，拆装方便。缺点是用钢量多。适用于安装连接和需要经常拆装的结构。普通螺栓分 C 级螺栓和 A、B 级螺栓两种。C 级螺栓一般用 Q235 钢（用于螺栓时也称为 4.6 级）制成。A、B 级螺栓一般用 45 号钢和 35 号钢（用于螺栓时也称 8.8 级）制成。A、B 两级的区别只是尺寸不同，其中 A 级包括 $d \leqslant 24mm$，且 $L \leqslant 150mm$ 的螺栓，B 级包括 $d > 24mm$ 或 $L > 150mm$ 的螺栓，d 为螺栓直径，L 为螺栓长度。C 级螺栓加工粗糙，尺寸不够准确，

图 3-3　螺栓

只要求Ⅱ类孔，成本低，栓径和孔径之差设计规范未作规定，通常取1.5～2.0mm。由于螺栓杆与螺孔之间存在着较大的间隙，传递剪力时，连接较早产生滑移，但传递拉力的性能仍较好，所以C级螺栓广泛用于承受拉力的安装连接，不重要的连接或用作安装时的临时固定。A、B级螺校需要机械加工，尺寸准确，要求Ⅰ类孔，栓径和孔径的公称尺寸相同，容许偏差为0.18～0.25mm间隙。这种螺栓连接传递剪力的性能较好，变形很小，但制造和安装比较复杂，价格昂贵，目前在钢结构中较少采用。

Ⅰ类孔的精度要求为连接板组装时，孔口精确对准，孔壁平滑，孔轴线与板面垂直。质量达不到Ⅰ类孔要求的都为Ⅱ类孔。

高强度螺栓分高强度螺栓摩擦型连接、高强度螺栓承压型连接两种，均用强度较高的钢材制作，安装时通过特制的扳手，以较大的扭矩上紧螺帽，使螺杆产生很大的预应力，预应力把被连接的部件夹紧，使部件的接触面间产生很大的摩擦力，外力可通过摩擦力来传递。高强度螺栓连接和普通螺栓连接的主要区别是：普通螺栓扭紧螺帽时螺栓产生的预拉力很小，由板面挤压力产生的摩擦力可以忽略不计。普通螺栓连接抗剪时是依靠孔壁承压和栓杆抗剪来传力。高强度螺栓除了其材料强度高之外，施工时还给螺栓杆施加很大的预拉力，使被连接构件的接触面之间产生挤压力，因此板面之间垂直于螺栓杆方向受剪时有很大的摩擦力。依靠接触面间的摩擦力来阻止其相互滑移，以达到传递外力的目的，因而变形较小。当仅考虑以部件接触面间的摩擦力传递外力时称为高强度螺栓摩擦型连接；而同时考虑依靠螺杆和螺孔之间的承压来传递外力时称为高强度螺栓承压型连接。前者以滑移作为承载能力的极限状态，后者的极限状态和普通螺栓连接相同。

高强度螺栓摩擦型连接只利用摩擦传力这一工作阶段，具有连接紧密、受力良好、耐疲劳、可拆换、安装简单以及动力荷载作用下不易松动等优点，目前在桥梁、工业与民用建筑结构中得到广泛应用。尤其在栓焊桥梁、重级工作制厂房的吊车梁系统和重要建筑物的支撑连接中已被证明具有明显的优越性。高强度螺栓承压型连接，起初由摩擦传力，后期则依靠栓杆抗剪和承压传力，它的承载能力比摩擦型高，可以节约钢材，也具有连接紧密、可拆换、安装简单等优点。但这种连接在摩擦力被克服后的剪切变形较大，标准规定高强度螺栓承压型连接不得用于直接承受动力荷载的结构。

图3-4　铆钉连接

铆钉连接需要先在构件上开孔，孔比钉直径大1mm，加热至900～1000℃，并用铆钉枪打铆（图3-4）。铆钉连接连接刚度大，传力可靠，韧性和塑性较好，质量易于检查，对经常受动力荷载作用，荷载较大和跨度较大的结构，可采用铆接结构。但是，由于铆钉连接构造复杂，用钢量多，施工技术要求高，劳动强度大，施工条件恶劣，施工速度慢，日前已很少采用。

除上述常用连接外，在薄钢结构中还经常采用射钉、自攻螺钉和焊钉等连接方式。

3.2 焊接方法、焊缝形式和质量等级

3.2.1 钢结构焊接方法

钢结构的焊接方法最常用的有三种：电弧焊、电阻焊和气体保护焊。

电弧焊是利用通电后焊条和焊件之间产生的强大电弧提供热源，溶化焊条，滴落在焊件上被电弧吹成的小凹槽的熔池中，将两焊件连接成一整体。电弧焊的焊缝质量比较可靠，是最常用的一种焊接方法。电弧焊分为手工电弧焊（图 3-5）和自动或半自动电弧焊（图 3-6）。

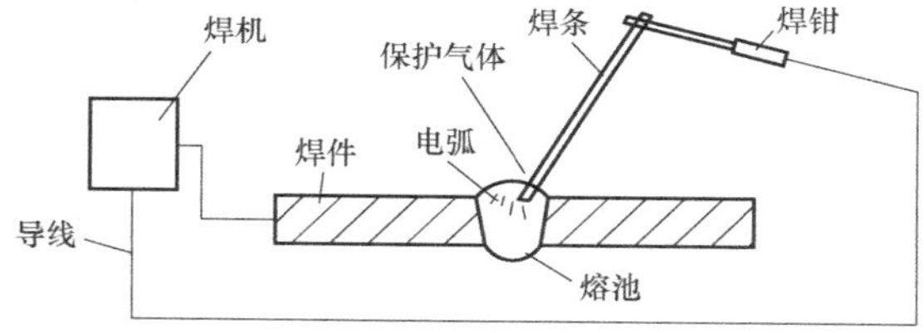

图 3-5　手工电弧焊

手工电弧焊是最常用的一种焊接方法。通电后，在涂有药皮的焊条和焊件间产生电弧。电弧提供热源，使焊条中的焊丝熔化，滴落在焊件上被电弧所吹成的小凹槽熔池中。由电焊条药皮形成的熔渣和气体覆盖着熔池，防止空气中的氧、氮等气体与熔化的液体金属接触，避免形成脆性易裂的化合物。焊缝金属冷却后把被连接件连成一体。手工电弧焊设备简单，操作灵活方便，适于任意空间位置的焊接，特别适于焊接短焊缝。但生产效率低，劳动强度大，焊接质量与焊工的技术水平和精神状态有很大的关系。

手工电弧焊焊条应与焊件的金属强度相适应。一般是对 Q235 的钢焊件宜用 E43 型焊条；对 Q345 的钢焊件宜用 E50 型焊条；对 Q390 钢和 Q420 钢宜用 E55 型焊条。当不同钢种的钢材连接时，宜用与低强度钢材相适应的焊条。

自动或半自动埋孤焊（图 3-6）是将光焊丝埋在焊剂层下，通电后，由电弧作用使焊丝和焊剂熔化。熔化后的焊剂浮在熔化金属表面保护熔化金属，使之不与外界空气接触，

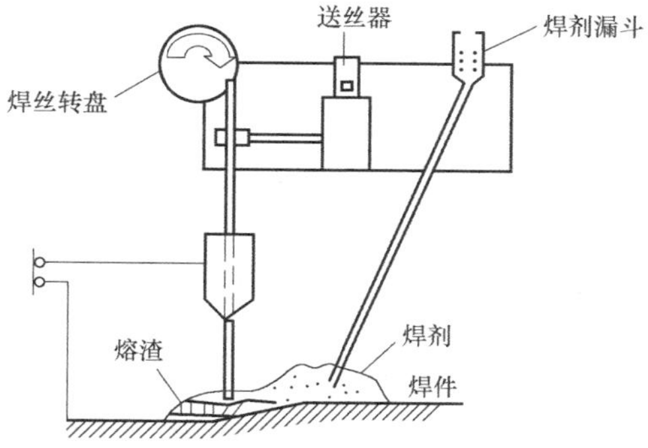

图 3-6　埋弧自动焊

有时焊剂还可供给焊缝必要的合金元素，以改善焊缝质量。自动焊的电流大、热量集中而熔深大，且焊缝质量均匀，塑性好，冲击韧性高。半自动焊除由人工操作进行外，其余过程与自动焊相同，焊缝质量介于自动焊与手工焊之间。自动或半自动埋弧焊所采用的焊丝和焊剂要保证其熔敷金属的抗拉强度不低于相应手工焊焊条的数值，对 Q235 钢焊件，可采用 H08、H08A 等焊丝；对 Q345 钢焊件可采用 H08A、H08MnA 和 H10Mn2 焊丝。对 Q390 钢焊件可采用 H08MnA、H10Mn2 和 H08MnMoA 焊丝。自动或半自动埋弧焊所用焊丝和焊剂还应与主体金属强度相适应，即要求焊缝与主体金属等强度。

电阻焊（图 3-7）是利用电流通过焊件接触点表面的电阻所产生的热量来熔化金属，再通过压力使其焊合。在一般钢结构中电阻焊只适用于板叠厚度不大于 12mm 的焊接。对冷弯薄壁型钢构件，电阻焊可用来缀合壁厚不超过 3.5mm 的构件，如将两个冷弯槽钢或 C 形钢组合为 I 形截面构件。

气体保护焊简称气焊（图 3-8），是用焊枪中喷出的惰性气体代替焊剂，焊丝可自动送入，如 CO_2 气体保护焊是以 CO_2 作为保护气体，使被熔化的金属不与空气接触，电弧加热集中，熔化深度大，焊接速度快，焊缝强度高，塑性好。气体保护焊既可用手工操作，也可进行自动焊接。气体保护焊在操作时应采取避风措施，否则容易出现焊坑、气孔等缺陷。

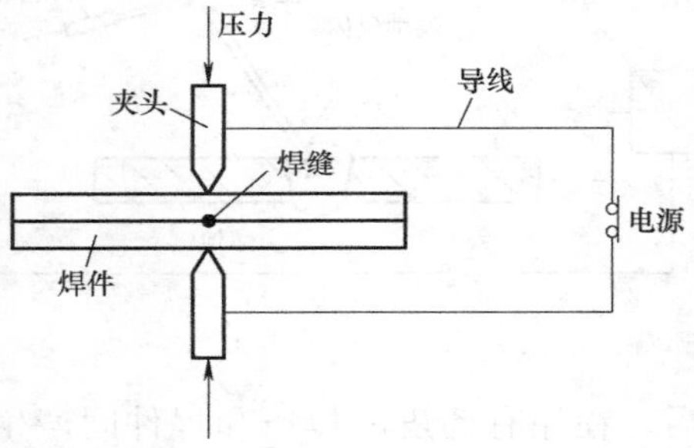

图 3-7　电阻焊

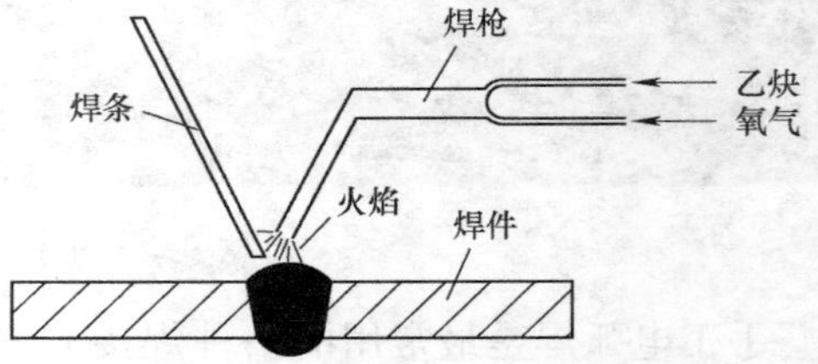

图 3-8　气焊

3.2.2　焊缝连接形式及焊缝形式

焊缝连接形式按被连接钢材的相互位置可以分为对接、搭接、T 形连接和角部连接四种（图 3-9）。

对接焊缝按所受力的方向可分为正对接焊缝（图 3-10a）和斜对接焊缝（图 3-10b）。

角焊缝是指沿两直交或近直交零件的交线所焊接的焊缝（图 3-10c），可分为正面角焊缝、侧面角焊缝和斜焊缝。

焊缝沿长度方向的布置分为连续角焊缝和间断角焊缝两种（图 3-11）。连续角焊缝的受力性能良好，为主要的角焊缝形式。间断角焊缝容易引起应力集中现象，重要结构应避免采用，但可用于一些次要的构件或次要的焊接连接中。一般在受压构件中应满足 $l \leqslant 15t_w$；在受拉构件中 $l \leqslant 30t_w$，其中 t_w 为较薄焊件的厚度。

焊缝按施焊位置分为平焊、横焊、仰焊及立焊等（图 3-12）。

平焊的焊接工作最方便，质量也最好，应尽量采用。立焊和横焊的质量及生产效率比平焊差一些；仰焊的操作条件最差，焊缝质量不易保证，因此应尽量避免采用。有时因构

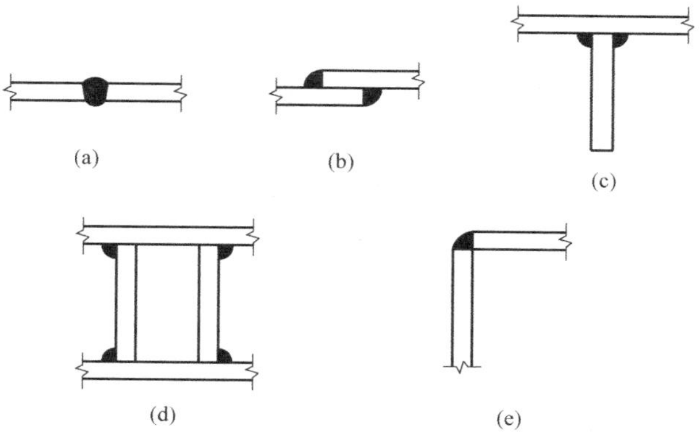

图 3-9　焊缝连接的形式

（a）对接连接；（b）搭接连接；（c）T 形连接；（d）、（e）角部连接

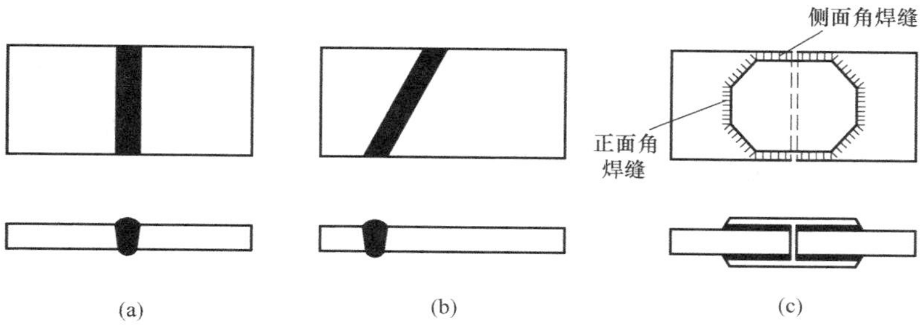

图 3-10　焊缝形式

（a）正对接焊缝；（b）斜对接焊缝；（c）角焊缝

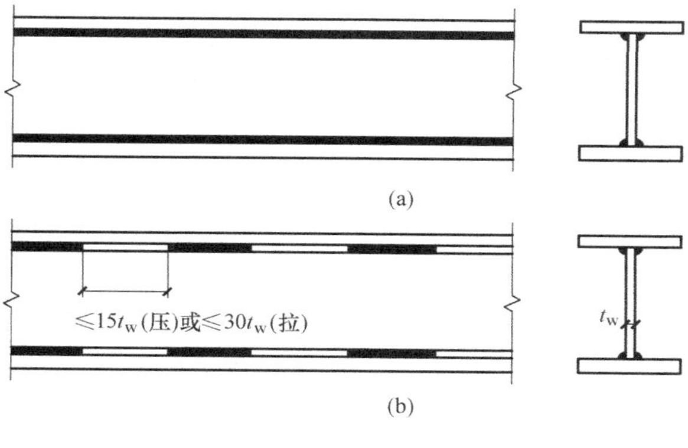

图 3-11　连续角焊缝和间断角焊缝示意图

（a）连续角焊缝；（b）间断角焊缝

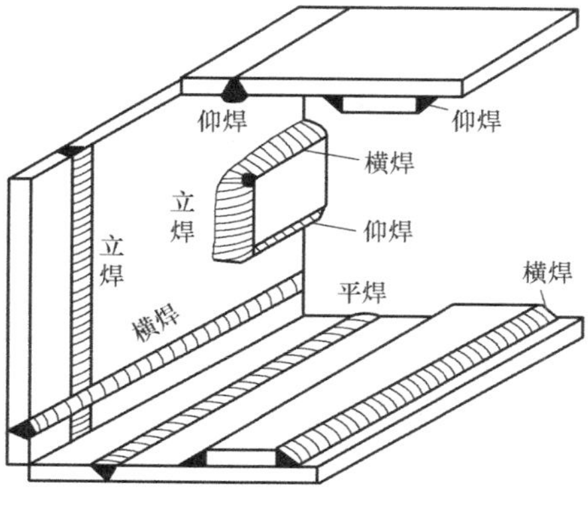

图 3-12　焊缝施焊位置

造需要，在一条焊缝中有俯焊、仰焊和立焊（或横焊），称为全方位焊接。

焊缝的焊接位置是由连接构造决定的，在设计焊接结构时要尽量采用便于俯焊的焊接构造。要避免焊缝立体交叉和在一处集中大量焊缝，同时焊缝的布置尽量对称于构件形心。

3.2.3 焊缝缺陷及焊缝质量检验

焊缝缺陷指焊接过程中产生于焊缝金属或附近热影响区钢材表面或内部的缺陷。常见的缺陷有裂纹、焊瘤、烧穿、弧坑、气孔、夹渣、咬边、未熔合、未焊透（图 3-13）等；以及焊缝尺寸不符合要求、焊缝成形不良等。裂纹是焊缝连接中最危险的缺陷，产生裂纹的原因很多，如钢材的化学成分不当，焊接工艺条件（如电流、电压、焊速、施焊次序等）选择不合适，焊件表面油污未清除干净等。

焊缝缺陷的存在将削弱焊缝的受力面积，在缺陷处引起应力集中，故对连接的强度、冲击韧性及冷弯性能等均有不利影响。因此，焊缝质量检验极为重要。

焊缝质量检验一般可用外观检查及内部无损检验，前者检查外观缺陷和几何尺寸，后者检查内部缺陷。内部无损检验目前广泛采用超声波检验，该方法使用灵活、经济，对内部缺陷反应灵敏，但不易识别缺陷性质；有时还用磁粉检验，该方法以光检验等较简单的方法作为辅助。此外还可采用 X 射线或 γ 射线透照或拍片。

《钢结构工程施工质量验收规范》GB 50205—2001 规定焊缝按其检验方法和质量要求分为一级、二级和三级。三级焊缝只要求对全部焊缝作外观检查且符合三级质量标准。设计要求全焊透的一级、二级焊缝除外观检查外，还要求用超声波探伤进行内部缺陷的检验，超声波探伤不能对缺陷作出判断时，应采用射线探伤检验，并应符合国家相应质量标准的要求。

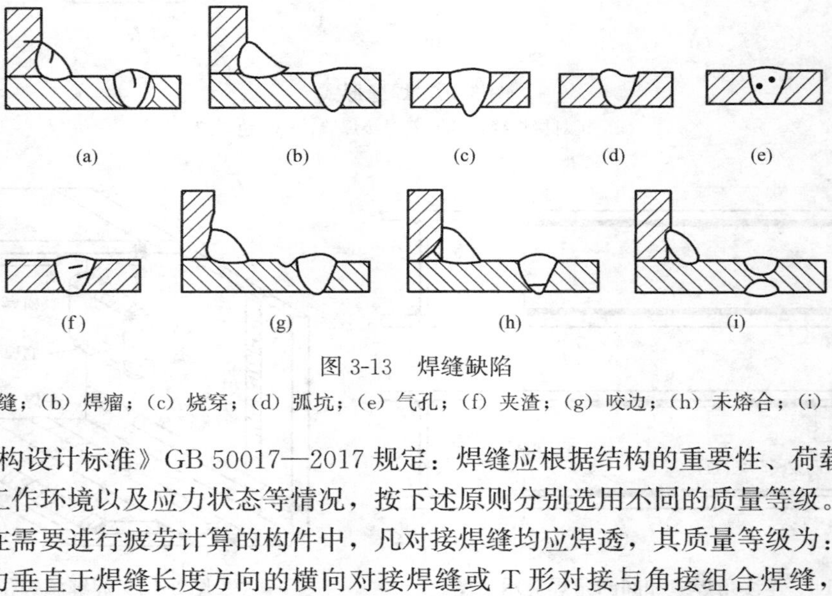

图 3-13 焊缝缺陷

（a）裂缝；（b）焊瘤；（c）烧穿；（d）弧坑；（e）气孔；（f）夹渣；（g）咬边；（h）未熔合；（i）未焊透

《钢结构设计标准》GB 50017—2017 规定：焊缝应根据结构的重要性、荷载特性、焊缝形式、工作环境以及应力状态等情况，按下述原则分别选用不同的质量等级。

（1）在需要进行疲劳计算的构件中，凡对接焊缝均应焊透，其质量等级为：

作用力垂直于焊缝长度方向的横向对接焊缝或 T 形对接与角接组合焊缝，受拉时应为一级，受压时应为二级；作用力平行于焊缝长度方向的纵向对接焊缝应为二级。

（2）不需要计算疲劳的构件中，凡要求与母材等强的对接焊缝应予焊透，其质量等级当受拉时应不低于二级，受压时宜为二级。

（3）重级工作制和起重量 $Q \geqslant 50t$ 的中级工作制吊车梁的腹板与上翼缘之间以及吊车桁架上弦杆与节点板之间的 T 形接头焊缝均要求焊透。焊缝形式一般为对接与角接的组合焊缝，其质量等级不应低于二级。

（4）不要求焊透的 T 形接头采用的角焊缝或部分焊透的对接与角接组合焊缝，以及搭接连接采用的角焊缝，其质量等级为：对直接承受动力荷载且需要验算疲劳的结构和吊车起重量等于或大于 50t 的中级工作制吊车梁，焊缝的外观质量标准应符合二级。对其他结构，焊缝的外观质量标准可为三级。

3.2.4 焊缝代号

在钢结构施工图上要用焊缝代号标明焊缝形式、尺寸和辅助要求。《焊缝符号表示法》GB/T 324—2008 规定：焊缝符号由指引线和表示焊缝截面形状的基本符号组成，必要时可加上辅助符号、补充符号和焊缝尺寸符号。

指引线一般由箭头线和基准线（一条为实线，另一条为虚线）所组成。基准线一般应与图纸的底边相平行，特殊情况也可与底边相垂直，当引出线的箭头指向焊缝所在的一面时，应将焊缝符号标注在基准线的实线上；当箭头指向对应焊缝所在的另一面时，应将焊缝符号标注在基准线的虚线上，如图 3-14 所示。

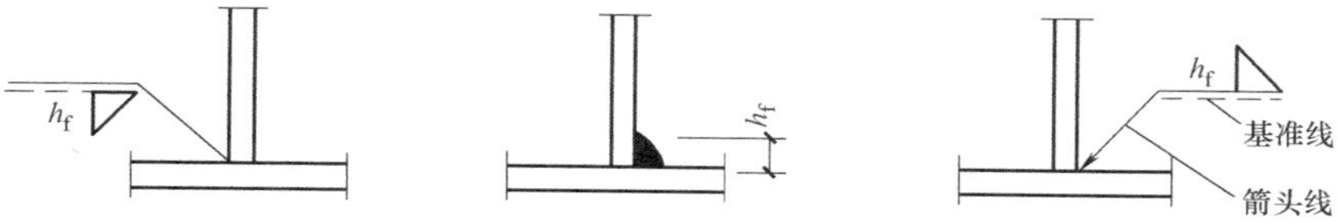

图 3-14　指引线画法

基本符号用以表示焊缝截面形状，符号的线条宜粗于指引线，常用的焊缝基本符号见表 3-1。辅助符号用以表示焊缝表面形状特征，如对接焊缝表面余高部分需加工使之与焊件表面齐平，则需在基本符号上加一短划，此短划即为辅助符号。

常用焊缝基本符号　　**表 3-1**

序号	名　称	示 意 图	符　号
1	角焊缝	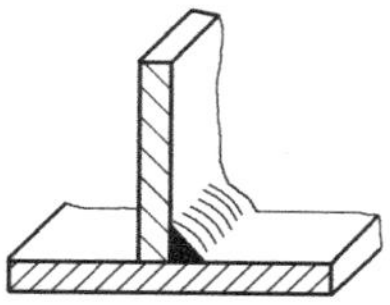	◺
2	点焊缝	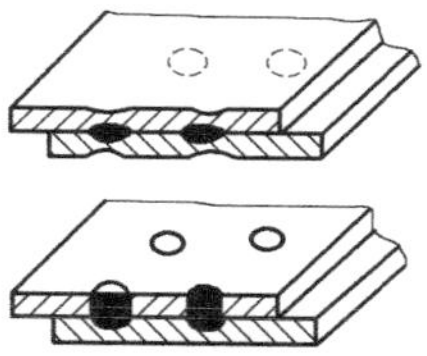	○
3	I 形焊缝	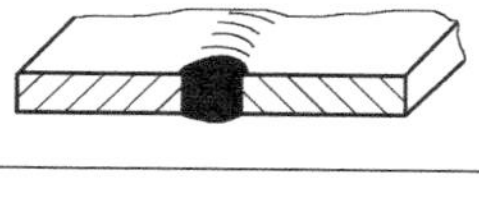	‖
4	V 形焊缝	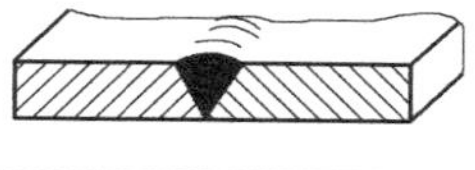	∨

续表

序号	名　称	示　意　图	符　　号
5	单边 V 形焊缝		
6	带钝边 V 形焊缝	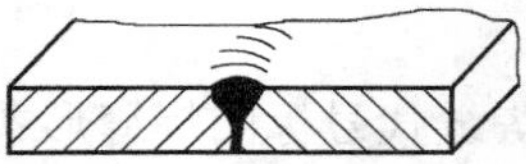	
7	缝焊缝	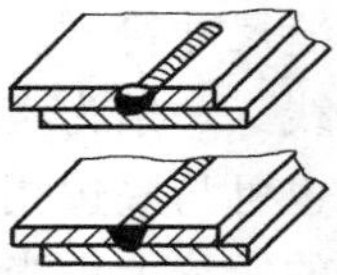	
8	塞焊缝或槽焊缝	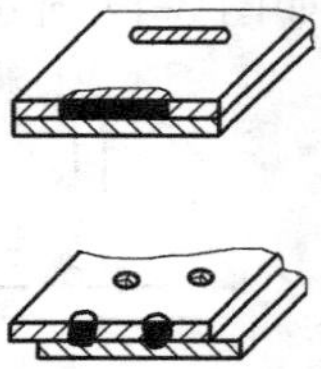	
9	封底焊缝	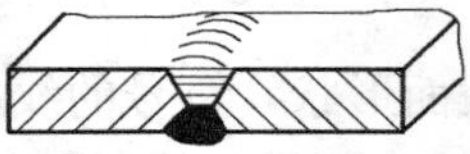	
10	喇叭形焊缝		

补充符号是为了补充说明焊缝的某些特征而采用的符号，如有垫板、三面或四面围焊及工地施焊等。钢结构中常用的辅助符号和补充符号摘录于表 3-2、表 3-3。

焊缝符号中的辅助符号　　表 3-2

序号	名称	示意图	符号	标注示例	说　明
1	平面符号	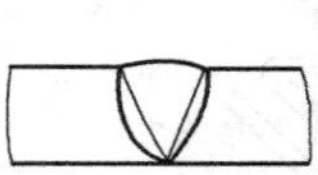		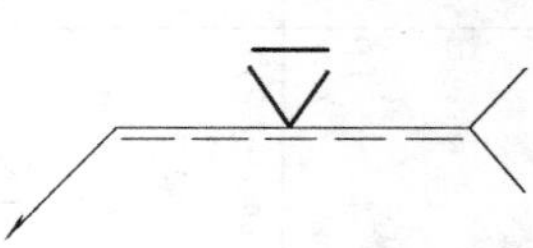	平面 V 形对接焊缝一般通过加工保证
2	凹面符号	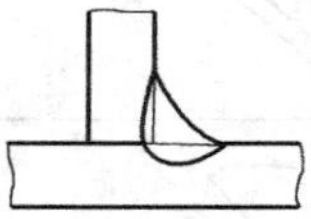			凹面角焊缝
3	凸面符号	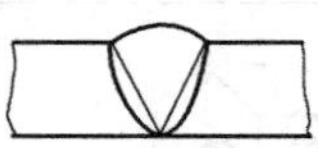		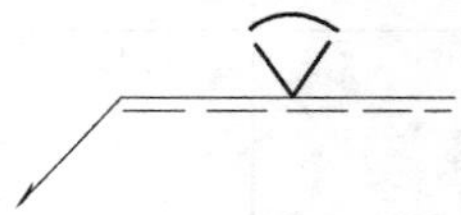	凸面 V 形对接焊缝

焊缝符号中的补充符号 **表 3-3**

序号	名称	示意图	符号	标注示例	说　明
1	带垫板符号	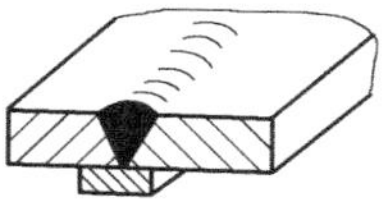	▭	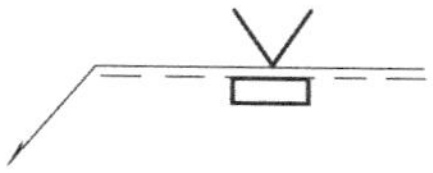	V 形对接焊缝，底面有垫板
2	三面焊缝符号	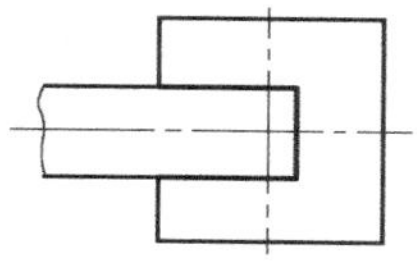	⊏	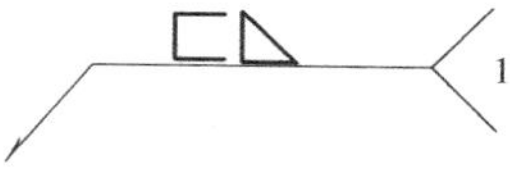	工件三面施角焊缝，焊接方法为手工电弧焊
3	周围焊缝符号	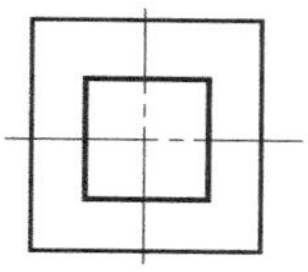	○	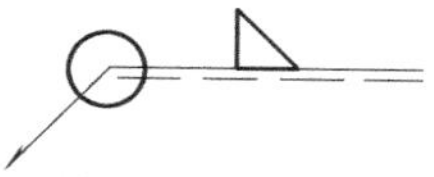	沿工件周围施角焊缝
4	尾部符号		<	（同上述三面焊缝符号）	标注焊接方法及处数 N 等说明

3.3　对接焊缝的构造和计算

3.3.1　对接焊缝的构造

对接焊缝的焊件常需做成坡口，故又称为坡口焊缝。坡口形式与焊件的厚度有关。当焊件厚度很小（手工焊 6mm，自动埋弧焊 10mm）时，可用直边缝。对于一般厚度的焊件可采用具有斜坡口的单边 V 形或 V 形焊缝。斜坡口和根部间隙 c 共同组成一个焊条能够运转的施焊空间，使焊缝易于焊透；钝边 p 有托住熔化金属的作用。对于较厚的焊件（$t>20$mm），则采用 U 形、K 形和 X 形坡口（图 3-15）。

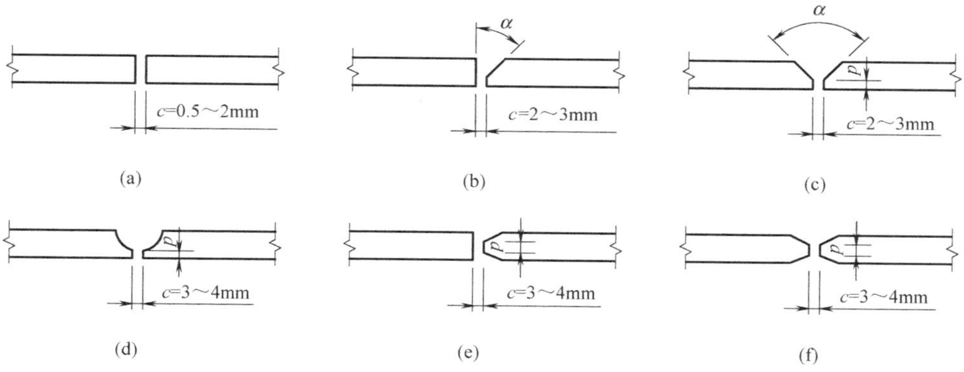

图 3-15　对接焊缝的坡口形式

(a) 直边缝；(b) 单边 V 形坡口；(c) V 形坡口；(d) U 形坡口；(e) K 形坡口；(f) X 形坡口

其中 V 形缝和 U 形缝为单面施焊，但在焊缝根部还需补焊。对于没有条件补焊时，要事先在根部加垫板（图 3-16）。当焊件可随意翻转施焊时，使用 K 形缝和 X 形缝较好。

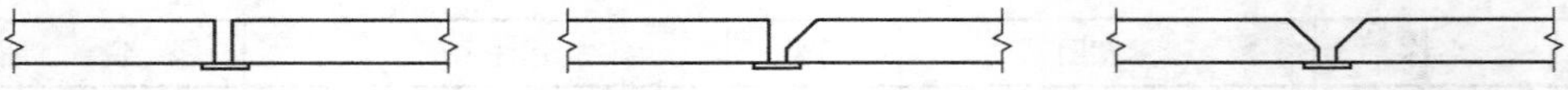

图 3-16　跟部加垫块

对接焊缝用料经济，传力平顺均匀，没有明显的应力集中，承受动力荷载作用时采用对接焊缝最为有利。但对接焊缝的焊件边缘需要进行剖口加工，焊件长度必须精确，施焊时焊件要保持一定的间隙。对接焊缝的起点和终点，常因不能熔透而出现凹形的焊口，受力后易出现裂缝及应力集中。为此，施焊时常采用引弧板（图 3-17）。

但采用引弧板是很麻烦，一般在工厂焊接时可采用引弧板，而在工地焊接时，除了受动力荷载的结构外，一般不用引弧板，而是在计算时扣除焊缝两端板厚的长度。

在对接焊缝的拼接中，当焊件的宽度不同或厚度相差 4mm 以上时，应分别在宽度或厚度方向从一侧或两侧做成坡度不大于 1∶2.5 的斜角（图 3-18），以使截面过渡缓和，减小应力集中。

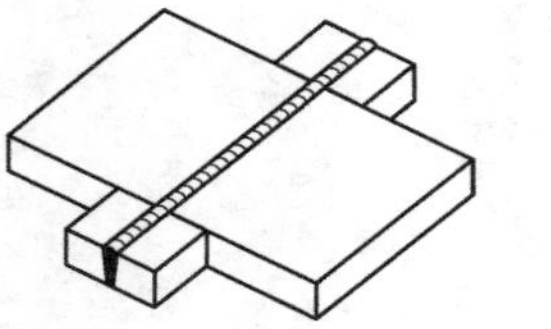

图 3-17　对接焊缝的引弧板

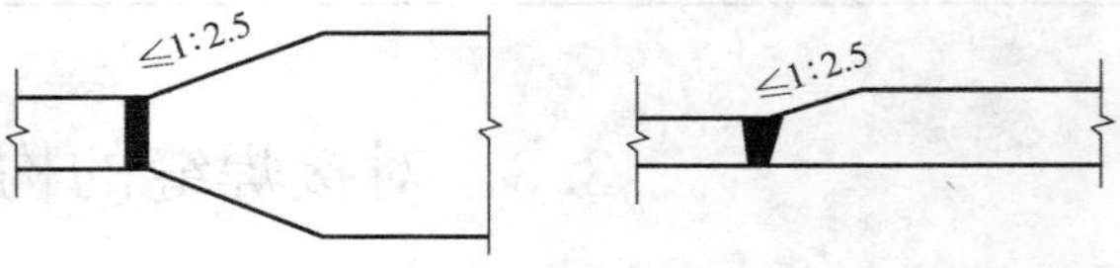

图 3-18　钢板拼接

（a）改变宽度；（b）改变厚度

3.3.2　对接焊缝的计算

对接焊缝的强度与所用钢材的牌号、焊条型号及焊缝质量的检验标准等因素有关。

对接焊缝的应力分布情况，基本上与焊件原来的情况相同，可采用计算焊件的方法。对于重要的构件，按一、二级标准检验焊缝质量，焊缝和构件等强，不必另行计算。

（1）轴心受力对接焊缝计算

对接焊缝受轴心力是指作用力通过焊件截面形心，且垂直焊缝长度方向（图 3-19），其计算公式为：

$$\sigma=\frac{N}{l_{\mathrm{w}}t_{\min}}\leqslant f_{\mathrm{t}}^{\mathrm{w}}\text{或 }f_{\mathrm{c}}^{\mathrm{w}} \tag{3-1}$$

式中　$t_{\min}$——对接连接中较小的厚度，在 T 形接头中为腹板厚度；

$f_{\mathrm{t}}^{\mathrm{w}}$——对接焊缝抗拉强度，由附表 C-2 可查得；

$f_{\mathrm{c}}^{\mathrm{w}}$——对接焊缝抗压强度，由附表 C-2 可查得；

l_{w}——焊缝的计算长度（板宽减去 $2t$），若加引弧板则焊缝的计算长度即为板宽。

（2）斜向受力对接焊缝的计算

如图 3-20 所示，焊缝应力计算如下。

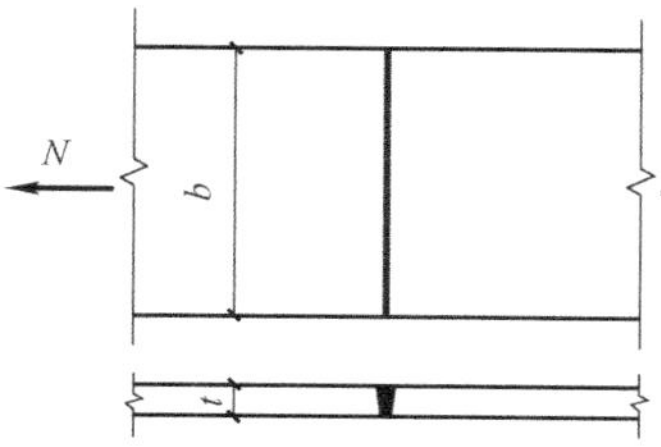

图 3-19 轴心受力的对接焊缝连接

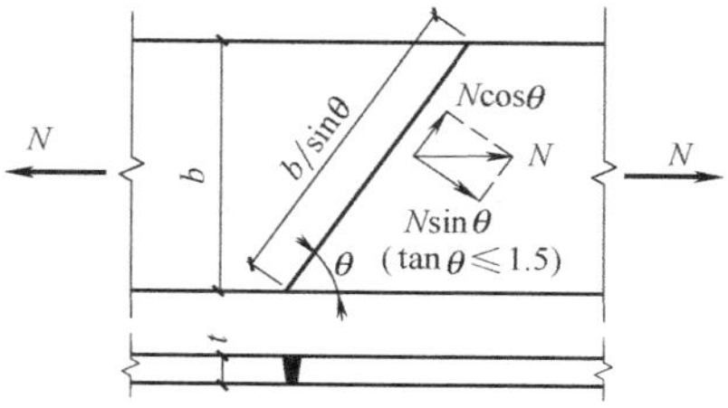

图 3-20 斜向受力的对接焊缝

对接焊缝受斜向力是指作用力通过焊缝重心，且与焊缝长度方向呈 θ 角，其计算公式为：

$$\sigma=\frac{N\sin\theta}{l'_{w}t}\leqslant f_{t}^{w}\text{或}f_{c}^{w} \tag{3-2}$$

$$\tau=\frac{N\cos\theta}{l'_{w}t}\leqslant f_{v}^{w} \tag{3-3}$$

式中 θ——焊缝长度方向与作用力方向间的夹角；

l'_{w}——斜向焊缝计算长度，即：

$$l'_{w}=\frac{b}{\sin\theta}-2t \quad \text{（无引弧板）}$$

$$l'_{w}=\frac{b}{\sin\theta} \quad \text{（有引弧板）}$$

b——焊件的宽度；

f_{v}^{w}——对接焊缝抗剪强度，由附表 C-2 可查得。

由于一、二级检验的焊缝与母材强度相等，故只有三级检验的焊缝才需按式（3-1）进行抗拉强度验算。如果用直焊缝不能满足强度需要时，可采用如图 3-20 所示的斜焊缝。计算证明：焊缝与作用力间的夹角 θ 满足 $\tan\theta\leqslant1.5$ 时，斜焊缝的强度不低于母材强度，可不再进行验算。

【例 3-1】 试验算图 3-19 和图 3-20 所示钢板的对接焊缝的强度。图中 $b=540$mm，$t=22$mm，轴心力的设计值 $N=2150$kN。钢材为 Q235-B，手工焊，焊条为 E43 型，三级检验标准的焊缝，施焊时加引弧板。

【解】 由附表 C-2 可查得 f_{t}^{w}、f_{c}^{w}、f_{v}^{w}。

直接连接其计算长度 $l_{w}=540$mm。焊缝正应力为：

$$\sigma=\frac{N}{l_{w}t}=\frac{2150\times10^{3}}{540\times22}=181\text{N/mm}^{2}>f_{t}^{w}=175\text{N/mm}^{2}$$

不满足要求，改用斜对接焊缝，取截割斜度为 1.5∶1，即 $\theta=56°$，焊缝长度为：

$$l'_{w}=\frac{b}{\sin\theta}=\frac{540}{\sin56}=650\text{cm}$$

故此时焊缝的正应力为：

$$\sigma=\frac{N\sin\theta}{l'_{w}t}=\frac{2150\times10^{3}\times\sin56°}{650\times22}=125\text{N/mm}^{2}<f_{t}^{w}=175\text{N/mm}^{2}$$

剪应力为：

$$\tau=\frac{N\cos\theta}{l'_{w}t}=\frac{2150\times10^{3}\times\cos56°}{650\times22}=84\text{N/mm}^{2}<f_{v}^{w}=120\text{N/mm}^{2}$$

当 $\tan\theta \leqslant 1.5$ 时，焊缝强度能够保证，可不必计算。

(3) 弯矩和剪力共同作用对接焊缝计算

弯矩作用下焊缝产生正应力，剪力作用下焊缝产生剪应力，其应力分布见图 3-21，弯矩作用下焊缝截面上 A 点正应力最大，其计算公式为：

$$\sigma_{\max}=\frac{M}{W_{\mathrm{w}}}\leqslant f_{\mathrm{t}}^{\mathrm{w}} \tag{3-4}$$

式中 W_{w}——焊缝计算截面的截面模量。

剪力作用下焊缝截面上 C 点剪应力最大，其计算公式为：

$$\tau_{\max}=\frac{VS_{\max}}{I_{\mathrm{w}}t_{\mathrm{w}}}\leqslant f_{\mathrm{v}}^{\mathrm{w}} \tag{3-5}$$

式中 $S_{\max}$——焊缝截面面积矩；

I_{w}——焊缝截面惯性矩。

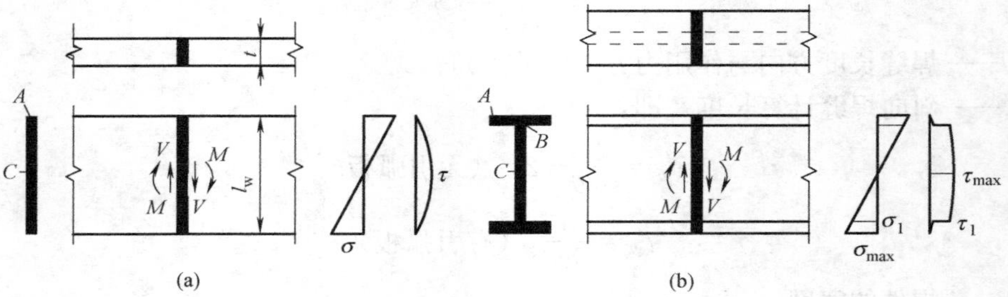

图 3-21　弯矩和剪力共同作用下的对接焊缝

如图 3-21 (b) 所示是工字形截面梁的接头，采用对接焊缝，除应分别验算最大正应力和剪应力外，对于同时受有较大正应力和较大剪应力处，例如腹板与翼缘的交接点（B 点），还应按下式验算折算应力：

$$\sigma_{\mathrm{f}}=\sqrt{\sigma_1{}^2+3\tau_1{}^2}\leqslant 1.1 f_{\mathrm{t}}^{\mathrm{w}} \tag{3-6}$$

式中 σ_1——腹板与翼缘交接处焊缝正应力；

τ_1——腹板与翼缘交接处焊缝剪应力；

1.1——考虑到最大折算应力只在局部出现，而将强度设计值适当提高的系数。

(4) 轴心力、弯矩和剪力共同作用下的对接焊缝计算（图 3-22）

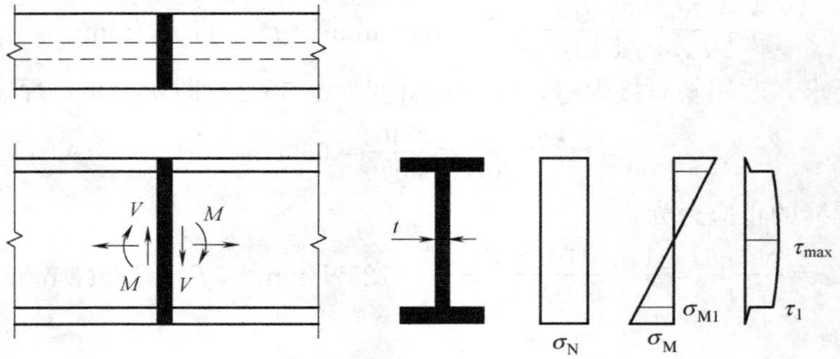

图 3-22　轴力、弯矩和剪力共同作用下的对接焊缝

轴力和弯矩作用下对焊缝产生正应力，剪力作用下产生剪应力，其计算公式为：

$$\sigma_{max}=\sigma_N+\sigma_M=\frac{N}{A_W}+\frac{M}{W_W}\leqslant f_t^w \tag{3-7}$$

$$\tau_{max}=\frac{VS_{max}}{I_w t_w}\leqslant f_v^w \tag{3-8}$$

式中　A_W——焊缝计算面积。

对于工字形、箱形截面，还要计算腹板与翼缘交界处的折算应力，其公式为：

$$\sigma_f=\sqrt{(\sigma_N+\sigma_{M1})^2+3\tau_1{}^2}\leqslant 1.1 f_t^w \tag{3-9}$$

【例 3-2】 如图 3-23 所示 T 形截面牛腿与柱翼缘连接的对接焊缝。牛腿翼缘板宽 130mm，厚 12mm，腹板高 200mm，厚 10mm。牛腿承受竖向荷载设计值 $V=100$kN，力作用点到焊缝截面距离 $e=200$mm。钢材为 Q355，焊条为 E50 型，焊缝质量标准为三级，施焊时不加引弧板。试验算焊缝强度是否满足要求。

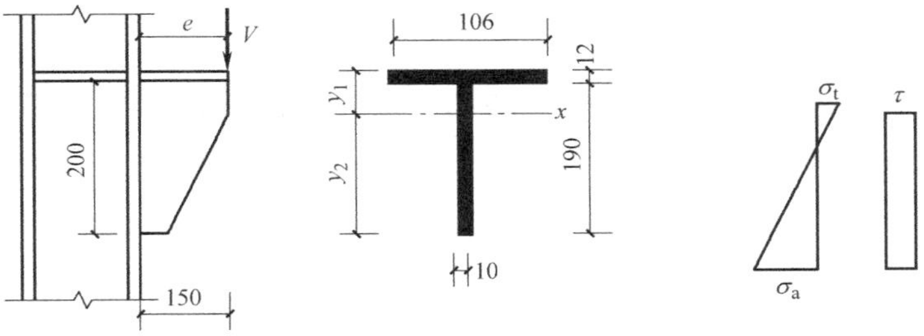

图 3-23　牛腿与柱用对接焊缝连接

【解】 将力 V 移到焊缝形心，可知焊缝受剪力 $V=100$kN，弯矩为：

$$M=Ve=100\times0.2=20\text{kN}\cdot\text{m}$$

翼缘焊缝计算长度为：

$$130-2\times12=106\text{mm}$$

腹板焊缝计算长度为：

$$200-10=190\text{mm}$$

焊缝有效截面形心轴 $x-x$ 的位置为：

$$y_1=\frac{10.6\times1.2\times0.6+19\times1.0\times10.7}{10.6\times1.2+19\times1.0}=6.65\text{cm}$$

$$y_2=19+1.2-6.65=13.55\text{cm}$$

焊缝有效截面惯性矩为：

$$I_x=\frac{1}{12}\times19^3+19\times1\times4.05^2+10.6\times1.2\times6.05^2=1349\text{cm}^4$$

翼缘上边缘产生最大拉应力，其值为：

$$\sigma_t=\frac{My_1}{I_x}=\frac{20\times10^6\times6.65\times10}{1349\times10^4}=98.59\text{N/mm}^2<f_t^w=315\text{N/mm}^2$$

腹板下边缘压应力最大，其值为：

$$\sigma_a=\frac{My_2}{I_x}=\frac{20\times10^6\times13.55\times10}{1349\times10^4}=200.89\text{N/mm}^2<f_c^w=315\text{N/mm}^2$$

为简化计算，认为剪力由腹板焊缝承受，并沿焊缝均匀分布：

$$\tau=\frac{V}{A_{\mathrm{w}}}=\frac{100\times10^3}{190\times10}=52.63\mathrm{N/mm^2}<f_{\mathrm{v}}^{\mathrm{w}}=185\mathrm{N/mm^2}$$

腹板下边缘存在正应力和剪应力，验算该点折算应力：

$$\sigma=\sqrt{\sigma_{\mathrm{a}}^2+3\tau^2}=\sqrt{200.9^2+3\times52.63^2}$$
$$=220.6\mathrm{N/mm^2}<1.1f_{\mathrm{t}}^{\mathrm{w}}=1.1\times315=346.5\mathrm{N/mm^2}$$

焊缝强度满足要求。

3.4 角焊缝的构造与计算

3.4.1 角焊缝的形式

角焊缝是最常用的焊缝。角焊缝按其与作用力的关系可分为：焊缝长度方向与作用力垂直的正面角焊缝，焊缝长度方向与作用力平行的侧面角焊缝以及斜焊缝。

直角角焊缝通常做成表面微凸的等腰直角三角形截面（图 3-24a）。在直接承受动力荷载的结构中，正面角焊缝的截面常采用如图 3-24（b）所示的形式，侧面角焊缝的截面则做成凹面式，如图 3-24（c）所示。

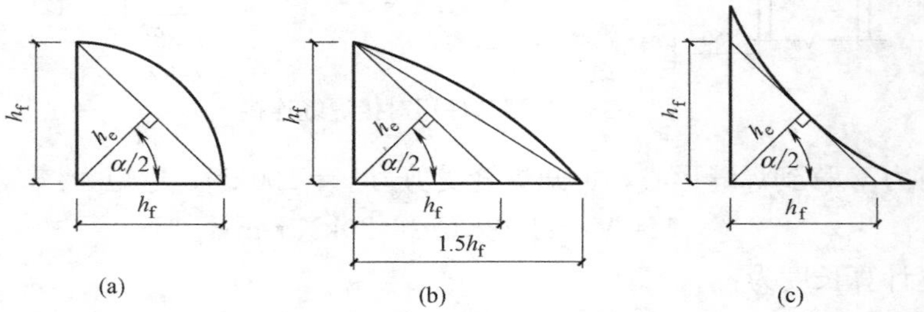

图 3-24 直角角焊缝截面

两焊角边的夹角 $\alpha>90°$ 或 $\alpha<90°$ 的焊角称为斜角角焊缝（图 3-25）。斜角角焊缝常用于钢漏斗和钢管结构中。对于夹角 $\alpha>135°$ 或 $\alpha<60°$ 的斜角角焊缝，除钢管结构外，不宜用作受力焊缝。

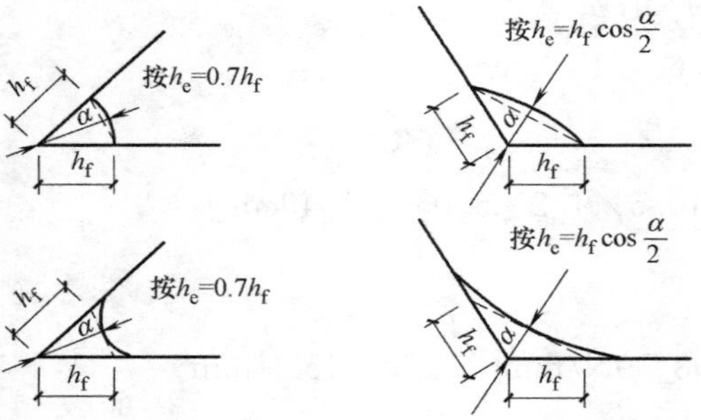

图 3-25 斜角角焊缝截面

大量试验结果表明，侧面角焊缝主要承受剪应力。传力线通过侧面角焊缝时产生弯折，应力沿焊缝长度方向的分布不均匀，呈两端大而中间小的状态。焊缝越长，应力分布越不均匀，但在进入塑性工作阶段时产生应力重分布，可使应力分布的不均匀现象渐趋缓和。

正面角焊缝（图 3-26b）受力较复杂，截面的各面均存在正应力和剪应力，焊根处有很大的应力集中。一方面由于力线的弯折，另一方面焊根处正好是两焊件接触间隙的端部，相当于裂缝的尖端。经试验，正面角焊缝的静力强度高于侧面角焊缝。国内外试验结果表明，相当于 Q235 钢和 E43 型焊条焊成的正面角焊缝的平均破坏强度比侧面角焊缝要高出 35%以上（图 3-27）。低合金钢的试验结果也有类似情况。由图 3-27 看出，斜焊缝的受力性能和强度介于正面角焊缝和侧面角焊缝之间。

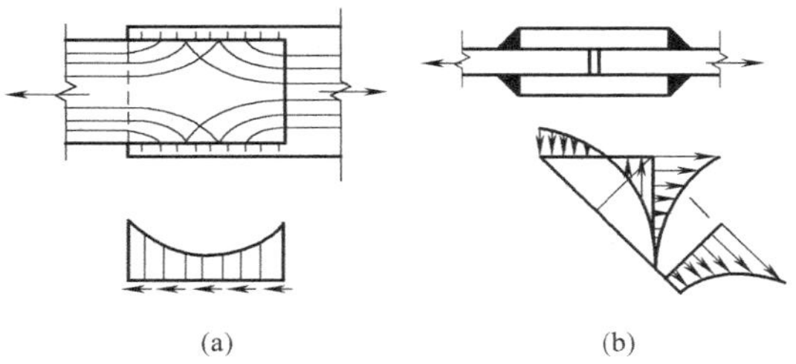

图 3-26　角焊缝的应力状态

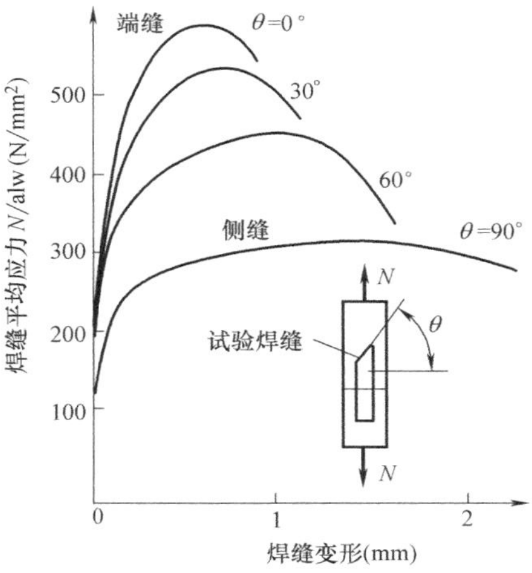

图 3-27　角焊缝荷载与变形关系

3.4.2　角焊缝的构造

（1）最小焊角尺寸

角焊缝的焊角尺寸不能过小，否则焊接时产生的热量较小，而焊件厚度较大，使施焊时冷却速度过快，产生淬硬组织，导致母材开裂。《钢结构设计标准》GB 50017—2017 规定：

$$h_f = 1.5\sqrt{t_2} \tag{3-10}$$

式中　t_2——较厚焊件厚度（mm）。

焊角尺寸取毫米的整数，小数点以后都进为 1。自动焊熔深较大，故所取最小焊脚尺寸可减小 1mm；对 T 形连接的单面角焊缝，应增加 1mm；当焊件厚度小于或等于 4mm 时，则取与焊件厚度相同。

（2）最大焊脚尺寸

为了避免焊缝收缩时产生较大的焊接残余应力和残余变形，且热影响区扩大，容易产生热脆，较薄焊件容易烧穿，《钢结构设计标准》GB 50017—2017 规定，除钢管结构外，角焊缝的焊角尺寸（图 3-28a）应满足式（3-11）。

$$h_f = 1.2t_1 \tag{3-11}$$

式中　t_1——较薄焊件厚度（mm）。

对板件边缘的角焊缝（图 3-28b），当板件厚度 $t>6$mm 时，根据焊工的施焊经验，不易焊满全厚度，故取 $h_f \leqslant t-(1\sim2)$ mm；当 $t \leqslant 6$mm 时，通常采用小焊条施焊，易于焊满全厚度，则取 $h_f \leqslant t$。如果另一焊件厚度 $t' \leqslant t$ 时，还应满足 $h_f \leqslant t'$ 的要求。

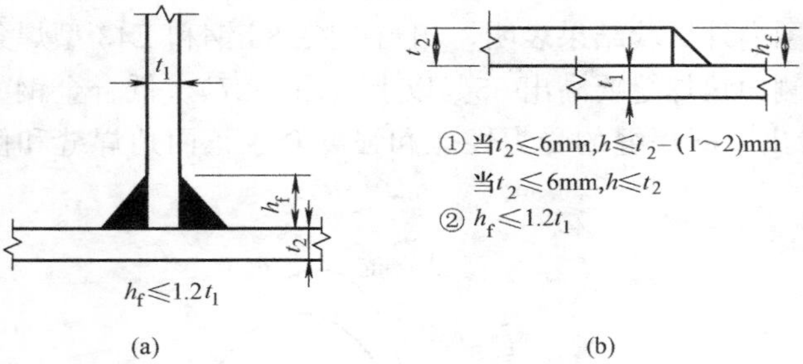

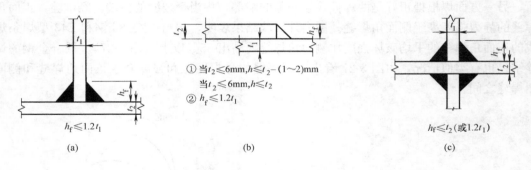

图 3-28　最大焊角尺寸

(3) 角焊缝的最小计算长度

角焊缝的焊角尺寸大而长度较小时，焊件的局部加热严重，焊缝起灭弧所引起的缺陷相距太近，加之焊缝中可能产生的其他缺陷（气孔、非金属夹杂等）使焊缝不够可靠。对搭接连接的侧面角焊缝，如果焊缝长度过小，由于力线弯折大，也会造成严重的应力集中。因此，为了使焊缝能够具有一定的承载能力，根据使用经验，侧面角焊缝或正面角焊缝的计算长度不得小于 $8h_f$和 40mm。

(4) 侧面角焊缝的最大计算长度

侧面角焊缝在弹性阶段沿长度方向受力不均匀，两端大而中间小。焊缝越长，应力集中越明显。在静力荷载作用下，如果焊缝长度适宜，当焊缝两端处的应力达到屈服强度后，继续加载，应力会渐趋均匀。但是，如果焊缝长度超过某一限值时，有可能首先在焊缝的两端破坏，故一般规定侧面角焊缝的计算长度 $l_w \leqslant 60h_f$。当实际长度大于上述限值时，其超过部分在计算中不予考虑。若内力沿侧面角焊缝全长分布，例如焊接梁翼缘板与腹板的连接焊缝，计算长度可不受上述限制。

(5) 搭接连接的构造要求

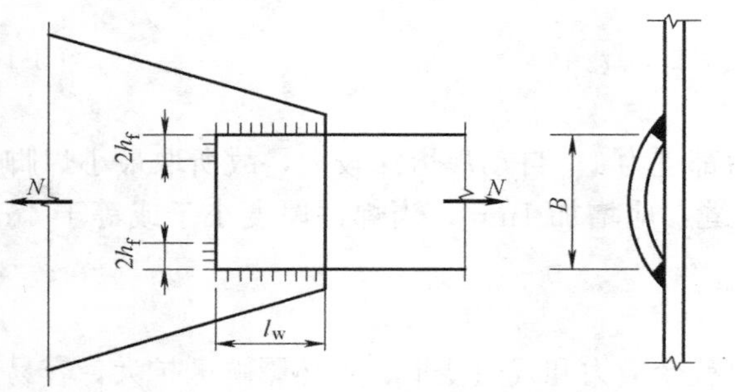

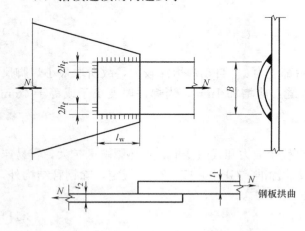

图 3-29　焊缝长度及两侧焊缝间距

当板件端部仅有两条侧面角焊缝连接时（图 3-29），试验结果表明，连接的承载力与 B/l_w有关。B 为两侧焊缝的距离，l_w为侧焊缝的计算长度。当 $B/l_w>1$ 时，连接的承载力随着 B/l_w的增大而明显下降。这主要是由于应力传递的过分弯折使构件中应力不均匀分布的影响。为使连接强度不致过分降低，应使每条侧焊缝的计算长度不宜小于两侧焊缝之间的距离，即 $B/l_w<1$。两侧面角焊缝之间的距离 b 也不宜大于 $16t$（$t>12$mm）或 190mm（$t<12$mm），t 为较薄焊件的厚度，以免因焊缝横向收缩，引起板件向外发生较大拱曲。

在搭接连接中，当仅采用正面角焊缝（图 3-30）时，其搭接长度不得小于焊件较小厚度的 5 倍，也不得小于 2mm。

（6）减小角焊缝应力集中的措施

杆件端部搭接采用三面围焊时，在转角处截面突变，会产生应力集中，如在此处起灭弧，可能出现弧坑或咬肉等缺陷，从而加大应力集中的影响。故所有围焊的转角处必须连续施焊。对于非围焊情况，当角焊缝的端部在构件转角处时，可连续实施长度为 $2h_f$ 的绕角焊。

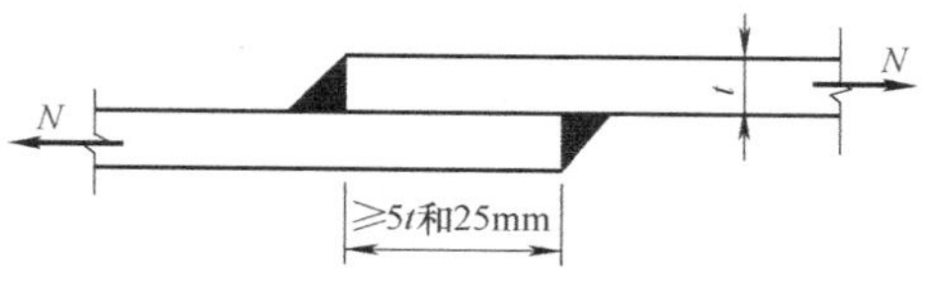

图 3-30　搭接连接

3.4.3　角焊缝的受力特点及强度

角焊缝中端缝的应力状态要比侧缝复杂得多，有明显的应力集中现象，塑性性能也差，但端缝的破坏强度比侧缝的破坏强度要高一些，二者之比约为 1.35～1.55。

不论端缝或侧缝，角焊缝均假定沿焊脚 $\alpha/2$ 面破坏，α 为焊脚边的夹角。破坏面上焊缝厚度称为有效厚度 h_e（图 3-33），其值为：

$$h_e = h_f \cos\frac{\alpha}{2}$$

$$h_e = 0.7h_f \qquad (\alpha \leqslant 90°) \tag{3-12}$$

$$h_e = h_f \cos\frac{\alpha}{2} \qquad (\alpha \leqslant 90°) \tag{3-13}$$

焊缝的破坏面又称为角焊缝的有效截面。

角焊缝的应力分布比较复杂，端缝与侧缝工作性能差别较大。端缝在外力作用下应力分布见图 3-31。从图中看出，焊缝的根部产生应力集中，通常总是在根脚处首先出现裂缝，然后扩及整个焊缝截面以致断裂。侧缝的应力分布见图 3-32，焊缝的应力分布沿焊缝长度并不均匀，焊缝长度越长，越不均匀。因此，角焊缝的强度受到很多因素的影响，有明显的分散性。

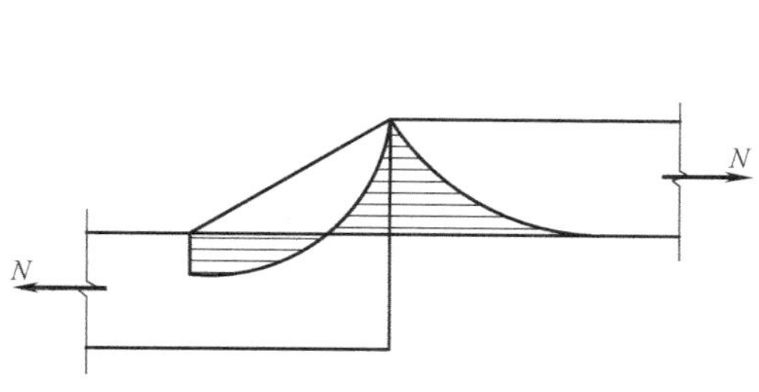

图 3-31　端焊缝应力分布

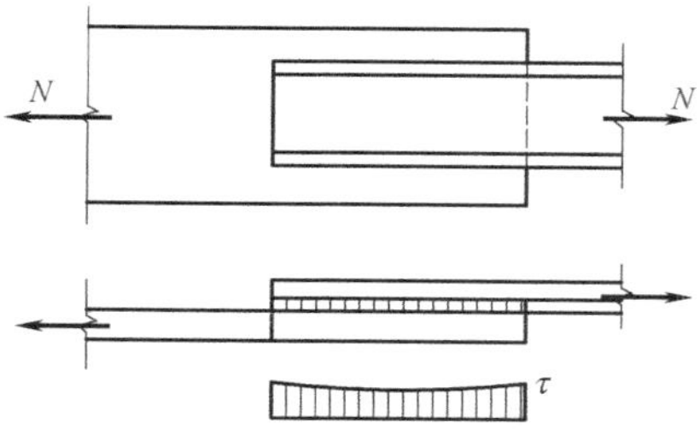

图 3-32　侧焊缝应力分布

3.4.4　直角角焊缝的计算

（1）直角角焊缝强度计算的基本公式

试验表明，直角角焊缝的破坏面通常发生在 45°方向的最小截面，此截面称为直角角焊缝的有效截面或计算截面。在外力作用下，直角角焊缝有效截面上产生三个方向应力，即 $\sigma_\perp$、$\tau_\perp$、$\tau_{//}$。三个方向应力与焊缝强度间的关系，根据试验研究，可用下式表示：

$$\sqrt{\sigma_{\perp}^2+3(\tau_{\perp}^2+\tau_{//}^2)}=\sqrt{3}f_f^w \tag{3-14}$$

式中 $\sigma_{\perp}$——垂直于角焊缝有效截面上的正应力；

$\tau_{\perp}$——有效截面上垂直于焊缝长度方向的剪应力；

$\tau_{//}$——有效截面上平行于焊缝长度方向的剪应力；

f_f^w——角焊缝的强度设计值。

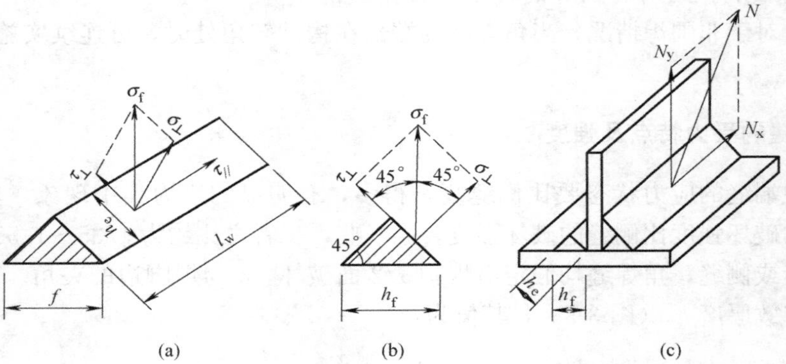

图 3-33 焊缝有效截面上的应力

以如图 3-33 所示受斜向轴心力 N（互相垂直的分力 N_y 和 N_x）作用的直角角焊缝为例，进行角焊缝基本公式的推导。N_y 在焊缝有效截面上引起垂直于焊缝一个直角边的应力 σ_f，该应力对有效截面既不是正应力，也不是剪应力，而是 $\sigma_{\perp}$ 和 $\tau_{\perp}$ 的合应力。

$$\sigma_f=\frac{N_y}{h_e l_w} \tag{3-15}$$

式中 N_y——垂直于焊缝长度方向的轴心力；

h_e——直角角焊缝的有效厚度，$h_e=0.7h_f$；

l_w——焊缝的计算长度，考虑起灭弧缺陷，按各条焊缝的实际长度每端减去 h_f 计算。

由图 3-33 知，对直角角焊缝

$$\sigma_{\perp}=\tau_{\perp}=\sigma_f/\sqrt{2} \tag{3-16}$$

沿焊缝长度方向的分力 N_x 在焊缝有效截面引起平行于焊缝长度方向的剪应力 $\tau_f=\tau_{//}$。

$$\tau_f=\tau_{//}=\frac{N_x}{h_e l_w} \tag{3-17}$$

则直角角焊缝在各种应力综合作用下，σ_f 和 τ_f 共同作用处的计算式为：

$$\sqrt{4\left(\frac{\sigma_f}{\sqrt{2}}\right)^2+3\tau_f^2}\leqslant\sqrt{3}f_f^w$$

令 $\beta_f=\sqrt{\frac{3}{2}}=1.22$，则：

$$\sqrt{\left(\frac{\sigma_f}{\beta_f}\right)^2+\tau_f^2}\leqslant f_f^w \tag{3-18}$$

式中 β_f——正面角焊缝的强度增大系数，对承受静力荷载和间接承受动力荷载的结构，

$\beta_f=\sqrt{\frac{3}{2}}=1.22$；对直接承受动力荷载的结构，$\beta_f=1$。

对正面角焊缝，此时 $\tau_f=0$，得：

$$\sigma_f=\frac{N_y}{h_e l_w}=\beta_f f_f^w \tag{3-19}$$

对侧面角焊缝，此时 $\sigma_f=0$，得：

$$\tau_f=\frac{N}{h_e l_w}\leqslant f_f^w \tag{3-20}$$

式（3-18）～式（3-20）为角焊缝的基本计算公式。只要将焊缝应力分解为垂直于焊缝长度方向的应力 σ_f 和平行于焊缝长度方向的应力 τ_f，上述基本公式就可适用于任何受力状态。

角焊缝的强度与熔深有关。埋弧自动焊熔深较大，若在确定焊缝有效厚度时考虑熔深对焊缝强度的影响，可带来较大的经济效益。例如美国、苏联等均予考虑。我国标准不分手工焊和埋弧焊，均统一取有效厚度 $h_e=0.7h_f$，对自动焊，偏于保守。

（2）轴心力作用的角焊缝连接计算

当轴心力通过连接焊缝中心时，可认为焊缝应力是均匀分布的。

如图 3-34 所示的连接中，当只有侧面角焊缝时，按式（3-20）计算，当只有正面角焊缝时，按式（3-19）计算。

当采用三面围焊时，先按式（3-19）计算正面角焊缝所承受的内力。

$$N_3=\beta_f f_f^w \sum h_e l_{w1} \tag{3-21}$$

式中 $\sum h_e l_{w1}$——连接一侧正面角焊缝有效面积的总和。

计算侧面角焊缝的强度

$$\tau_f=\frac{N-N_1}{\sum h_e l_w}\leqslant f_f^w \tag{3-22}$$

式中 $\sum h_e l_w$——连接一侧侧面角焊缝有效面积的总和。

（3）斜向轴心力（拉力、压力和剪力）作用下角焊缝的计算

如图 3-35 所示，通过焊缝重心作用一轴向力 F，轴向力与焊缝长度方向夹角为 θ，有两种计算方法。

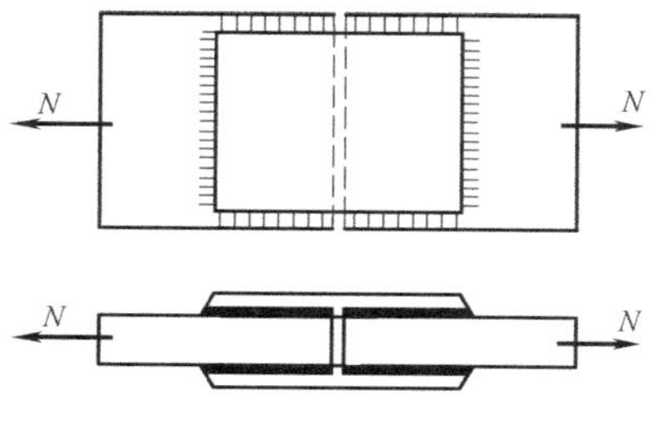

图 3-34 受轴心力的盖板连接

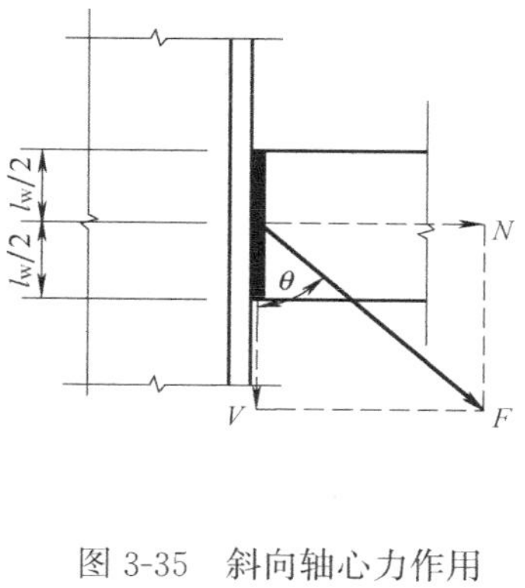

图 3-35 斜向轴心力作用

1）分力法

将力 F 分解为垂直和平行于焊缝长度方向的分力 $N=F\sin\theta$，$V=F\cos\theta$，则：

$$\sigma_f=\frac{F\sin\theta}{\sum h_e l_w} \tag{3-23}$$

$$\tau_f=\frac{F\cos\theta}{\sum h_e l_w} \tag{3-24}$$

将式（3-23）和式（3-24）代入式（3-18）验算角焊缝的强度得：

$$\sqrt{\left(\frac{\sigma_f}{\beta_f}\right)^2+\tau_f^2}\leqslant f_f^w$$

2）直接法

将式（3-23）和式（3-24）代入式（3-18）中得：

$$\sqrt{\left(\frac{F\sin\theta}{\beta_f\Sigma h_e l_w}\right)^2+\left(\frac{F\cos\theta}{\Sigma h_e l_w}\right)^2}\leqslant f_f^w$$

取 $\beta_f^2=1.22^2\approx1.5$ 得：

$$\frac{F}{\sum h_e l_w}\sqrt{\frac{\sin^2\theta}{1.5}+\cos^2\theta}=\frac{F}{\Sigma h_e l_w}\sqrt{1-\frac{\sin^2\theta}{3}}\leqslant f_f^w$$

令 $\beta_{f\theta}=\dfrac{1}{\sqrt{1-\dfrac{\sin^2\theta}{3}}}$，则斜焊缝得计算公式为：

$$\frac{F}{\Sigma h_e l_w}\leqslant\beta_{f\theta}f_f^w \tag{3-25}$$

式中　$\beta_{f\theta}$——斜焊缝的强度增大系数，其值介于 1.0～1.22 之间；对直接承受动力荷载的结构，$\beta_{f\theta}=1$；

θ——作用力与焊缝长度方向的夹角。

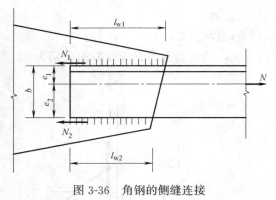

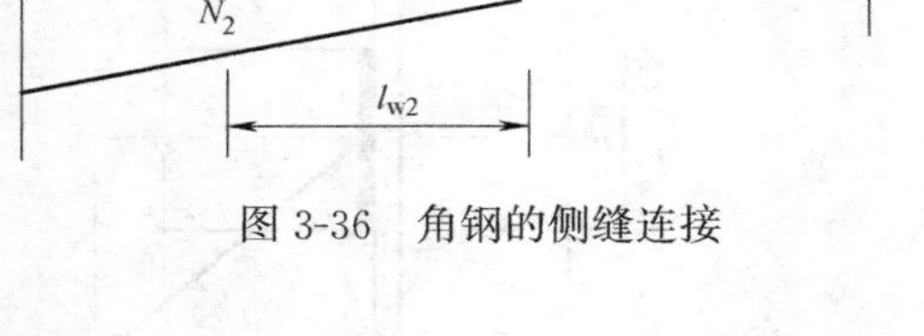

图 3-36　角钢的侧缝连接

（4）轴心力作用下，角钢与其他构件连接的角焊缝计算

角钢用侧缝连接时（图 3-36），由于角钢截面形心到肢背和肢尖的距离不相等，靠近形心的肢背焊缝承受较大的内力。

设 N_1 和 N_2 分别为角钢肢背与肢尖焊缝承担的内力，由平衡条件可知：

$$N_1+N_2=N$$

$$N_1e_1=N_2e_2$$

$$e_1+e_2=b$$

解上式得肢背和肢尖受力为：

$$\left.\begin{aligned}N_1=\frac{e_2}{b}N=k_1N\\N_2=\frac{e_1}{b}N=k_2N\end{aligned}\right\} \tag{3-26}$$

式中　N——角钢承受的轴心力；

k_1、k_2——角钢角焊缝的内力分配系数，按照表 3-4 选用。

角钢角焊缝的轴力分配系数 **表 3-4**

截面及连接情况		内力分配系数	
		肢背 k_1	肢尖 k_2
等边角钢		0.7	0.3
不等边角钢（短边相连）		0.75	0.25
不等边角钢（长边相连）		0.65	0.35

在 N_1 和 N_2 作用下，侧缝的直角角焊缝计算公式为：

$$\left.\begin{aligned}\frac{N_1}{\Sigma 0.7h_{f1}l_{w1}}\leqslant f_f^w\\ \frac{N_2}{\Sigma 0.7h_{f2}l_{w2}}\leqslant f_f^w\end{aligned}\right\} \tag{3-27}$$

式中 h_{f1}、h_{f2}——分别为肢背、肢尖的焊脚尺寸；

l_{w1}、l_{w2}——分别为肢背、肢尖的焊缝计算长度。

考虑到两面围焊每条焊缝两端的起灭弧缺陷，实际焊缝长度为计算长度$+2h_f$；但对于三面围焊，由于在杆件端部转角处必须连续施焊，每条侧面角焊缝只有一端可能起灭弧，故焊缝实际长度为计算长度$+h_f$；对于采用绕角焊的侧面角焊缝实际长度等于计算长度（绕角焊缝长度 $2h_f$ 不进入计算）。

角钢用三面围焊时（图 3-37a），既要照顾到焊缝形心线基本上与角钢形心线一致，又要考虑到侧缝与端缝计算的区别。计算时先选定端焊缝的焊脚尺寸 h_{f3}，并计算出它所能承受的内力：

$$N_3=\beta_f\cdot\Sigma 0.7h_{f3}l_{w3}f_f^w \tag{3-28}$$

式中 h_{f3}——端缝的焊脚尺寸；

l_{w3}——端缝的焊缝计算长度，即图 3-27 中的 b 值。

通过平衡关系得肢背和肢尖侧焊缝受力为：

$$N_1=k_1N-\frac{1}{2}N_3 \tag{3-29}$$

$$N_2=k_2N-\frac{1}{2}N_3 \tag{3-30}$$

在 N_1 和 N_2 作用下，侧焊缝的计算公式与式（3-27）相同。

当采用 L 形围焊时，令 $N_2=0$，由式（3-30）得：

$$\left.\begin{aligned}N_3&=2k_2N\\ N_1&=k_1N-k_2N=(k_1-k_2)N\end{aligned}\right\} \tag{3-31}$$

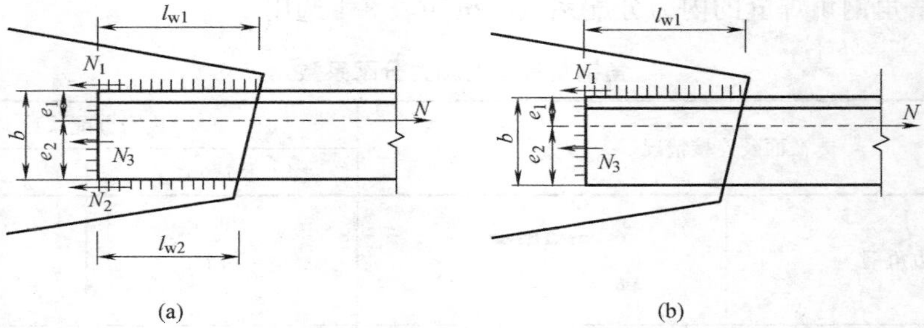

图 3-37　角钢角焊缝围焊的计算

(a) 三边围焊；(b) 两边围焊

L 形围焊角焊缝计算公式为：

$$\left.\begin{aligned}\frac{N_3}{\sum 0.7h_{f3}l_{w3}}\leqslant f_f^w\\ \frac{N_2}{\sum 0.7h_{f1}l_{w1}}\leqslant f_f^w\end{aligned}\right\}\tag{3-32}$$

【例 3-3】 试验算如图 3-35 所示直角角焊缝的强度。已知焊缝承受的斜向静力荷载设计值 $F=280\text{kN}$，$\theta=60°$，角焊缝的焊角尺寸 $h_f=8\text{mm}$，实际长度 $l=155\text{mm}$，钢材为 Q235B，手工焊，焊条为 E43 型。

【解】 承受斜向轴心力的角焊缝有两种计算方法。

① 分力法

$$N=F\sin\theta=F\sin 60°=280\times\frac{\sqrt{3}}{2}=242.5\text{kN}$$

$$V=F\cos\theta=F\cos 60°=280\times\frac{1}{2}=140\text{kN}$$

$$\sigma_f=\frac{N}{2h_e l_w}=\frac{242.5\times10^3}{2\times0.7\times8\times(155-16)}=155.8\text{N/mm}^2$$

代入式 (3-18) 得：

$$\sqrt{\left(\frac{\sigma_f}{\beta_f}\right)^2+\tau_f^2}=\sqrt{\left(\frac{155.8}{1.22}\right)^2+89.9^2}=156.2\text{N/mm}^2<f_f^w=160\text{N/mm}^2$$

② 直接法

采用式 (3-25) 计算，已知 $\theta=60°$，则斜焊缝强度增大系数为：

$$\beta_{f\theta}=\frac{1}{\sqrt{1-\frac{\sin^2 60°}{3}}}=1.15$$

则

$$\frac{F}{2h_e l_w\beta_{f\theta}}=\frac{280\times10^3}{2\times0.7\times8\times(155-16)\times1.15}=156.4\text{N/mm}^2<f_f^w=160\text{N/mm}^2$$

(5) 在弯矩、轴力和剪力共同作用下的角焊缝计算

角焊缝在弯矩、剪力和轴力作用下的内力，根据焊缝所处位置和刚度等因素确定。角

焊缝在各种外力作用下的内力计算原则是：

首先求单独外力作用下角焊缝的应力，并判断该应力对焊缝产生端缝受力（垂直于焊缝长度方向），还是侧缝受力（平行于焊缝长度方向）。

采用迭加原理，将各种外力作用下的焊缝应力进行叠加。叠加时注意应取焊缝截面上同一点的应力进行叠加，而不能将各种外力作用下产生的最大应力进行叠加。因此，应根据单独外力作用下的应力分布情况判断最危险点。

如图 3-38 所示，在轴力 N 作用下，在焊缝有效截面上产生均匀应力，即：

$$\sigma_N=\frac{N}{A_e}$$

式中 σ_N——由轴力 N 在端缝中产生的应力；

A_e——焊缝有效截面面积。

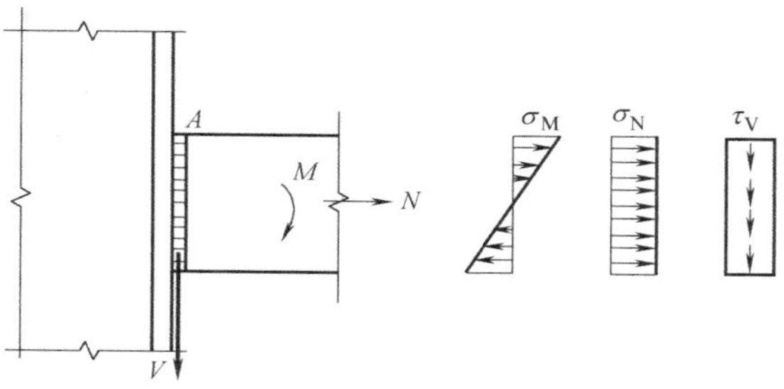

图 3-38 弯矩、轴力和剪力共同作用的角焊缝应力

在剪力 V 作用下，根据与焊缝连接件的刚度来判断哪一部分焊缝截面承受剪力作用，在受剪截面上应力分布是均匀的，即：

$$\tau_V=\frac{V}{A_e} \tag{3-33}$$

式中 τ_V——剪力 V 产生的应力。

在弯矩 M 作用下，焊缝应力按三角形分布，即：

$$\sigma_M=\frac{M}{W_e} \tag{3-34}$$

式中 σ_M——弯矩在焊缝中产生的应力；

W_e——焊缝计算截面对形心的截面模量。

将弯矩和轴力产生的应力在 A 点叠加得：

$$\sigma_f=\sigma_N+\sigma_M$$

剪力 V 在 A 点的应力为：

$$\tau_f=\tau_V$$

焊缝在点 A 处的强度验算式为：

$$\sqrt{\left(\frac{\sigma_f}{\beta_f}\right)^2+\tau_f^2}\leqslant f_f^w \tag{3-35}$$

当连接直接承受动力荷载时，取 $\beta_f=1.0$。

如图 3-39 所示，工字形或 H 形截面梁与钢柱翼缘的角焊缝连接，通常情况下承受弯矩 M 和剪力 V 的共同作用；计算时通常假设腹板焊缝承受全部剪力，弯矩由全部焊缝承受。

为了使焊缝的分布较合理，宜在每个翼缘的上下两侧采用角焊缝，由于翼缘焊缝只承受垂直于焊缝长度方向的弯曲应力，此弯曲应力沿梁高度呈三角形分布，最大应力发生在翼缘焊缝的最外纤维处。为了保证此焊缝的正常工作，应使翼缘焊缝最外纤维处的应力满足下式：

$$\sigma_{f1}=\frac{M}{I_w}\cdot\frac{h}{2}\leqslant\beta_f f_f^w$$

式中　M——全部焊缝所承受的弯矩；

I_w——全部焊缝有效截面对中心轴的惯性矩。

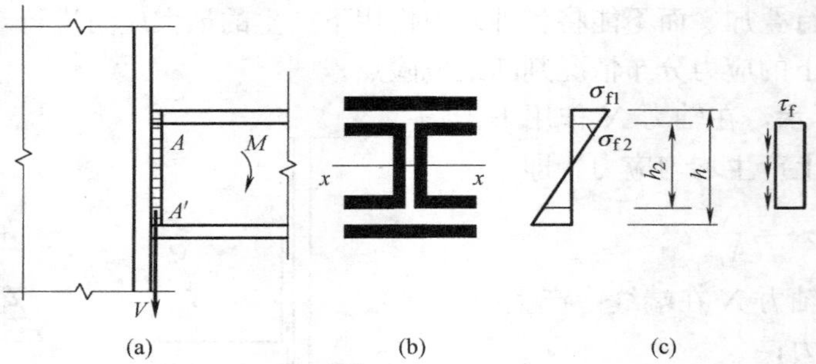

图 3-39　工字形或 H 形截面梁的角焊缝连接

腹板焊缝承受两种应力共同作用，即垂直于焊缝长度方向且沿梁高呈三角形分布的弯曲应力和平行于焊缝长度方向且沿焊缝截面均匀分布的剪应力作用，设计控制点为翼缘焊缝与腹板焊缝的交点 A。此处的弯曲应力和剪应力分别按下式计算：

$$\sigma_{f2}=\frac{M}{I_w}\cdot\frac{h_2}{2}$$

$$\tau_f=\frac{V}{\sum h_{e2}l_{w2}}$$

式中　$\sum h_{e2}l_{w2}$——腹板焊缝有效面积之和。

腹板焊缝在点 A 处的强度验算式为：

$$\sqrt{\left(\frac{\sigma_{f2}}{\beta_f}\right)^2+\tau_f^2}\leqslant f_f^w \tag{3-36}$$

【例 3-4】　试验算如图 3-40 所示牛腿与钢柱连接角焊缝的强度。钢材为 Q235，焊条为 E43 型，手工焊，荷载设计值 $N=365$kN，偏心矩 $e=350$mm，焊角尺寸 $h_{f1}=8$mm，$h_{f2}=6$mm。图 3-37（b）为有效截面。

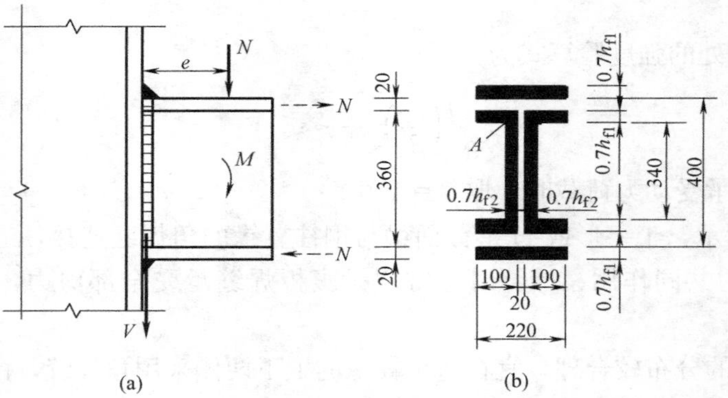

图 3-40　例 3-4 图

【解】　N 力在角焊缝形心处引起的剪力为：

$$V=N=365\text{kN}$$

N 力在角焊缝形心处引起的弯矩为：

$$M=Ne=365\times0.35=127.8\text{kN}\cdot\text{m}$$

① 考虑腹板焊缝承受弯矩的计算方法

全部焊缝有效截面对中和轴的惯性矩为：

$$I_w=2\times\frac{0.42\times(34+0.56\times2)^2}{12}+2\times22\times0.56\times20.28^2+4\times(10-0.42)\times0.56\times17.28^2=19573\text{cm}^4$$

翼缘焊缝的最大应力为：

$$\sigma_{f1}=\frac{M}{I_w}\cdot\frac{h}{2}=\frac{127.8\times10^6}{19573\times10^4}\times205.6=134.3\text{N/mm}^2<\beta_f f_f^w=1.22\times160=195.2\text{N/mm}^2$$

（满足要求）

腹板焊缝由弯矩 M 引起的最大应力为：

$$\sigma_{f2}=134.3\times\frac{170}{205.6}=118.7\text{N/mm}^2$$

剪力 V 在腹板焊缝产生的平均剪应力为：

$$\tau_f=\frac{V}{\sum h_{e2}l_{w2}}=\frac{365\times10^3}{2\times0.7\times6\times340}=111.0\text{N/mm}^2$$

则腹板焊缝的强度（A 点为设计控制点）为：

$$\sqrt{\left(\frac{\sigma_{f2}}{\beta_f}\right)^2+\tau_f^2}=\sqrt{\left(\frac{118.7}{1.22}\right)^2+111.0^2}=147.6\text{N/mm}^2<f_f^w=160\text{N/mm}^2$$

（满足要求）

② 不考虑腹板焊缝承受弯矩的计算方法

翼缘焊缝所承受的水平力为：

$$H=\frac{M}{h}=\frac{111.0\times10^6}{380}=292.1\text{kN}$$（h 值近似取为翼缘中线间距离）

翼缘焊缝的强度为：

$$\sigma_f=\frac{H}{h_{e1}l_{w1}}=\frac{292.1\times10}{0.7\times8\times(204+2\times92)}=134.4\text{N/mm}^2<\beta_f f_f^w=195.2\text{N/mm}^2$$

（满足要求）

腹板焊缝的强度为：

$$\tau_f=\frac{V}{h_{e2}l_{w2}}=\frac{365\times10^3}{2\times0.7\times6\times340}=127.8\text{N/mm}^2<f_f^w=160\text{N/mm}^2$$ （满足要求）

（6）扭矩、剪力和轴力共同作用的角焊缝连接计算

如图 3-41 所示为采用三面围焊的搭接连接。

在轴力作用下，a 点焊缝是侧焊缝受力，b 点焊缝是端缝受力，其值为：

$$\tau_{fa}^N=\sigma_{fb}^N=\frac{N}{A_f}$$

在剪力作用下，三面围焊焊缝均可承受剪力，对 a 点是端缝受力，b 点是侧缝受力，其值为：

$$\sigma_{fa}^V=\tau_{fb}^V=\frac{V}{A_f}$$

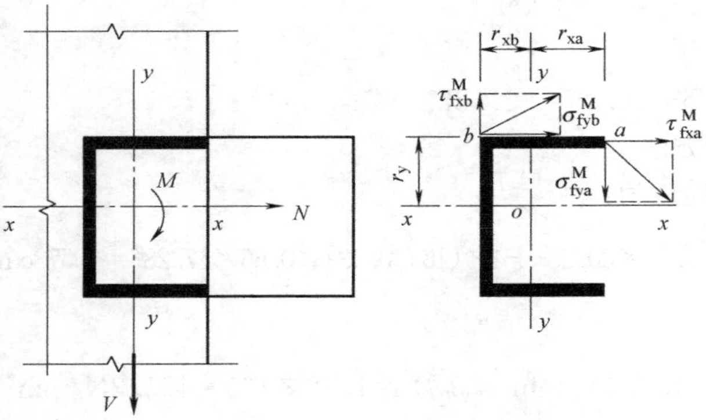

图 3-41 扭矩、轴力和剪力作用下牛腿角焊缝应力

在弯矩作用下，a 点应力为：

$$\tau^M_{fxa}=\frac{Mr_y}{I_p}=\frac{Mr_y}{I_x+I_y}$$

$$\sigma^M_{fya}=\frac{Mr_{xa}}{I_p}=\frac{Mr_{xa}}{I_x+I_y}$$

b 点的应力为：

$$\tau^M_{fxb}=\frac{Mr_y}{I_p}=\frac{Mr_y}{I_x+I_y}$$

$$\sigma^M_{fyb}=\frac{Mr_{xb}}{I_p}=\frac{Mr_{xb}}{I_x+I_y}$$

在扭矩、剪力和轴力共同作用下，焊缝最危险点为 a、b 二点中的某点。

a 点的计算公式为：

$$\sqrt{\left(\frac{\sigma^M_{fya}+\sigma^V_{fa}}{\beta_f}\right)^2+(\tau^M_{fxa}+\tau^N_{fa})^2}\leqslant f^w_f \tag{3-37}$$

b 点的计算公式为：

$$\sqrt{\left(\frac{\sigma^M_{fyb}+\sigma^V_{fb}}{\beta_f}\right)^2+(\tau^M_{fb}-\tau^N_{fyb})^2}\leqslant f^w_f \tag{3-38}$$

【例 3-5】 如图 3-42 所示牛腿连接，采用三面围焊直角角焊缝。钢材用 Q235，焊条 E43 型，$h_f=10$mm。在 a 点作用一水平力 $P_1=50$kN，竖向力 $P_2=200$kN，$e_1=20$cm，$e_2=50$cm。求焊缝最不利点应力。

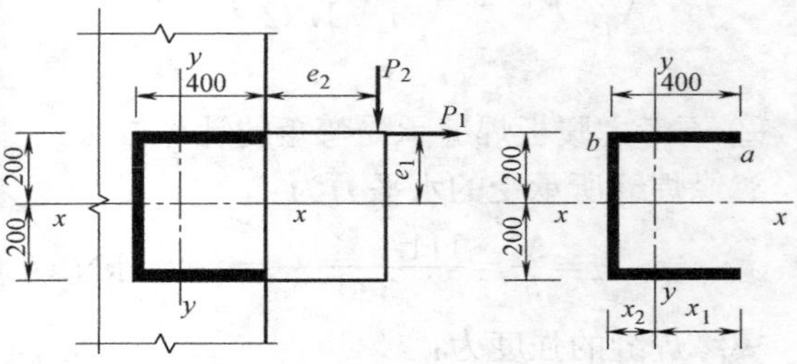

图 3-42 例 3-5 图

【解】 在计算中，由于焊缝实际长度稍大于搭接长度，故不再扣除水平焊缝的缺陷。

① 首先求焊缝形心至竖向焊缝的距离 x_2

$$x_2=\frac{0.7\times10\times\left(2\times400\times\frac{400}{2}\right)}{0.7\times10\times(2\times400+400)}=133\text{mm}$$

② 求焊缝受力

将 P_1、P_2 移至形心，得焊缝受力为：

$$V=P_2=200\text{kN},N=P_1=50\text{kN}$$

$$M=P_1\cdot e_1+P_2(e_2+x_1)=50\times0.2+200\times(0.5+0.4-0.133)=163.4\text{N}\cdot\text{m}$$

③ 求焊缝得几何特性

$$A_f=0.7\times10\times(2\times400+400)=8400\text{mm}^2$$

$$x_1=400-133=267\text{mm}$$

$$I_x=\left(2\times400\times200^2+\frac{1}{12}\times400^3\right)\times0.7\times10=26133\times10^4\text{mm}^4$$

$$I_y=\left\{2\times\left[\frac{1}{12}\times400^3+400\times\left(267-\frac{400}{2}\right)^2\right]+400\times133^2\right\}\times0.7\times10=14933\times10^4\mathrm{mm}^4$$

$$I_p=I_x+I_y=26133\times10^4+14933\times10^4=41066\times10^4\mathrm{mm}^4$$

④ 求焊缝应力

从焊缝应力分布来看，最危险点为 a、b 两点。

a 点的焊缝应力为：

$$\tau_{fa}^{N}=\frac{N}{A_f}=\frac{50\times10^3}{8400}=6.0\mathrm{N/mm^2}$$

$$\sigma_{fa}^{V}=\frac{V}{A_f}=\frac{200\times10^3}{8400}=23.8\mathrm{N/mm^2}$$

$$\tau_{fxa}^{M}=\frac{Mr_y}{I_p}=\frac{163.4\times10^6\times200}{41066\times10^4}=79.6\mathrm{N/mm^2}$$

$$\sigma_{fya}^{M}=\frac{Mr_{xa}}{I_p}=\frac{163.4\times10^6\times267}{41066\times10^4}=106.2\mathrm{N/mm^2}$$

$$\sigma_a=\sqrt{\left(\frac{\sigma_{fya}^{M}+\sigma_{fa}^{V}}{\beta_f}\right)^2+(\tau_{fxa}^{M}+\tau_{fa}^{N})^2}=\sqrt{\left(\frac{106.3+23.8}{1.22}\right)^2+(79.6+6)^2}=136.7\mathrm{N/mm^2}<f_f^w=160\mathrm{N/mm^2}$$

b 点的焊缝应力为：

$$\sigma_{fb}^{N}=\frac{50\times10^3}{8400}=6.0\mathrm{N/mm^2}$$

$$\tau_{fb}^{V}=\frac{200\times10^3}{8400}=23.8\mathrm{N/mm^2}$$

$$\sigma_{fxb}^{M}=\frac{163.4\times10^6\times200}{41066\times10^4}=79.6\mathrm{N/mm^2}$$

$$\tau_{fyb}^{M}=\frac{163.4\times10^6\times133}{41066\times10^4}=52.9\mathrm{N/mm^2}$$

$$\sigma_b=\sqrt{\left(\frac{6+79.6}{1.22}\right)^2+(23.8-53.3)^2}=76.1\mathrm{N/mm^2}<f_f^w=160\mathrm{N/mm^2}$$

3.4.5 斜角角焊缝的部分焊透的对接焊缝的计算

（1）斜角角焊缝的计算

两焊脚边的夹角不是 90°的角焊缝为斜角角焊缝，如图 3-43 所示。这种焊缝往往用于料仓壁板、管形构件等的端部 T 形接头连接中。

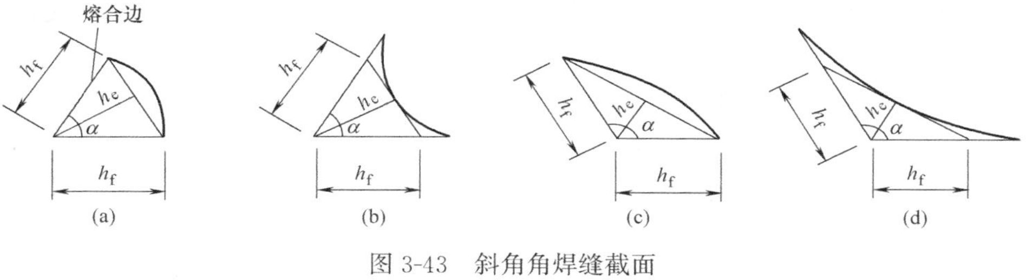

图 3-43　斜角角焊缝截面

斜角角焊缝的计算方法与直角焊缝相同，应按公式计算，只是应注意以下方面：不考虑应力方向，任何情况都取 β_f（或 β_{f0}）$=1.0$。这是因为对角焊缝的试验研究一般都是针

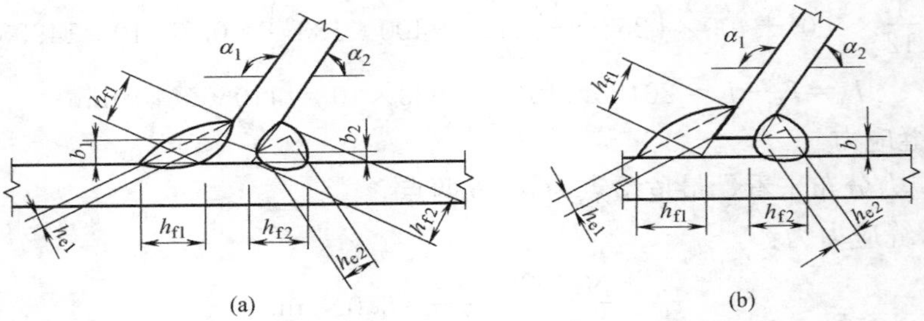

图 3-44　T 形接头的根部间隙和焊缝截面

对直角角焊缝进行的，对斜角角焊缝研究很少。我国采用的计算公式也是根据直角角焊缝简化而成，不能用于斜角角焊缝。在确定斜角角焊缝的有效厚度时（图 3-44）假定焊缝在其所成夹角的最小斜面上发生破坏。

（2）部分焊透的对接焊缝的计算

部分焊透的对接焊缝常用于外部需要平整的箱形柱和 T 形连接，以及其他不需要焊透之处（图 3-45）。

箱形柱的纵向焊缝通常只承受剪力，采用对接焊缝时往往不需要焊透全厚度，但在与横梁刚性连接处有可能要求焊透。

板厚和受力大的 T 形连接，当采用焊缝的焊脚尺寸很大时，可将竖直板开坡口做成带坡口的角焊缝（图 3-45e），与普通角焊缝相比，在相同的 h_e 情况下，可以大大节约焊条。此种焊缝国外常归入角焊缝的范畴，而我国称为不焊透的对接焊缝。

坡口形式有 V 形（全 V 形和半 V 形）、U 形和 J 形三种。在转角处采用半 V 形和 J 形坡口时，宜在板的厚度上开坡口（图 3-45c、e），这样可避免焊缝收缩的板厚度方向产生裂纹。

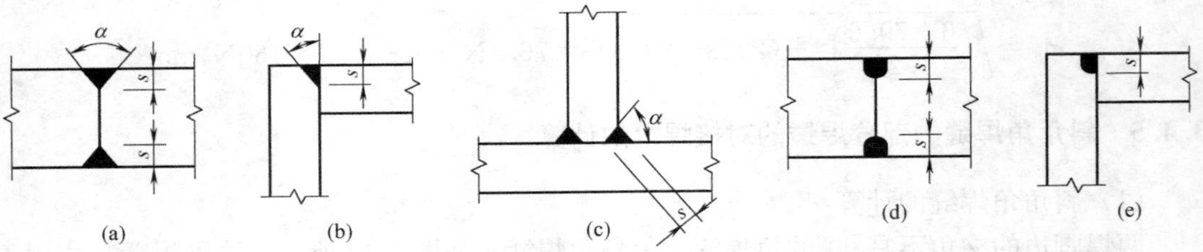

图 3-45　部分焊透的对接焊缝和其与角焊缝的组合焊缝截面

部分焊透的对接焊缝，在焊件之间存在缝隙，焊根处有较大的应力集中，受力性能接近于角焊缝。故部分焊透的对接焊缝（图 3-45a、b、d、e）和 T 形对接与角接组合焊缝（图 3-45c）的强度，应按角焊缝的计算公式计算，在垂直于焊缝长度方向的压力作用下，取 $\beta_f=1.22$，其他受力情况取 $\beta_f=1.0$。

有效厚度 h_e 采用坡口根部至焊缝表面（不考虑凸度）的最短距离 s。但对坡口角 α 小于 60°的 V 形坡口焊缝，考虑到焊缝根部不易焊满，取 $h_e=0.75s$。s 为坡口深度，即根部至焊缝表面（不考虑余高）的最短距离（mm）；α 为 V 形、单边 V 形或 K 形坡口角度。

当熔合线处焊缝截面边长等于或接近于最短距离 s 时（图 3-45b、c、e），抗剪强度设计值应等于角焊缝的强度设计值乘以 0.9。

3.5 焊接应力和焊接变形

3.5.1 焊接应力的分类和产生原因

钢结构在焊接过程中，局部区域受到高温作用，焊接中心处可达1600℃以上。不均匀的加热和冷却，使构件产生焊接变形。同时，高温部分钢材在高温时的体积膨胀及在冷却时的体积收缩均受到周围低温部分钢材的约束而不能自由变形，从而产生焊接应力。

焊接应力可根据应力方向与钢板长度方向及钢板表面的关系分为纵向应力、横向应力和厚度方向应力。其中纵向应力指沿焊缝长度方向的应力，横向应力是垂直于焊缝长度方向且平行于构件表面的应力，厚度方向应力则是垂直于焊缝长度方向且垂直于构件表面的应力。

（1）纵向焊接应力

焊接结构中焊缝沿焊缝长度方向收缩时产生纵向焊接应力。例如在两块钢板上施焊时，钢板上产生不均匀的温度场，从而产生了不均匀的膨胀。焊缝附近高温处的钢材膨胀最大，稍远区域温度稍低，膨胀较小。膨胀大的区域受到周围膨胀小的区域的限制，产生了热塑性压缩。冷却时过程与加热时刚好相反，即焊缝区钢材的收缩受到两侧钢材的限制。相互约束作用的结果是焊缝中央部分产生纵向拉力，两侧则产生纵向压力，这就是纵向收缩引起的纵向应力，如图3-46（a）所示。

又如三块钢板拼成的工字钢（图3-46b），腹板与翼缘用焊缝连接，翼缘与腹板连接处因焊缝收缩受到两边钢板的阻碍而产生纵向拉应力，两边因中间收缩而产生压应力，因而形成中部焊缝区受拉而两边钢板受压的纵向应力。腹板纵向应力分布则相反，由于腹板与翼缘焊缝收缩受到腹板中间钢板的阻碍而受拉，腹板中间受压，因而形成中间钢板受压而两边焊缝区受拉的纵向应力。

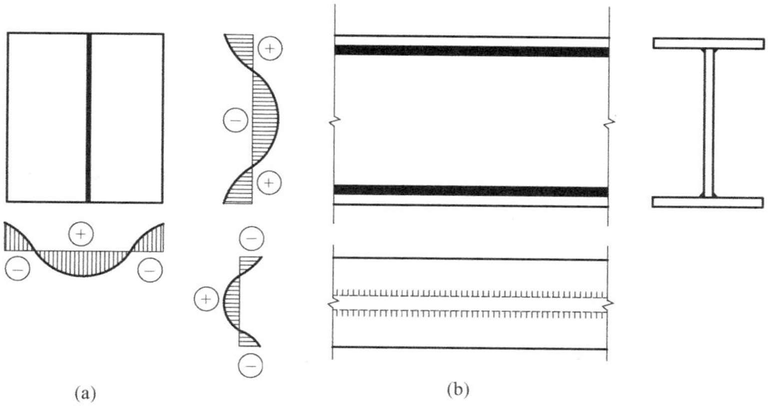

(a) (b)

图3-46 焊缝纵向收缩引起的纵应力

（2）横向焊接应力

焊缝的横向（垂直焊缝长度方向）焊接应力包括两部分：其一是由于焊缝纵向收缩，使两块钢板趋向于形成反方向的弯曲变形，而实际上焊缝将两块板连成整体，从而在两块板的中间产生横向拉应力，两端则产生压应力（图 3-47b）；其二为由于焊缝在施焊过程中冷却时间的不同，先焊的焊缝凝固后具有一定强度，阻止后焊焊缝在横向自由膨胀，使之发生横向塑性压缩变形。随后冷却焊缝的收缩受到已凝固的焊缝限制而产生横向拉应力，而先焊部分则产生横向压应力，因应力自相平衡，更远处的焊缝则受拉应力（图 3-47c）。这两种横向应力叠加成最后的横向应力（图 3-47d）。

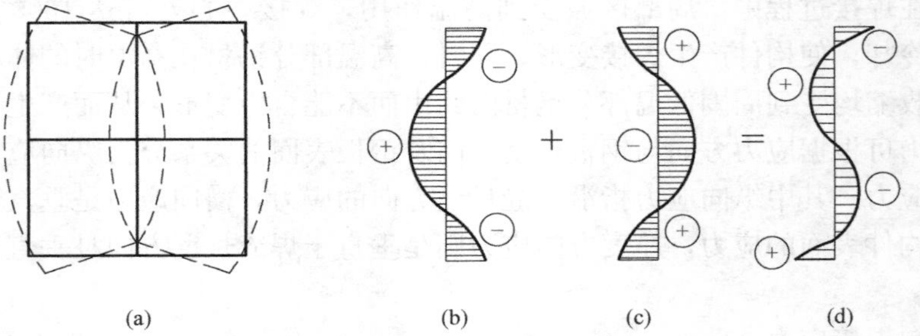

图 3-47　焊缝的横向焊接应力

（3）厚度方向焊接应力

较厚钢板焊接时，焊缝与钢板接触面和空气接触面散热较快而先冷却结硬，厚度中部冷却比表面缓慢而收缩受到阻碍，形成中间焊缝受拉，四周受压的状态。因而焊缝在厚度方向出现应力 σ_z（图 3-48）。当钢板厚度＜25mm 时，厚度方向的应力不大；但板厚≥50mm 时，厚度方向应力较大，可达 50N/mm^2。

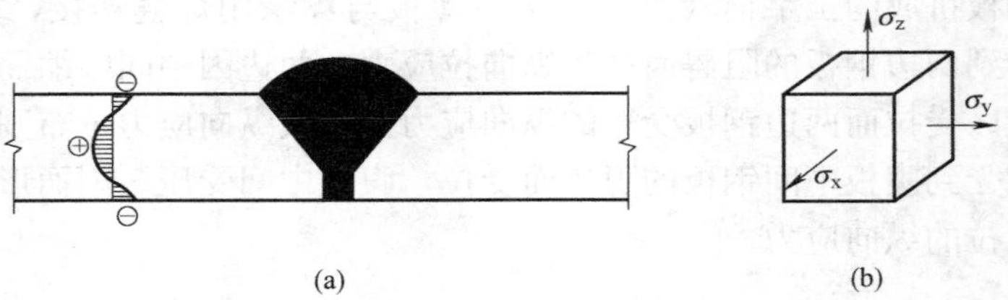

图 3-48　厚度方向的焊接应力

3.5.2　焊接应力对结构性能的影响

焊接应力对在常温下承受静力荷载结构的承载能力没有影响，因为焊接应力加上外力引起的应力达到屈服点后，应力不再增大，外力由两侧弹性区承担，直到全截面达到屈服点为止。

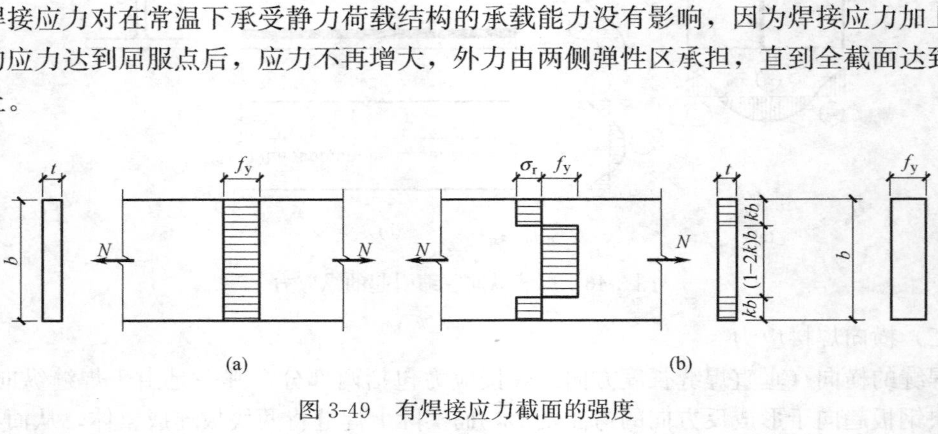

图 3-49　有焊接应力截面的强度

图 3-49（b）表示一受拉构件中的焊接应力情况，σ_r为焊接压应力。

当构件无焊接应力时，可得其承载力值为：

$$N=btf_y \tag{3-39a}$$

当构件有焊接应力时，由图 3-49（b）可得其承载力值为：

$$N=2kbt(\sigma_r+f_y) \tag{3-39b}$$

由于焊接应力是自平衡应力，故：

$$2kbt\sigma_r=(1-2k)btf_y$$

解得：

$$\sigma_r=\frac{1-2k}{2k}f_y$$

将σ_r代入式（3-39b）得：

$$N=2kbt\left(\frac{1-2k}{2k}f_y+f_y\right)=btf_y \tag{3-40}$$

这与无焊接应力的钢板承载能力相同。

虽然在常温和静载作用下，焊接应力对构件的强度没有什么影响，但对其刚度有影响。由于焊缝中存在三向应力，阻碍了塑性变形，使裂缝易发生和发展，因此焊接应力将使疲劳强度降低。此外，焊接应力还会降低压杆稳定性，使构件提前进入塑性工作阶段。降低或消除焊缝中的残余应力是改善结构低温冷脆性能的重要措施。同时焊接残余应力对结构的疲劳强度有不利影响。

3.5.3 焊接变形

在焊接过程中，由于不均匀加热和冷却，焊接区在纵向和横向收缩时，势必导致构件产生局部鼓曲、弯曲、歪曲和扭转等。焊接变形包括纵向收缩、横向收缩、弯曲变形、角变形、波浪变形、扭曲变形等（图 3-50），通常是几种变形的组合。任一焊接变形超过规定时，必须进行校正，以免影响构件在正常使用条件下的承载能力。

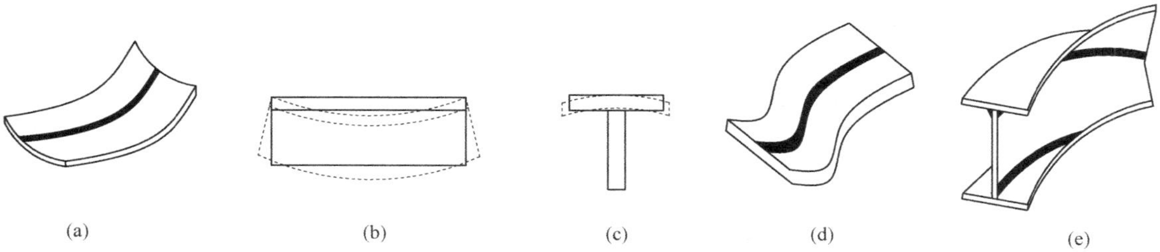

(a) (b) (c) (d) (e)

图 3-50 焊接变形

（a）纵向收缩和横向收缩；（b）弯曲变形；（c）角变形；（d）波浪变形；（e）扭曲变形

3.5.4 减少焊接应力和焊接变形的措施

构件产生过大的焊接应力和焊接变形多系构造不当或焊接工艺欠妥造成，而焊接应力和焊接变形的存在将造成构件局部应力集中及处于复杂应力状态下，影响材料工作性能，故应从设计和焊接工艺两方面采取措施。

（1）采取适当的焊接次序和方向，例如钢板对接时采用分段焊（图 3-51a ），厚度方向分层焊（图 3-51b），钢板分块拼焊（图 3-51d），工字形顶接时采用对角跳焊（图 3-51c）。

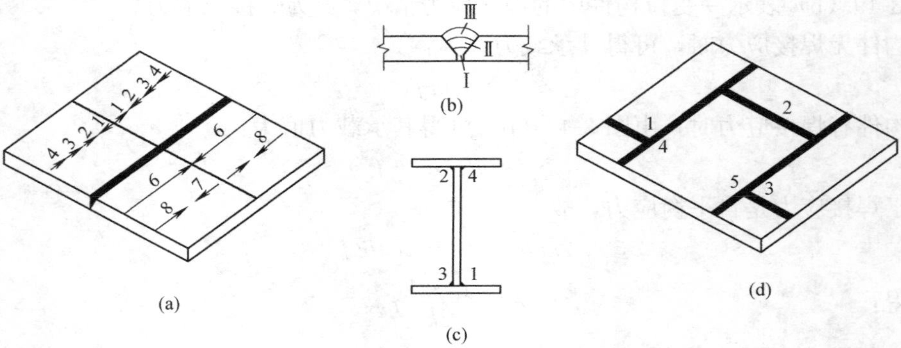

图 3-51　合理的焊接次序

（2）尽可能采用对称焊缝，连接过渡尽可能平滑，避免出现截面突变，并在保证安全的前提下，避免焊缝厚度过大。

（3）避免焊缝过分集中或多方向焊缝相交于一点。

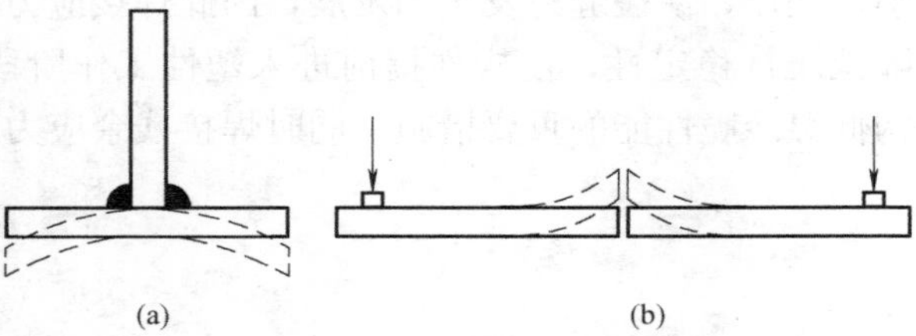

图 3-52　减少焊接变形的措施

（4）施焊前使构件有一个和焊接变形相反的预变形。例如在顶接中将翼缘预弯，焊接后产生焊接变形与预变形抵消（图 3-52a）。在平接中使接缝处预变形（图 3-52b），焊接后产生焊接变形也与之抵消。这种方法可以减少焊接后的变形量，但不会根除焊接应力。

（5）对于小尺寸的杆件，可在焊前预热，或焊后回火加热到 600℃左右，然后缓慢冷却。可消除焊接应力。焊接后对焊件进行锤击，也可减少焊接应力与焊接变形。此外也可采用机械法校正来消除焊接变形。

3.6　普通螺栓连接构造与工作性能

3.6.1　普通螺栓的构造

普通螺栓分为 A、B 级和 C 级。A、B 级普通螺栓一般称为精制螺栓，其材料性能属于 8.8 级，一般由优质碳素钢中的 45 号钢和 35 号钢制成，其孔径和杆径相等。C 级普通螺栓一般称为粗制螺栓，性能等级属于 4.6、4.8 级，一般由普通碳素钢 Q235BF 钢制成，其制作精度和螺栓的允许偏差、孔壁表面粗糙度等要求都比 A、B 级普通螺栓低。C 级普通螺栓的螺杆直径较螺孔直径小 1.0～1.5mm，受剪时工作性能较差，在螺栓群中各螺栓所受剪力也不均匀，因此适用于承受拉力的连接中。

螺栓在构件上的排列应简单、统一、整齐而紧凑，通常分为并列和错列两种形式（图 3-53）。并列简单整齐，所用连接板尺寸小，但由于螺栓孔的存在，对构件截面的削弱较大。错列可以减小螺栓孔对截面的削弱。

螺栓在构件上的排列应符合最小距离要求，以便用扳手拧紧螺帽时有一定的空间，并避免受力时钢板在孔之间以及孔与板端、板边之间发生剪断、截面过分削弱等现象。

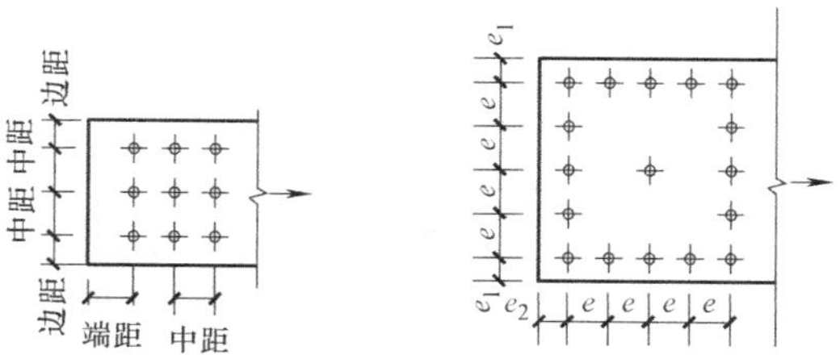

图 3-53 钢板的螺栓排列

螺栓在构件上的排列也应符合最大距离要求，以避免受压时被连接的板件间发生张口、鼓出或被连接的构件因接触面不够紧密、潮气进入缝隙而产生腐蚀等现象。

根据上述要求，钢板上螺栓的排列规定见图 3-53 和表 3-5。型钢上螺栓的排列除应满足表 3-5 的最大和最小距离外，尚应充分考虑拧紧螺栓时的净空要求。在角钢、普通工字钢、槽钢截面上排列螺栓的线距应满足图 3-53 及表 3-6～表 3-8 的要求。在 H 型钢截面上排列螺栓的线距（图 3-54d），腹板上的 c 值可参照普通工字钢；翼缘上的 e 值或 e_1、e_2 值可根据其外伸宽度参照角钢。

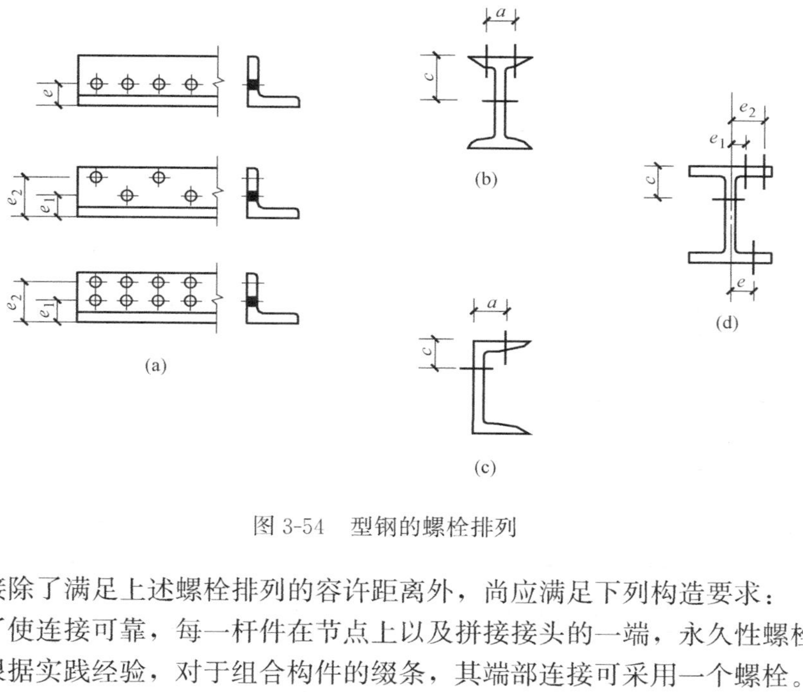

图 3-54 型钢的螺栓排列

螺栓连接除了满足上述螺栓排列的容许距离外，尚应满足下列构造要求：

（1）为了使连接可靠，每一杆件在节点上以及拼接接头的一端，永久性螺栓数不宜少于两个。但根据实践经验，对于组合构件的缀条，其端部连接可采用一个螺栓。

（2）对直接承受动力荷载的普通螺栓连接应采用双螺帽或其他防止螺帽松动的有效措施。例如采用弹簧垫圈或将螺帽、螺杆焊死等方法。

（3）由于 C 级螺栓与孔壁有较大间隙，只宜用于沿其杆轴方向受拉的连接。承受静力荷载结构的次要连接、可拆卸结构的连接和临时固定构件用的安装连接中，也可用 C 级螺栓受剪。但在重要的连接中，例如：制动梁或吊车梁上翼缘与柱的连接，由于传递制动梁的水平支承反力，同时受到反复动力荷载作用，不得采用 C 级螺栓。柱间支撑与柱的连接，以及在柱间支撑处吊车梁下翼缘的连接，因承受着反复的水平制动力和卡轨力，应优先采用高强度螺栓。

螺栓或铆钉的最大、最小容许距离 **表 3-5**

<table>
<tr><th>名称</th><th colspan="3">位置和方向</th><th>最大容许距离
（取两者的较小值）</th><th>最小容许距离</th></tr>
<tr><td rowspan="5">中心线距</td><td colspan="3">外排(垂直或顺内力方向)</td><td>$8d_0$或 $12t$</td><td rowspan="5">$3d_0$</td></tr>
<tr><td rowspan="3">中间排</td><td colspan="2">垂直内力方向</td><td>$16d_0$或 $24t$</td></tr>
<tr><td rowspan="2">顺内力方向</td><td>压力</td><td>$12d_0$或 $18t$</td></tr>
<tr><td>拉力</td><td>$16d_0$或 $24t$</td></tr>
<tr><td colspan="3">沿对角线方向</td><td>—</td></tr>
<tr><td rowspan="4">中心至构件边缘距离</td><td colspan="3">顺内力方向</td><td rowspan="4">$4d_0$ 或 $8t$</td><td>$2d_0$</td></tr>
<tr><td rowspan="3">垂直内力方向</td><td colspan="2">剪切边或手工气割边</td><td rowspan="2">$1.5d_0$</td></tr>
<tr><td rowspan="2">轧制边自动精密或锯割边</td><td>高强度螺栓</td></tr>
<tr><td>其他螺栓或铆钉</td><td>$1.2d_0$</td></tr>
</table>

注：1. d_0为螺栓孔或铆钉孔直径，t 为外层较薄板件的厚度；

2. 钢板边缘与刚性构件（如角钢、槽钢等）相连的螺栓或铆钉的最大间距，可按中间排的数值采用。

角钢上螺栓线距表（mm） **表 3-6**

<table>
<tr><td rowspan="3">单行排列</td><td>角钢肢宽</td><td>40</td><td>45</td><td>50</td><td>56</td><td>63</td><td>70</td><td>75</td><td>80</td><td>90</td><td>100</td><td>110</td><td>125</td></tr>
<tr><td>线距 e</td><td>25</td><td>25</td><td>30</td><td>30</td><td>35</td><td>40</td><td>40</td><td>45</td><td>50</td><td>55</td><td>60</td><td>70</td></tr>
<tr><td>钉孔最大直径</td><td>11.5</td><td>13.5</td><td>13.5</td><td>15.5</td><td>17.5</td><td>20</td><td>22</td><td>22</td><td>24</td><td>24</td><td>26</td><td>26</td></tr>
<tr><td rowspan="4">双行错排</td><td>角钢肢宽</td><td>125</td><td>140</td><td>160</td><td>180</td><td>200</td><td rowspan="4">双行排列</td><td colspan="3">角钢肢宽</td><td>160</td><td>180</td><td>200</td></tr>
<tr><td>e_1</td><td>55</td><td>60</td><td>70</td><td>70</td><td>80</td><td colspan="3">e_1</td><td>60</td><td>40</td><td>80</td></tr>
<tr><td>e_2</td><td>90</td><td>100</td><td>120</td><td>140</td><td>160</td><td colspan="3">e_2</td><td>130</td><td>140</td><td>160</td></tr>
<tr><td>钉孔最大直径</td><td>24</td><td>24</td><td>26</td><td>26</td><td>26</td><td colspan="3">钉孔最大直径</td><td>24</td><td>24</td><td>26</td></tr>
</table>

工字钢和槽钢腹板上的螺栓线距表（mm） **表 3-7**

工字钢型号	12	14	16	18	20	22	25	28	32	36	40	45	50	56	63
线距 c_{min}	40	45	45	45	50	50	55	60	60	65	70	75	75	75	75
槽钢型号	12	14	16	18	20	22	25	28	32	36	40	—	—	—	—
线距 c_{min}	40	45	50	50	55	55	55	60	65	70	75	—	—	—	—

工字钢和槽钢翼缘上的螺栓线距表（mm） **表 3-8**

工字钢型号	12	14	16	18	20	22	25	28	32	36	40	45	50	56	63
线距 a_{min}	40	40	50	55	60	65	65	70	75	80	80	85	90	95	95
槽钢型号	12	14	16	18	20	22	25	28	32	36	40	—	—	—	—
线距 a_{min}	30	35	35	40	40	45	45	45	50	56	60	—	—	—	—

（4）沿杆轴方向受拉的螺栓连接中的端板（法兰板），应适当加强其刚度（如加设加劲肋），以减少撬力对螺栓抗拉承载力的不利影响。

3.6.2 普通螺栓抗剪连接工作性能与计算

普通螺栓连接按受力情况可分为三类：螺栓只承受剪力，螺栓只承受拉力，螺栓承受拉力和剪力的共同作用。螺栓受剪时的工作性能如下所述。

（1）受剪连接的工作性能

抗剪连接是最常见的螺栓连接。如果以图 3-55（a）所示的螺栓连接试件作抗剪试验，可得出试件上 a、b 两点之间的相对位移 δ 与作用力 N 的关系曲线（图 3-55b）。

该曲线给出了试件由零载一直加载至连接破坏的全过程，经历了以下阶段：①摩擦传力的弹性阶段：在施加荷载之初，荷载较小，荷载靠构件间接触面的摩擦力传递，螺栓杆与孔壁之间的间隙保持不变，连接工作处于弹性阶段，在 N-δ 图上呈现出 0-1 斜直线段。但由于板件间摩擦力的大小取决于拧紧螺帽时在螺杆中的初始拉力，一般说来，普通螺栓的初拉力很小，故此阶段很短。②滑移阶段：当荷载增大，连接中的剪力达到构件间摩擦力的最大值，板件间产生相对滑移，其最大滑移量为螺栓杆与孔壁之间的间隙，直至螺栓与孔壁接触，相应于 N-δ 曲线上的 1-2 水平段。③栓杆传力的弹性阶段：荷载继续增加，连接所承受的外力主要靠栓杆与孔壁接触传递。栓杆除主要受剪力外，还有弯矩和轴向拉力，而孔壁则受到挤压。由于栓杆的伸长受到螺帽的约束，增大了板件间的压紧力，使板件间的摩擦力也随之增大，所以 N-δ 曲线呈上升状态。达到“3”点时，曲线开始明显弯曲，表明螺栓或连接板达到弹性极限，此阶段结束。

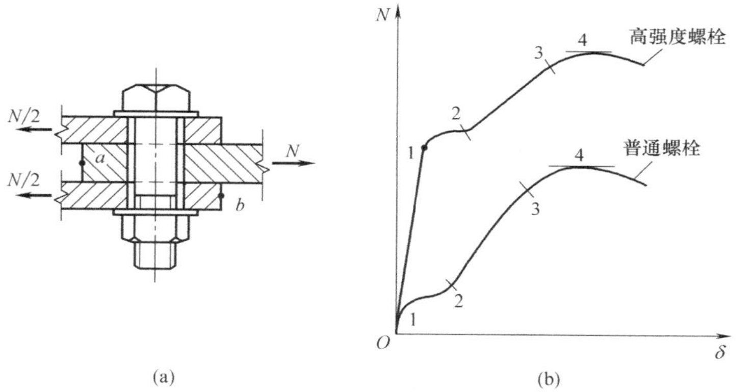

图 3-55　单个螺栓抗剪试验结果

受剪螺栓连接达到极限承载力时，可能的破坏形式有：①当栓杆直径较小，板件较厚时，栓杆可能先被剪断（图 3-56a）；②当栓杆直径较大，板件较薄时，板件可能先被挤坏（图 3-56b），由于栓杆和板件的挤压是相对的，故也可把这种破坏称为螺栓承压破坏；③端距太小，端距范围内的板件有可能被栓杆冲剪破坏（图 3-56c）；④板件可能因螺栓孔削弱太多而被拉断（图 3-56d）。

上述第③种破坏形式由螺栓端距 $e_3 \geqslant 2d$ 来保证；第④种破坏属于构件的强度验算。

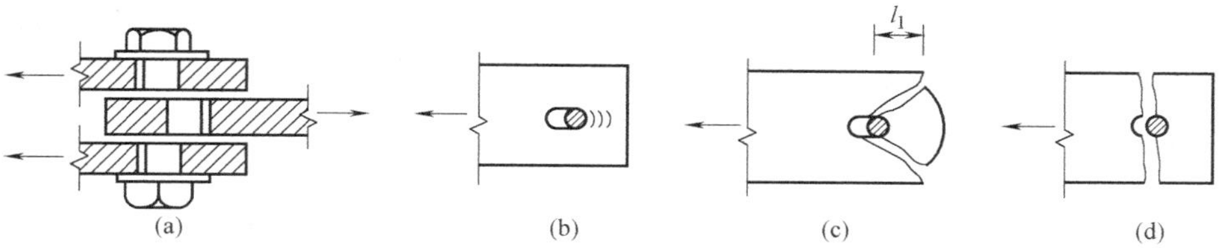

图 3-56　受剪螺栓连接的破坏形式

因此，普通螺栓的受剪连接只考虑①、②两种破坏形式。

（2）单个普通螺栓的受剪计算

普通螺栓的受剪承载力主要由栓杆受剪和孔壁承压两种破坏模式控制，因此应分别计算，取其小值进行设计。计算时做如下假定：①栓杆受剪计算时，假定螺栓受剪面上的剪应力是均匀分布的；②孔壁承压计算时，假定挤压力沿栓杆直径平面（实际上是相应于栓杆直径平面的孔壁部分）均匀分布。考虑一定的抗力分项系数后，得到普通螺栓受剪连接时，每个螺栓的受剪和承压承载力设计值。

受剪承载力设计值为：

$$N_{\mathrm{v}}^{\mathrm{b}}=n_{\mathrm{v}}\frac{\pi d^2}{4}f_{\mathrm{v}}^{\mathrm{b}} \tag{3-41}$$

承压承载力设计值为：

$$N_{\mathrm{c}}^{\mathrm{b}}=d\sum t f_{\mathrm{c}}^{\mathrm{b}} \tag{3-42}$$

式中　n_{v}——受剪面数目，单剪 $n_{\mathrm{v}}=1$，双剪 $n_{\mathrm{v}}=2$，四剪 $n_{\mathrm{v}}=4$；

d——螺栓杆直径；

$\sum t$——在不同受力方向中一个受力方向承压构件总厚度的较小值；

$f_{\mathrm{v}}^{\mathrm{b}}$、$f_{\mathrm{c}}^{\mathrm{b}}$——分别为螺栓的抗剪和承压强度设计值。

（3）普通螺栓群受剪连接计算

1）普通螺栓群轴心受剪

试验证明，螺栓群的受剪连接承受轴心力时，与侧焊缝的受力相似，在长度方向各螺栓受力是不均匀的（图 3-57），两端受力大，中间受力小。当连接长度 $l_1 \leqslant 15d_0$（d_0 为螺孔直径）时，由于连接工作进入弹塑性阶段后，内力发生重分布，螺栓群中各螺栓受力逐渐接近，故可认为轴心力 N 由每个螺栓平均分担，即螺栓数 n 为：

$$n=\frac{N}{N_{\min}^{\mathrm{b}}} \tag{3-43}$$

式中　$N_{\min}^{\mathrm{b}}$——1 个螺栓受剪承载力设计值与承压承载力设计值的较小值。

当 $l_1>15d_0$ 时，连接进入弹塑性阶段后，各螺杆所受内力仍不易均匀，端部螺栓首先达到极限强度而破坏，随后由外向里依次破坏。

根据试验，当 $l_1>15d_0$ 时，应将承载力设计值乘以折减系数：

$$\gamma_0=1.1-\frac{l_1}{150d_0}\geqslant 0.7 \tag{3-44}$$

则对长连接，所需抗剪螺栓数为：

$$n=\frac{N}{\gamma_0 N_{\min}^{\mathrm{b}}} \tag{3-45}$$

【例 3-6】　设计两块钢板用普通螺栓的盖板拼接（图 3-58）。已知轴心拉力的设计值 $N=325\mathrm{kN}$，钢材为 Q235A，螺栓直径 $d=20\mathrm{mm}$（粗制螺栓）。

【解】　受剪承载力设计值为：

$$N_{\mathrm{v}}^{\mathrm{b}}=n_{\mathrm{v}}\frac{\pi d^2}{4}f_{\mathrm{v}}^{\mathrm{b}}=2\times\frac{3.14\times 20^2}{4}\times 140=87900\mathrm{N}=87.9\mathrm{kN}$$

承压承载力设计值为：

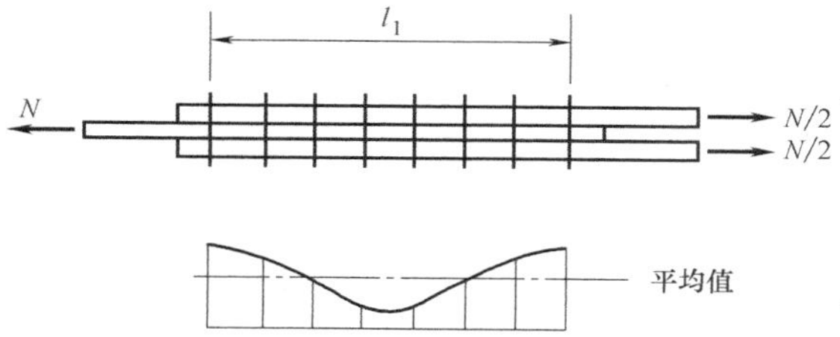

图 3-57 长接头螺栓的内力分布

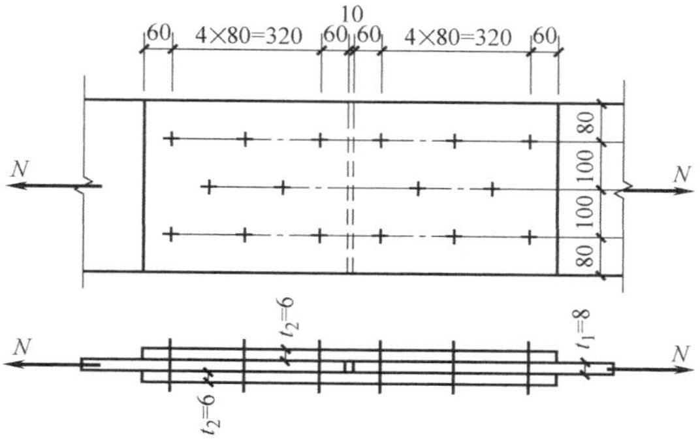

图 3-58 例 3-6 图

$$N_c^b=d\sum t f_c^b=20\times8\times305=48800\text{N}=48.8\text{kN}$$

一侧所需螺栓数 n 为：

$$n=\frac{N}{N_{\min}^b}=\frac{325}{48.8}=6.7$$

取 8 个。

2）普通螺栓群偏心受剪

如图 3-59 所示螺栓群承受偏心剪力的情形，剪力 F 的作用线至螺栓群中心线的距离为 e，故螺栓群同时受到轴心力 F 和扭矩 $T=F\cdot e$ 的联合作用。

在轴心力作用下可认为每个螺栓平均受力，即：

$$N_{1F}=\frac{F}{n} \tag{3-46}$$

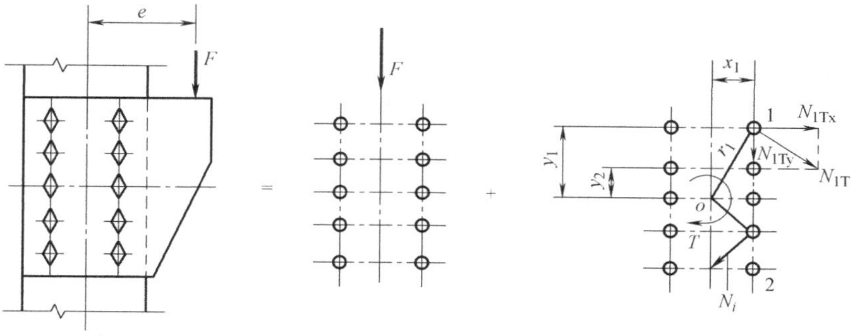

图 3-59 偏心受剪的螺栓群

在扭矩 $T=F\cdot e$ 作用下，通常采用弹性分析，假定连接板的旋转中心在螺栓群的形心，则螺栓剪力的大小与该螺栓至中心点距离 γ_i 成正比，方向与此距离垂直（图 3-59c）。由

$$T=N_{1T}r_1+N_{2T}r_2+\cdots+N_{iT}r_i+\cdots$$

因

$$\frac{N_{1T}}{\gamma_1}=\frac{N_{2T}}{\gamma_2}=\cdots=\frac{N_{iT}}{\gamma_i}=\cdots$$

得：
$$\frac{N_{1T}}{\gamma_1}(\gamma_1^2+\gamma_2^2+\cdots+\gamma_i^2+\cdots)=\frac{N_{1T}}{\gamma_1}\sum\gamma_i^2=T$$

最大剪力为：

$$N_{1T}=\frac{Tr_1}{\sum r_i^2}=\frac{Tr_1}{\sum(x_i^2+y_i^2)}$$

将 N_{1T}分解为水平分力和垂直分力：

$$N_{1Tx}=N_{1T}\frac{y_1}{r_1}=\frac{Ty_1}{\sum r_i^2}=\frac{Ty_1}{\sum x_i^2+\sum y_i^2} \tag{3-47}$$

$$N_{1Ty}=N_{1T}\frac{x_1}{r_1}=\frac{Tx_1}{\sum r_i^2}=\frac{Tx_1}{\sum x_i^2+\sum y_i^2} \tag{3-48}$$

由此可得受力最大螺栓所承受的合力 N_1的计算式为：

$$N_1=\sqrt{N_{1Tx}^2+(N_{1Ty}+N_{1F})^2}\leqslant N_{min}^b \tag{3-49}$$

当螺栓布置在一个狭长带，即 $y_1\geqslant 3x_1$时，可假定式（3-47）和式（3-48）中的 $x_i=0$，由此得：

$$N_{1Ty}=0,N_{1Tx}=\frac{Ty_1}{\Sigma y_i^2}$$

计算式为：

$$N_1=\sqrt{\left(\frac{T_{y1}}{\Sigma_{yi}}\right)^2+\left(\frac{F}{n}\right)^2}\leqslant N_{min}^b \tag{3-50}$$

式中，N_{min}^b为一个螺栓的受剪承载力设计值。

以上设计方法，除受力最大的螺栓外，其余大多数螺栓均有潜力。所以按式（3-46）计算轴心力 F 作用下的螺栓内力时，即使连接长度$>15d_0$，也不用考虑长接头的折减系数 η。

【例 3-7】 设计如图 3-60 所示的普通螺栓拼接。柱翼缘厚度为 10mm，连接板厚度为 8mm，钢材为 Q235B，荷载设计值为 $F=150$kN，偏心距为 $e=250$mm，粗制螺栓 M22。

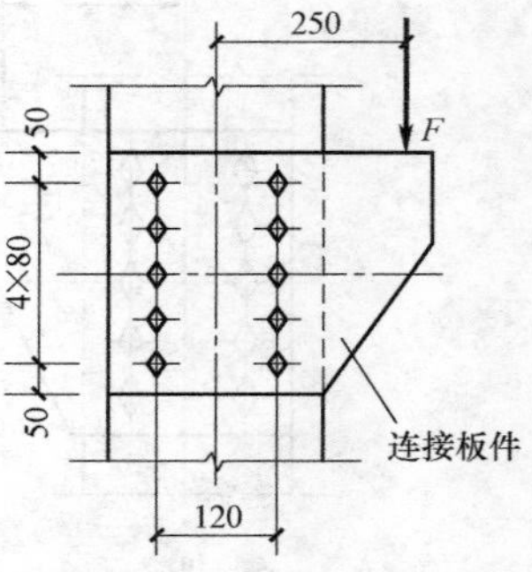

图 3-60　例 3-7 图

【解】 将力向形心简化

$$T=Fe=150\times0.25=37.5\text{kN}\cdot\text{m}$$

$$V=F=150\text{kN}$$

$$\sum x_i^2+\sum y_i^2=10\times6^2+(4\times8^2+4\times16^2)=1640\text{cm}^2$$

$$N^{1Tx}=\frac{T\cdot y_1}{\sum x_i^2+\sum y_i^2}=\frac{37.5\times16\times10^2}{1640}=36.6\text{kN}$$

$$N^{1Ty}=\frac{T\cdot x_1}{\sum x_i^2+\sum y_i^2}=\frac{37.5\times6\times10^2}{1640}=13.7\text{kN}$$

剪力作用下 1 号螺栓受力为：

$$N^{1F}=\frac{F}{n}=\frac{150}{10}=15\text{kN}$$

1 号螺栓受力为：

$$N_1=\sqrt{(N^{1Tx})^2+(N^{1F}+N_{1Ty})^2}=\sqrt{36.6^2+(15+13.7)^2}=46.5\text{kN}$$

承载力验算：

$$N_v^b = n_v \frac{\pi d^2}{4} f_v^b = 1 \times \frac{3.14 \times 22^2}{4} \times 140 = 53.2\text{kN}$$

$$N_c^b = d \sum t f_c^b = 22 \times 8 \times 305 = 53.7\text{kN}$$

$$N_1 = 46.5\text{kN} < N_{min}^b = 53.2\text{kN}$$

3.6.3 普通螺栓的受拉连接工作性能与计算

(1) 普通螺栓受拉的工作性能

沿螺栓杆轴方向受拉时，很难保证拉力正好作用在螺杆轴线上，一般是通过水平板件传递，如图 3-61 所示。若与螺栓直接相连的翼缘板的刚度不是很大，由于翼缘的弯曲，使螺栓受到撬力的附加作用，杆力增加到：

$$N_t = N + Q \tag{3-51}$$

式中，Q 称为撬力。撬力的大小与翼缘板厚度、螺杆直径、螺栓位置、连接总厚度等因素有关，准确求解非常困难。

为了简化计算，我国标准将螺栓的抗拉强度设计值降低 20%来考虑撬力影响。例如 4.6 级普通螺栓，取抗拉强度设计值为：

$$f_t^b = 0.8f = 0.8 \times 215 = 170\text{N/mm}^2$$

这相当于考虑了撬力 $Q = 0.25N$。一般来说，只要按构造要求取翼缘板厚度 $t \geq 20\text{mm}$，且螺栓距离 b 不要过大，这样简化处理是可靠的。如果翼缘板太薄时，可采用加劲肋加强翼缘，如图 3-62 所示。

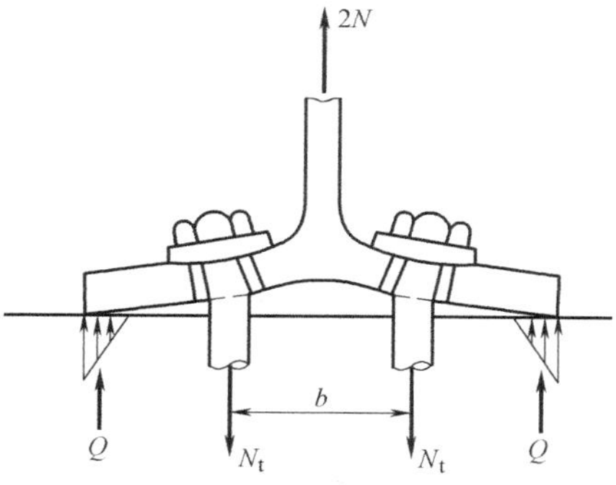

图 3-61 受拉螺栓的撬力

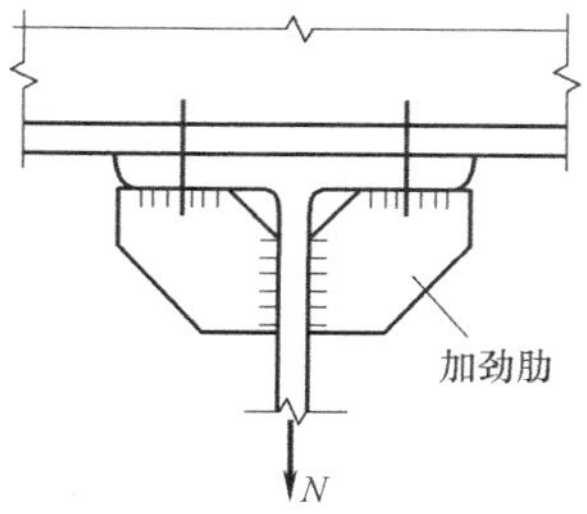

图 3-62 翼缘加强措施

(2) 单个普通螺栓的受拉承载力

采用上述方法考虑撬力之后，单个螺栓的受拉承载力的设计值为：

$$N_t^b = A_e f_t^b = \frac{\pi d_e^2}{4} f_t^b \tag{3-52}$$

式中，A_e为螺栓有效截面积；d_e为螺纹处的有效直径。由于螺纹呈倾斜方向，螺栓受拉时采用的直径，既不是扣除螺纹后的净直径 d_n，也不是全直径与净直径的平均直径 d_m，而是由下式计算的有效直径：

$$d_e = \frac{d_n + d_m}{2} = d - \frac{13}{24}\sqrt{3}P \tag{3-53}$$

式中，P 为螺纹的螺距。

表 3-9 给出了常用螺栓按有效直径 d_e 计算得到的螺栓净截面面积 A_n（即有效截面面积 A_e），计算时可直接查用。

常用螺栓有效面积 **表 3-9**

螺栓直径(mm)	12	(14)	16	(18)	20	(22)	24	(27)	30
螺距(mm)	1.75	2.0	2.0	2.5	2.5	2.5	3.0	3.0	3.5
螺栓有效直径(mm)	10.3581	12.1236	14.1236	15.6545	17.6545	19.6545	21.1854	24.1854	26.7163
螺栓有效面积(cm^2)	0.84	1.15	1.57	1.92	2.45	3.03	3.53	4.59	5.61

注：1. 带括号的直径属于第二系列；

2. 有效面积按下式计算：$A_e=\frac{\pi}{4}\left(d-\frac{13}{24}\sqrt{3}p\right)^2$。

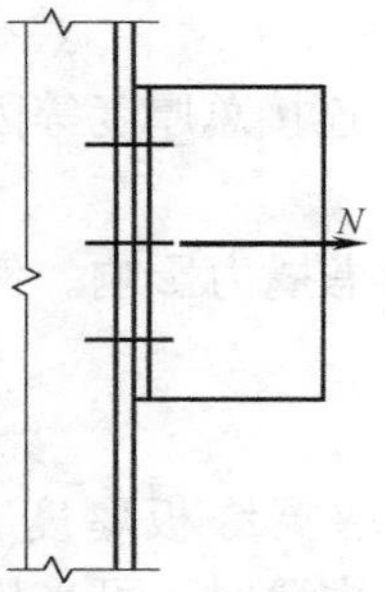

图 3-63 螺栓群承受轴心拉力

(3) 普通螺栓群受拉

1) 栓群轴心受拉

如图 3-63 所示栓群轴心受拉，由于垂直于连接板的肋板刚度很大，通常假定各个螺栓平均受拉，则连接所需的螺栓数为：

$$n=\frac{N}{N_t^b} \tag{3-54}$$

2) 栓群承受弯矩作用

如图 3-64 所示为螺栓群在弯矩作用下的受拉连接（图中的剪力 V 通过承托板传递）。按弹性设计法，在弯矩作用下，离中和轴越远的螺栓所受拉力越大，而压力则由部分受压的端板承受，设中和轴至端板受压边缘的距离为 c（图 3-64c）。这种连接的受力有如下特点。

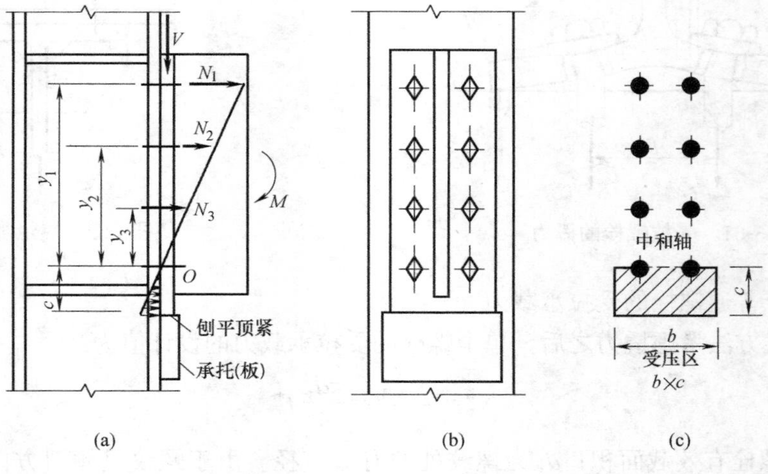

图 3-64 普通螺栓弯矩受拉

受拉螺栓截面只是孤立的几个螺栓点；而端板受压区则是宽度较大的实体矩形截面（图 3-64b、c）。当计算其形心位置作为中和轴时，所求得的端板受压区高度 c 总是很小，中和轴通常在弯矩指向一侧最外排螺栓附近的某个位置。因此，实际计算时可近似地取中和轴位于最下排螺栓 O 处，即认为连接变形为绕 O 处水平轴转动，螺栓拉力与 O 点算起的纵坐标 y 成正比。在对 O 点水平轴列弯矩平衡方程时，偏安全地忽略了力臂很小的端板受压区部分的力矩。

考虑到
$$n_1/y_1=N_2/y_2=\cdots=N_i/y_i=\cdots=N_n/y_n$$
则
$$M=N_1y_1+N_2y_2+\cdots+N^ny_n$$
$$M=N^1\frac{y_1^2}{y_1}+N^1\frac{y_2^2}{y_1}+\cdots+N^1\frac{y_n^2}{y_1}=\frac{N_1\sum y_i^2}{y_1}$$

螺栓 i 的拉力为：
$$N_i=My_i/\sum y_i^2$$

设计时要求受力最大的最外排螺栓 1 的拉力不超过 1 个螺栓的抗拉承载力设计值：
$$N^1=\frac{My_1}{\sum y_i^2}\leqslant N_t^b \tag{3-55}$$

3）栓群偏心受拉

螺栓群偏心受拉（图 3-65）相当于连接承受轴心拉力 N 和弯矩 $M=N\cdot e$ 的联合作用。按弹性设计法，根据偏心距的大小可能出现小偏心受拉和大偏心受拉两种情况。

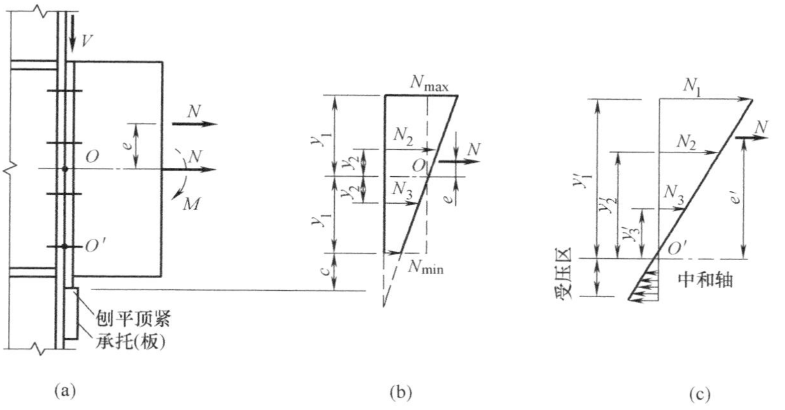

图 3-65　螺栓群偏心受拉

当偏心较小时，所有螺栓均承受拉力作用，端板与柱翼缘有分离趋势，故在计算时轴心拉力 N 由各螺栓均匀承受；弯矩 M 则引起以螺栓群形心 O 为中和轴的三角形内力分布（图 3-65 a、b），使上部螺栓受拉，下部螺栓受压；叠加后全部螺栓均受拉。可推出最大、最小受力螺栓的拉力和满足设计要求的公式如下（y_i 均自 O 点算起）：

$$N_{\max}=N/n+Ney_1/\sum y_i^2\leqslant N_t^b \tag{3-56a}$$
$$N_{\min}=N/n-Ney_1/\sum y_i^2\geqslant 0 \tag{3-56b}$$

式（3-56b）为公式使用条件，由此式可得 $N_{\min}=0$ 时的偏心距 $e=\Sigma y_i^2/(ny_1)$。令
$$\rho=\frac{W_e}{nA_e}=\frac{\sum {y_i}^2}{ny_1}$$
为有效截面的核心距，则当 $e\leqslant\rho$ 时为小偏心受拉。

当偏心距 e 较大时，即 $e>\rho=\Sigma y_i^2/(ny_1)$ 时，在端板底部将出现受压区（图 3-65c）。

仿式（3-55）近似并偏安全取中和轴位于最下排螺栓 O' 处，按相似步骤列对 O' 点的弯矩平衡方程，可得（e' 和 y_i' 自 O' 点算起，最上排螺栓 1 的拉力最大）：

$$N_1/y_1'=N_2/y_2'=\cdots=N_i/y_i'\cdots=N_n/y_n'$$

$$N_e'=N_1y_1'+N_2y_2'+\cdots+N_iy_i'+\cdots+N_ny_n'$$

$$=(n_1/y_1')y_1'^2+(N_2/y_2')y_2'^2+\cdots+(N_i/y_i')y_i'^2+\cdots+(N_n/y_n')y_n'^2$$

$$=(N_i/y_i')\sum y_i'^2$$

$$N_i=Ne'y_1'/\sum y_i'^2$$

$$N_1=Ne'y_1'/\sum y_i'^2\leqslant N_t^b \tag{3-57}$$

【例 3-8】 牛腿用 C 级普通螺栓及承托与柱连接，如图 3-66 所示，承受竖向荷载（设计值）$F=200\text{kN}$，偏心距为 $e=200\text{mm}$。试设计其螺栓连接。已知构件和螺栓均用 Q235 钢材，螺栓为 M20，孔径 21.5mm。

【解】 查表 3-9，得 M20 的 $A_e=245\text{mm}^2$。

承托传递全部剪力 V，弯矩由螺栓连接传递，则：

$$V=220\text{kN};\ M=V\cdot e=220\times0.2=44\text{kN}\cdot\text{m}$$

单个螺栓最大拉力为：

$$N^1=\frac{My_1}{\sum y_i^2}=\frac{44\times10^3\times320}{2(80^2+160^2+240^2+320^2)}=36.7\text{kN}$$

单个螺栓的抗拉承载力设计值为：

$$N_t^b=A_e f_t^b=245\times170=41.7\text{kN}>N_1=36.7\text{kN}$$

满足要求。

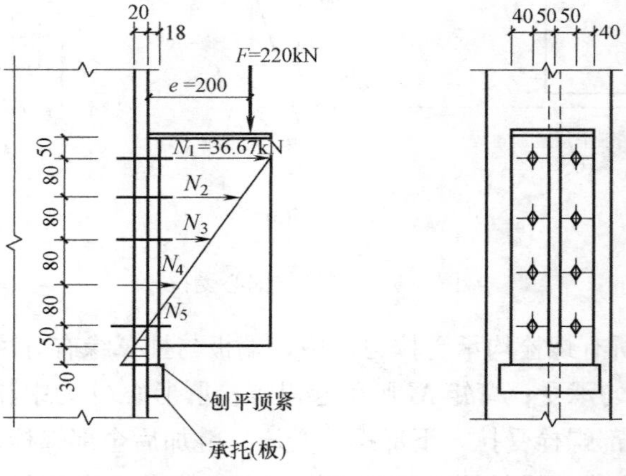

图 3-66 例 3-8 图

3.6.4 普通螺栓受剪力和拉力的联合作用

大量的试验研究结果表明，同时承受剪力和拉力作用的普通螺栓（图 3-67、图 3-68）有两种可能破坏形式：一是螺栓杆受剪受拉破坏；二是孔壁承压破坏。

大量的试验结果表明，当将拉-剪联合作用下处于极限承载力时的拉力和剪力，分别除以各自单独作用时的承载力，所得到的关于 N_t/N_t^b 和 N_v/N_v^b 的相关曲线，近似为圆曲线。

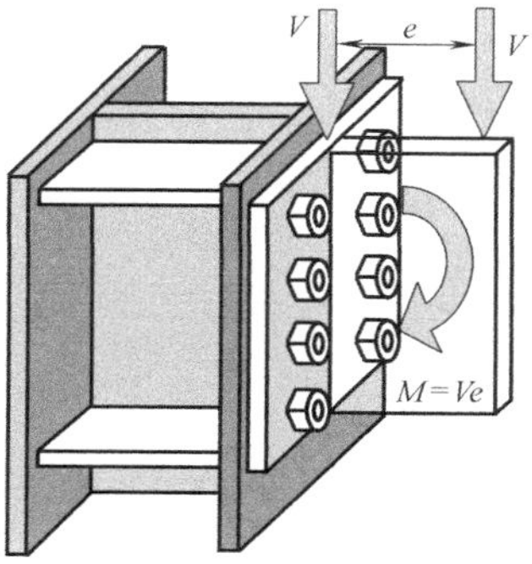

图 3-67　拉-剪联合作用的螺栓

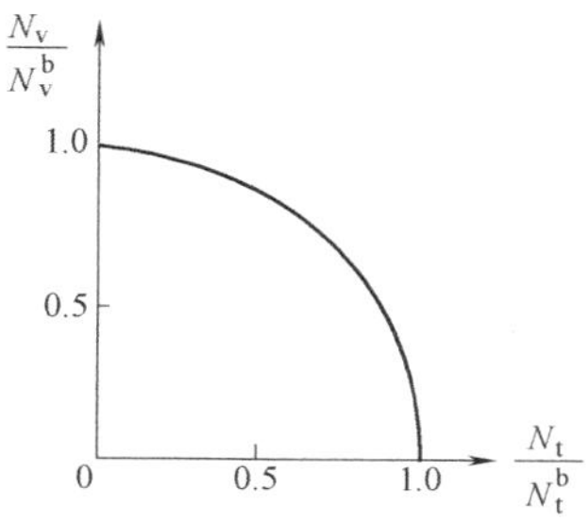

图 3-68　剪力和拉力的相关曲线

同时承受剪力和杆轴方向拉力的普通螺栓，应分别符合下列公式的要求：

验算剪-拉作用：

$$\sqrt{\left(\frac{N_v}{N_v^b}\right)^2+\left(\frac{N_t}{N_t^b}\right)^2}\leqslant 1 \tag{3-58}$$

验算孔壁承压：

$$N_v\leqslant N_c^b \tag{3-59}$$

式中　N_v、N_t——分别为一个螺栓所承受的剪力和拉力设计值；

N_v^b、N_t^b——分别为一个螺栓的螺杆抗剪和抗拉承载力设计值；

N_c^b——一个螺栓的孔壁承压载力设计值。

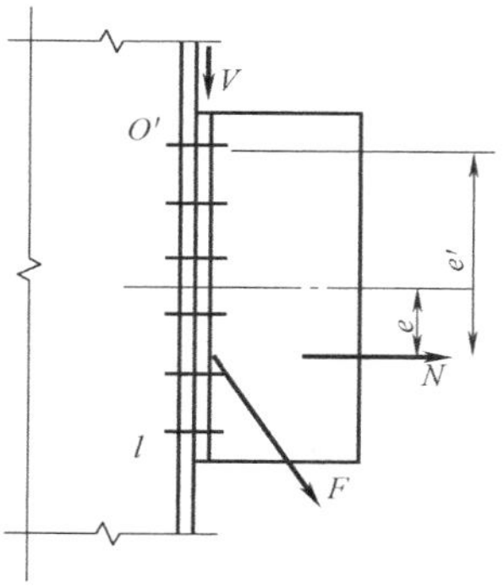

图 3-69　例 3-9 图

【例 3-9】 如图 3-69 所示一承受斜拉力的螺栓连接。已知被连板件的厚度均为 20mm，钢材均为 Q235B，已知斜拉力 F 的 2 个分力分别为 $V=300\text{kN}$，$N=200\text{kN}$，偏心 $e=120\text{mm}$，螺栓采用等距离布置，行距为 100mm，端距为 50mm，共设两排 C 级螺栓，试选择螺栓规格。

【解】 栓群有效截面的偏心距为：

$$\rho=\frac{\sum y_i^2}{ny_1}=\frac{4\times(5^2+15^2+25^2)}{12\times 25}=11.7\text{cm}=117\text{mm}<e=120\text{mm}$$

故按大偏心求解螺栓中的最大拉力，此时距最上一行螺栓轴 O' 的偏心距为：

$$e'=250+e=370\text{mm}=37\text{cm}$$

求出受拉力最大的 1 号螺栓的拉力为：

$$N_t=N_1=\frac{Ne'y_1'}{\sum y_i^2}=\frac{200\times 37\times 50}{2\times(50^2+40^2+30^2+20^2+10^2)}=33.5\text{kN}$$

由剪力引起的螺栓剪力由 12 个螺栓共同承受，则 $N_v=V=\frac{300}{12}=25\text{kN}$。

试选用 M20C 级螺栓，查表 3-9 知，其有效面积 $A_e=245\text{mm}^2$，查附录 C 知 $f_t^b=170\text{N/mm}^2$，$f_v^b=1400\text{N/mm}^2$，$f_c^b=305\text{N/mm}^2$。

则 $N_t^b=A_e f_t^b=41.7\text{kN}$

$$N_v^b = n_v \frac{\pi d^2}{4} f_v^b = 1 \times \frac{3.14 \times 20^2}{4} \times 140 = 44\text{kN}$$

$$N_c^b = d \sum t f_c^b = 20 \times 20 \times 305 = 122\text{kN}$$

则 $\sqrt{\left(\frac{N_v}{N_v^b}\right)^2 + \left(\frac{N_t}{N_t^b}\right)^2} = \sqrt{\left(\frac{25}{44}\right)^2 + \left(\frac{33.5}{41.7}\right)^2} = 0.97 < 1$

$N_v = 25\text{kN}$，$N_c^b = 122\text{kN}$

故所选螺栓满足强度要求。

3.7 高强度螺栓连接的构造和计算

3.7.1 高强度螺栓连接的工作性能

(1) 高强度螺栓的抗剪性能

由图 3-70 中可以看出，由于高强度螺栓连接有较大的预拉力，从而使被连板叠中有很大的预压力，当连接受剪时，主要依靠摩擦力传力的高强度螺栓连接的抗剪承载力可达到 1 点。通过 1 点后，连接产生了滑解，当栓杆与孔壁接触后，连接又可继续承载直到破坏。如果连接的承载力只用到 1 点，即为高强度螺栓摩擦型连接；如果连接的承载力用到 4 点，即为高强度螺栓承压型连接。

(2) 高强度螺栓的抗拉性能

高强度螺栓在承受外拉力前，螺栓中已有很高的预拉力 P，板层之间有压力 C，而 P 与 C 维持平衡（图 3-70）。当对螺栓施加外拉力 N_t，则螺栓在板层之间的压力未完全消失前被拉长，此时螺栓中拉力增量为 ΔP，同时把压紧的板件拉松，使压力 C 减少 ΔC。

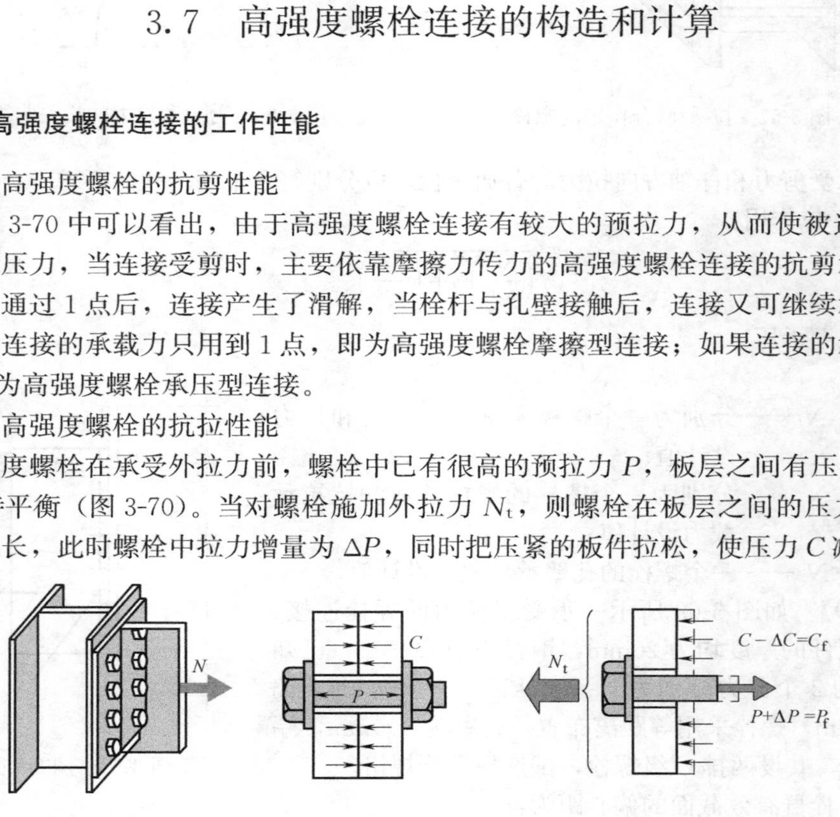

图 3-70 高强度螺栓受拉

计算表明，当施加于螺栓上的外拉力 N_t 为预拉力 P 的 80%时，螺栓内的拉力增加很少，因此可认为此时螺栓的预拉力基本不变。由试验得知，当外加拉力大于螺栓的预拉力时，卸荷后螺栓中的预拉力会变小，即发生松弛现象。但当外加拉力小于螺栓预拉力的 80%时，即无松弛现象发生。即被连接板件接触面间仍能保持一定的压紧力，可以假定整个板面始终处于紧密接触状态。但上述取值没有考虑杠杆作用而引起的撬力影响。实际上这种杠杆作用存在于所有螺栓的抗拉连接中。研究表明，当外拉力 $N_t \leqslant 0.5P$ 时，不出现撬力，如图 3-71 所示，撬力 Q 约在 N_t 达到 $0.5P$ 时开始出现，起初增加缓慢，以后逐渐加快，到临近破坏时因螺栓开始屈服而又有所下降。

由于撬力 Q 的存在，外拉力的极限值由 N_u 下降到 N'_u。因此，如果在设计中不计算

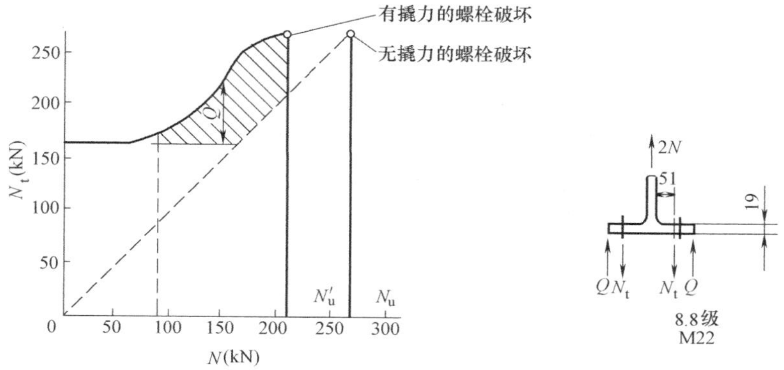

图 3-71　高强度螺栓的撬力影响

撬力 Q，应使 $N \leqslant 0.5P$；或者增大 T 形连接件翼缘板的刚度。分析表明，当翼缘板的厚度 t_1 不小于 2 倍螺栓直径时，螺栓中可完全不产生撬力。

在直接承受动力荷载的结构中，由于高强度螺栓连接受拉时的疲劳强度较低，每个高强度螺栓的外拉力不宜超过 0.5P。当需考虑撬力影响时，外拉力还得降低。

3.7.2　高强度螺栓连接的构造要求

（1）高强度螺栓预拉力的建立方法

为了保证通过摩擦力传递剪力，高强度螺栓的预拉力 P 的准确控制非常重要。针对不同类型的高强度螺栓，其预拉力的建立方法不尽相同。

大六角头螺栓的预拉力控制方法有以下三种，分别如下所述。

1）力矩法：一般采用指针式扭力（测力）扳手或预置式扭力（定力）扳手。目前多采用电动扭矩扳手。力矩法是通过控制拧紧力矩来控制预拉力。拧紧力矩可由试验确定，应使施工时控制的预拉力为设计预拉力的 1.1 倍。当采用电动扭矩扳手时，所需要的施工扭矩 T_f 为：

$$T_f = kP_fd \tag{3-60}$$

式中　P_f——施工预拉力；

k——扭矩系数平均值，由供货厂方给定，施工前复验；

d——高强度螺栓直径。

为了克服板件和垫圈等的变形，基本消除板件之间的间隙，使拧紧力矩系数有较好的线性度，从而提高施工控制预拉力值的准确度，在安装大六角头高强度螺栓时，应先按拧紧力矩的 50%进行初拧，然后按 100%拧紧力矩进行终拧。对于大型节点在初拧之后，还应按初拧力矩进行复拧，然后再行终拧。

力矩法的优点是较简单、易实施、费用少，但由于连接件和被连接件的表面和拧紧速度的差异，测得的预拉力值误差大且分散，一般误差为±25%。

2）转角法：先用普通扳手进行初拧，使被连接板件相互紧密贴合，再以初拧位置为起点，按终拧角度，用长扳手或风动扳手旋转螺母，拧至该角度值时，螺栓的拉力即达到施工控制预拉力。

3）扭剪型：扭剪型高强度螺栓是我国 20 世纪 60 年代开始研制，80 年代制定出标准的新型连接件之一。它具有强度高、安装简单和质量易于保证、可以单面拧紧、对操作人员没有特殊要求等优点。扭剪型高强度螺栓的螺栓头为盘头，螺纹段端部有一个承受拧紧反力矩的十二角体和一个能在规定力矩下剪断的断颈槽。

扭剪型高强度螺栓连接副的安装需用特制的电动扳手，该扳手有两个套头，一个套在螺母六角体上；另一个套在螺栓的十二角体上。拧紧时，对螺母施加顺时针力矩，对螺栓十二角体施加大小相等的逆时针力矩，使螺栓断颈部分承受扭剪，其初拧力矩为拧紧力矩的 50%，复拧力矩等于初拧力矩，终拧至断颈剪断为止，安装结束，相应的安装力矩即为拧紧力矩。安装后一般不拆卸。

（2）预拉力值的确定

高强度螺栓的预拉力设计值 P 由下式计算得到：

$$P=\frac{0.9\times0.9\times0.9}{1.2}A_e f_u \tag{3-61}$$

式中 A_e——螺栓的有效截面面积；

f_u——螺栓材料经热处理后的最低抗拉强度。对于 8.8 级螺栓，$f_u=830\text{N/mm}^2$；10.9 级螺栓，$f_u=1040\text{N/mm}^2$。

式（3-61）中的系数考虑了以下几个因素：

拧紧螺帽时螺栓同时受到由预拉力引起的拉应力和由螺纹力矩引起的扭转剪应力作用。折算应力为：

$$\sqrt{\sigma^2+3\tau^2}=\eta\sigma \tag{3-62}$$

根据试验分析，系数 η 在 1.15～1.25 之间，取平均值为 1.2。式（3-61）中分母的 1.2 为考虑拧紧螺栓时扭矩对螺杆的不利影响系数。

为了弥补施工时高强度螺栓预拉力的松弛损失，在确定施工控制预拉力时，考虑了预拉力设计值的 1/0.9 的超张拉，故式（3-61）右侧分子应考虑超张拉系数 0.9。式（3-61）还考虑了螺栓材质的不定性系数 0.9，再考虑用 f_u 而不是用 f_y 作为标准值的系数 0.9。

各种规格高强度螺栓预拉力的取值见表 3-10 和表 3-11。

每个高强度螺栓的预拉力 P 值（kN）（GB 50017—2017） **表 3-10**

螺栓的性能等级	螺栓公称直径(mm)					
	M16	M20	M22	M24	M27	M30
8.8 级	70	110	135	155	255	250
10.9 级	100	155	190	225	290	355

高强度螺栓的预拉力 P 值（kN）（GB 50017—2017） **表 3-11**

螺栓的性能等级	螺栓公称直径(mm)		
	M12	M14	M16
8.8 级	45	60	70
10.9 级	55	75	100

（3）高强度螺栓摩擦面抗滑移系数

高强度螺栓摩擦面抗滑移系数的大小与连接处构件接触面的处理方法和构件的钢号有关。试验表明，此系数值有随连接构件接触面间的压紧力减小而降低的现象，故与物理学中的摩擦系数有区别。

规范推荐采用的接触面处理方法有：喷砂、喷砂后涂无机富锌漆、喷砂后生赤锈和钢丝刷消除浮锈或对干净轧制表面不作处理等，各种处理方法相应的 μ 值详见表 3-12 和表 3-13。

摩擦面的抗滑移系数 μ 值（GB 50017—2017）　　**表 3-12**

在连接处构件接触面的处理方法	构件的钢号		
	3 号钢	16Mn 钢或 16Mng 钢	15MnV 钢或 15MnVg 钢
喷砂	0.45	0.55	0.55
喷砂后涂无机富锌漆	0.35	0.40	0.40
喷砂后生赤锈	0.45	0.55	0.55
钢丝刷清除浮锈或未经处理的干净轧制表面	0.30	0.35	0.35

抗滑移系数 μ 值　　**表 3-13**

连接处构件接触面的处理方法	构件的钢材牌号	
	Q235	Q355
喷砂（丸）	0.40	0.50
热轧钢材轧制表面清除浮锈	0.30	0.40
冷轧钢材轧制表面清除浮锈	0.25	—

注：除锈方向应与受力方向垂直。

由于冷弯薄壁型钢构件板壁较薄，其抗滑移系数均较普通钢结构的有所降低。

钢材表面经喷砂除锈后，表面看来光滑平整，实际上金属表面尚存在着微观的凹凸不平，高强度螺栓连接在很高的压紧力作用下，被连接构件表面相互啮合，钢材强度和硬度越高，要使这种啮合的面产生滑移的力就越大，因此，μ 值与钢种有关。

试验证明，摩擦面涂红丹后 $\mu<0.15$，即使经处理后仍然很低，故严禁在摩擦面上涂刷红丹。另外，连接在潮湿或淋雨条件下拼装，也会降低 μ 值，故应采取有效措施保证连接处表面的干燥。

（4）其他构造要求

高强度螺栓连接除需满足与普通螺栓连接相同的排列布置要求外，尚须注意以下两点：当型钢构件拼接采用高强度螺栓连接时，其拼接件宜采用钢板，以使被连接部分能紧密贴合，保证预拉力的建立；在高强度螺栓连接范围内，构件接触面的处理方法应在施工图中说明。

3.7.3　高强度螺栓摩擦型连接计算

（1）受剪连接承载力

摩擦型连接的承载力取决于构件接触面的摩擦力，而摩擦力的大小与螺栓所受预拉力和摩擦面的抗滑移系数以及连接的传力摩擦面数有关。因此，一个摩擦型连接高强度螺栓的受剪承载力设计值为：

$$N_v^b = 0.9 n_f \cdot \mu \cdot P \tag{3-63}$$

式中 0.9——抗力分项系数 γ_R 的倒数，即取 $\gamma_R = 1/0.9 = 1.111$；

n_f——传力摩擦面数目：单剪时，$n_f = 1$；双剪时，$n_f = 2$；

P——1 个高强度螺栓的设计预拉力，按表 3-10 和表 3-11 采用；

μ——摩擦面抗滑移系数，按表 3-12 和表 3-13 采用。

试验证明，低温对摩擦型高强度螺栓抗剪承载力无明显影响，但当温度 $t = 100 \sim 150$℃时，螺栓的预拉力将产生温度损失，故应将摩擦型高强度螺栓的抗剪承载力设计值降低 10%；当 $t > 150$℃时，应采取隔热措施，以使连接温度在 150℃或 100℃以下。

（2）受拉连接承载力

如前所述，为提高强度螺栓连接在承受拉力作用时，能使被连接扳间保持一定的压紧力，我国标准规定在杆轴方向承受拉力的高强度螺栓摩型连接中，单个高强度螺栓受拉承载力设计值为：

$$N_t^b = 0.8P \tag{3-64}$$

但承压型连接的高强度螺栓，N_t^b 应按普通螺栓的公式计算（但强度设计取值不同）。

（3）同时承受剪力和拉力连接的承载力

当螺栓所受外拉力 $N_t \leqslant p$ 时，虽然螺杆中的预拉力 P 基本不变，但板层间压力将减少到 $P - N_t$。试验研究表明，这时接触面的抗滑移系数 μ 值有所降低，而且 μ 值随 N_t 的增大而减小。试验结果表明，外加剪力 N_v 和拉力 N_t 与高强度螺栓的受拉、受剪承载力设计值之间具有线性相关关系，故我国标准规定，当高强度螺栓摩擦型连接同时承受摩擦面间的剪力和螺栓杆轴方向的外拉力时，其承载力应按下式计算：

$$\frac{N_v}{N_v^b} + \frac{N_t}{N_t^b} \leqslant 1 \tag{3-65}$$

式中 N_v、N_t——分别为某个高强度螺栓所承受的剪力和拉力设计值；

N_v^b、N_t^b——分别为一个高强度螺栓的受剪、受拉承载力设计值。

3.7.4 高强度螺栓承压型连接计算

（1）受剪连接承载力

高强度螺栓承压型连接的计算方法与普通螺栓连接相同，计算单个螺栓的抗剪承载力设计值，应采用承压型连接高强度螺栓的强度设计值。当剪切面在螺纹处时，承压型连接高强度螺栓的抗剪承载力应按螺纹处的有效截面计算。但对于普通螺栓，其抗剪强度设计值是根据连接的试验数据统计而定的，试验时不分剪切面是否在螺纹处，故计算抗剪强度设计值时用公称直径。

（2）受拉连接承载力

承压型连接高强度螺栓沿杆轴方向受拉时，我国标准给出了相应强度级别的螺栓抗拉强度设计值 $f_t^b \approx 0.48 f_u^b$，抗拉承载力的计算公式与普通螺栓相同，只是抗拉强度设计值不同。

（3）同时承受剪力和拉力连接的承载力

同时承受剪力和杆轴方向拉力的承压型连接高强度螺栓的计算方法与普通螺栓相同，即：

$$\sqrt{\left(\frac{N_v}{N_v^b}\right)^2+\left(\frac{N_t}{N_t^b}\right)^2}\leqslant 1 \tag{3-66}$$

$$N_v\leqslant N_c^b/1.2 \tag{3-67}$$

式中 N_v、N_t——分别为某个高强度螺栓所承受的剪力和拉力设计值；

N_v^b、N_t^b、N_c^b——分别为一个高强度螺栓的受剪、受拉和承压承载力设计值。

由于在剪应力单独作用下，高强度螺栓对板层间产生强大压紧力。当板层间的摩擦力被克服，螺杆与孔壁接触时，板件孔前区形成三向应力场，因而承压型连接高强度螺栓的承压强度比普通螺栓高得多，两者相差约50%。当承压型连接高强度螺栓受有杆轴拉力时，板层间的压紧力随外拉力的增加而减小，因而其承压强度设计值也随之降低。为了计算简便，我国现行《钢结构设计标准》GB 50017—2017 规定，只要有外拉力存在，就将承压强度除以1.2予以降低，而未考虑承压强度设计值变化幅度随外拉力大小变化这一因素。因为所有高强度螺栓的外拉力一般均不大于0.8P。此时，可以认为整个板层间始终处于紧密接触状态，采用统一除以1.2的做法来降低承压强度，一般能保证安全。

3.7.5 高强度螺栓群的计算

（1）高强度螺栓群受剪

1）轴心受剪

高强度螺栓连接所需螺栓数目应由下式确定：

$$n\geqslant\frac{N}{N_{\min}^b}$$

式中，$N_{\min}^b$是相应连接类型的单个高强度螺栓受剪承载力设计值的最小值，应按相应类型公式计算。

2）高强度螺栓群的非轴心受剪

高强度螺栓群在扭矩或扭矩、剪力共同作用时的抗剪计算方法与普通螺栓群相同，采用高强度螺栓承载力设计值进行计算。

（2）高强度螺栓群受拉

1）轴心受拉

高强度螺栓群连接所需螺栓数目为：

$$n\geqslant\frac{N}{N_t^b}$$

式中 N_t^b——在杆轴方向受拉力时，一个高强度螺栓（摩擦型或承压型）的承载力设计值，根据连接类型按式（3-64）计算。

2）高强度螺栓群受弯矩作用

高强度螺栓（摩擦型和承压型）的外拉力总是小于预拉力P，在连接受弯矩而使螺栓沿栓杆方向受力时（图3-72），被连接构件的接触面一直保持紧密贴合；可认为中和轴在螺栓群的形心轴上，最外排螺栓受力最大。最大拉力及其验算式为：

$$N^1=\frac{My_1}{\sum y_i^2}\leqslant N_t^b \tag{3-68}$$

式中　y_1——螺栓群形心轴至螺栓的最大距离；

$\sum y_i^2$——形心轴上、下各螺栓至形心轴距离的平方和。

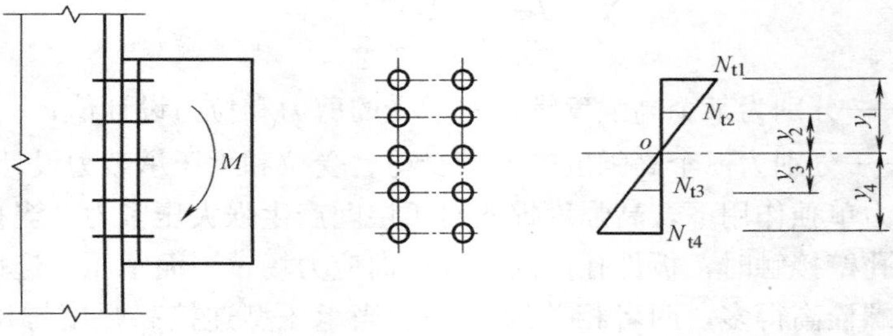

(a)　(b)　(c)

图 3-72　承受弯矩的高强度螺栓连接

3）高强度螺栓群偏心受拉

由于高强度螺栓偏心受拉时，螺栓的最大拉力不得超过 0.8P，能够保证板层之间始终保持紧密贴合，端板不会拉开，故摩擦型连接高强度螺栓和承压型连接高强度螺栓均可按普通螺栓小偏心受拉计算，即：

$$N_1=\frac{N}{n}+\frac{N\cdot e}{\sum y_i^2}y_1 N_t^b \tag{3-69}$$

（3）高强度螺栓群承受拉力、弯矩和剪力的共同作用

1）摩擦型连接的计算

如图 3-73 所示为摩擦型连接高强度螺栓承受拉力、弯矩和剪力共同作用时的情况。由于螺栓连接板层间的压紧力和接触面的抗滑移系数，随外拉力的增加而减小。已知摩擦型连接高强度螺栓承受剪力和拉力联合作用时，螺栓的承载力设计值应符合以下方程：

$$\frac{N_v}{N_v^b}+\frac{N_t}{N_t^v}=1$$

该式可改写为：

$$N_v=N_v^b\left(1-\frac{N_t}{N_t^v}\right)$$

将 $N_v^b=0.9n_f\mu P$，$N_t^v=0.8P$ 代入上式得：

$$N_v=0.9n_f\mu(P-1.25N_t) \tag{3-70}$$

即式（3-70）和式（3-65）是等价的。式中的 N_v 是同时作用剪力和拉力时，单个螺栓所能承受的最大剪力设计值。

在弯矩和拉力共同作用下，高强度螺栓群中的拉力各不相同，即：

$$N_{ti}=\frac{N}{n}\pm\frac{My_i}{\sum y_i^2} \tag{3-71}$$

则剪力 V 的验算应满足下式：

$$V\leqslant\sum_{i=1}^{n}0.9n_f\mu(P-1.25N_{ti}) \tag{3-72}$$

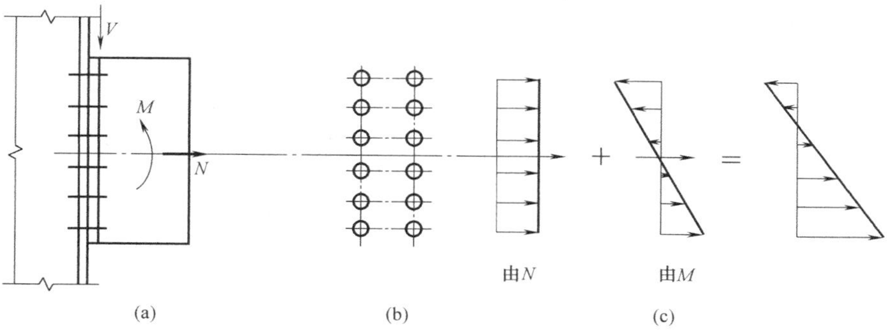

图 3-73　摩擦型连接高强度螺栓的应力分布

或
$$V \leqslant 0.9 n_{\mathrm{f}} \mu \left(nP - 1.25 \sum_{i=1}^{n} N_{\mathrm{t}i}\right)$$

式（3-72）中，当 $N_{\mathrm{t}i}<0$ 时，取 $N_{\mathrm{t}i}=0$。

在式（3-72）中，只考虑螺栓拉力对抗剪承载力的不利影响，未考虑受压区板层间压力增加的有利作用，故按该式计算的结果是略偏安全的。

此外，螺栓最大拉力应满足：

$$N_{\mathrm{t}i} \leqslant N_{\mathrm{t}}^{\mathrm{b}}$$

2）承压型连接的计算

对承压型连接高强度螺栓，应按式（3-66）和式（3-67）验算拉剪的共同作用，即：

$$\sqrt{\left(\frac{N_{\mathrm{v}}}{N_{\mathrm{v}}^{\mathrm{b}}}\right)^{2}+\left(\frac{N_{\mathrm{t}}}{N_{\mathrm{t}}^{\mathrm{b}}}\right)^{2}} \leqslant 1$$

$$N_{\mathrm{v}} \leqslant \frac{N_{\mathrm{c}}^{\mathrm{b}}}{1.2}$$

式中，1.2 为承压强度设计值降低系数。计算 $N_{\mathrm{c}}^{\mathrm{b}}$ 时，应采用无外拉力状态的 $f_{\mathrm{c}}^{\mathrm{b}}$ 值。

【例 3-10】 如图 3-74 所示高强度螺栓摩擦型连接，被连接构件的钢材为 Q235-B。螺栓为 10.9 级，直径 20mm，接触面采用喷砂处理。试验算此连接的承载力。图中内力均为设计值。

【解】 由表 3-10 和表 3-12 查得预拉力 $P=135\mathrm{kN}$，抗滑移系数 $\mu=0.45$。

受力最大的一个螺栓的拉力为：

$$N_{\mathrm{t}1}=\frac{N}{n}+\frac{N y_{1}}{\sum y_{i}^{2}}=\frac{384}{16}+\frac{106 \times 10^{2} \times 35}{2 \times 2 \times\left(35^{2}+25^{2}+15^{2}+5^{2}\right)}$$

$$=24+\frac{106 \times 10^{2} \times 35}{8400}=68.2\mathrm{kN}<0.8P=108\mathrm{kN}$$

按比例关系可求得：

$$N_{\mathrm{t}2}=55.6\mathrm{kN}$$

$$N_{\mathrm{t}3}=42.9\mathrm{kN}$$

$$N_{\mathrm{t}4}=30.3\mathrm{kN}$$

$$N_{\mathrm{t}5}=17.7\mathrm{kN}$$

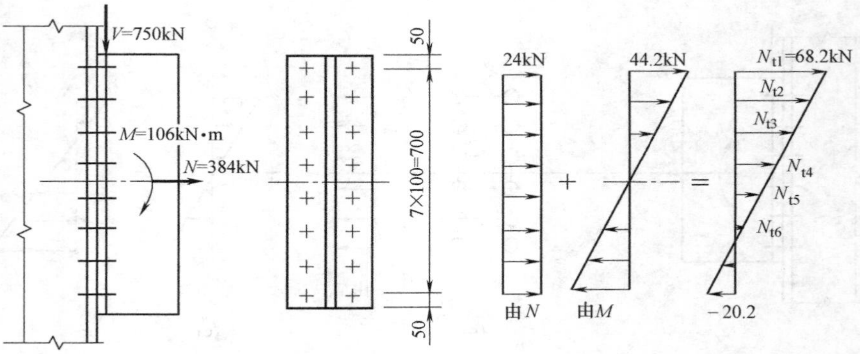

图 3-74　例 3-10 图

$$N_{t6}=5.1\text{kN}$$

则 $\sum N_{ti}=(68.2+55.6+42.9+30.3+17.7+5.1)\times 2=440\text{kN}$

按式（3-71）验算受剪承载力设计值：

$$\sum N_v^b=0.9n_f\mu(nP-1.25\sum N_{ti})$$

$$=0.9\times 1\times 0.45\times(16\times 155-1.25\times 440)=781.7\text{kN}>V=750\text{kN}$$

故满足强度要求。

本 章 小 结

（1）钢结构的连接方法分为焊接连接、螺栓连接、铆钉连接等，它们都具有各自的应用特点及条件。

（2）焊接方法和焊接连接形式的特点。焊接方法最常用的有电弧焊、电阻焊和气体保护焊；焊缝连接形式按被连接钢材的相互位置可以分为对接、搭接、T 形连接和角部连接四种。

（3）对接焊缝的构造与计算。对接焊缝的构造主要是：对接焊缝的坡口形式，对接焊缝的拼接等。对接焊缝的计算包括：轴心受力对接焊缝计算，斜向受力对接焊缝的计算，弯矩和剪力共同作用对接焊缝计算，轴心力、弯矩和剪力共同作用下的对接焊缝计算等。

（4）角焊缝的构造与计算。角焊缝的构造主要是最小焊角尺寸，最大焊脚尺寸，角焊缝的最小计算长度，侧面角焊缝的最大计算长度，搭接连接的构造要求等。角焊缝的计算包括：直角角焊缝强度计算，轴心力作用的角焊缝连接计算，斜向轴心力（拉力、压力和剪力）作用下角焊缝的计算，轴心力作用下角钢与其他构件连接的角焊缝计算，在弯矩、轴力和剪力共同作用下的角焊缝计算，扭矩、剪力和轴力共同作用的角焊缝连接计算等。

（5）螺栓连接的构造。普通螺栓分为 A、B 级和 C 级，螺栓在构件上的排列应符合最小及最大距离要求及其他构造要求。

（6）螺栓连接的工作性能和计算。普通螺栓连接按受力情况可分为三类：螺栓只承受剪力；螺栓只承受拉力；螺栓承受拉力和剪力的共同作用。主要包括：螺栓受剪工作性能及计算，螺栓受拉工作性能及计算。

（7）高强度螺栓连接的工作性能和计算。主要包括：高强度螺栓的抗剪性能，高强度螺栓的抗拉性能，高强度螺栓摩擦型连接计算，高强度螺栓承压型连接计算，高强度螺栓群的计算等。

复习思考题

3-1　为什么限制角焊缝的最大、最小焊脚高度？限制值是多少？

3-2　为什么限制侧面角焊缝的最大、最小计算长度？限制值是多少？

3-3　什么是直角角焊缝的有效截面？如何计算？

3-4　有效截面上的应力有哪几种？大小是多少？

3-5　简述螺栓抗剪连接的破坏形式。

3-6　如何进行普通螺栓群抗剪连接的验算？

3-7　如何进行普通螺栓群抗拉连接的验算？

3-8　摩擦型高强度螺栓与承压型高强度螺栓有何不同？单栓抗剪、抗拉承载力各是多少？

3-9　如何进行高强度螺栓群在轴心力作用下、扭矩和剪力共同作用下的抗剪计算？

3-10　如何进行高强度螺栓群在轴心力作用下、弯矩作用下、偏心拉力作用下的抗拉计算？

3-11　已知 A3F 钢板截面 500mm×20mm 用对接直焊缝拼接，采用手工焊，焊条为 E43 型，用引弧板，按Ⅲ级焊缝质量检验，试求焊缝所能承受的最大轴心拉力设计值。

3-12　如图 3-75 所示为牛腿与钢柱的连接，承受偏心荷载设计值 $N=400$kN，$e=25$cm，钢材为 Q235，焊条为 E43 型，手工焊。试验算角焊缝的强度。假设焊缝为周边围焊，转角处连续施焊，没有起落弧所引起的焊口缺陷，计算时忽略工字形翼缘端部绕角部分焊缝。取 $h_f=8$mm，假定剪力仅由牛腿腹板焊缝承受。

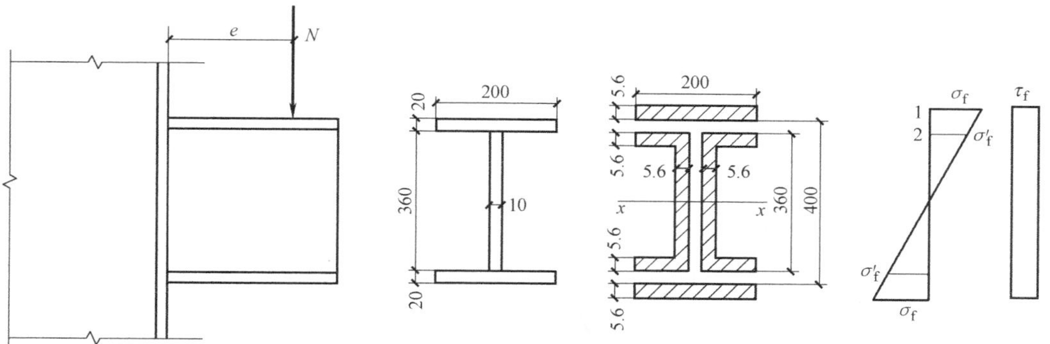

图 3-75　复习思考题 3-12 图

3-13　如图 3-76 所示两块钢板的对接连接焊缝，已知偏心拉力 $F=420$kN，钢材为 Q235，焊条为 E43 型，手工焊，施焊时采用引弧板，试问此对接焊缝采用哪种质量等级可以满足其强度要求？

3-14　如图 3-77 所示角钢，两边用直角角焊缝（绕角焊）和柱翼缘相连接，钢材为 Q235，焊条为 E43 型，手工焊，承受静力荷载 $F=150\text{kN}$，试确定所需的最小焊角尺寸 h_f。

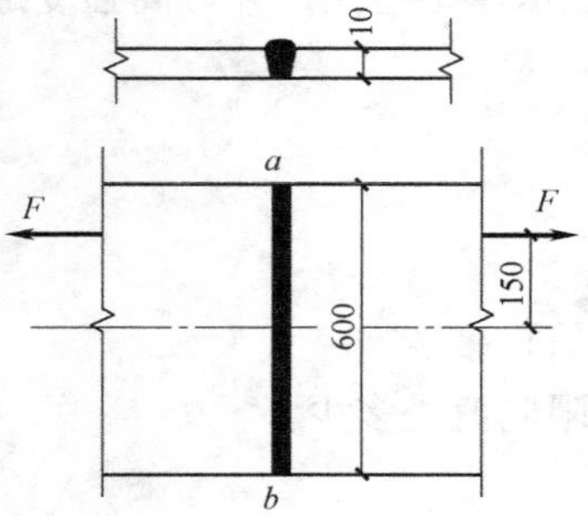

图 3-76　复习思考题 3-13 图

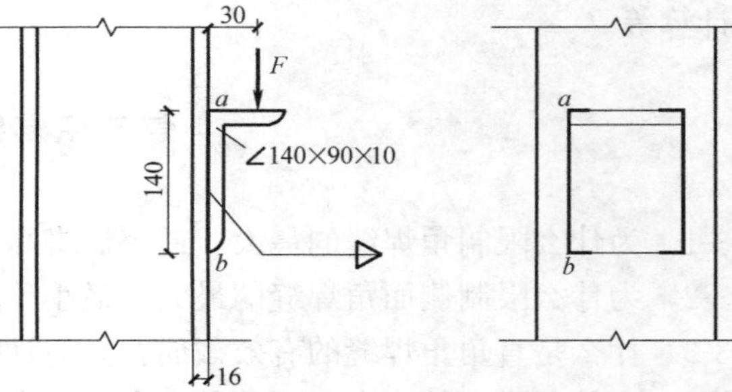

图 3-77　复习思考题 3-14 图

3-15　如图 3-78 所示，双角钢和节点板用直角角焊缝连接，钢材为 16Mn 钢，焊条为 E50 型，手工焊，采用侧焊缝连接，肢背、肢尖的焊缝长度 l 均为 300mm，焊脚尺寸 h_f为 8mm，试问在轴心力 $N=1200\text{kN}$ 作用下，此连接焊缝是否能满足强度要求？若不能，应采用什么措施？如何验算？

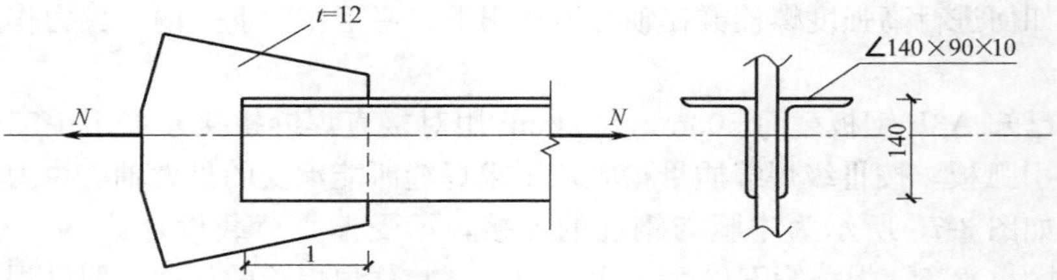

图 3-78　复习思考题 3-15 图

3-16　如图 3-79 所示牛腿板，钢材为 Q235，焊条为 E43 型，手工焊，焊脚尺寸 $h_f=8\text{mm}$，确定焊缝连接的最大承载力，并验算牛腿板的强度。

3-17　如图 3-80 所示，焊接工字形截面梁，设一道拼接的对接焊缝，拼接处作用荷

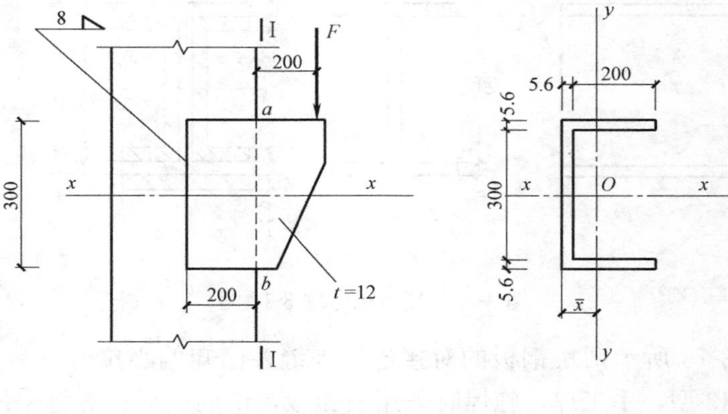

图 3-79　复习思考题 3-16 图

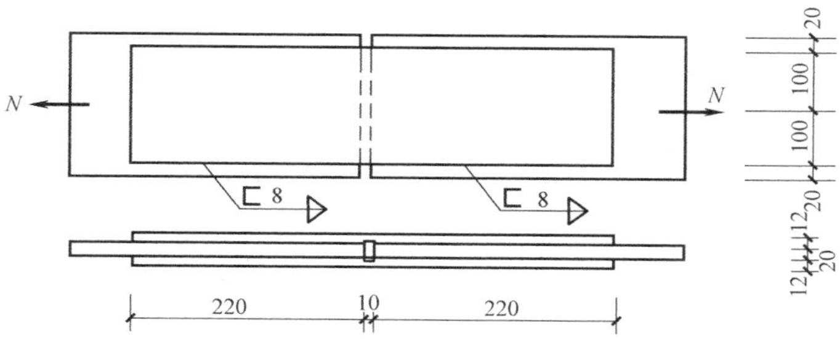

图 3-80　复习思考题 3-17 图

载设计值：弯矩 $M=1122\text{kN}\cdot\text{mm}$，剪力 $V=374\text{kN}$，钢材为 Q235B，焊条为 E43 型，半自动焊，Ⅲ级检验标准，试验算该焊缝的强度。

3-18　如图 3-81 所示，有一牛腿用 M22 的精制螺栓与柱的翼缘相连，其构造形式和尺寸如图 3-81 所示，钢材为 Q235，已知：$F=400\text{kN}$，$f_v^b=170\text{N/mm}^2$，$f_c^b=400\text{N/mm}^2$，螺栓横向间距 200mm。试验算该牛腿与柱翼缘的连接能否安全工作。

3-19　如图 3-82 所示的连接节点，斜杆承受轴向拉力设计值 $N=250\text{kN}$，钢材采用 Q235BF。焊接时采用 E43 型焊条，手工焊。螺栓连接为 M22，C 级普通螺栓，材料为 Q235，$f_t^b=130\text{N/mm}^2$，$d_e=19.6545\text{mm}$，当偏心距 $e_0=60\text{mm}$ 时，如图 3-82 所示翼缘与柱采用 10 个受拉普通螺栓，是否满足要求？

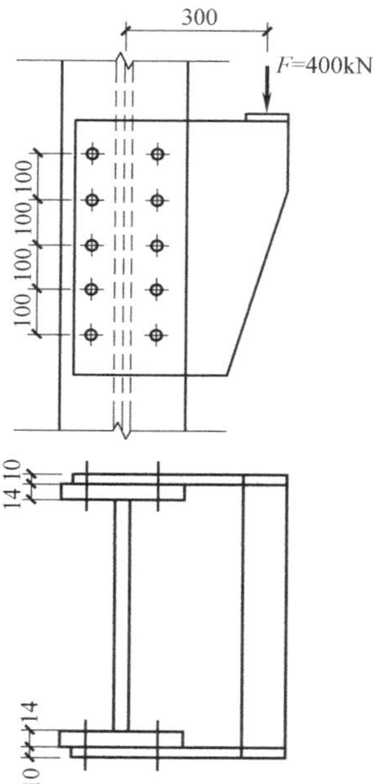

图 3-81　复习思考题 3-18 图

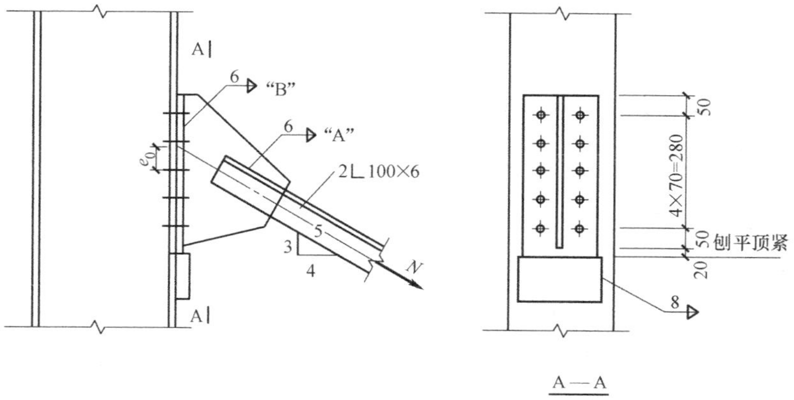

图 3-82　复习思考题 3-19 图

第 4 章　轴心受力构件

【教学目标】 本章论述了轴心受力构件的强度和刚度计算，轴心受压构件的整体稳定，实腹式轴心受压构件的局部稳定，实腹式轴心受压构件的设计，格构式轴心受压构件的设计，柱头和柱脚的构造设计。通过本章的学习，使学生掌握轴心受力构件的强度和截面选择，实腹式柱和格构式柱的截面选择计算，轴心受压构件的整体稳定性，轴心受压构件的局部稳定性；熟悉稳定问题的一般特点和分析方法，桁架中压杆长度的计算，拉杆、压杆的刚度要求。

当构件所受外力作用点与构件截面形心重合时，则构件横截面产生的应力为均匀分布，这类构件称为轴心受力构件。轴心受力构件的设计应同时满足承载能力极限状态和正常使用极限状态的要求。对于承载能力极限状态，轴心受拉构件一般以强度控制（包括疲劳强度），以钢材的屈服点为构件强度承载力的极限状态（疲劳计算以容许应力幅为标准）；而轴心受压构件需同时满足强度和稳定性（整体、局部或分肢稳定）的要求，强度承载力以钢材的屈服点为极限状态，稳定承载力以构件的临界应力为极限状态。对于正常使用极限状态，轴心受力构件是通过保证构件的刚度（限制长细比）来达到的。因此按受力性质不同，轴心受拉构件需进行强度、刚度验算；而轴心受压构件需进行强度、稳定性及刚度验算。

4.1　轴心受力构件的应用与分类

4.1.1　轴心受力构件的工程实例

轴心受力构件广泛应用于承重钢结构，如屋架、托架、塔架、网架和网壳等各种类型的平面或空间格构式体系以及支撑系统中。这类构件通常假设其节点为铰接，无节间荷载作用时构件只受轴心力的作用。轴心受力构件在工程中的应用如图 4-1 所示。

4.1.2　轴心受力构件的分类

（1）按受力划分

轴心受力构件，按其受力划分为轴心受拉构件和轴心受压构件。轴心受力构件是指承受通过构件截面形心轴线的轴向力作用的构件，当这种轴向力为拉力时，称为轴心受拉构件，简称轴心拉杆；当这种轴向力为压力时，称为轴心受压构件，简称轴心压杆。

支撑屋盖、楼盖或工作平台的竖向受压构件通常称为柱，包括轴心受压柱。柱通常由三部分组成：柱头、柱身、柱脚（图 4-2），柱头支撑上部结构并将其荷载传递给柱身，柱脚则把荷载由柱身传递给基础。

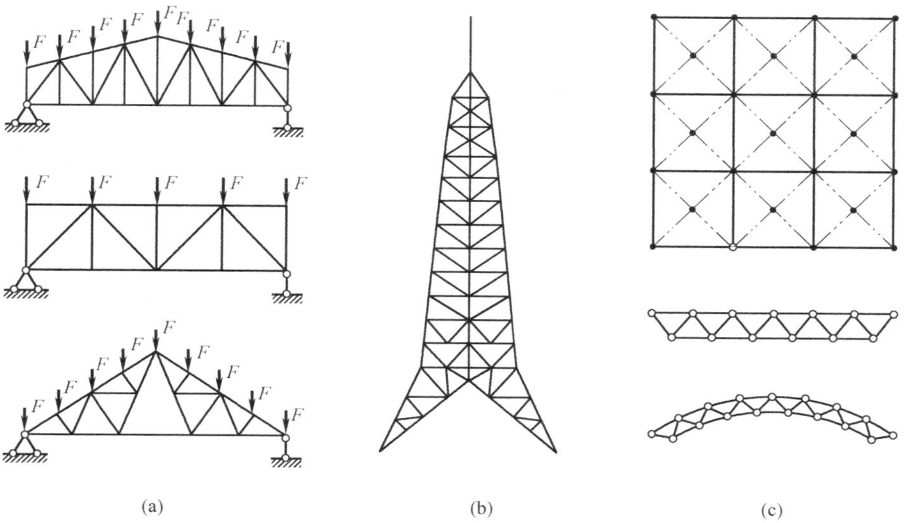

图 4-1　轴心受力构件在工程中的应用

（a）桁架；（b）塔架；（c）网架、网壳

（2）按截面划分

轴心受力构件（包括轴心受压柱），按其截面形式可分为实腹式构件和格构式构件两种（图 4-2）。

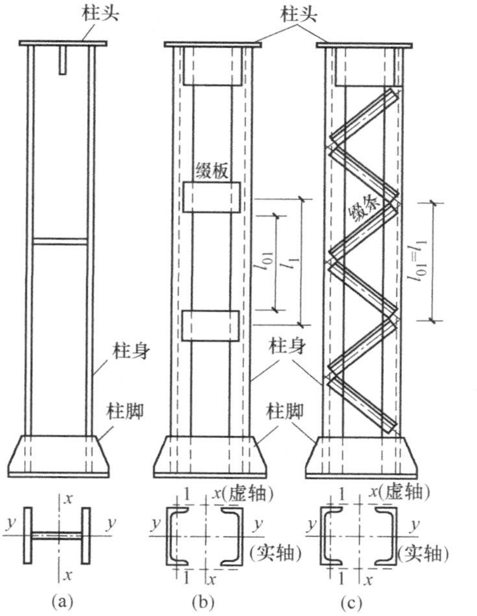

图 4-2　柱的形式

（a）实腹式柱；（b）格构式缀板柱；（c）格构式缀条柱

实腹式构件具有整体连通的截面，常见的四类截面形式为：第一类为热轧型钢截面，制造工作量最少是其优点，如圆钢、圆管、方管、角钢、槽钢、工字钢、H 型钢、T 字钢等受力较小的构件（图 4-3a），其中工字形或 H 形截面最为常见，圆钢因截面回转半径小，只宜作拉杆；钢管常在网架结构中用作球节点相连的杆件，也可用作桁架杆件，但无论是用作拉杆或压杆，都具有较大的优越性，但其价格较其他型钢略高；单角钢截面两主轴与角钢边不平行，若用角钢边与其他构件相连，不易做到轴心受力，因而常用于次要构件或受力不大的拉杆；轧制普通工字型因两主轴方向的惯性矩相差较大，对其较难做到等刚度，除非沿其强轴 x 方向设置中间侧向支撑点；热轧 H 型钢由于翼缘宽度较大，且为等厚度，常用作柱截面，可节省制造工作量；热轧部分 T 型钢用作桁架的弦杆，可节省连接用的节点板；第二类为型钢或钢板连接而成的组合截面（图 4-3b）；第三类为一般桁架结构中的弦杆和腹杆，除 T 型钢外，也常采用角

钢或双角钢组合截面（图 4-3c）；第四类为用于轻型结构中的冷弯型钢截面，如卷边和不卷边的角钢或槽钢与方管（图 4-3d）。

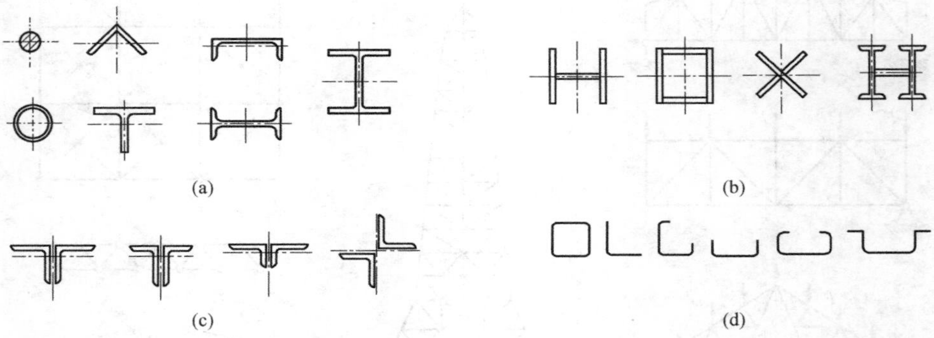

图 4-3　实腹式轴心受力构件的截面形式

（a）型钢截面；（b）组合截面；（c）双角钢组合截面；（d）冷弯薄壁型钢截面

格构式轴心受力构件容易使压杆实现两主轴方向的等稳定，刚度大，抗扭性能好，用料较省，其构件截面一般由两个或多个分肢用缀件连接组成（图 4-4），采用较多的是两分肢格构式构件。即格构式构件是由型钢、钢管或组合截面杆件连接而成的杆系结构，一般由两个实腹式的柱肢组成，中间用缀条连接，通过分肢腹板的主轴称为实轴，通过分肢缀件的主轴称为虚轴。分肢常采用轧制槽钢或工字钢，承受荷载较大时可采用焊接工字形或槽形组合截面。缀件有缀条或缀板两种，一般设置在分肢翼缘两侧平面内，其作用是将各分肢连成整体，使其共同受力，并承受绕虚轴弯曲时产生的剪力。缀条由斜杆组成或斜杆与横杆共同组成，缀条常采用单角钢，与分肢翼缘组成桁架体系，使承受横向剪力时有较大的刚度。缀板常采用钢板，与分肢翼缘组成刚架体系。在构件产生绕虚轴弯曲而承受横向剪力时，缀板刚度比缀条格构式构件略低，所以通常用于受拉构件或压力较小的受压构件。

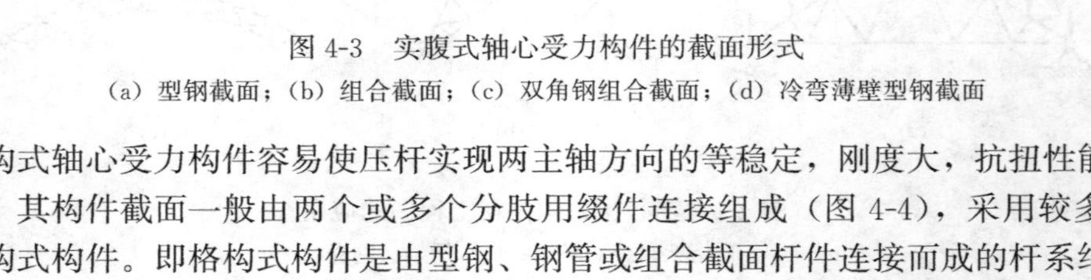

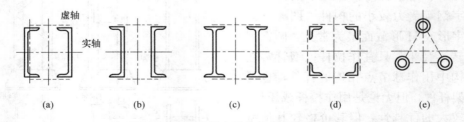

图 4-4　格构式轴心受力构件的截面形式

（a）槽钢双肢截面柱；（b）槽钢双肢截面柱；（c）工字钢截面双肢柱；（d）四肢柱；（e）三肢柱

4.2　轴心受力构件的强度和刚度计算

4.2.1　轴心受力构件的强度

从钢材的应力-应变关系可知，当轴心受力构件的截面平均应力达到钢材的抗拉强度时，构件达到强度极限承载力。但当构件的平均应力达到钢材的屈服强度时，由于构件塑性变形的发展，将使构件的变形过大以致达到不适宜继续承载的状态，故而轴心受力构件是以截面的平均应力达到钢材的屈服强度作为强度计算的准则。

对于无孔洞等削弱的轴心受力构件，以全截面平均应力达到屈服强度为强度极限状态，应按式（4-1）进行毛截面强度验算：

$$\sigma=\frac{N}{A}\leqslant f \tag{4-1}$$

式中 N——构件的轴心拉力或轴心压力设计值，N；

f——钢材抗拉强度设计值或抗压强度设计值，N/mm^2；

A——轴心受力构件的毛截面面积，mm^2。

对于有孔洞等削弱的轴心受力构件，即当构件截面有局部削弱时，截面上的应力不再均匀分布，在孔洞附近有应力集中现象（图 4-5），在弹性阶段孔壁边缘的最大应力 σ_{max} 可能是构件毛截面平均应力 σ_a 的 3 倍。当拉力继续增加，孔壁边缘的最大应力达到材料的屈服强度以后，应力不再继续增加而只发展塑性变形，截面上的应力产生塑性重分布，最后达到均匀分布，故而对于有孔洞削弱的轴心受力构件，仍以其净截面的平均应力达到其屈服强度为强度极限状态，应按下式进行净截面强度验算：

$$\sigma=\frac{N}{A_n}\leqslant f \tag{4-2}$$

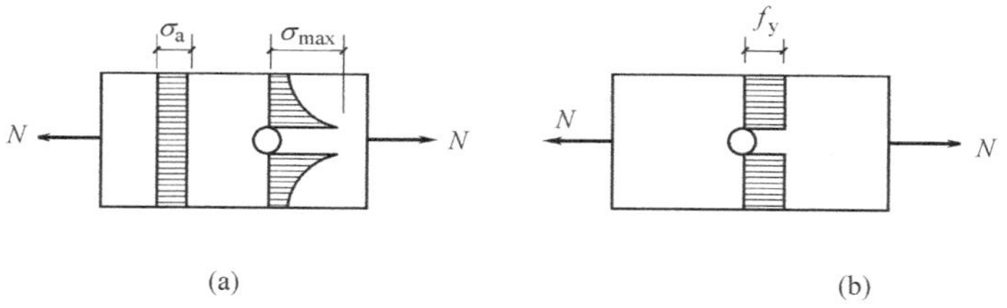

图 4-5 有孔洞拉杆的截面应力状态

（a）弹性状态应力；（b）极限状态应力

式中 A_n——轴心受力构件的净截面面积，mm^2。对于有螺纹的拉杆，A_n 为螺纹处的有效截面面积；当轴心受力构件采用普通螺栓（或铆钉）连接时，若螺栓（或铆钉）为并列布置（图 4-6），A_n 按最危险的正交截面（Ⅰ-Ⅰ截面）计算；若螺栓错列布置，构件既可能沿正交截面（Ⅰ-Ⅰ截面）破坏，也可能沿齿状截面（Ⅱ-Ⅱ或Ⅲ-Ⅲ截面）破坏。截面Ⅱ-Ⅱ或Ⅲ-Ⅲ的毛截面长度较大但孔洞较多，其净截面不一定比截面Ⅰ-Ⅰ的净截面面积大，故 A_n 应按Ⅰ-Ⅰ、Ⅱ-Ⅱ或Ⅲ-Ⅲ截面的较小面积计算。

对于高强度螺栓摩擦型连接的构件，可以认为连接传力所依靠的摩擦力均匀分布于螺孔四周，故在孔前接触面已传递一半的力（图 4-7），而最外列螺栓处危险截面的净截面应按下式计算：

$$\sigma=\frac{N'}{A_n}\leqslant f \tag{4-3}$$

$$N'=N\left(1-0.5\frac{n_1}{n}\right) \tag{4-4}$$

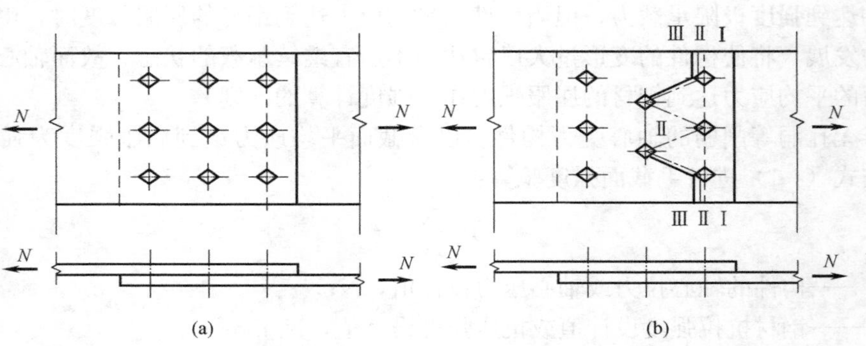

图 4-6 净截面面积的计算

式中 n——连接一侧的高强度螺栓总数；

n_1——计算截面（最外列螺栓数）上的高强度螺栓数目；

0.5——孔前传力系数。

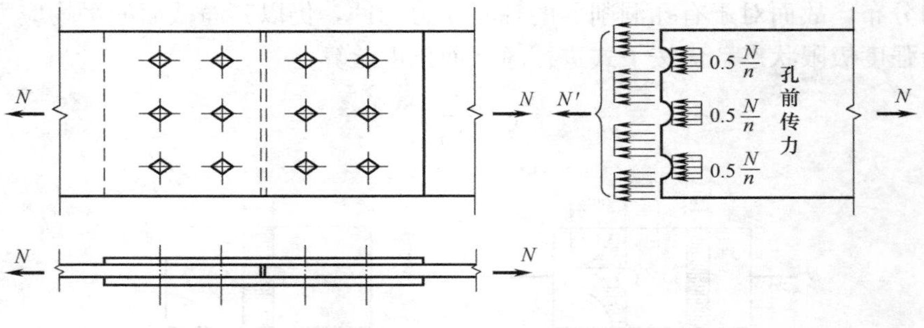

图 4-7 轴心力作用下的摩擦型高强度螺栓连接

对于高强度螺栓摩擦型连接的构件，除按式（4-3）验算净截面强度外，还应按式（4-1）验算毛截面强度。

对于单面连接的单角钢轴心受力构件，实际处于双向偏心受力状态（图 4-8），试验表明其极限承载力约为轴心受力构件极限承载力的 0.85，因此单面连接的单角钢按轴心受力计算强度时，钢材和连接的强度设计值应乘以折减系数 0.85。

焊接构件和轧制型钢构件均会产生残余应力，但残余应力在构件内是自相平衡的内应

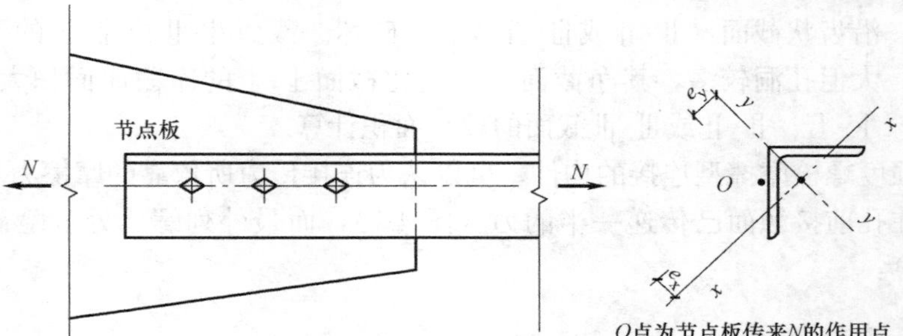

图 4-8 单面连接的单角钢轴心受压构件

力，在轴力作用下，除了使构件部分截面较早地进入塑性状态外，并不影响构件的极限承载力，故在验算轴心受力构件强度时，无需考虑残余应力的影响。

4.2.2 轴心受力构件的刚度计算

为满足结构的正常使用要求，轴心受力构件不应做得过于柔细，而应具有一定的刚度，以保证构件不会发生过大的变形，即按正常使用极限状态的要求，轴心受力构件均应具有一定的刚度，轴心受拉或受压构件的刚度均是以其长细比 λ 来衡量，构件的长细比愈小，表示构件的刚度愈大，反之刚度愈小；但当构件的长细比过大时，也会产生下列不利影响：

（1）在运输和安装过程中产生弯曲或过大的变形；

（2）使用期间因其自重而明显下挠；

（3）在动荷载作用下发生较大的振动；

（4）压杆的长细比过大时，会极大降低构件的极限承载力；同时初弯曲和自重产生的挠度也将给构件的整体稳定性带来不利影响。

因此《钢结构设计标准》GB 50017—2017 在总结了钢结构长期使用经验的基础上，根据构件的重要性和荷载情况，对构件的最大长细比提出了要求，即轴心受力构件对 x 轴、y 轴的长细比 λ_x、λ_y 均应进行刚度验算。

$$\lambda_x = \frac{l_{0x}}{i_x}, \lambda_y = \frac{l_{0y}}{i_y} \tag{4-5}$$

$$\lambda_{max} = \max(\lambda_x, \lambda_y) = \left(\frac{l_0}{i}\right)_{max} \leqslant [\lambda]$$

$$i = \sqrt{\frac{I}{A}}$$

式中 λ_{max}——构件最不利方向的最大长细比；

i——截面的回转半径；

i_x、i_y——截面对主轴 x 轴、y 轴的回转半径；

l_0——构件的计算长度；

l_{0x}、l_{0y}——构件对主轴 x 轴、y 轴的计算长度。

[λ] ——构件的容许长细比；[λ] 是按构件的受力性质、构件类别和荷载性质确定的，对于受压构件，长细比尤为重要。受压构件因刚度不足，一旦发生弯曲变形后，因变形而增加的附加弯矩远比受拉构件严重，长细比过大，会极大降低稳定承载力，因而容许长细比的限制更严，表 4-1 和表 4-2 分别为受拉构件和受压构件的容许长细比。

受拉构件的容许长细比 **表 4-1**

项次	构件名称	承受静力荷载或间接承受动力荷载的结构		直接承受动力荷载的结构
		一般建筑结构	重级工作制吊车厂房	
1	桁架的杆件	350	250	250
2	吊车梁或吊车梁以下的柱间支撑	300	200	—

续表

项次	构件名称	承受静力荷载或间接承受动力荷载的结构		直接承受动力荷载的结构
		一般建筑结构	重级工作制吊车厂房	
3	其他拉杆、支承、系杆等 (张紧的圆钢除外)	400	350	—

注：1. 承受静力荷载的结构中，可仅计算受拉构件在竖向平面内的长细比；
2. 在直接或间接承受动力荷载的结构中，计算单角钢受拉构件的长细比时，应采用角钢的最小回转半径；但在计算交叉杆件平面外的长细比时，应采用与角钢肢边平行的回转半径；
3. 中、重级工作制吊车桁架下弦杆的长细比不宜超过 200；
4. 在设有夹钳或刚性料耙等硬钩吊车的厂房中，支撑（表中第 2 项除外）的长细比不宜超过 300；
5. 受拉构件在永久荷载与风荷载组合作用下受压时，其长细比不宜超过 250；
6. 跨度大于或等于 60m 的桁架，其受拉弦杆和腹杆的长细比不宜超过 300（承受静力荷载或间接承受动力荷载）或 250（直接承受动力荷载）。

受压构件的容许长细比 **表 4-2**

项次	构件名称	容许长细比
1	柱、桁架和天窗架中的杆件 柱的缀条、吊车梁或吊车桁架以下的柱间支撑	150
2	支撑(吊车梁或吊车桁架以下的柱间支撑除外) 用于减少受压构件长细比的杆件	200

注：1. 桁架（包括空间桁架）的受压腹杆，当其内力小于或等于承载能力的 50%时，容许长细比可取为 200；
2. 计算单角钢受压构件的长细比时，应采用角钢的最小回转半径，但在计算交叉点相互连接的交叉杆件平面外的长细比时，应采用与角钢肢边平行的回转半径；
3. 跨度大于或等于 60m 的桁架，其受压弦杆和端压杆的长细比宜取 100，其他受压腹杆可取为 150（承受静力荷载或间接承受动力荷载）或 120（直接承受动力荷载）；
4. 由容许长细比控制截面的杆件，在计算其长细比时，可不考虑扭转效应。

构件的计算长度 l_0 按下式计算：

$$l_0 = \mu l \tag{4-6}$$

式中 l——构件的实际长度；

μ——计算长度系数，视构件两端的约束情况而定，可查表 4-3 得。

构件的计算长度系数 **表 4-3**

构件两端约束情况	两端铰接	一端固定，一端自由	两端固定	一端固定，一端铰支	一端铰支，另一端不能转动但能侧移	一端固定，另一端不能转动但能侧移
压杆图形		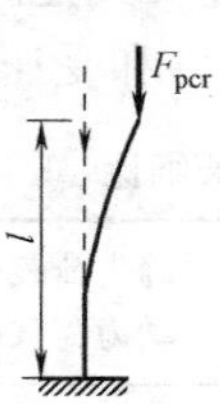	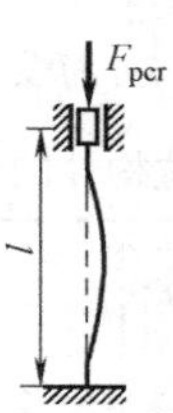	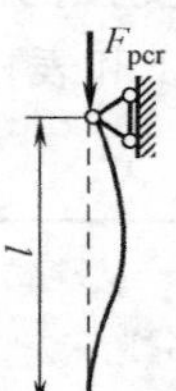	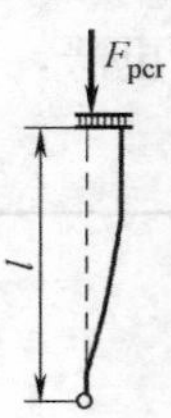	
长度系数理论值	1.0	2.0	0.5	0.7	2.0	1.0
长度系数建议取值	1.0	2.1	0.65	0.8	2.0	1.2

4.2.3 轴心拉杆的计算

轴心受拉构件没有整体稳定和局部稳定问题，极限承载力一般由强度控制，所以设计时只考虑强度和刚度。钢材比其他材料更适合于受拉，所以钢拉杆不但用于钢结构，还用于钢与钢筋混凝土或木材的组合结构中，此种组合结构的受压杆件用钢筋混凝土或木材制作，而拉杆用钢材制作。

【例 4-1】 如图 4-9 所示的中级工作制吊车的厂房屋架的双角钢拉杆，截面为2∟100×10，$i_x=3.05$cm，$i_y=4.52$cm，角钢上有交错排列的普通螺栓孔，孔径 $d=20$mm，钢材为 Q235 钢，$f=215\text{N/mm}^2$。试计算此拉杆所能承受的最大拉力和容许达到的最大计算长度。

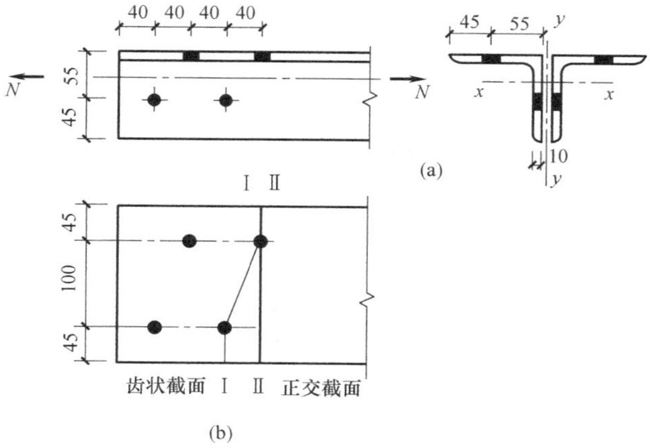

图 4-9 例 4-1 图

【解】 （1）最大拉力计算

在确定危险截面之前先把它按中面展开，如图 4-9（b）所示。

正交净截面面积为：

$$A_n=2\times(4.5+10+4.5-2)\times1.0=34.0\text{cm}^2$$

齿状净截面面积为：

$$A_n=2\times(4.5+\sqrt{10^2+4^2}+4.5-2\times2)\times1.0=31.5\text{cm}^2$$

危险截面是齿状截面，此拉杆所能承受的最大拉力为：

$$N=fA_n=31.5\times100\times215=677\text{kN}$$

（2）容许的最大计算长度计算

对 x 轴　　$l_{0x}=i_x\cdot[\lambda]=350\times30.5=10675\text{mm}$

对 y 轴　　$l_{0y}=i_y\cdot[\lambda]=350\times45.2=15820\text{mm}$

【例 4-2】 某三角形钢屋架的一受拉斜腹杆，长 $l=2309$mm，单角钢截面构件的最小平面为斜平面，斜平面计算长度 $l_0=0.9l$，轴心拉力设计值 $N=31.7$kN，钢材为 Q235-B·F 钢，$f=215\text{N/mm}^2$，构件截面无削弱，1∟45×4（$A=3.49\text{cm}^2$；$i_{min}=i_y=0.89$cm）。试选择此构件的截面。

【解】 因构件内力较小，拟选用单角钢截面，为制作方便，节点处采用单面连接的形式（图 4-10），按规定计算强度 f 时应乘以折减系数，$\gamma_0=0.85$。

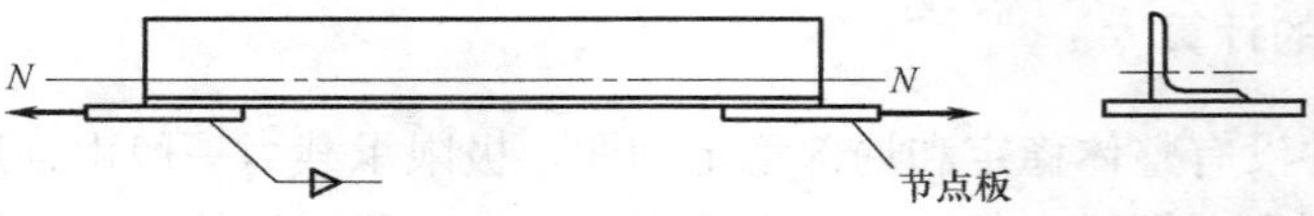

图 4-10　例 4-2 题

【解】 单角钢截面构件的最小平面刚度为斜平面（与屋架平面斜交的平面）。

斜平面计算长度 l_0　　$l_0=0.9l=0.9\times2309=2078\text{mm}$

需要构件截面面积　$A\geqslant\dfrac{N}{\gamma_0 f}=\dfrac{31.7\times1000}{0.85\times215}\times10^{-2}=1.74\text{cm}^2$

需要构件最小回转半径　$i_{\min}\geqslant\dfrac{l_0}{[\lambda]}=\dfrac{2078}{350}\times10^{-1}=0.59\text{cm}$

《钢结构设计标准》GB 50017—2017 规定钢结构中采用的最小截面 1∟45×4 已足够：查附表 F-1 知 $A=3.49\text{cm}^2$；$i_{\min}=i_y=0.89\text{cm}$，均满足要求。

【例 4-3】 一块－400×20 的钢板用两块－400×12 的拼接板及摩擦型高强度螺栓进行连接，螺栓孔径 22mm，排列如图 4-11 所示，钢板轴心受拉，轴心拉力设计值 $N=1600\text{kN}$，为 Q235 钢，$f=205\text{N/mm}^2$，试验算该连接的强度。

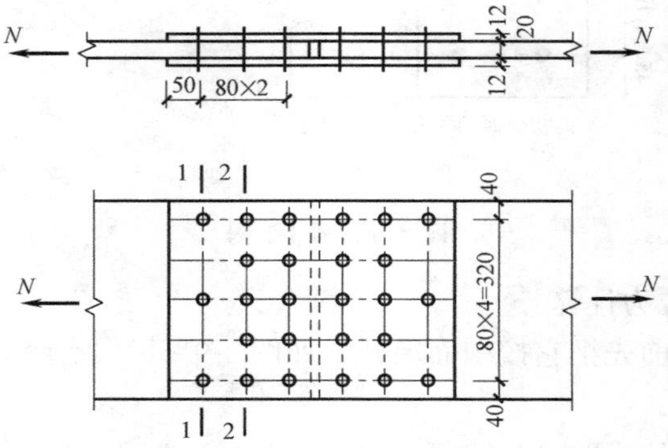

图 4-11　例 4-3 图

【解】 由于该连接为摩擦型高强度螺栓，故需同时验算净截面和毛截面强度。

(1) 1-1 截面钢板的 $A_n=400\times20-3\times22\times20=6680\text{mm}^2$

$$\sigma=\frac{N'}{A_n}=\frac{N\left(1-0.5\dfrac{n_1}{n}\right)}{A_n}=\frac{1600\times10^3\times\left(1-0.5\times\dfrac{3}{13}\right)}{6680}=212\text{N/mm}^2$$

所以 1-1 截面钢板强度尚能接受。

(2) 需要验算 2-2 截面强度，因为 2-2 截面的净截面小于 1-1 截面。

2-2 截面传递的拉力 $N'=1600\times\left(1-\dfrac{3}{13}-0.5\times\dfrac{5}{13}\right)=923.1\text{kN}$

2-2 截面的 $A'_n=400\times20-5\times22\times20=5800\text{mm}^2$

$\sigma=\dfrac{N'}{A'_n}=\dfrac{923.1\times10^3}{5800}=159.2\text{N/mm}^2<f$，强度足够。

(3) 毛截面强度验算

$\sigma=\frac{N}{A}=\frac{1600\times10^3}{400\times20}=200\text{N/mm}^2$，所以毛截面强度也满足要求。

4.3 实腹式轴心受压构件的整体稳定

钢材强度高，组成结构的构件相对较细长，所用板件也较薄，设计中常不是由强度而是由稳定控制，稳定问题对钢结构是一个极其重要的问题，在钢结构工程史上，对稳定认识不足，故因失稳导致破坏的案例较为常见。近几十年来，基于结构形式的不断发展和较高强度钢材的应用，使构件趋于更超轻型而薄壁，故而更易出现失稳现象，因而更有必要掌握结构稳定性以及相应的结构稳定知识。轴心受压构件的承载能力是由稳定条件决定；轴心受拉构件在拉力作用下，构件总有拉直绷紧的倾向，其平衡状态总是稳定的，因此不存在稳定问题。

4.3.1 理想轴心受压构件整体失稳的形式

理想轴心受压构件（即无缺陷的轴心受压构件），假定构件完全挺直（本身为绝对直杆、材料均质、各向同性），荷载沿构件形心轴作用（无荷载偏心），在受荷之前构件无初始应力、初弯曲和初偏心等缺陷，截面沿构件是均匀的。

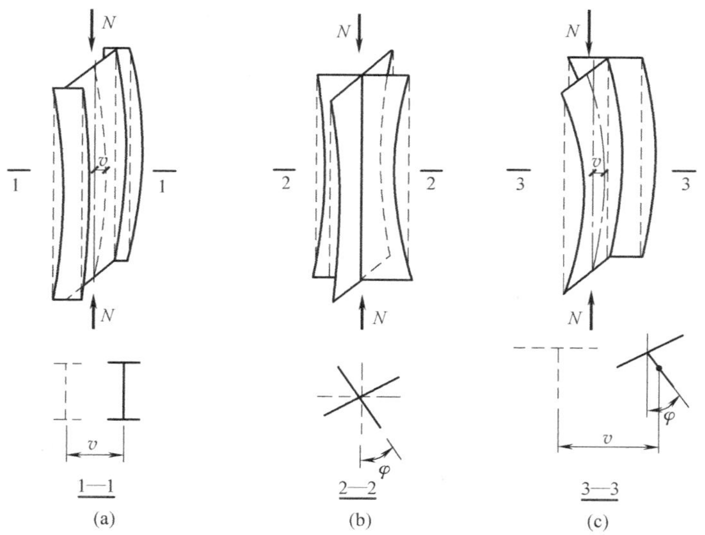

图 4-12　轴心受压构件的三种屈曲形式

（a）弯曲屈曲；（b）扭转屈曲；（c）弯扭屈曲

理想轴心受压构件当轴向压力 N 较小时，构件只产生轴向压缩变形，保持直线平衡状态。此时若有干扰力使构件产生微小弯曲，则当去除干扰力后，构件将恢复到原来的直线平衡状态，这种直线平衡状态下构件的外力和内力间的平衡是稳定的；当轴心压力 N 逐渐增加到一定大小，若有干扰力使构件发生微弯，当去除干扰力后，构件则保持微弯状态而不能恢复到原来的直线平衡状态，这种从直线平衡状态过渡到微弯平衡状态的现象称为平衡状态的分枝，此时构件的外力和内力间的平衡是随遇的，称为随遇平衡或中性平衡；若轴向压力 N 再稍微继续增加，则杆件产生较大的弯曲变形，随即产生破坏，此时的平衡是不稳定，即构件失稳或称构件屈曲。根据构件的截面形式和尺寸，理想的轴心压杆失稳根据其屈曲变形常发生弯曲屈曲、扭转屈曲和弯扭屈曲三种形式的失稳现象。

（1）弯曲屈曲

只发生弯曲变形，构件的截面只绕一个主轴旋转，构件的纵轴由直线变为曲线，这是双轴对称截面构件最常见的屈曲形式，也是钢结构中最基本、最简单的屈曲形式，即工字形、H 形、箱形截面只发生弯曲屈曲。两端铰接工字形截面构件发生绕弱轴的弯曲屈曲（图 4-12a）。

（2）扭转屈曲

失稳时构件除支承端外的各截面均绕纵轴扭转，这是少数双轴对称截面压杆可能发生的屈曲形式。长度较小的十字形截面构件可能发生扭转屈曲情况（图 4-12b）。

（3）弯扭屈曲

单轴对称截面构件绕对称轴屈曲时，在发生弯曲变形的同时必然伴随着扭转，即薄壁型钢截面既可能弯曲，也可能扭转。T 形截面构件发生弯扭屈曲（图 4-12c）。

总之，产生哪种形式的屈曲与杆件截面的形式和尺寸、杆件的长度以及杆件端部的支撑情况有关。对于一般双轴对称截面的轴心压杆，其屈曲形式一般为弯曲屈曲；只有某些特殊截面如薄壁十字形截面，在一定条件下才可能产生扭转屈曲；单轴对称截面如角钢、槽钢和 T 形钢或双板 T 形截面等，因其截面只有一个对称轴，截面的形心与剪心不重合，故当杆件绕截面的对称轴弯曲的同时，必然会伴随扭转变形，产生弯扭屈曲。

判断理想轴心受压构件按哪种形式失稳，可分别确定三种屈曲形式相应的临界力，则轴心受压构件必然按临界力最小的一种屈曲形式失稳。而在普通钢结构中，对轴心受压构件的稳定性主要考虑的是弯曲屈曲。实际轴心压杆必然存在一定的初始缺陷，如初弯曲、荷载的初偏心和残余应力等，为了便于分析，通常先假定不存在缺陷，即按理想轴心受压构件进行分析，然后再分别依次考虑上述缺陷的影响。

4.3.2 理想轴心受压构件的屈曲临界力

如前所述，中性平衡状态是从稳定平衡过渡到不稳定平衡的一个临界状态，故称此时的外力 N 值为临界力，此临界力可定义为理想轴心压杆呈微弯状态的轴心压力。即当压力达到某临界值时，理想轴心受压构件可能以上述的三种屈曲形式丧失稳定。杆件处于微弯曲的临界平衡状态时的荷载称为临界力 N_{cr}，应力为临界应力 σ_{cr}。当 $N<N_{cr}$时，状态稳定，横向力停止作用，杆件立即恢复到直杆平衡状态；当 $N=N_{cr}$时，临界状态，在任意横向力作用下，弯曲停止，将不能恢复，将在微弯曲状态下平衡，即随意平衡，压杆既能在直线状态，也能在弯曲状态平衡；当 $N>N_{cr}$时，产生很大弯曲变形破坏。

（1）理想轴心受压构件的弹性弯曲屈曲

下面介绍两端铰支理想细长压杆的弯曲屈曲临界力求法：轴心压杆发生弯曲时，截面中将引起弯矩 M 和剪力 V，任一点的总变形为 y（图 4-13），其中 $y=y_1+y_2$，y_1 为沿杆件长度上任一点由弯矩产生的变形，y_2 为沿杆件长度上任一点由剪力产生的变形。

由材料力学中弯矩与曲率间的关系知：

$$EI\frac{d^2y_1}{d^2z}+M=0 \tag{4-7}$$

由剪力 V 产生的轴线转角为：

$$\gamma=\frac{dy_2}{dz}=\frac{\beta}{GA}V=\frac{\beta}{GA}\cdot\frac{dM}{dz} \tag{4-8}$$

对 γ 求导得：$\frac{d^2y_2}{dz^2}=\frac{\beta}{GA}\cdot\frac{dV}{dz}=\frac{\beta}{GA}\cdot\frac{d^2M}{dz^2}$

则 $$\frac{d^2y}{dz^2}=\frac{d^2y_1}{dz^2}+\frac{d^2y_2}{dz^2}=-\frac{M}{EI}+\frac{\beta}{GA}\cdot\frac{d^2M}{dz^2} \tag{4-9}$$

对于随遇平衡状态，因为任意截面的弯矩 $M=Ny$，则：

$$\frac{d^2y}{dz^2}=-\frac{Ny}{EI}+\frac{\beta N}{GA}\cdot\frac{d^2y}{dz^2}$$

即 $$\frac{d^2y}{dz^2}\left(1-\frac{\beta N}{GA}\right)+\frac{Ny}{EI}=0 \tag{4-10a}$$

$$y''\left(1-\frac{\beta N}{GA}\right)+\frac{Ny}{EI}=0$$

令 $k^2=\frac{N}{EI\left(1-\frac{\beta N}{GA}\right)}$，则得：$y''+k^2y=0$ (4-10b)

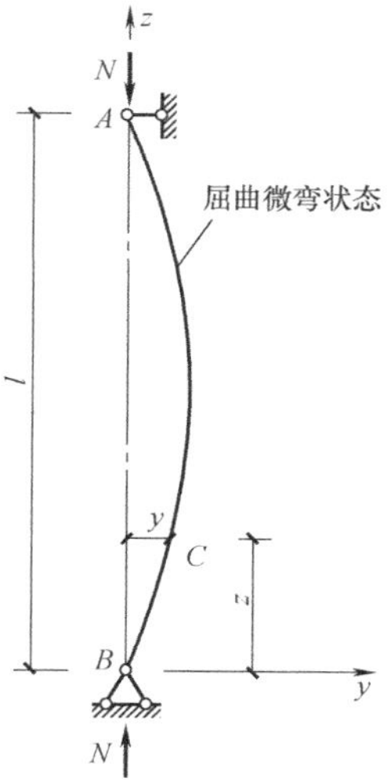

图 4-13　两端铰支轴心压杆屈曲时的临界状态

式（4-10b）是一个常系数线性二阶齐次方程，其方程的通解为：

$$y=C_1\sin kz+C_2\cos kz \tag{4-10c}$$

C_1、C_2 为待定系数，由边界条件确定：

两端铰支：由 $z=0$，$y=0$ 得 $C_2=0$；由 $z=l$，$y=0$ 得 $C_1\sin kl=0$。

上式成立的条件：一是 $C_1=0$，若 $C_1=0$，则 $y=0$，说明杆件处于平直状态，这与杆件屈曲时保持微弯平衡的条件矛盾，不是所需的解；二是 $\sin kl=0$，由此可得 $kl=n\pi$($n=1, 2, 3\cdots$)，取最小值 $n=1$，得 $kl=\pi$，则 $k^2=\frac{\pi^2}{l^2}$，即：

$$k^2=\frac{N}{EI\left(1-\frac{\beta N}{GA}\right)}=\frac{\pi^2}{l^2} \tag{4-10d}$$

求出的 N 即为中性平衡时的临界力 N_{cr}：

$$N_{cr}=\frac{\pi^2EI}{l^2}\cdot\frac{1}{1+\frac{\pi^2EI}{l^2}\cdot\frac{\beta}{GA}}=\frac{\pi^2EI}{l^2}\cdot\frac{1}{1+\frac{\pi^2EI}{l^2}\cdot\gamma_1} \tag{4-11}$$

式中　A、I——杆件截面面积和惯性矩；

E、G——材料的弹性模量和剪变模量；

β——与材料形状有关的系数；

l——两端铰支杆的长度；

γ_1——单位剪力时的轴线转角。

两端铰支杆的挠曲线方程为：　$y=C_1\sin\frac{\pi}{l}z$

式中　C_1——杆长中点的扰度，是很微小的不定值。

临界状态时的截面平均应力称为临界应力 σ_{cr}。

$$\sigma_{cr}=\frac{N_{cr}}{A}=\frac{\pi^2 E}{\lambda^2}\cdot\frac{1}{1+\frac{\pi^2 EA}{\lambda^2}\cdot\gamma_1} \tag{4-12}$$

式中 $\lambda=\frac{l}{i}$——构件的长细比；

$i=\sqrt{\frac{I}{A}}$——对应于屈曲轴的截面回转半径。

一般来说剪切变形影响较小，对实腹构件若略去剪切变形，临界力或临界应力只相差0.3%左右；若只考虑弯曲变形，则上述临界力和临界应力一般称为欧拉临界力 N_E和临界应力 σ_E，其表达式为：

$$N_E=N_{cr}=\frac{\pi^2 EI}{l^2}=\frac{\pi^2 EA}{\lambda^2} \tag{4-13}$$

$$\sigma_E=\sigma_{cr}=\frac{\pi^2 E}{\lambda^2} \tag{4-14}$$

上述欧拉临界力 N_E或欧拉临界应力 σ_E推导过程中，若弹性模量 E 为常量，只有当求得的欧拉临界应力 σ_E不超过材料的比例极限 f_p时，式（4-14）才是有效的，即 $\sigma_E=\frac{\pi^2 E}{\lambda^2}\leqslant f_p$或长细比 $\lambda\geqslant\lambda_p=\pi\sqrt{\frac{E}{f_p}}$。

（2）理想轴心受压构件的弹塑性弯曲屈曲

当 $\sigma_E>f_p$时，此时弹性模量 E 不再是常量，上述推导的欧拉临界力公式不再适用，此时应考虑钢材的非弹性性能，即钢材进入弹塑性阶段，应采用 1889 年德国科学家恩格塞尔提出的应力-应变曲线的切线模量 E_t代替欧拉公式中的弹性模量 E，将欧拉公式推广延用于非弹性范围，即相应的临界力和临界应力为：

$$N_{cr,t}=\frac{\pi^2 E_t I}{l^2}=\frac{\pi^2 E_t A}{\lambda^2} \tag{4-15}$$

$$\sigma_{cr,t}=\frac{\pi^2 E_t}{\lambda^2} \tag{4-16}$$

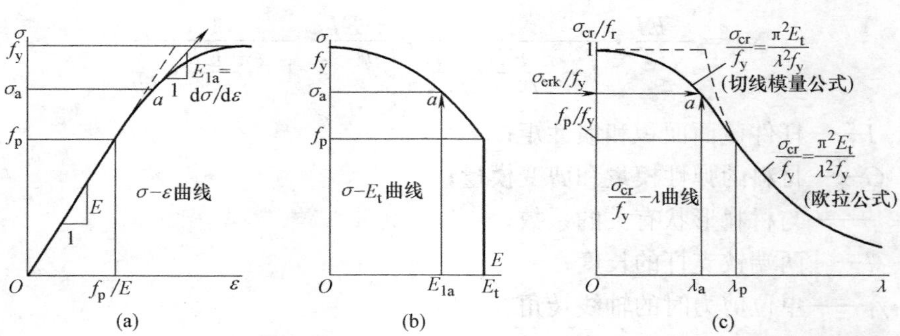

图 4-14 切线模量理论

（a）σ-ε 曲线；（b）σ-E_t曲线；（c）σ_{cr}-λ 曲线

从形式上看，切线模量临界应力公式和欧拉临界应力公式仅 E_t 与 E 不同，但是使用上却有很大的区别。采用欧拉公式可直接由长细比 λ 求得临界应力 σ_{cr}，但切线模量则不能，因为切线模量 E_t 与临界应力 σ_{cr} 互为函数。可通过短柱试验先测得钢材的平均应力-应变关系曲线（图 4-14a），从而得到钢材的 σ-E_t 关系式或关系曲线（图 4-14b）。对 σ-E_t 关系已知的轴心受压构件，可先给定 σ_{cr} 再从试验所得的 σ-E_t 关系曲线中得出相应的 E_t，然后由切线模量公式（4-16）求出长细比 λ。由此所得到的弹塑性屈曲阶段的临界应力 σ_{cr} 随长细比 λ 的变化曲线如图 4-14（c）中的 AB 段所示。当然也可将试验所得的 σ-E_t 关系与式（4-16）联立求解得到 σ_{cr}-λ 关系曲线（图 4-14c）。临界应力 σ_{cr} 与长细比 λ 的关系曲线可作为轴心受压构件设计的依据，称为柱子曲线。

4.3.3 初始缺陷对轴心受压构件稳定承载力的影响

前面介绍的轴压杆件弯曲临界力的确定，是把杆件看作理想直杆。实际轴心压杆与理想轴心压杆不一样，不可避免存在初始缺陷，如残余应力、截面各部分屈服点不一致、杆件的初弯曲、荷载初偏心等，前两种属于力学缺陷，后两种属于几何缺陷，且其中对轴向受压构件弯曲稳定影响最大的是残余应力、初始弯曲和初始偏心。

（1）残余应力的影响

1）残余应力产生的原因与分布规律

构件中的力学缺陷主要是指残余应力。残余应力是钢结构构件还未承受荷载前即已存在于构件截面上的自相平衡的初始应力，其产生的主要原因如下：

① 焊接时的不均匀加热和不均匀冷却是焊接结构最主要的残余应力；

② 热轧型钢轧制后的不均匀冷却；

③ 构件边缘经火焰切割后的热塑性收缩；

④ 构件经冷校正后产生的塑性变形。

残余应力有平行于杆轴方向的纵向残余应力和垂直于杆轴方向的横向残余应力，对于板件厚度较大的截面也存在厚度方向的残余应力。横向及厚度方向残余应力的绝对值一般很小，而且对杆件承载力的影响甚微，通常只考虑纵向残余应力，图 4-15 为轧制 H 型钢的纵向残余应力示例，拉应力取正值，压应力取负值。残余应力对强度无影响，但对刚度和稳定承载力有影响，因为残余应力的压应力部分，在外压力作用下，提前屈服而发展塑性，使截面弹性范围减小，全截面刚度下降。

根据实际情况测定的残余应力分布图一般是比较复杂而离散的，不便于分析时采用。通常是将残余应力分布图进行简化，得出其计算简图，结构计算时采用的纵向残余应力计算简图，一般由直线或简单的曲线组成（图 4-16）。

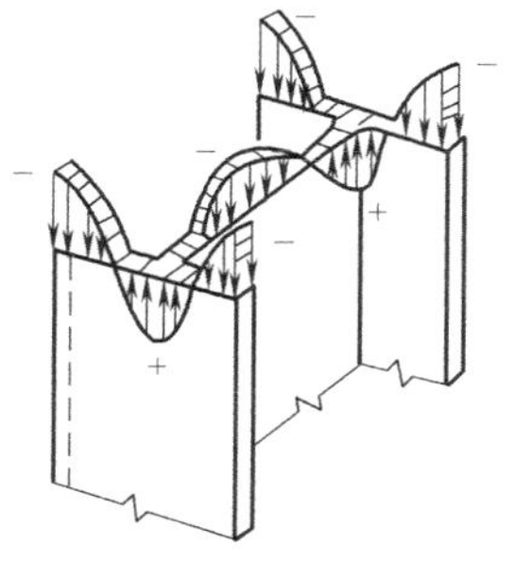

图 4-15 H 型钢的纵向残余应力示意

轧制普通工字钢的纵向残余应力分布图如图 4-16（a）所示，由于其腹板较薄，热轧后首先冷却，翼缘在冷却收缩过程中受到腹板的约束，因而在翼缘中产生纵向残余拉应力，而腹板中部受到压缩作用产生纵向压应力。对于轧制 H 型钢（图 4-16b），由于翼缘较宽，其端部先冷却，因此具有残余压应力，其值 $\sigma_{rc}=0.3f_y$ 左右（f_y 为钢材屈服点），而残余应力在翼缘宽度上的分布，西欧各国常假定为抛物线，而美国通常取为直线。翼缘为轧制边或剪切边的焊接工字形截面（图 4-16c），其残余应力分布情况类似于轧制 H 型钢，但翼缘与腹板连接处的残余拉应力通常达到钢材屈服点 f_y。翼缘是火焰切割边的焊接工字形截面（图 4-16d），翼缘端部和翼缘与腹板连接处都产生残余拉应力，而后者经常达到钢材屈服点 f_y。对于焊接箱形截面（图 4-16e），焊缝处的残余拉应力也达到钢材的屈服点 f_y，为了互相平衡，板的中部自然产生残余压应力。轧制等边角钢的纵向残余应变分布图如图 4-16（f）所示。以上的残余应力一般假设沿板的厚度方向不变，板内外都是同样的分布图形，但此种假设只是在板件较薄的情况下才能成立。

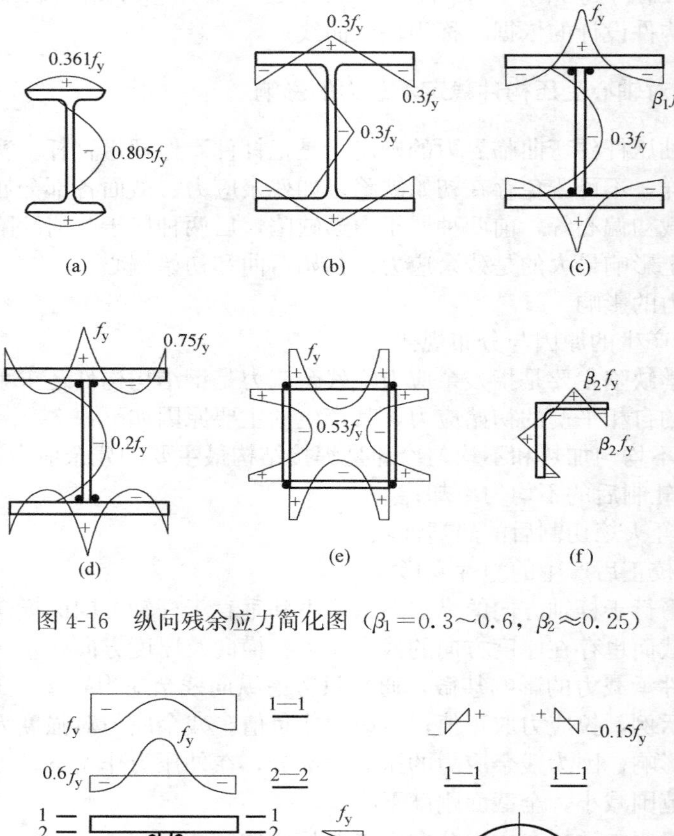

图 4-16　纵向残余应力简化图（$\beta_1=0.3\sim0.6$，$\beta_2\approx0.25$）

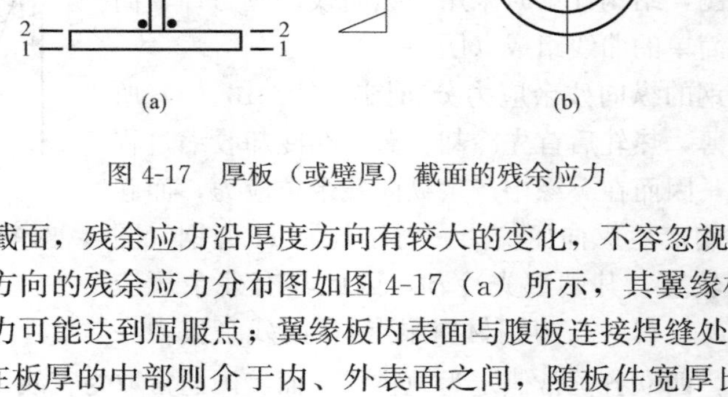

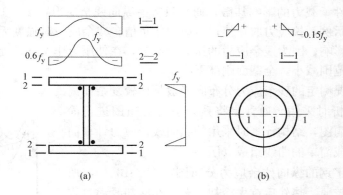

图 4-17　厚板（或壁厚）截面的残余应力

对厚板组成的截面，残余应力沿厚度方向有较大的变化，不容忽视。轧制厚板焊接的工字形截面沿厚度方向的残余应力分布图如图 4-17（a）所示，其翼缘板外表面具有残余压应力，端部压应力可能达到屈服点；翼缘板内表面与腹板连接焊缝处有较高的残余拉应力（可达 f_y）；而在板厚的中部则介于内、外表面之间，随板件宽厚比和焊缝大小而变化。对于轧制无缝圆管（图 4-17b），由于外表面先冷却，后冷却的内表面受到外表面的约束，故有残余拉应力，而外表面具有残余压应力，从而产生沿厚度变化的残余应力，但其值不大。

测量残余应力的方法主要有分割法、钻孔法和 X 射线衍射法等，但应用较多的是分割法，这是一种应力释放法，其原理是：将构件的各板件切成若干窄条，使残余应力完全释放，量测各窄条切割前后的长度，两者的差值就反映出截面残余应力的大小和分布。焊接构件的残余应力也可应用非线性热传导、热弹塑性有限元分析求得。

2）残余应力对短柱应力-应变曲线的影响

残余应力对应力-应变曲线的影响由短柱压缩试验测定，所谓短柱就是在构件中部取一柱段，其长细比不大于 20，不致在受压时发生屈曲破坏，又足以保证其中部截面反映实际的残余应力。

现以工字形截面（图 4-18a）为例阐明残余应力对轴心受压短柱的平均应力-应变曲线的影响。假设工字形截面短柱的截面面积为 A，材料为理想弹塑性体，翼缘上残余应力的分布规律和应力变化规律如图 4-18（b）所示。为便于分析问题，不考虑腹板的残余应力。当压力 N 作用时，截面上的应力为残余应力和压应力之和。因此当$\frac{N}{A}<0.7f_y$时，截面上的应力处于弹性阶段；当$\frac{N}{A}=0.7f_y$时，翼缘端部应力达屈服点 f_y，这时短柱的平均应力-应变曲线开始弯曲，该点被称为有效比例极限 $f_p=\frac{N}{A}=f_y-\sigma_r$（图 4-18c 中的 A 点，式中 σ_r为截面最大残余应力）。当压力继续增加，$\frac{N}{A}\geqslant 0.7f_y$后，截面的屈服逐渐向中间发展，能承受外力的弹性区域逐渐减小，压缩应变相对增大，在短柱的平均应力-应变曲线上反映为弹塑性过渡阶段（图 4-17c 中的 B 点）；直到$\frac{N}{A}=f_y$时，整个翼缘截面完全屈服（图 4-18c 中的 C 点）。

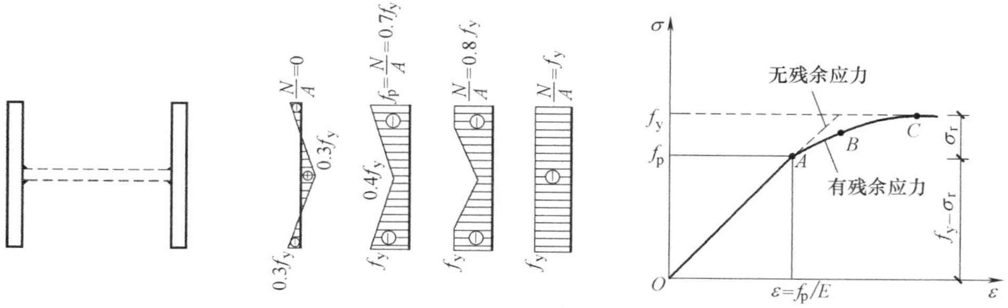

图 4-18　残余应力对轴心受压短柱平均应力-应变曲线的影响

（a）工字形截面；（b）应力变化规律；（c）应力-应变曲线

由此可见，短柱试验的 σ-ε 曲线与其截面残余应力分布有关，而比例极限 $f_p=f_y-\sigma_r$则与截面最大残余压应力有关，残余压应力大小一般在（0.32～0.57）f_y之间，而残余应力一般在（0.5～1.0）f_y之间，因此热轧普通工字钢 $f_p\approx 0.7f_y$，热轧宽翼缘 H 型钢

$f_p \approx (0.4-0.7) f_y$，焊接工字形截面 $f_p \approx (0.4-0.6) f_y$。

将有残余应力的短柱与经退火热处理消除了残余应力的短柱试验的 σ-ε 曲线对比可知，残余应力对短柱 σ-ε 曲线的影响为：降低了构件的比例极限；当外荷载引起的应力超过比例极限后，残余应力使构件的平均应力-应变曲线变成非线性关系，同时减小了截面的有效面积和有效惯性矩，从而降低了构件的稳定承载力。

3）考虑残余应力影响的轴心受压构件的临界应力

根据轴心压杆的屈曲理论，当屈曲时的平均应力 $\sigma = \frac{N}{A} \leqslant f_p = f_y - \sigma_r$ 或长细比 $\lambda \geqslant \lambda_p = \pi \sqrt{\frac{E}{f_p}}$ 时，构件处于弹性阶段，可采用欧拉公式计算临界力或临界应力。

当 $f_p \leqslant \sigma \leqslant f_y$ 时，构件处于弹塑性阶段，杆件截面内部将出现部分塑性区和部分弹性区。已屈服的塑性区，弹性模量 $E=0$，不能继续有效的承载，导致构件屈曲时稳定承载力降低，故只能按弹性区截面的有效截面惯性矩 I_e 来计算相应的临界力和临界应力，即：

$$N_{cr} = \frac{\pi^2 E I_e}{l^2} = \frac{\pi^2 EI}{l^2} \cdot \frac{I_e}{I} \tag{4-17}$$

$$\sigma_{cr} = \frac{N_{cr}}{A} = \frac{\pi^2 E}{\lambda^2} \cdot \frac{I_e}{I} \tag{4-18}$$

式中 I_e——弹性区的截面惯性矩（或有效惯性矩）；

I——全截面惯性矩。

式（4-18）表明：考虑残余应力影响时，弹塑性屈曲的临界应力为弹性欧拉临界应力乘以小于 1 的折减系数 $\frac{I_e}{I}$。$\frac{I_e}{I}$ 取决于构件截面形状尺寸、残余应力的分布及大小和构件弯曲时的弯曲方向。$E\frac{I_e}{I}$ 称为有效弹性模量或换算切线模量 E_t。

翼缘为轧制边的工字形截面（图 4-19a），由于残余应力的影响，翼缘四角先屈服，截面弹性部分的翼缘宽度为 b_e，令 $k = \frac{b_e}{b} = \frac{b_e t}{bt} = \frac{A_e}{A}$，$A_e$ 为截面弹性部分的面积，则绕 x 轴（忽略腹板面积）和 y 轴的有效弹性模量分别为：

绕 x（强）轴
$$E_{tx} = \frac{EI_{ex}}{I_x} = \frac{E \cdot 2tkbh_1^2/4}{2tbh_1^2/4} = Ek \tag{4-19}$$

绕 y（弱）轴
$$E_{ty} = \frac{EI_{ey}}{I_y} = \frac{E \cdot 2t(kb)^3/12}{2tb^3/12} = Ek^3 \tag{4-20}$$

将式（4-19）和式（4-20）代入式（4-18）得：

绕 x（强）轴
$$\sigma_{crx} = \frac{\pi^2 Ek}{\lambda_x^2} \tag{4-21}$$

绕 y（弱）轴
$$\sigma_{cry} = \frac{\pi^2 Ek^3}{\lambda_y^2} \tag{4-22}$$

因 $0 < k < 1$，故 $E_{ty} \ll E_{tx}$，由此可知，残余应力对压杆弯曲失稳的不利影响，对弱轴的影响比对强轴的影响大得多，究其原因是远离弱轴的部分是残余压应力最大的部分，而远离强轴的部分则兼有残余压应力和残余拉应力。

用火焰切割钢板焊接而成的工字形截面如图 4-19（b）所示。假定由于残余应力的影

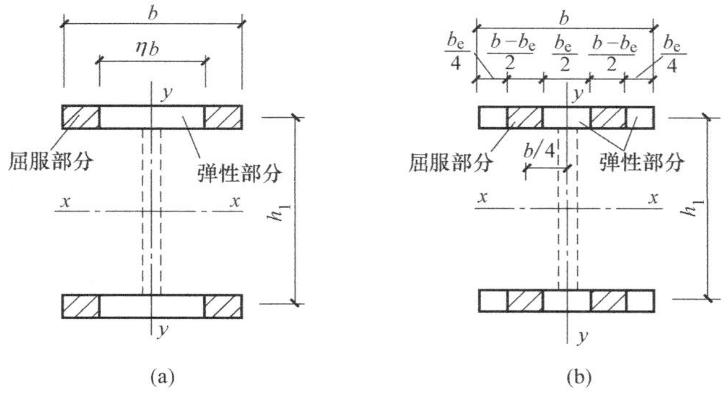

图 4-19　工字形截面的弹性区与塑性区分布

（a）翼缘为轧制边；（b）翼缘为火焰切割边

响，距翼缘中心各 $b/4$ 处的部分截面先屈服，截面弹性部分的翼缘宽度 b_e 分布在翼缘两端和中央，则绕 x（强）轴的有效弹性模量与式（4-19）相同，绕 y（弱）轴的有效弹性模量为：

$$E_{ty}=\frac{EI_{ey}}{I_y}=\frac{E\cdot 2t[b^3/12-(b-b_e)(b/4)^2]}{2tb^3/12}=E\left(\frac{1}{4}+\frac{3}{4}k\right) \tag{4-23}$$

很明显，式（4-23）的值比式（4-20）大，可见对弱轴的不利影响，翼缘为轧制边的工字形截面比用火焰切割钢板焊接而成的工字形截面严重，原因是火焰切割钢板焊接而成的工字形截面在远离弱轴翼缘两端具有使其推迟发展塑性的残余拉应力；而对强轴的不利影响，两种截面是相同的。

由于系数 k 随 σ_{cr} 变化，即 k 为未知量，因而求解式（4-21）或式（4-22）时，尚需建立另一个 k 与 σ_{cr} 的关系式来联立求解，此关系式可根据内外力平衡来确定（例如在图 4-18中的弹塑性阶段，$\sigma_{cr}=f_y-0.3f_yk^2$）。联立求解后，可绘出柱子曲线（图 4-20）。$\sigma_{cr}$ 在 $\lambda\geqslant\lambda_p$ 的弹性范围内与欧拉曲线一致，在 $\lambda\leqslant\lambda_p$ 的弹塑性范围内绕强轴的临界力高于绕弱轴的临界力。

（2）初弯曲影响

实际的轴心受压构件不可能完全挺直，即在制造、运输和安装过程中不可避免的会产生微小的初弯曲（或称初挠度）。初弯曲的曲线形式多种多样，两端铰支杆（图 4-21），通常假定初弯曲形状为半波正弦曲线 $y_0=v_0\sin\frac{\pi z}{l}$（其中 v_0 为构件中央初挠度）。

在弹性弯曲状态下，由内外力矩平衡条件，可建立平衡微分方程，求解后可得到挠度 y 和总挠度 Y 的曲线分别为：

$$y=\frac{\alpha}{1-\alpha}v_0\sin\frac{\pi z}{l} \tag{4-24}$$

$$Y=y_0+y=v_0\sin\frac{\pi z}{l}+\frac{a}{1-a}v_0\sin\frac{\pi z}{l}=\frac{v_0}{1-a}\sin\frac{\pi z}{l} \tag{4-25}$$

中点的挠度为：

$$y_m=y_{(z=l/2)}=\frac{a}{1-a}v_0 \tag{4-26}$$

$$Y_m=Y_{(z=l/2)}=\frac{v_0}{1-a} \tag{4-27}$$

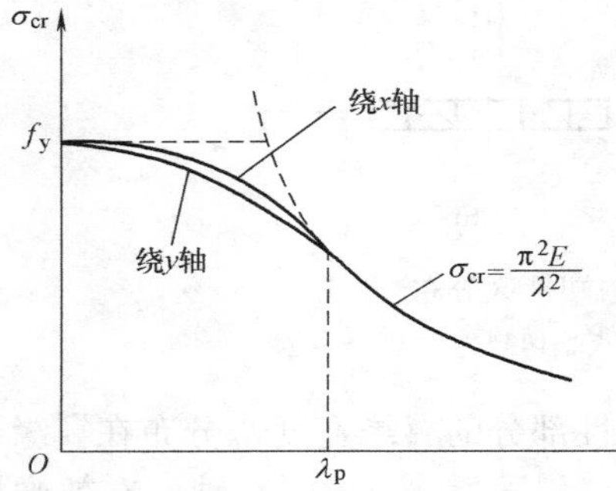

图 4-20　考虑残余应力影响的柱子曲线

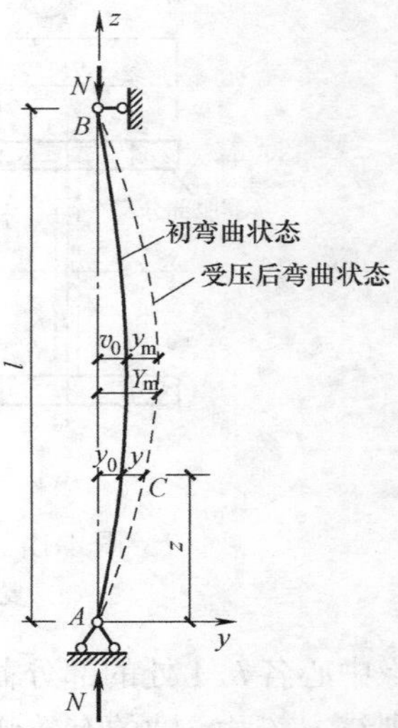

图 4-21　有初弯曲的轴心受压构件

中点的弯矩为：

$$M_m = NY_m = Y_{(z=l/2)} = \frac{Nv_0}{1-\alpha} \tag{4-28}$$

式中，$\alpha=\frac{N}{N_E}$；N_E为欧拉临界力，即 $N_E=N_{cr}=\frac{\pi^2 EI}{l^2}=\frac{\pi^2 EA}{\lambda^2}$；$\frac{1}{1-\alpha}$为初挠度放大系数或弯矩放大系数。有初弯曲的轴心受压构件的荷载-总挠度曲线如图 4-22 所示。

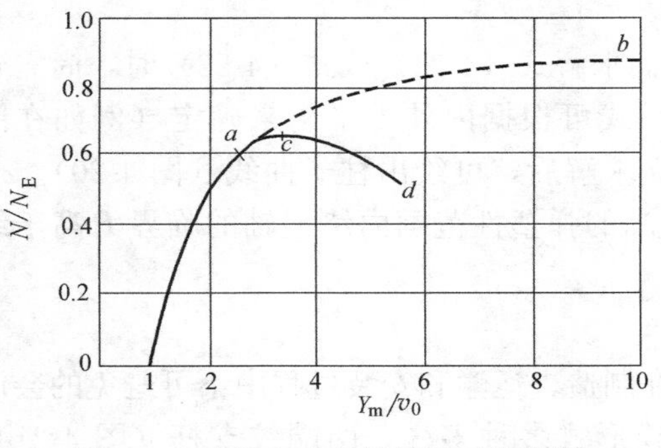

图 4-22　有初弯曲的轴线受压构件的荷载-总挠度曲线

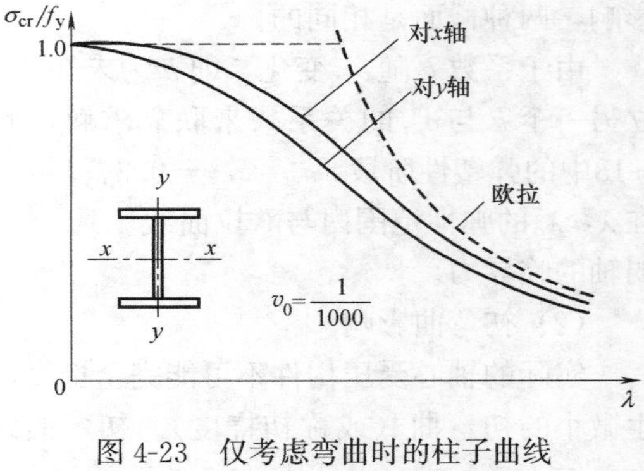

图 4-23　仅考虑弯曲时的柱子曲线

从图 4-22 和式（4-24）、式（4-25）可以看出，从开始加载起，构件即产生挠曲变形，挠度 y 和总挠度 Y 与初挠度 v_0 成正比例，挠度 y 和总挠度 Y 随 N 的增加而快速增加。有初弯曲的轴心受压构件其承载力总是低于欧拉临界力，只要当挠度趋于无穷大时，压力 N 才可能接近或到达 N_E。

焊接工字形截面考虑初弯曲 $v_0=\frac{l}{1000}$时的柱子曲线如图 4-23 所示。由图 4-23 可知，绕弱轴的柱子曲线低于绕强轴的柱子曲线。

当荷载具有初始挠度 v_0 时，杆件实际上也是偏心受压，降低了杆件临界力，初始挠度越大，临界力降低也越大。

(3) 初偏心的影响

两端铰接有初偏心 e_0 的轴心受压构件如图 4-24 所示。

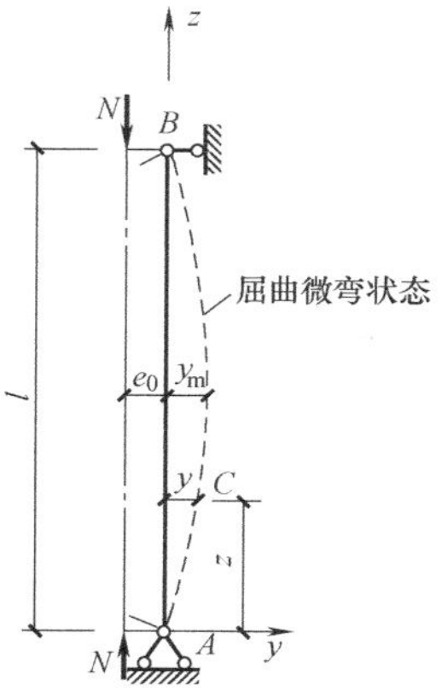

图 4-24 初偏心的轴心受压构件

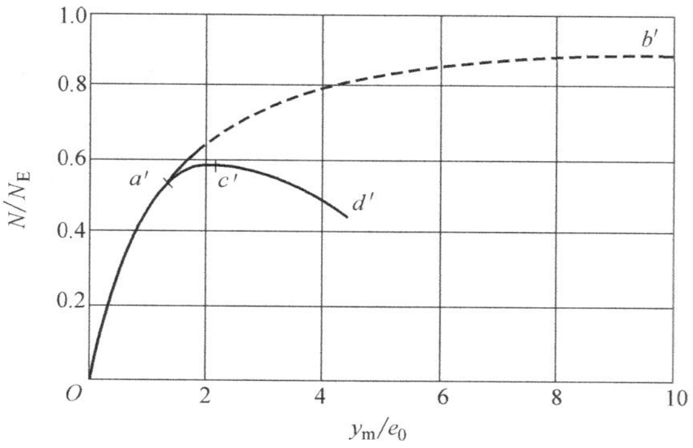

图 4-25 初偏心轴心受压构件荷载-挠度曲线

在弹性弯曲状态下，由内外力矩平衡条件建立微分方程，求解后可得到挠度曲线为：

$$y=e_0\left(\tan\frac{kl}{2}\sin kz+\cos kz-1\right) \tag{4-29}$$

式中，$k^2=N/EI$。

中点挠度为：

$$y_m=y_{(z=l/2)}=e_0\left(\sec\frac{\pi}{2}\sqrt{\frac{N}{N_E}}-1\right) \tag{4-30}$$

有初偏心的轴心受压构件的荷载-挠度曲线如图 4-25 所示。由图 4-25 可知，初偏心对轴心受压构件的影响本质上与前述的初弯曲相同，但影响的程度有差别。初弯曲对中等长细比杆件的不利影响较大；而初偏心的数值一般很小，除了对短杆稍有影响外，对长杆的影响远不如初弯曲大。由于初偏心与初弯曲的影响类似，因此各国在制定设计标准时，通常只考虑其中一个缺陷来模拟两种缺陷均存在的影响。

4.3.4 实际轴心受压构件的整体稳定计算

(1) 轴心受压构件的柱子曲线

压杆失稳时临界应力 σ_{cr} 与长细比 λ 之间的关系曲线称为柱子曲线，《钢结构设计标准》GB 50017—2017 所采用的轴心受压构件柱子曲线是按最大强度准则确定的。进行理论计算时，考虑了截面的不同形式和尺寸、不同的加工条件及相应的残余应力，并考虑了 1/1000 杆长的初弯曲，按极限承载力理论，采用数值积分法，对多种实腹式轴心受压构件弯曲屈曲计算了近 200 条柱子曲线（图 4-26），选择其中常用的 96 条曲线作为确定 $\varphi=\frac{\sigma_{cr}}{f_y}$（$\varphi$ 称为轴心受压构件的整体稳定系数）值的依据。由于这 96 条曲线的分布较为离散，所以进行了分类，把承载能力相近的截面及其弯曲失稳对应组合为一类，归纳为 a、b、c、d 四类。在 $\lambda=40\sim120$ 的常用范围内，柱子曲线 a 约比曲线 b 高出 4%～15%；曲线 c 比曲线 b 低 7%～13%；d 曲线则更低，主要用于厚板截面。

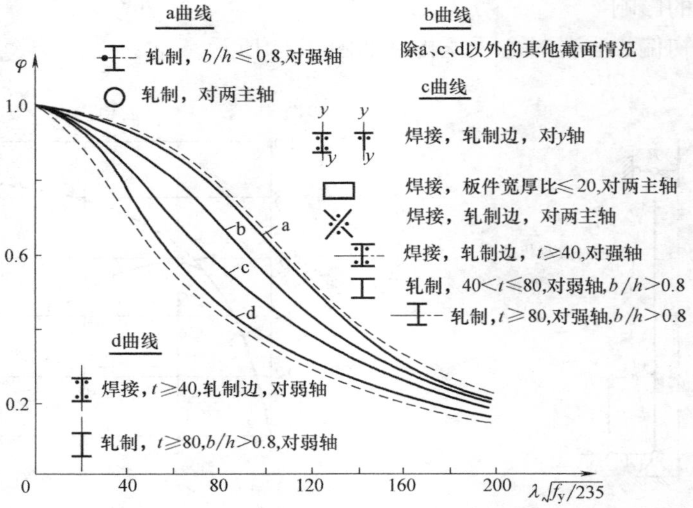

图 4-26　轴心受压构件的柱子曲线

归属于 a、b、c、d 四类曲线的轴心受压构件柱子曲线的截面分类见表 4-4 和表 4-5。一般的截面情况属于 b 类；轧制圆管以及轧制普通工字钢绕 x 轴失稳时其残余应力影响很小，故属 a 类；格构式构件绕虚轴的稳定计算，由于此时不宜采用塑性深入截面的最大强度准则，参考《冷弯薄壁型钢结构技术规范》GB 50018—2002，采用边缘屈服准则确定的 φ 值与 b 类曲线接近，故选用 b 曲线；当槽形截面用于格构式柱的分肢时，由于分肢的扭转变形受到缀件的牵制，所以计算分肢绕其自身对称轴的稳定时，可用 b 曲线；翼缘为轧制或剪切边的焊接工字形截面，绕弱轴失稳时边缘为残余压应力，使承载力降低，故将其归入 c 曲线；板件厚度大于 40mm 的轧制工字形截面和焊接实腹截面，残余应力不但沿板件宽度方向变化，在厚度方向的变化也比较显著，另外厚板质量较差也会对稳定带来不利影响，故应按照表 4-5 进行分类。

（2）轴心受压构件的整体稳定计算

由于常见轴心压杆的屈曲形式主要是弯曲屈曲，因而弯曲屈曲也是确定轴心压杆稳定承载力的主要依据。

轴心受压构件的应力不应大于整体稳定的临界应力，考虑抗力分项系数 γ_R，《钢结构设计标准》GB 50017—2017 对于弯曲屈曲是取具有初弯曲及残余力的杆件，按弹塑性分析来确定其稳定承载力。

$$\sigma=\frac{N}{A}\leqslant\frac{N_{cr}}{Af_y}\cdot\frac{f_y}{\gamma_R}=\frac{\sigma_{cr}}{f_y}\cdot\frac{f_y}{\gamma_R}=\frac{\sigma_{cr}}{\gamma_R}=\varphi f \tag{4-31}$$

《钢结构设计标准》GB 50017—2017 中轴心受压构件的整体稳定计算式即是在此基础上得到的，采用下式的形式：

$$\frac{N}{\varphi A}\leqslant f \tag{4-32}$$

式中　N——轴心压力设计值；

φ——轴心受压构件的整体稳定系数，$\varphi=\sigma_{cr}/f_y$，整体稳定系数 φ 值应根据截面分类和构件的长细比，按附录 D 查出，取截面两主轴稳定系数中的较小值；

A——构件毛截面面积；

f——材料抗压强度设计值。

轴心受压构件的截面分类（板厚 $t<40$mm） **表 4-4**

截面形式	对 x 轴	对 y 轴
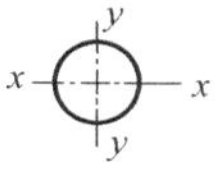 轧制	a类	a类
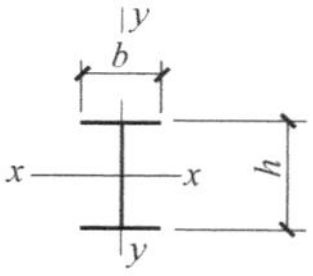 轧制 $b/h\leqslant0.8$	a类	b类
轧制，$b/h>0.8$ 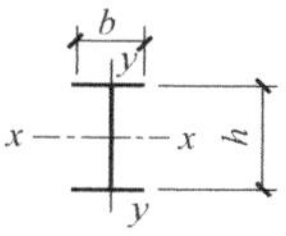	b类	b类
焊接，翼缘为焰切边 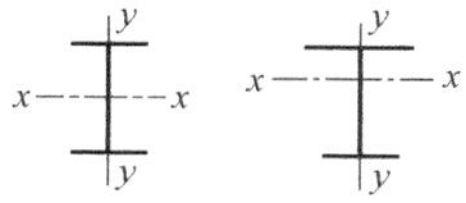		
焊接 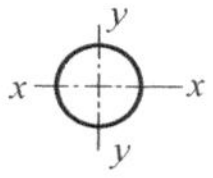		
轧制 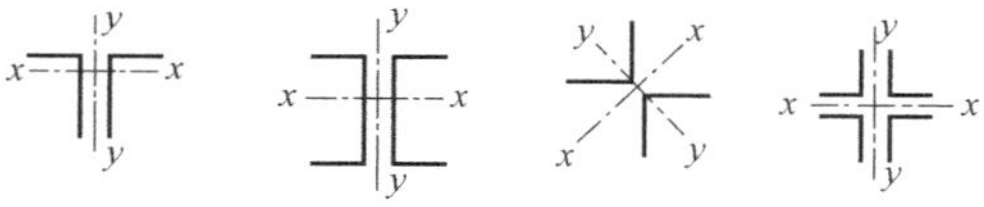		
轧制等边角钢 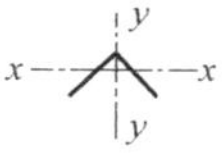		
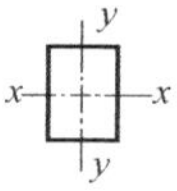 轧制，焊接(板件宽厚比大于20)		
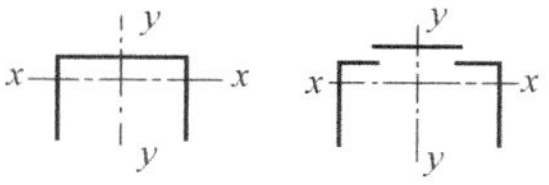 轧制或焊接		
焊接 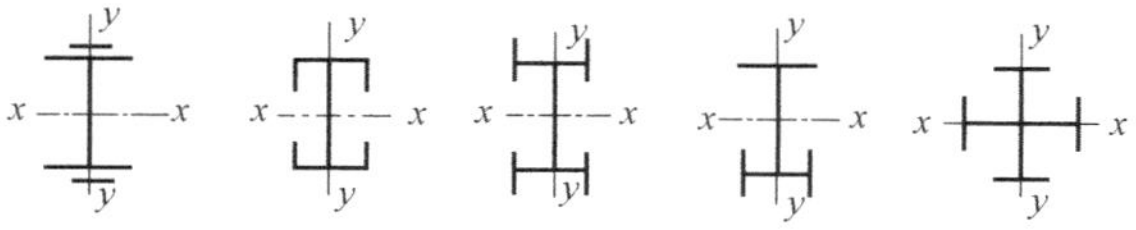		
轧制截面和翼缘为焰切边的焊接截面 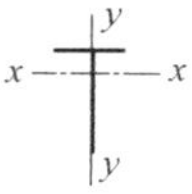		
格构式 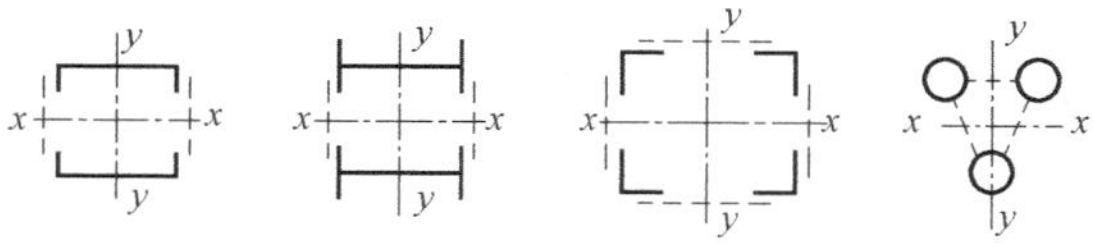		
焊接，板件边缘焰切 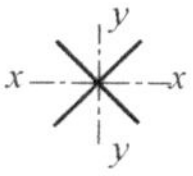		
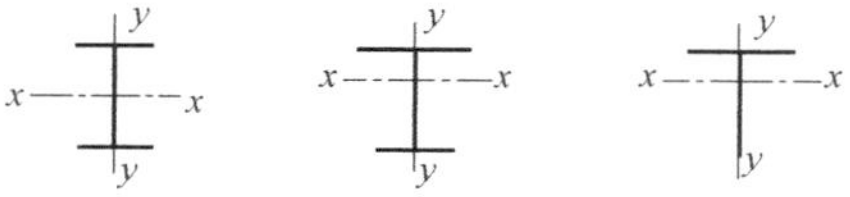 焊接，翼缘为轧制或剪切边	b类	c类
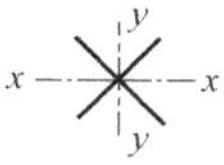 焊接，板件边缘轧制或剪切	c类	c类
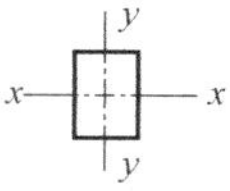 焊接，板件宽厚比小于等于20		

轴心受压构件的截面分类（板厚 $t \geqslant 40$mm）　　表 4-5

截面形式			对 x 轴	对 y 轴
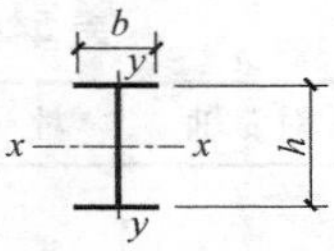	轧制工字形或 H 形截面	$t<80$mm	b类	c类
		$t \geqslant 80$mm	c类	d类
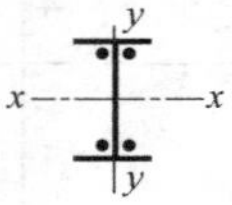	焊接工字形截面	翼缘为焰切边	b类	b类
		翼缘为轧制或剪切边	c类	d类
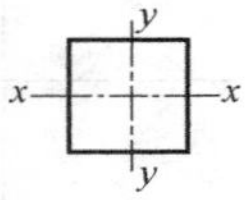	焊接箱形截面	板件宽厚比大于 20	b类	b类
		板件宽厚比小于等于 20	c类	c类

（3）构件的长细比

轴心受压构件整体稳定计算的关键参数是构件的长细比，下面详细讲述各种屈曲形式构件长细比的计算方法。

1）截面为双轴对称或极对称的构件长细比

$$\lambda_x = \frac{l_{0x}}{i_x} \tag{4-33}$$

$$\lambda_y = \frac{l_{0y}}{i_y} \tag{4-34}$$

式中　l_{0x}、l_{0y}——构件对主轴 x 轴和 y 轴的计算长度；

　　　i_x、i_y——构件对主轴 x 轴和 y 轴的回转半径。

对于图 4-27 列出的三种双轴对称十字形截面，只要局部稳定有保证，对双轴对称十字形截面构件，λ_x或 λ_y的取值不得小于 $5.07\dfrac{b}{t}$（其中$\dfrac{b}{t}$为悬伸板件宽厚比），也就不会出现扭转问题。

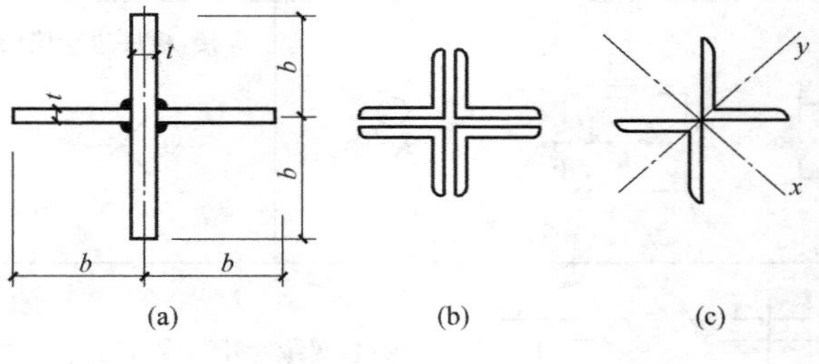

图 4-27　双轴对称十字形截面构件

2）截面单轴对称的构件长细比

截面为单轴对称的构件，绕非对称轴的长细比 λ_x 仍按前述公式计算，但绕对称轴应取计及扭转效应的换算长细比 λ_{yz} 代替 λ_y。

单角钢截面和双角钢组合 T 形截面（图 4-28）绕对称轴的换算长细比 λ_{yz} 可采用下列简化方法确定。

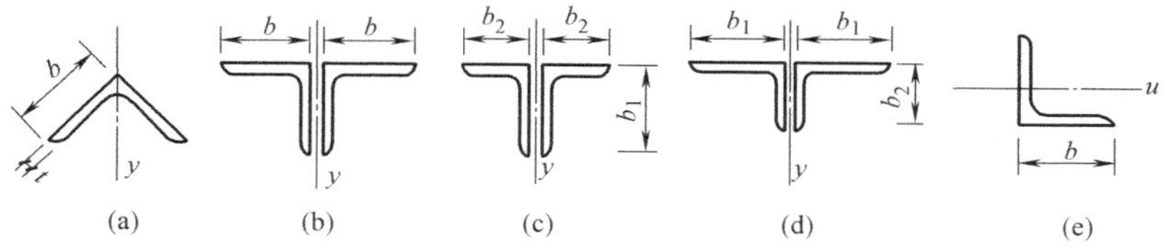

图 4-28 单角钢截面和双角钢组合 T 形截面

① 等边单角钢截面（图 4-28a）

当 $\frac{b}{t} \leqslant 0.54 \frac{l_{0y}}{b}$ 时 $\quad \lambda_{yz} = \lambda_y \left(1 + \frac{0.85b^4}{l_{0y}^2 t^2}\right)$ （4-35）

当 $\frac{b}{t} > 0.54 \frac{l_{0y}}{b}$ 时 $\quad \lambda_{yz} = 4.78 \frac{b}{t} \left(1 + \frac{l_{0y}^2 t^2}{13.5b^4}\right)$ （4-36）

式中 b、t——分别为角钢肢宽度和厚度。

② 等边双角钢截面（图 4-28b）

当 $\frac{b}{t} \leqslant 0.58 \frac{l_{0y}}{b}$ 时 $\quad \lambda_{yz} = \lambda_y \left(1 + \frac{0.475b^4}{l_{0y}^2 t^2}\right)$ （4-37）

当 $\frac{b}{t} > 0.58 \frac{l_{0y}}{b}$ 时 $\quad \lambda_{yz} = 3.9 \frac{b}{t} \left(1 + \frac{l_{0y}^2 t^2}{18.6b^4}\right)$ （4-38）

③ 长肢相拼的不等边双角钢（图 4-28c）

当 $\frac{b_2}{t} \leqslant 0.48 \frac{l_{0y}}{b_2}$ 时 $\quad \lambda_{yz} = \lambda_y \left(1 + \frac{1.09b_2^4}{l_{0y}^2 t^2}\right)$ （4-39）

当 $\frac{b_2}{t} > 0.48 \frac{l_{0y}}{b_2}$ 时 $\quad \lambda_{yz} = 5.1 \frac{b_2}{t} \left(1 + \frac{l_{0y}^2 t^2}{17.4b_2^4}\right)$ （4-40）

④ 短肢相拼的不等边双角钢（图 4-28d）

当 $\frac{b_1}{t} \leqslant 0.56 \frac{l_{0y}}{b_1}$ 时，可近似取 $\lambda_{yz} = \lambda_y$ （4-41）

否则应取 $\lambda_{yz} = 3.7 \frac{b_1}{t} \left(1 + \frac{l_{0y}^2 t^2}{52.7b_1^4}\right)$ （4-42）

单轴对称的轴心压杆在绕非对称主轴以外的任一轴失稳时，应按照弯扭屈曲计算其稳定性。当计算等边单角钢构件绕平行轴（图 4-28e 的 u 轴）稳定时，可用下式计算其换算长细比 λ_{uz}，并按 b 类截面确定 φ 值。

当 $\frac{b}{t} \leqslant 0.69 \frac{l_{0u}}{b}$ 时 $\quad \lambda_{uz} = \lambda_u \left(1 + \frac{0.25b^4}{l_{0u}^2 t^2}\right)$ （4-43）

当 $\frac{b}{t} > 0.69 \frac{l_{0u}}{b}$ 时 $\quad \lambda_{uz} = 5.4 \frac{b}{t}$ （4-44）

式中，$\lambda_u = \frac{l_{0u}}{i_u}$；$l_{0u}$ 为构件对 u 轴的计算长度；i_u 为构件截面对 u 轴的回转半径。

另外还要注意以下几个问题：①无任何对称轴且又非极对称的截面（单面连接的不等边单角钢除外）不宜用作轴心受压构件。②对单面连接的单角钢轴心受压构件，考虑强度设计值折减系数后，可不考虑弯扭效应。当槽形截面用于格构式构件的分肢，计算分肢绕对称轴（y 轴）的稳定性时，不必考虑扭转效应，直接用 λ_y 查出 φ_y 值。

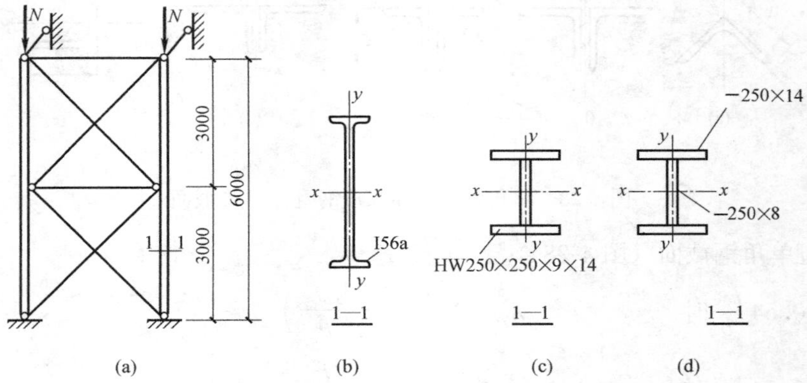

图 4-29　例 4-4 图

【例 4-4】　如图 4-29 所示的管道支架，柱高 6m，两端铰接，支柱承受的轴心压力设计值为 1000kN，支架材料为 Q235 钢，Q235 钢的强度设计值 $f=215\text{N/mm}^2$，$f_y=235\text{N/mm}^2$，截面无孔洞削弱。支柱的截面：①I56a 轧制工字钢，截面特征 $A=135\text{cm}^2$，$i_x=22.0\text{cm}$，$i_y=3.18\text{cm}$；② HW250×250×9×14 热轧 H 型钢，截面特征 $A=92.18\text{cm}^2$，$i_x=10.8\text{cm}$，$i_y=6.29\text{cm}$；③翼缘板为焰切边的焊接工字形截面。

【解】　轴心受压构件柱的容许长细比 $[\lambda]=150$，由图 4-29 知柱的计算长度分别为：$l_{0x}=600\text{cm}$，$l_{0y}=300\text{cm}$。

（1）I56a 轧制工字钢

长细比
$$\lambda_x=\frac{l_{0x}}{i_x}=\frac{600}{22.0}=27.3<[\lambda]=150$$
$$\lambda_y=\frac{l_{0y}}{i_y}=\frac{300}{3.18}=94.3<[\lambda]=150$$

对于轧制工字钢，$\dfrac{b}{h}=0.30<0.8$，当绕 x 轴失稳时属于 a 类截面；当绕 y 轴失稳时属于 b 类截面，但 λ_y 远大于 λ_x，故由 λ_y 查附表 D-2 得 $\varphi=0.591$。

杆件的整体稳定性
$$\frac{N}{\varphi A}=\frac{1000\times1000}{0.591\times13500}=125.33\text{N/mm}^2<f=215\text{N/mm}^2$$

故整体稳定性满足要求。

（2）HW250×250×9×14 热轧 H 型钢

长细比
$$\lambda_x=\frac{l_{0x}}{i_x}=\frac{600}{10.8}=55.6<[\lambda]=150$$
$$\lambda_y=\frac{l_{0y}}{i_y}=\frac{300}{6.29}=47.7<[\lambda]=150$$

对翼缘 H 型钢，因$\frac{b}{h}>0.8$，对 x，y 轴 φ 值均属 b 类截面，故由长细比较大值 $\lambda_x=55.6$ 查附表 D-2 得 $\varphi=0.83$。

杆件的整体稳定性

$$\frac{N}{\varphi A}=\frac{1000\times1000}{0.83\times9218}=130.7\text{N/mm}^2<f=215\text{N/mm}^2$$

故整体稳定性满足要求。

（3）翼缘板为焰切边的焊接工字形截面

截面特征　$A=2\times25\times1.4+25\times0.8=90\text{cm}^2$

$$I_x=\frac{1}{12}\times(25\times27.8^3-24.2\times25^3)=13250\text{cm}^4$$

$$I_y=2\times\frac{1}{12}\times1.4\times25^3=3650\text{cm}^4$$

$$i_x=\sqrt{13250/90}=12.13\text{cm}$$

$$i_y=\sqrt{3650/90}=6.37\text{cm}$$

长细比　$\lambda_x=\frac{l_{0x}}{i_x}=\frac{600}{12.13}=49.5<[\lambda]=150$

$$\lambda_y=\frac{l_{0y}}{i_y}=\frac{300}{6.37}=47.1<[\lambda]=150$$

查表 4-4 知，对 x，y 轴 φ 值均属 b 类截面，故由长细比较大值 $\lambda_x=49.5$ 查附表 D-2 得 $\varphi=0.859$。

杆件的整体稳定性

$$\frac{N}{\varphi A}=\frac{1000\times1000}{0.859\times9000}=129.34\text{N/mm}^2<f=215\text{N/mm}^2$$

故整体稳定性满足要求。

由上述例题的计算结果可知：三种不同实腹支柱的稳定承载力相当，但轧制普通工字钢截面要比热轧 H 型钢和焊接工字形截面大约 50%，这是因为普通工字钢绕弱轴的回转半径太小。在本例中尽管轧制普通工字钢弱轴方向的计算长度仅为强轴方向计算长度的一半，但前者的长细比仍远大于后者，故支柱的稳定承载能力是由弱轴控制，对强轴则有较大富裕，显然是不经济的，若必须采用该截面，宜再增加侧向支撑的数量。对于热轧 H 型钢和焊接工字形截面，由于其两个方向的长细比较接近，基本上做到了在两个主轴方向的等稳定性，用料最经济，但焊接工字形截面的焊接工作量大。

4.4　实腹式轴心受压构件的局部稳定

轴心压力作用下，腹板及翼缘的板件如果太宽太薄，就可能在构件丧失整体稳定之前不能维持平衡状态而产生凹凸鼓曲变形，称为板件屈曲。由于板件只是构件的一部分，也称为局部失稳或局部屈曲。

组成构件的翼缘、腹板局部失稳后，构件仍然可能维持整体的平衡状态，但由于部分板件屈服后退出工作，使构件的有效截面减小，会加速构件整体失稳而丧失承载力。即构件失稳后，由于鼓曲部分退出工作，使构件应力分布变化，可能导致构件提早破坏，因此《钢结构设计标准》GB 50017—2017 要求设计中需保证构件的局部稳定。

4.4.1 确定板件宽厚比和高厚比限值的准则

为了保证实腹式轴心受压构件的局部稳定，一般采用限制其板件的宽厚比和高厚比的方法来实现。确定板件的宽厚比和高厚比限值遵循的原则有两种：一种是使构件应力达到屈服前其板件不发生局部屈曲，即局部屈曲临界应力不低于屈服应力；另一种是使构件整体屈曲前其板件不发生局部屈曲，即局部屈曲临界应力不低于整体屈曲临界应力，常称为等稳定性准则。后一种准则与构件的长细比有关，对于中等或较长构件似乎更合理，前一准则对短柱比较合适。《钢结构设计标准》GB 50017—2017 规定在制定轴心受压构件宽厚比和高厚比限值时，主要采用后一准则，在长细比很小时可参照前一准则予以调整。

4.4.2 轴心受压构件板件翼缘容许的宽厚比限值

轴心受压板件主要是限制板件宽厚比不能过大，保证局部稳定应力不低于构件整体稳定临界力。下面以工字形截面的板件为例作简要介绍。由于工字形截面的腹板一般较翼缘板薄，腹板对翼缘板几乎没有嵌固作用，故而翼缘可视为三边简支、一边自由的均匀受压板，为便于使用，《钢结构设计标准》GB 50017—2017 规定：

在轴心受压构件中，翼缘板自由外伸宽度 b 与其厚度 t 之比应符合下列要求：

翼缘宽厚比
$$\frac{b}{t}\leqslant(10+0.1\lambda)\sqrt{\frac{235}{f_y}} \tag{4-45}$$

式中 λ——构件两个方向长细比的较大值，即 $\lambda=\max\{\lambda_x, \lambda_y\}$，当 $\lambda<30$ 时，取 $\lambda=30$；当 $\lambda>100$ 时，取 $\lambda=100$；翼缘板自由外伸宽度 b 的取值为：对焊接构件，取腹板边至翼缘板距离；对轧制构件，取内圆弧点至翼缘板边缘的距离。

式（4-45）同样适用于计算 T 形、H 形截面翼缘板的容许宽厚比。

4.4.3 轴心受压构件板件腹板容许的高厚比限值

腹板可视为四边支承板，当腹板发生屈曲时，翼缘板作为腹板纵向边的支承，对腹板起一定的弹性嵌固作用，这种嵌固作用可使腹板的临界应力提高，为便于使用，《钢结构设计标准》GB 50017—2017 规定如下：

（1）工字形截面和 H 形截面

在轴心受压构件中，腹板计算高度 h_0 与其厚度 t_w 之比应符合下列要求：

腹板高厚比
$$\frac{h_0}{t_w}\leqslant(25+0.5\lambda)\sqrt{\frac{235}{f_y}} \tag{4-46}$$

（2）箱形截面

箱形截面轴心受压构件腹板计算高度 h_0 与其厚度 t_w 之比，应符合下列要求：

$$\frac{h_0}{t_w}\leqslant 40\sqrt{\frac{235}{f_y}} \tag{4-47}$$

（3）T 形截面

T 形截面的轴心受压构件其腹板高度 h_0 与其厚度 t_w 之比，不应超过下列要求：

1）热轧部分 T 型钢

$$\frac{h_0}{t_w} \leqslant (15+0.2\lambda)\sqrt{\frac{235}{f_y}} \tag{4-48}$$

2）焊接 T 型钢

$$\frac{h_0}{t_w} \leqslant (13+0.17\lambda)\sqrt{\frac{235}{f_y}} \tag{4-49}$$

4.4.4 轴心受压构件圆管容许的径厚比限值

为了防止圆管截面轴心受压构件组成板件的局部失稳，《钢结构设计标准》GB 50017—2017 规定：圆管截面的受压构件，其外径 d 与壁厚 t_w 之比不应超过 $100\left(\frac{235}{f_y}\right)$，即：

$$\frac{d}{t_w} \leqslant 100\sqrt{\frac{235}{f_y}} \tag{4-50}$$

4.4.5 腹板局部失稳后的强度利用

当工字形截面的腹板宽厚比不满足式（4-46）的要求时，可以加厚腹板，但该方法不经济，较有效的方法是在腹板中部设置纵向加劲肋，由于纵向加劲肋与翼缘板构成了腹板纵向边的支撑，故而加强后腹板的有效高度 h_0 成为翼缘与纵向加劲肋之间的距离（图 4-30）。

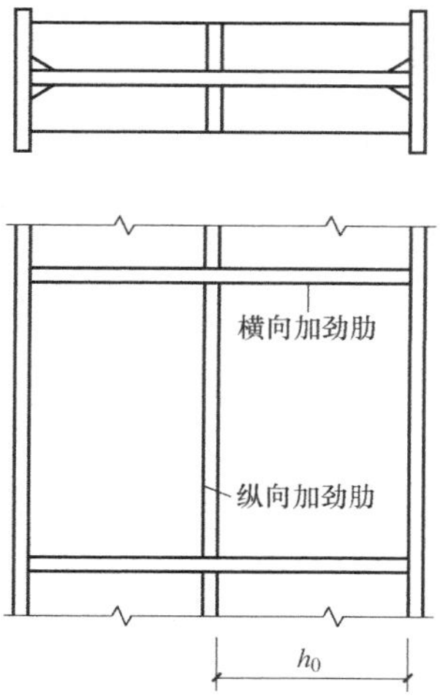

图 4-30 实腹式柱的腹板加劲肋

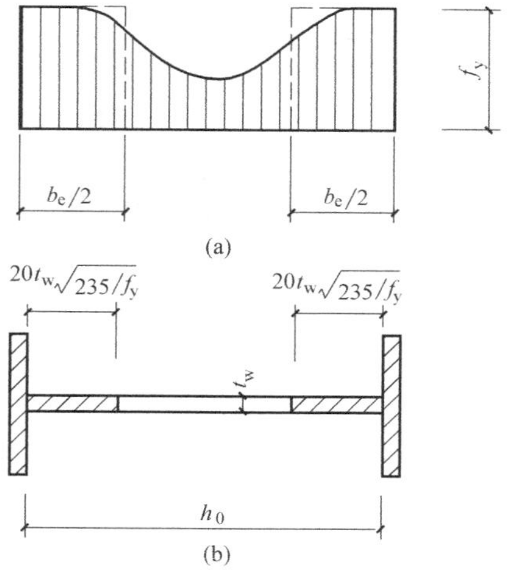

图 4-31 腹板屈曲后的有效截面

限制腹板高厚比和设置纵向加劲肋是为了保证在构件丧失整体稳定之前腹板不会出现局部屈曲。实际上四边支承理想平板在屈曲后还有很大的承载能力，一般称为屈曲后强度。板件屈曲后强度主要来自于平板中面的横向张力，因而板件屈曲后还能继续承载，屈曲后继续施加的荷载将由边缘部分的腹板承受，此时板内的纵向压力出现不均匀（图 4-31a）。若近似以图 4-31（a）中虚线所示的应力图形来代替板件屈曲后纵向压应力的分布，即引入等效宽度 b_e 和等效截面 $b_e t_w$ 的概念。考虑腹板截面部分退出工作，实际平板可由应力等于 f_y，宽度只有 b_e 的等效平板来代替。计算时，腹板截面面积仅考虑两侧宽度

各为 $20t_w\sqrt{235/f_y}$（相当于 $b_e/2$）的部分（图 4-31a），但计算构件的稳定系数 φ 时仍取全截面。

4.5 实腹式轴心受压构件的截面设计

4.5.1 实腹式轴心受压的设计原则

实腹式轴心受压构件的截面形式有型钢和组合截面两种类型，不对称截面的轴心压杆会发生弯扭失稳且不经济，所以为了避免弯扭失稳，实腹式轴心受压构件一般宜采用双轴对称截面，常见的截面形式有轧制普通工字钢、H 型钢、焊接工字形截面、型钢和钢板的组合截面以及圆管和方管截面（图 4-32）。

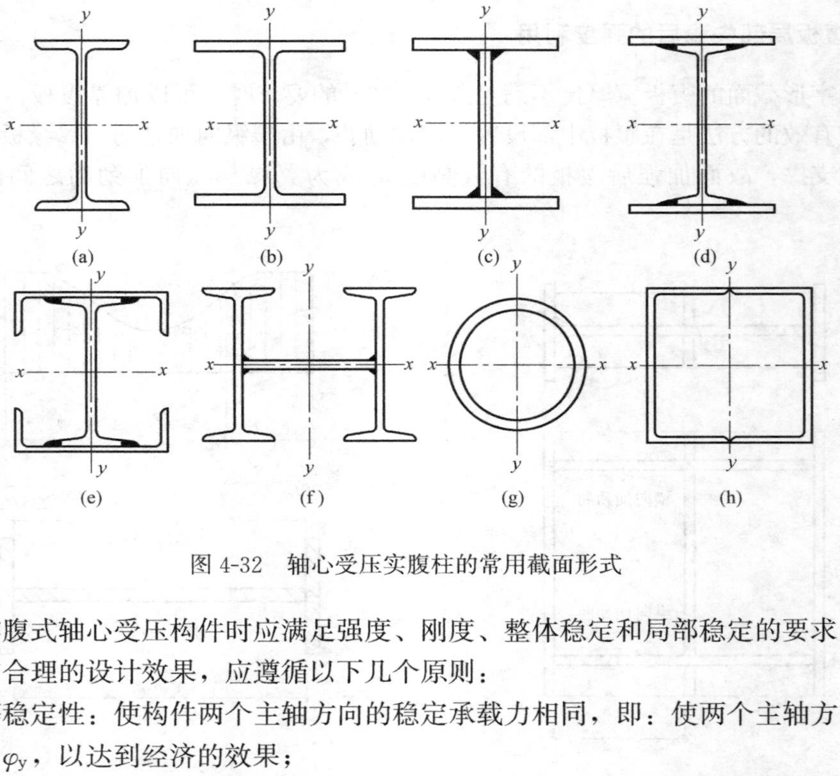

图 4-32 轴心受压实腹柱的常用截面形式

选择实腹式轴心受压构件时应满足强度、刚度、整体稳定和局部稳定的要求，且为了获得经济与合理的设计效果，应遵循以下几个原则：

（1）等稳定性：使构件两个主轴方向的稳定承载力相同，即：使两个主轴方向实现等稳定，$\varphi_x=\varphi_y$，以达到经济的效果；

（2）宽肢薄壁：在满足板件宽厚比和高厚比限值的条件下，截面面积的分布应尽量开展并远离形心轴，以增加截面的惯性矩和回转半径，提高构件的强度、刚度和整体稳定性；

（3）连接方便：为便于与其他构件进行连接，一般选用开敞式截面；在格构式结构中，也常采用管形截面构件，此时的连接常采用螺栓球或焊接球节点，或直接相贯焊接节点等；

（4）制作省工：尽可能使构造简单，加工制作方便，取材方便。如采用型钢或便于采用自动焊接的工字形截面，这样做用钢量可能会增加，但因其制造省工和型钢价格便宜，仍然比较经济。

4.5.2 实腹式轴心受压的设计方法

实腹式轴心受压构件的截面设计时，首先是根据上述原则选定合适的截面形式，再初步选择截面尺寸，然后进行强度、刚度、整体稳定和局部稳定等的验算。具体步骤如下：

（1）选择合适的截面形式

进行截面选择时，一般应根据内力大小、两个方向的计算长度、制造工作量、材料供应量等情况综合进行考虑。

（2）选择截面尺寸

假定构件截面的长细比 λ，求出需要的截面面积 A，即一般取 $\lambda=60\sim100$，当计算长度小而轴心压力较大时，取较小值；反之取较大值。根据截面分类、钢材类别和 λ，可查附录 D 得整体稳定系数 φ，根据 $A=\dfrac{N}{\varphi f}$ 初选截面面积。

（3）确定两个主轴所需要的回转半径

$$i_x=\frac{l_{0x}}{\lambda}\qquad i_y=\frac{l_{0y}}{\lambda}$$

（4）由已知截面面积 A 和两个主轴的回转半径 i_x、i_y，优先选用轧制型钢，如普通工字钢、H 型钢等。若现有型钢规格不满足所需截面尺寸，可以采用组合截面，这时需先初步确定截面的轮廓尺寸，一般是根据回转半径确定所需截面的高度 h 和宽度 b，即：

$$h\approx\frac{i_x}{\alpha_1}\qquad b\approx\frac{i_y}{\alpha_2}$$

式中 α_1、α_2——系数，表示 h、b 与回转半径 i_x、i_y 之间的近似数值关系，常用各种截面回转半径的近似值可查附录 E。

（5）由所需要的 A、h、b 等，再按构造要求、局部稳定及钢材规格等，确定截面的初选尺寸。

（6）构件强度、刚度、整体稳定验算和局部稳定验算。

1）构件强度验算：截面没有削弱时，强度一般能满足要求；当截面有削弱时，需按式（4-2）进行构件强度验算。

2）构件刚度验算：实腹式轴心受压构件的长细比应符合《钢结构设计标准》GB 50017—2017 所规定的容许长细比要求，即计算出构件的真实长细比需满足 $\lambda\leqslant[\lambda]$。

3）构件整体稳定验算：轴心受压构件的整体稳定可按式（4-32）验算。

4）构件局部稳定验算：轴心受压构件的局部稳定是以限制其组成板件的宽厚比来保证的。对于热轧型钢截面，由于其板件的宽厚比较小，一般能满足要求，可以不验算。对于组合截面，则应根据规定对板件的宽厚比进行验算。

以上几方面验算若不能满足要求或者太富余，需调整截面重新验算。

4.5.3 构造要求

当实腹式轴心受压构件腹板计算高度与厚度之比 $\dfrac{h_0}{t_w}>80\sqrt{\dfrac{235}{f_y}}$ 时，为提高构件的抗扭刚度，防止腹板在施工与运输过程中发生扭转变形，应设置横向加劲肋，横向加劲肋的间

距不得大于 $3h_0$，其外伸宽度 b_s不小于$\left(\frac{h_0}{30}+40\right)$mm，厚度 t_s应大于外伸宽度 b_s的$\frac{1}{15}$。

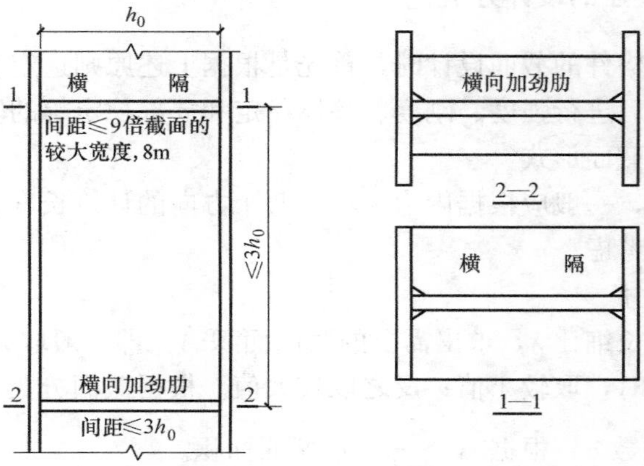

图 4-33 实腹式构件的横向加劲肋和横隔

为了保证构件截面几何形状不变，提高构件抗扭刚度，以及传递必要的内力，对大型实腹式构件，在受有较大水平集中力处和每个运送单元的两端，构件较长时应设置中间横隔（图 4-33），横隔的间距不得大于构件截面较大宽度的 9 倍或 8m。横隔与横向加劲肋的区别在于，横隔和翼缘同宽，而横向加劲肋通常较短。

实腹式轴心受压构件的翼缘与腹板的连接焊缝（纵向焊缝）受力较小，不必计算，可按构造要求确定焊缝尺寸 $h_f=4\sim8$mm。

4.5.4 实腹式轴心受压构件设计实例

【例 4-5】 试验算如图 4-34 所示的焊接组合工字形截面柱，翼缘为剪切边，承受轴心压力设计值 $N=3000$kN，钢材为 Q235 钢，截面无孔洞削弱，容许长细比 $[\lambda]=150$，$f=215\text{N/mm}^2$。

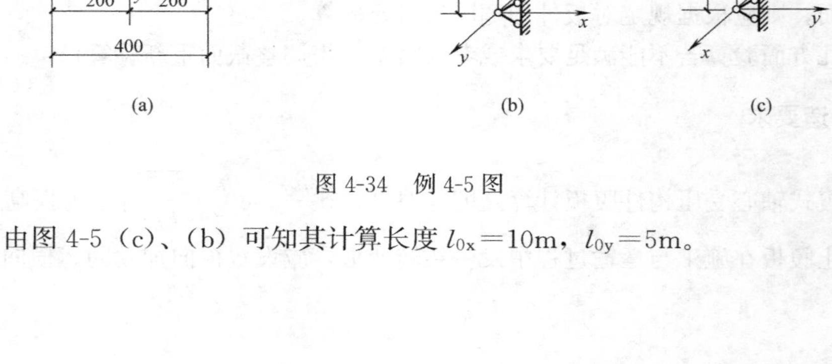

图 4-34 例 4-5 图

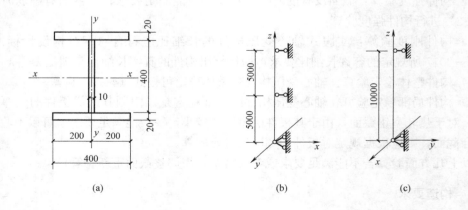

【解】 由图 4-5（c）、（b）可知其计算长度 $l_{0x}=10$m，$l_{0y}=5$m。

（1）由于截面无削弱，强度满足，可不必验算。

（2）计算截面的几何特征

截面面积 $A=400\times20\times2+400\times10=2\times10^4\text{mm}^2$

截面惯性矩

$$I_x=\left(\frac{1}{12}\times400\times20^3+400\times20\times210^2\right)\times2+\frac{1}{12}\times10\times400^3=7.595\times10^8\text{mm}^4$$

$$I_y=\frac{1}{12}\times20\times400^3\times2+\frac{1}{12}\times400\times10^3=2.134\times10^8\text{mm}^4$$

截面回转半径 $i_x=\sqrt{\frac{I_x}{A}}=\sqrt{\frac{7.595\times10^8}{2\times10^4}}=194.87\text{mm}$

$$i_y=\sqrt{\frac{I_y}{A}}=\sqrt{\frac{2.134\times10^8}{2\times10^4}}=103.30\text{mm}$$

（3）验算刚度

$$\lambda_x=\frac{l_{0x}}{i_x}=\frac{10000}{194.87}=51.32<[\lambda]=150$$

$$\lambda_y=\frac{l_{0y}}{i_y}=\frac{5000}{103.30}=48.40<[\lambda]=150$$

故刚度满足要求。

（4）验算整体稳定

由表 4-4 知：对 x 轴属于 b 类截面，对 y 轴属于 c 类截面，查附表 D-2、附表 D-3 得 $\varphi_x=0.850$，$\varphi_y=0.785$，取 $\varphi_{\min}=\varphi_y=0.785$，得：

$$\frac{N}{\varphi A}=\frac{3000\times10^3}{0.785\times2\times10^4}=191.1\text{N/mm}^2<f=215\text{N/mm}^2$$

故整体稳定性满足要求。

（5）验算局部稳定

翼缘自由外伸段宽厚比

$$\frac{b}{t}=\frac{200-10/2}{20}=9.75<(10+0.1\lambda)\sqrt{\frac{235}{f_y}}=(10+0.1\times51.32)\sqrt{\frac{235}{235}}=15.13$$

腹板高厚比

$$\frac{h_0}{t_w}=\frac{400}{10}=40<(25+0.5\lambda)\sqrt{\frac{235}{f_y}}=(25+0.5\times51.32)\sqrt{\frac{235}{235}}=50.66$$

故局部稳定性满足要求。

【例 4-6】 如图 4-35 所示的一焊接工字形轴心受压构件柱截面，承受轴心压力设计值 $N=4500\text{kN}$（包括柱的自重），计算长度 $l_{0x}=7\text{m}$，$l_{0y}=3.5\text{m}$（柱子中点在 x 向有一侧向支撑）。翼缘钢板为剪切边，每块翼缘板上设有两个直径 $d_0=24\text{mm}$ 的螺栓孔，钢板为 Q235-BF，翼缘和腹板统一取 $f=205\text{N/mm}^2$，$f_y=235\text{N/mm}^2$，试验算此柱截面。

【解】（1）计算截面的几何特征

毛截面面积 $A=2\times50\times2+50\times1=250\text{cm}^2$

净截面面积 $A_n=A-4d_0t=250-4\times2.4\times2=230.8\text{cm}^2$

毛截面惯性矩

$$I_x=\frac{1}{12}[b(h_w+2t)^3-(b-b_w)h_w^3]=\frac{1}{12}[50\times(50+2\times2)^3-(50-1)\times50^3]=145683\text{cm}^4$$

$$I_y=2\times\frac{tb^3}{12}=2\times\frac{1}{12}\times2\times50^3=41667\text{cm}^4$$

截面回转半径

$$i_x=\sqrt{\frac{I_x}{A}}=\sqrt{\frac{145683}{250}}=24.14\text{cm}$$

$$i_y=\sqrt{\frac{I_y}{A}}=\sqrt{\frac{41667}{250}}=12.91\text{cm}$$

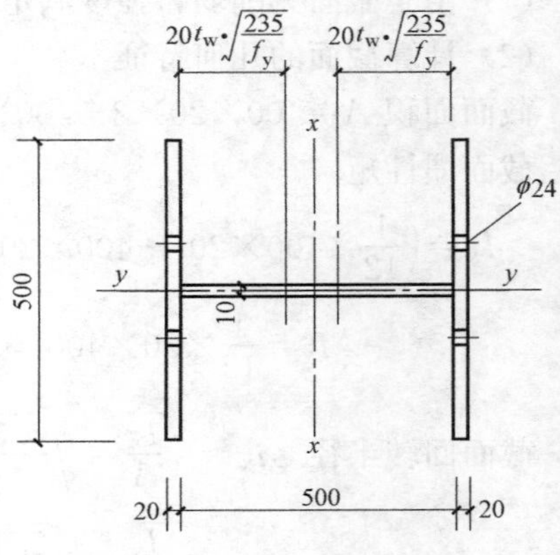

图 4-35　例 4-6 图

（2）验算截面

1）强度

$$f=\frac{N}{A_n}=\frac{4500\times10^3}{230.8\times10^2}=195.0\text{N/mm}^2<f=205\text{N/mm}^2$$

满足要求。

2）刚度与整体稳定性

$$\lambda_x=\frac{l_{0x}}{i_x}=\frac{700}{24.14}=29.0<[\lambda]=150;\lambda_y=\frac{l_{0y}}{i_y}=\frac{350}{12.91}=27.1<[\lambda]=150$$

满足要求。

由表 4-4 知：对 x 轴属于 b 类截面，对 y 轴属于 c 类截面，查附表 D-2、附表 D-3 得 $\varphi_x=0.939$，$\varphi_y=0.920$，取 $\varphi_{min}=\varphi_y=0.920$ 则：

$$\frac{N}{\varphi A}=\frac{4500\times10^3}{0.920\times250\times10^2}=195.7\text{N/mm}^2<f=205\text{N/mm}^2$$

满足要求。

3）局部稳定性

因 $\lambda=\max\{\lambda_x,\lambda_y\}=29.0<30$，计算构件失稳局部稳定时取 $\lambda=30$。

翼缘自由外伸段宽厚比

$$\frac{b}{t}=\frac{500-10/2}{20}=12.3<(10+0.1\lambda)\sqrt{\frac{235}{f_y}}=(10+0.1\times30)\sqrt{\frac{235}{235}}=13.0$$

满足要求。

腹板高厚比

$$\frac{h_0}{t_w}=\frac{500}{10}=50>(25+0.5\lambda)\sqrt{\frac{235}{f_y}}=(25+0.5\times30)\sqrt{\frac{235}{235}}=40.0$$

腹板高厚比不满足局部稳定性要求，因此考虑利用腹板屈曲后的强度，腹板截面仅取计算高度边缘范围内两侧宽度各为 $20t_w\sqrt{\frac{235}{f_y}}$ 的有效部分来计算构件的强度和整体稳定性（计算构件的稳定系数仍用全部截面），若能满足要求，则腹板的局部稳定不予考虑。

有效毛截面

$$A_e=2\times50\times2+2\times20\times1\times\sqrt{\frac{235}{235}}=240\text{cm}^2$$

有效净截面

$A_{en}=A_e-4d_0t=240-4\times2.4\times2=220.8\text{cm}^2$

强度验算

$\dfrac{N}{A_{en}}=\dfrac{4500\times10^3}{220.8\times10^2}=203.8\text{N/mm}^2<f=205\text{N/mm}^2$

满足要求。

整体稳定性验算

$\dfrac{N}{\varphi A_e}=\dfrac{4500\times10^3}{0.920\times240\times10^2}=203.8\text{N/mm}^2<f=205\text{N/mm}^2$

满足要求。

故本例题中的轴心受压柱截面能满足所有验算条件，不必加厚腹板或增设腹板纵向加劲肋。

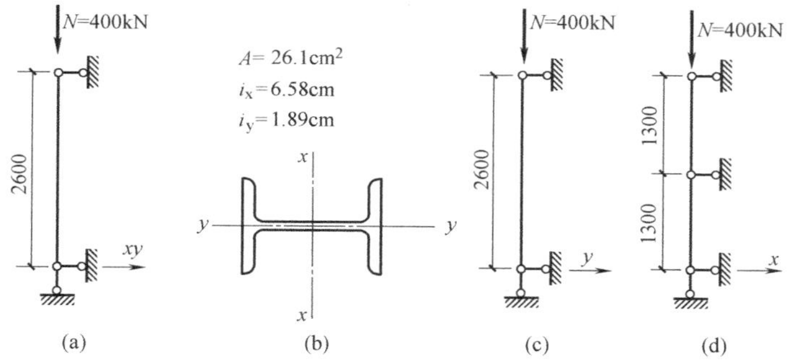

图 4-36　例 4-7 图

【例 4-7】　如图 4-36 所示的普通热轧工字形型钢截面轴心压杆，截面无削弱，承受轴心压力设计值 $N=400\text{kN}$，钢材为 Q235 钢，$f=215\text{N/mm}^2$，容许长细比 $[\lambda]=150$，请问：①此压杆是否稳定？②此压杆设计是否合理？

【解】　因截面无削弱，其承载力取决于整体稳定。

由 4-36 图（a）可判断柱的计算长度 $l_{0x}=2.6\text{m}$，$l_{0y}=2.6\text{m}$。

（1）验算整体稳定

$\lambda_x=\dfrac{l_{0x}}{i_x}=\dfrac{260}{6.58}=39.5<[\lambda]=150$；$\lambda_y=\dfrac{l_{0y}}{i_y}=\dfrac{260}{1.89}=137.6<[\lambda]=150$

故刚度满足要求。

因 $\lambda_y>\lambda_x$，由表 4-4 知：对 y 轴属于 b 类截面，由 $\lambda_y=137.6$ 查附表 D-2 得 $\varphi_y=0.355$，得 $\dfrac{N}{\varphi_y A}=\dfrac{400\times10^3}{0.355\times2610}=431.7\text{N/mm}^2>f=215\text{N/mm}^2$，整体稳定不满足要求。

（2）由以上结果得，该压杆设计不合理，对 x、y 轴长细比相差太大，使得 y 轴极易失稳，而 x 轴承载力有富余，不经济，故需要提高对 y 轴的稳定承载力，设侧向支撑，使 $l_{0y}=\dfrac{l_{0x}}{2}=\dfrac{2.6}{2}=1.3\text{m}$，$l_{0x}=2.6\text{m}$（图 4-36c、d）。

$$\lambda_y=\frac{l_{0y}}{i_y}=\frac{130}{1.89}=68.8<[\lambda]=150$$

查附表 D-2 得 $\varphi_y=0.758$，则：

$\frac{N}{\varphi_y A}=\frac{400\times10^3}{0.758\times2610}=202.2\text{N/mm}^2<f=215\text{N/mm}^2$，满足要求。

对于 x 轴，由于 $\lambda_x=39.5<\lambda_y=68.8$，且对 x 轴为 a 类截面，因而对 x 轴更不会失稳，由此可见，设置合理的侧向支撑可有效地提高压杆的承载能力。

4.6 格构式轴心受压构件

4.6.1 格构式轴心受压构件的组成

格构式轴心构件也称为格构式柱，主要是由两个或两个以上相同截面的分肢用缀材相连而成。格构式轴心构件主要包括槽钢双肢截面柱、工字钢截面双肢柱、钢管或角钢组成的三肢、四肢格构柱等形式。

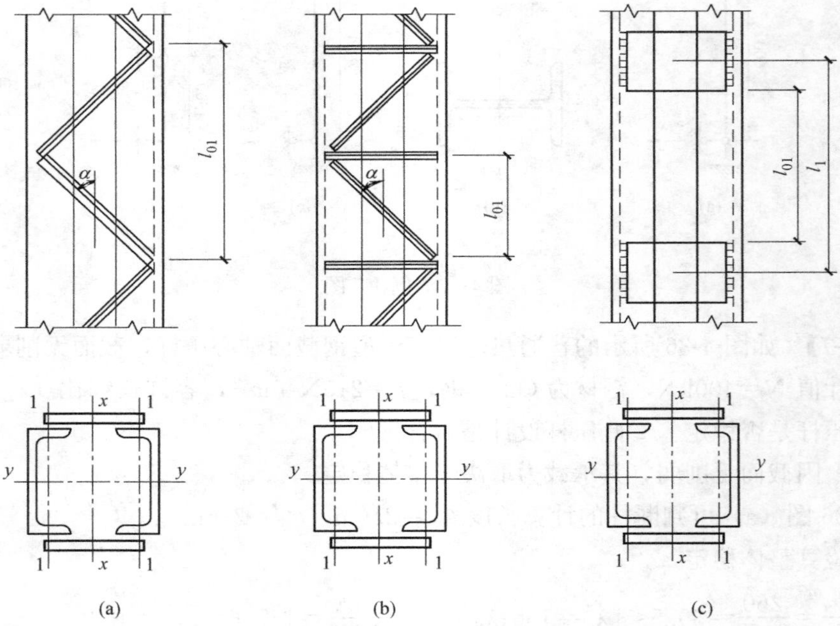

图 4-37 格构式轴心受压构件的组成

(a) 缀条采用单角钢斜杆；(b) 缀条采用斜杆和横杆；(c) 缀材采用钢板

缀材分缀条和缀板两种，分别称作缀条式和缀板式。缀条通常采用单角钢，由斜杆组成，一般与构件轴线成 40°～70°夹角斜放（图 4-37a），缀条也可由斜杆和横杆共同组成（图 4-37b）；缀板采用钢板（图 4-37c）时，一般等距离垂直于构件直线横放。因缀条柱的刚度较缀板柱大，当格构式柱截面宽度较大时，宜采用缀条柱。与柱肢腹板垂直的轴线称为实轴（图 4-37 中的 y 轴），与缀材平面垂直的轴称为虚轴（图 4-37 中的 x 轴）。格构柱分肢轴线间距可以根据需要调整，使截面对虚轴有较大的惯性矩，从而可实现对两个主轴的等稳定性，节约钢材。对于荷载不大而柱身高度较大的柱子，可采用四肢柱（图 4-4d）或三肢柱（图 4-4e），此时 x 轴和 y 轴都是虚轴。

格构式轴心受压构件计算包括绕实轴的稳定计算、绕虚轴的稳定计算、分肢的稳定计算、缀材受力及连接计算等。

4.6.2 格构式轴心受压构件对实轴的整体稳定性

格构式轴心受压构件的分肢通常采用槽钢和工字钢，构件截面具有对称轴，当构件轴心受压丧失整体稳定时，发生扭转屈曲和弯扭屈曲的概率很小，往往发生绕截面主轴的弯曲屈曲，故计算格构式轴心受压构件的整体稳定时，只需计算绕截面实轴和虚轴抵抗弯曲屈曲的能力。

格构式轴心受压构件绕实轴（图 4-37a、b、c 中的 y-y 轴）的整体稳定与实腹式柱完全相同，可直接用对实轴的长细比 λ_y 查附录 D 得到 φ_y，再计算对实轴的稳定承载力，即：

$$\frac{N}{\varphi_y A}\leqslant f \tag{4-51}$$

4.6.3 格构式轴心受压构件对虚轴的整体稳定性

前述的实腹式轴心受压构件在发生弯曲屈曲时，剪切变形影响很小，对构件临界力的降低小于 1%，可以不考虑；而格构式轴心受压构件绕虚轴弯曲屈曲时，由于两个分肢不是实体相连，连接两分肢缀件的抗剪刚度比实腹柱构件的腹板弱，构件在微弯平衡状态下，除弯曲变形外，尚需考虑剪切变形的影响，故稳定承载力有所降低，因此格构式轴心受压构件绕虚轴（图 4-37a、b、c 中的 x-x 轴）整体失稳计算时，常采用加大长细比的办法来考虑剪切变形的影响，加大后的长细比称作换算长细比 λ_{0x}，此时构件绕虚轴的稳定系数 φ_x 应采用换算长细比 λ_{0x} 替代 λ_x 来确定。换算长细比的计算公式如下：

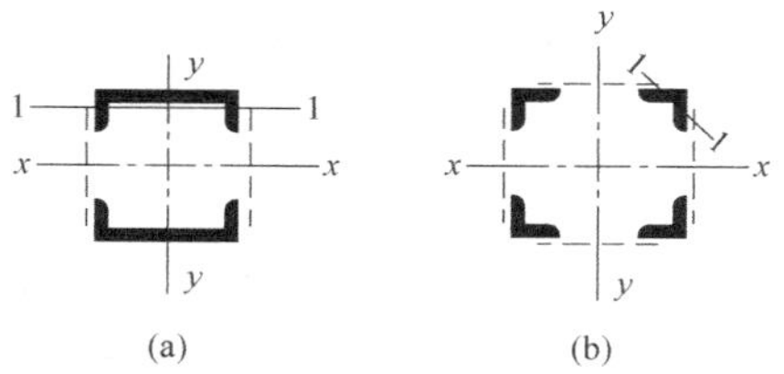

图 4-38 格构式组合构件截面

（1）双肢组合构件（图 4-38a）

当缀件为缀板时

$$\lambda_{0x}=\sqrt{\lambda_x^2+\lambda_1^2} \tag{4-52}$$

当缀件为缀条时

$$\lambda_{0x}=\sqrt{\lambda_x^2+27\frac{A}{A_{1x}}} \tag{4-53}$$

（2）四肢组合构件（图 4-38b）

当缀件为缀板时

$$\lambda_{0x}=\sqrt{\lambda_x^2+\lambda_1^2};\ \lambda_{0y}=\sqrt{\lambda_y^2+\lambda_1^2} \tag{4-54}$$

当缀件为缀条时

$$\lambda_{0x}=\sqrt{\lambda_x^2+40\frac{A}{A_{1x}}};\lambda_{0y}=\sqrt{\lambda_y^2+40\frac{A}{A_{1y}}} \tag{4-55}$$

式中 λ_{0x}、λ_{0y}——构件对虚轴 x、y 的换算长细比；

λ_x、λ_y——整个构件对 x、y 的长细比；

λ_1——分肢对最小刚度轴 1—1 的长细比，其计算长度取值：焊接时，为相邻两缀板的净距离；螺栓连接时，为相邻两缀板边缘螺栓的距离；

A——整个柱的毛截面面积；

A_{1x}、A_{1y}——构件截面中垂直于 x、y 轴的各斜缀条毛截面面积之和。

实际设计时，用 λ_{0x} 替代 λ_x，按 b 类截面查附表 D-2 求得 φ 值，然后按 $\frac{N}{A\varphi}\leqslant f$ 计算对虚轴的弯曲屈曲稳定承载力。其中由 $\lambda_{max}=\max\{\lambda_{0x}, \lambda_{0y}\}$ 查附录 D 得格构式轴压构件的整体稳定系数 φ。

4.6.4 格构式轴心受压构件分肢的稳定

对于格构式构件，除验算整个构件对其实轴和虚轴两个方向的稳定性外，还应考虑其分肢的稳定性（即格构式轴压构件的局部稳定）。在理想情况下，轴心受压构件两分肢的受力是相同的，即各承担所受轴力的一半；但在实际情况下，由于初弯曲和初偏心等初始缺陷，两分肢的受力是不等的；同时分肢本身又具有初弯曲等缺陷，这些因素都对分肢的稳定性不利，故而不容忽视。

《钢结构设计标准》GB 50017—2017 中并未给出分肢稳定的验算方法，而是基于不让分肢先于构件整体失去承载能力的原则，将格构式轴心受压构件的分肢看作独立的轴心受压构件。为了保证格构柱发生整体失稳之前分肢不出现失稳，《钢结构设计标准》GB 50017—2017 规定单肢稳定性不应低于构件的整体稳定性。对格构式轴心受压构件：当缀件为缀条时，其分肢的长细比 λ_1 不应大于构件两方向长细比（对虚轴取换算长细比）的较大值 λ_{max} 的 0.7 倍；当缀件为缀板时，λ_1 不应大于 40，并不应大于 λ_{max} 的 0.5 倍（当 $\lambda_{max}<50$ 时，取 $\lambda_{max}=50$），即：

缀条式格构柱的分肢长细比　$\lambda_1\leqslant 0.7\lambda_{max}(\lambda_y, \lambda_{0x})$　　(4-56)

缀板式格构柱的分肢长细比　$\lambda_1\leqslant 0.5\lambda_{max}$ 且不大于 40　　(4-57)

式中　λ_{max}——构件两方向长细比（对虚轴取换算长细比）的较大值，当 $\lambda_{max}<50$ 时，取 $\lambda_{max}=50$。

4.6.5 格构式轴心受压构件的缀材设计

格构式轴心受压构件中，缀材用以连接构件的分肢，且承担抵抗格构式轴心受压构件绕虚轴发生弯曲失稳时产生的横向剪力的作用，下面逐一阐述缀条和缀板及其连接的设计与计算。

（1）缀件剪力设计

轴心受压屈曲时将产生横向剪力，由缀材承担此剪力（图 4-39），即格构式轴心受压构件绕虚轴弯曲时将产生剪力 $V=\mathrm{d}M/\mathrm{d}z$，其中 $M=NY$（Y 为总挠度），考虑初始缺陷的影响，经理论分析并为了简化计算，缀件承担的剪力按《钢结构设计标准》GB 50017—2017 规定计算。

构件轴心受压构件应按下式计算剪力：

$$V=\frac{Af}{85}\sqrt{\frac{f_y}{235}} \tag{4-58}$$

式中　A——构件的毛截面面积，mm^2；

f——钢材的抗压强度设计值，N/mm^2；

f_y——钢材的屈服强度，N/mm^2。

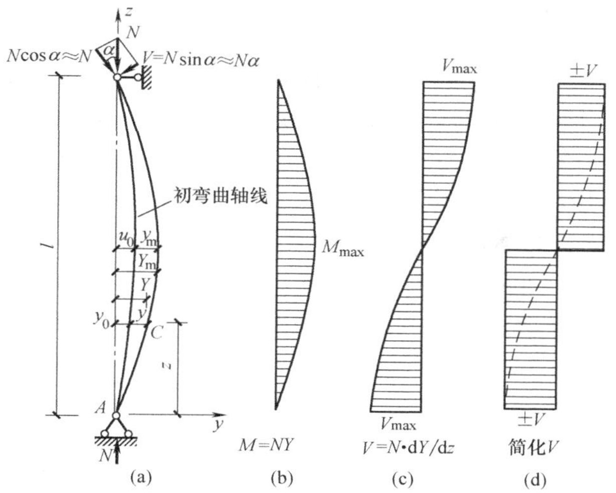

图 4-39　格构式轴心受压构件的弯矩与剪力

为便于设计，偏安全的认为剪力沿构件全长不变，即为定值，且方向有正有负（图 4-39d 实线），即图中的矩形部分。对格构式轴心受压构件，剪力 V 应由承受该剪力的缀材面（包括用整体板连接的面）分担，即对于双肢格构柱，剪力 V 由两侧缀件平均分担，每侧承担 $V_1=\frac{V}{2}$。

（2）缀条设计

1）斜缀条承受的轴向力

缀条的布置一般采用单系缀条（图 4-40a），也可采用交叉缀条（图 4-40b）。

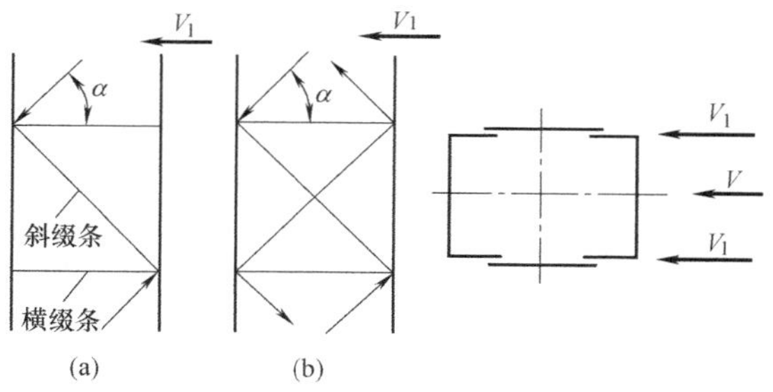

图 4-40　缀条的内力

（a）单系缀条；（b）交叉缀条

对于缀条式构件，缀条可视为以柱肢为弦杆的平行弦桁架的腹板，内力与桁架腹板的计算方法相同。在横向剪力作用下，一个斜缀条承受的轴向力按下式计算：

$$N_{d1}=\frac{V_1}{n\cos\alpha} \tag{4-59}$$

式中　V_1——分配到一个缀条面的剪力，对于双肢格构柱，$V_1=\frac{V}{2}$；

n——承受剪力 V_1 的斜缀条数，单缀条体系，取 $n=1$；双缀条体系，取 $n=2$；

α——斜缀条与水平方向的夹角。

2）斜缀条整体稳定计算

由于构件屈曲时，其弯曲变形方向可能向左或向右，即剪力的方向不定（方向可为正或负），所以斜缀条可能受拉也可能受压，一般应按不利情况进行轴压构件设计，即应按轴心压杆选择截面。由于角钢只有一个边和柱肢相连，即缀条一般采用单角钢，与柱单面连接，构造上要求缀条不应采用小于∟45×45×4 或∟56×36×4 的角钢。角钢通过焊缝单面连接于柱身槽钢或工字钢的翼缘上，角钢截面的两主轴均不与所连接的角钢边平行，使角钢呈双向压弯状态，受力性能复杂，因而考虑到受力时的偏心和受压时的弯扭，当按轴心受力构件计算（不考虑扭转效应）强度和稳定性时，应按钢材强度设计值乘以折减系数 γ_0 的方法进行计算。

斜缀条整体稳定计算公式为：

$$\frac{N_{d1}}{\varphi A}\leqslant\gamma_0 f \tag{4-60}$$

式中 φ——缀条稳定系数，由对单角钢最小刚度轴的长细比按 b 类截面查附录 D 确定；

A——单缀条毛截面面积；

γ_0——单面连接单角钢的折减系数：①按轴心受力计算构件的强度和连接时：$\gamma_0=0.85$；②按轴心受力计算构件的稳定性时：等边角钢 $\gamma_0=0.6+0.0015\lambda$，且 $\gamma_0\leqslant1.0$；短边相连不等边角钢：$\gamma_0=0.5+0.0025\lambda$，且 $\gamma_0\leqslant1.0$；长边相连不等边角钢：$\gamma_0=0.7$；

λ——缀条长细比：对中间无联系的单角钢压杆，应按最小回转半径计算，当 $\lambda<20$ 时，取 $\lambda=20$。交叉缀条体系（图 4-40b）的横缀条按受压力 $N_{d2}=V_1$ 计算。为了减小分肢的计算长度，单肢缀条（图 4-40a）也可加横缀条，不承受剪力的横缀条主要用来减小分肢的计算长度，其截面尺寸一般与斜缀条相同，也可按容许长细比（$[\lambda]=150$）确定。

3）缀条与分肢连接焊缝计算

缀条的轴线与分肢的轴线应尽可能交于一点，设有横缀条时，还可加设节点板（图 4-41），有时为了保证必要的焊缝长度，节点处缀条轴线交汇处可外移至分肢形心轴线以外，但不应超出分肢翼缘的外侧，为了减小斜缀条两端受力角焊缝的搭接长度，缀条与分肢可采用三面围焊相连。

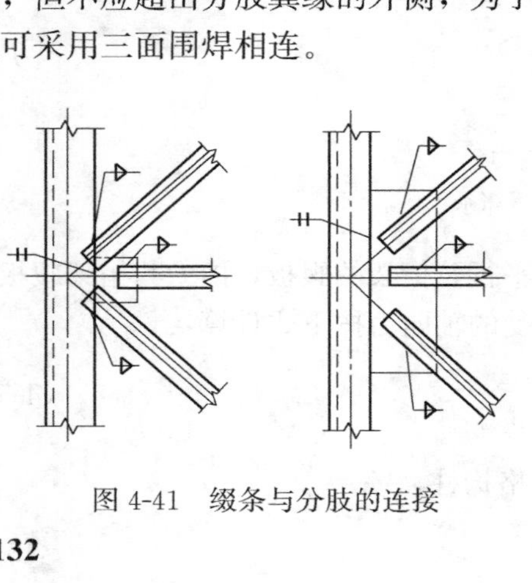

图 4-41 缀条与分肢的连接

缀条通过两条侧缝与分肢相连，角钢肢背和肢尖焊缝按下式计算：

肢背焊缝

$$\tau_{f1}=\frac{K_1 N_{d1}}{0.7h_{f1}l_{w1}}\leqslant\gamma_0 f_f^w \tag{4-61}$$

肢尖焊缝

$$\tau_{f2}=\frac{K_2 N_{d1}}{0.7h_{f2}l_{w2}}\leqslant\gamma_0 f_f^w \tag{4-62}$$

（3）缀板计算

缀板通常由钢板制成，必要时也可采用型钢

截面。缀板的截面除按内力计算确定外，还必须满足刚度的要求。

1）缀板受力计算

计算缀板内力时，假定缀板与分肢刚接，缀板与分肢构成一多层刚接体系，分肢视为框架柱，缀板视为横梁。当缀板和柱肢组成的多层框架整体绕曲时，假定各层分肢中点与缀板中点为反弯点（图 4-42a），在分肢与缀板的反弯点处取出隔离体（图 4-42b），对 O 点取矩，由平衡条件可以计算出缀板受到的剪力 T 和弯矩 M。

$$T \cdot \frac{a}{2}=\frac{V_1}{2} \cdot l_1 \tag{4-63}$$

即

$$T=\frac{V_1 l_1}{a} \tag{4-64}$$

$$M=T \cdot \frac{a}{2}=\frac{V_1 l_1}{2} \tag{4-65}$$

式中 l_1——缀板中心线间的距离；

a——肢件轴线间的距离。

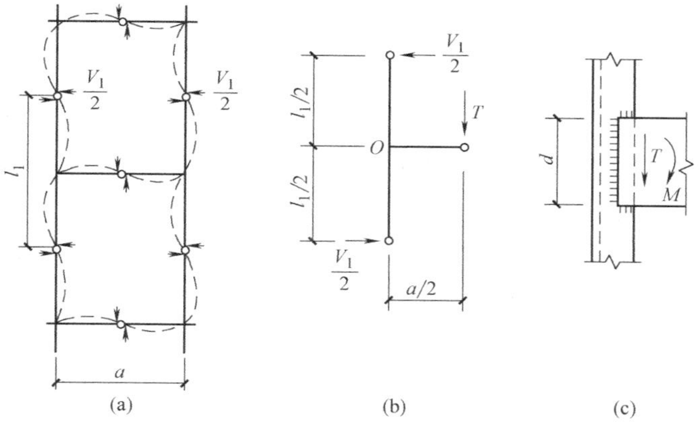

图 4-42　缀板计算简图

2）缀板承载力计算

根据缀板受到的弯矩 M 和剪力 T，可以验算缀板与分肢连接处缀板的抗弯承载力和抗剪承载力以及缀板与分肢的连接强度是否满足《钢结构设计标准》GB 50017—2017 要求。由于角焊缝强度设计值低于缀板强度设计值，故一般只需计算缀板与分肢的角焊缝连接强度。

3）缀板与分肢连接焊缝计算

缀板采用三面围焊和柱分肢连接（图 4-43），缀板在分肢上的搭接长度一般取 20～30mm，计算时可偏安全地仅考虑端部的竖向焊缝（计算长度取 b），不考虑绕角部分，也不扣除考虑两端缺陷的 $2h_f$。连接焊缝的强度可按下列计算：

$$\sqrt{\left(\frac{\sigma_f^M}{\beta_f}\right)^2+(\tau_f^V)^2} \leqslant f_f^w \tag{4-66}$$

$$\sigma_f^M=\frac{M}{0.7 h_f b^2/6} \tag{4-67}$$

$$\tau_f^M = \frac{T}{0.7h_f b} \qquad (4\text{-}68)$$

式中 h_f——焊缝焊脚尺寸；

f_f^w——焊缝强度设计值；

β_f——正面角焊缝强度设计值增大系数，对承受静力荷载及间接承受动力荷载的结构，取 $\beta_f = 1.22$；对直接承受动力荷载的结构，取 $\beta_f = 1.0$；

b——缀板截面高度。

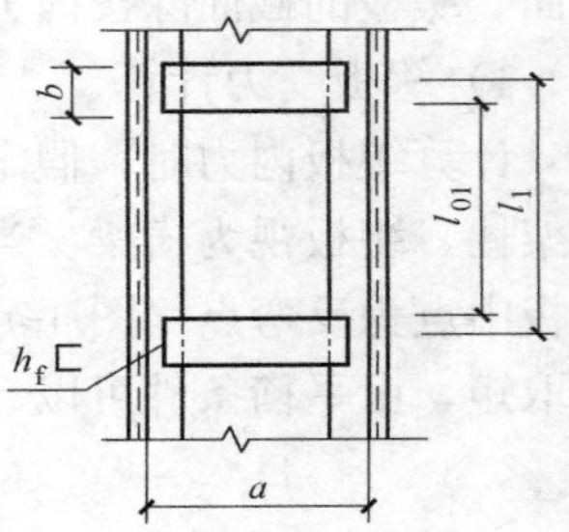

图 4-43 缀板与分肢的连接

4）缀板线刚度应满足的条件

缀板的尺寸由刚度条件确定，为了保证缀板的刚度，《钢结构设计标准》GB 50017—2017 规定：缀板柱中同一截面处缀板（或型钢横杆）的线刚度之和不得小于柱较大分肢线刚度的 6 倍，即：

$$\frac{2I_b}{a} \geqslant 6\frac{I_1}{l_1} \qquad (4\text{-}69)$$

式中 I_b——缀板截面惯性矩；

I_1——分肢截面惯性矩。

在设计时，若使缀板宽度 $d \geqslant \frac{2a}{3}$（图 4-43），缀板厚度 $t_b \geqslant \frac{a}{40}$ 及 $t_b \geqslant 6\text{mm}$，构件端部第一缀板应适当加宽，一般取 $d = a$，通常可满足《钢结构设计标准》GB 50017—2017 对缀板线刚度的要求。

4.6.6 格构式轴心受压构件的截面设计方法

格构式轴心受压构件设计时，首先根据使用要求、轴向力 N 的大小、两主轴方向的计算长度等条件选择合适的柱肢截面和缀材形式，再初步选择分肢的截面尺寸和两分肢轴线的间距，然后验算强度、刚度、整体稳定和分肢稳定等，之后进行缀件及其与柱肢的连接计算，最后检查是否满足构造要求。其具体设计步骤如下：

（1）截面形式的选择

一般根据其使用要求、材料供应、轴向力 N 的大小、两主轴方向的计算长度等条件来选择截面形式。对于中小型柱可采用缀板柱或缀条柱；大型柱宜采用缀条柱；常采用的形式是用两根槽钢或工字钢作为肢件的双轴对称截面，有时也采用四个角钢作为肢件。

（2）分肢截面的确定

对按实轴（y-y 轴）的整体稳定性验算选择分肢截面，其方法与实腹式轴心受压构件的计算相同。由实轴稳定计算确定分肢截面的具体步骤为：先假定长细比 $\lambda_y = 60 \sim 100$，当 N 较大而 l_{0y} 较小时取较小值，反之取较大值；根据 λ_y 及钢号和截面类别查附录 D 得整体稳定系数 φ_y，按 $A = \frac{N}{\varphi_y f}$ 求得所需截面面积 A；按 $i_y = \frac{l_{0y}}{\lambda_y}$ 求绕实轴所需要的回转半径 i_y（若分肢为组合截面时，则还应由 i_y 按附录 E 的近似值求所需截面宽度 $b = \frac{i_y}{a_2}$）；根据所需的 A 和 i_y（或 b）初选分肢型钢规格（或截面尺寸），并进行实轴整体稳定和刚度验算，必要时还应进行强度验算和板件宽厚比验算。若验算结果不完全满足要求，应重新假定

λ_y再试选截面直至满足要求为止。

(3) 两分肢轴线距离的确定

对按虚轴（x-x 轴）的整体稳定性确定两分肢的距离，由对实轴计算选定的截面，计算出 λ_y，再由等稳定条件，使两方向的长细比相等，即 $\lambda_{0x}=\lambda_y$，代入公式后可得对虚轴需要的长细比为：

对双肢缀条柱构件，由 $\lambda_{0x}=\sqrt{\lambda_x^2+27\dfrac{A}{A_{1x}}}=\lambda_y$，得 $\lambda_x=\sqrt{\lambda_y^2-27\dfrac{A}{A_{1x}}}$ (4-70)

对双肢缀板柱构件，由 $\lambda_{0x}=\sqrt{\lambda_x^2+\lambda_1^2}=\lambda_y$，得 $\lambda_x=\sqrt{\lambda_y^2-\lambda_1^2}$ (4-71)

对缀条柱应预先确实斜缀条的截面面积 A_1，可按 $A_1\approx 0.1A$ 初选斜缀条的角钢型号（即保证不低于按构造要求最小用钢型号∟45×45×4 或∟56×36×4 来确定的斜缀条面积）；对缀板柱先假定分肢长细比 λ_1，近似取 $\lambda_1\leqslant 0.5\lambda_y$，且 $\lambda_1\leqslant 40$ 进行计算。

计算得出 λ_x后，即可得到对虚轴的回转半径 $i_x=\dfrac{l_{0x}}{\lambda_x}$，再由截面回转半径近似值的计算公式可得柱在缀材方向的宽度 $h\approx\dfrac{\lambda_x}{a_1}$，一般 h 宜取 10mm 的倍数，且两肢净距宜大于 100mm。

(4) 截面的验算

截面初步选定后需作如下验算：

1) 验算强度；

2) 验算刚度；

3) 验算对实轴的整体稳定；

4) 验算对虚轴的整体稳定，不满足时应修改柱宽度 b 再进行验算。

(5) 缀材及其连接的设计

(6) 构造要求

1) 为提高格构柱的抗扭刚度，保证运输和安装过程中截面几何形状不变，以及传递必要的内力，应每隔一段距离设置横隔；横隔的间距不得大于柱子较大宽度的 9 倍或 8m，且每个运输单元的端部均应设置横隔（图 4-44）。

2) 当柱身某处受有较大的水平集中力作用时，也应在该处设置横隔，以免柱肢局部受弯。

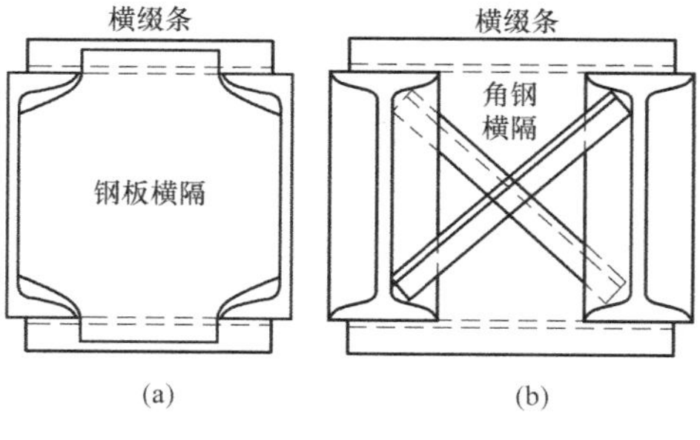

图 4-44 格构式构件的横隔

(a) 横隔为钢板；(b) 横隔为交叉角钢

4.6.7 格构式轴心受压构件设计实例

【例 4-8】 如图 4-45 所示为一管道支架，其格构式轴心受压支柱的轴心压力（包括自重）设计值 N=1450 kN，柱高 6m，两端铰接，材料为 Q355 钢，f=310N/mm²，f_y=355N/mm²，f_v=180N/mm²，f_f^w=200N/mm²，截面无孔洞削弱。请设计：①缀条柱；②缀板柱。钢材为 Q355 钢，焊条为 E50 型。

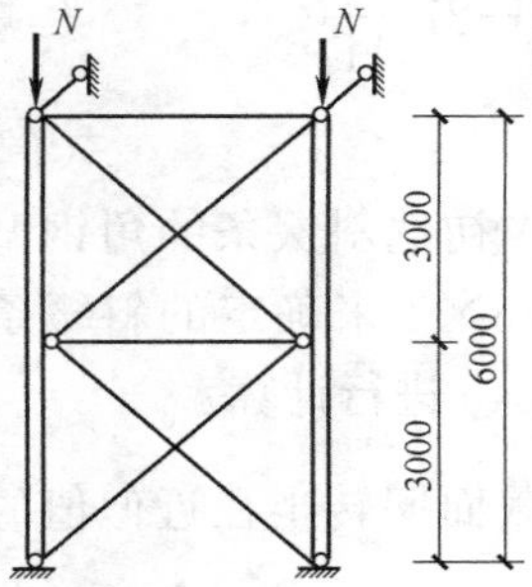

图 4-45 例 4-8 图

【解】 (1) 缀条柱

1）按实轴（y 轴）的稳定条件确定分肢截面尺寸

假定 λ_y=40，按 Q355 钢 b 类截面，根据 $\lambda=\lambda_y\sqrt{\dfrac{f_y}{235}}=40\times\sqrt{\dfrac{355}{235}}=49.16$ 由附表 D-2 查得 $\varphi=0.860$。

所需截面面积和回转半径分别为：

$$A=\frac{N}{\varphi f}=\frac{1450\times10^3\,\text{N}}{0.863\times310\times10^2\,\text{cm}^2\,\text{N/cm}^2}=54.2\text{cm}^2$$

$$i_y=\frac{l_{0y}}{\lambda}=\frac{300\text{cm}}{40}=7.5\text{cm}$$

查附表 F-5 型钢表，试选 2[18b 截面形式（图 4-45）。实际 $A=2\times29.3=58.6\text{cm}^2$，$i_x=6.84\text{cm}$，$i_y=1.95\text{cm}$，$x_0=1.84\text{cm}$，$I_y=111\text{cm}^4$。

验算绕实轴稳定

$$\lambda_y=\frac{l_{0y}}{i_y}=\frac{300}{6.84}=43.86<[\lambda]=150$$

满足刚度要求。

b 类截面，根据 $\lambda=\lambda_y\sqrt{\dfrac{f_y}{235}}=43.86\times\sqrt{\dfrac{355}{235}}=53.91$，查附表 D-2 得 $\varphi=0.838$。

$$\frac{N}{\varphi A}=\frac{1450\times1000}{0.838\times58.6\times100}=295\text{N/mm}^2<f=310\text{N/mm}^2$$，满足要求。

2）按绕虚轴（x 轴）的稳定条件确定分肢间距

由于柱子轴力不大，缀条可采用角钢 ∟45×5，两个斜缀条毛截面面积之和为：

$$A_{1x}=2\times4.29=8.58\text{cm}^2$$

由等稳定条件 $\lambda_{0x}=\lambda_y$ 得：

$$\lambda_x=\sqrt{\lambda_y^2-27\frac{A}{A_{1x}}}=\sqrt{43.86^2-27\times\frac{58.6}{8.58}}=41.7$$

$$i_x=\frac{l_{0x}}{\lambda_x}=\frac{600}{41.7}=14.39\text{cm}$$

$$h\approx\frac{14.39}{0.44}=32.7\text{cm}，取 h=30\text{cm}$$

两槽钢翼缘间净距=300−2×70=160mm>100mm，满足构造要求。

验算虚轴稳定

$$I_x=2\times(111+29.3\times13.16^2)=10371\text{cm}^4$$

$$i_x=\sqrt{\frac{I_x}{A}}=\sqrt{\frac{10371}{58.6}}=13.3\text{cm}$$

$$\lambda_x=\frac{l_{0x}}{i_x}=\frac{600}{13.3}=45.11$$

$$\lambda_{0x}=\sqrt{\lambda_x^2+27\frac{A}{A_{1x}}}=\sqrt{45.11^2+27\times\frac{58.6}{8.58}}=47.11<[\lambda]=150$$

b 类截面，按 $\lambda=\lambda_{0x}\sqrt{\frac{f_y}{235}}=47.11\times\sqrt{\frac{355}{235}}=57.9$，查附表 D-2 得 $\varphi=0.818$，则：

$$\frac{N}{\varphi A}=\frac{1450\times1000}{0.818\times58.6\times100}=302\text{N/mm}^2<f=310\text{N/mm}^2$$满足要求。

3）分肢稳定

$\lambda_1=\frac{l_{01}}{i_1}=\frac{2\times26.5}{1.95}=27.18<0.7\lambda_{max}=0.7\times46.47=32.53$，满足规范规定，所以无需验算分肢刚度、强度和整体稳定。分肢采用型钢，也不必验算其局部稳定。因此可认为所选截面满足要求。

4）缀条设计

缀条已初步确定为∟45×5，$A_{d1}=4.29\text{cm}^2$，$i_{min}=i_v=0.88\text{cm}$。采用人字形单缀条体系，$\alpha=45°$，分肢 $l_{01}=53\text{cm}$，斜缀条长度 $l_d=\frac{26.32}{\cos45°}=37.22\text{cm}$。

柱的剪力

$$V=\frac{Af}{85}\sqrt{\frac{f_y}{235}}=\frac{58.6\times100\times315}{85}\times\sqrt{\frac{355}{235}}=26691\text{N}$$

$$V_1=V/2=26691/2=13346\text{N}$$

斜缀条内力

$$N_{d1}=\frac{V_1}{\cos\alpha}=\frac{V_1}{\cos45°}=18876\text{N}$$

$$\lambda_1=\frac{l_{01}}{i_{min}}=\frac{37.22}{0.88}=42.3<[\lambda]=150$$

b 类截面，按 $\lambda=\lambda_1\sqrt{\frac{f_y}{235}}=42.3\times\sqrt{\frac{355}{235}}=51.99$，查附表 D-2 得 $\varphi=0.847$。

强度设计值折减系数 $\gamma_0=0.6+0.0015\lambda_1=0.6+0.0015\times42.3=0.664$

斜缀条的稳定验算

$$\frac{N_{d1}}{\varphi A}=\frac{18876}{0.847\times4.29\times100}=51.95\text{N/mm}^2<\gamma_0 f=0.664\times310=206\text{N/mm}^2$$

缀条无孔洞削弱，不必验算强度。缀条的连接角焊缝采用两面侧焊，按构造要求取 $h_f=4\text{mm}$；单面连接的单角钢按轴心受力计算连接时，$\beta=0.85$，则：

肢背焊缝所需长度

$$l_{w1}=\frac{K_1N_{d1}}{0.7h_f\gamma_0 f_f^w}+2h_f=\frac{0.7\times18876}{0.7\times0.4\times0.85\times200\times100}+0.8=3.58\text{cm}$$

肢尖焊缝所需长度

$$l_{w2}=\frac{K_2N_{d1}}{0.7h_f\gamma_0 f_f^w}+2h_f=\frac{0.3\times18876}{0.7\times0.4\times0.85\times200\times100}+0.8=1.99\text{cm}$$

肢背与肢尖焊缝长度均取 4cm。

5）横隔

柱截面最大宽度为 30cm，要求横隔间距小于等于 $9\times0.30=2.7$m 和 8m。柱高 6m，上下两端有柱头柱脚，中间三分点处设两道钢板横隔，与斜缀条节点配合设置（图 4-46）。

（2）缀板柱

1）按实轴（y 轴）的稳定条件确定分肢截面尺寸

同缀条柱，选用 2[18b 截面形式（图 4-47），$\lambda_y=43.86$。

2）按绕虚轴（x 轴）的稳定条件确定分肢间距

取 $\lambda_1=22$，满足 $\lambda_1\leqslant0.5\lambda_{max}=0.5\times50=25$，且不大于 40 的分肢稳定要求。按等稳定原则 $\lambda_{0x}=\lambda_y$ 得：

$$\lambda_x=\sqrt{\lambda_y^2-\lambda_1^2}=\sqrt{43.86^2-22^2}=37.94$$

$$i_x=\frac{l_{0x}}{\lambda_x}=\frac{600}{37.94}=15.81\text{cm}$$

$h\approx\dfrac{15.81}{0.44}=35.93$cm，取 $h=32$m

两槽钢翼缘间净距 $=320-2\times70=180\text{mm}>100\text{mm}$，满足构造要求。

验算虚轴稳定

缀板净距 $l_{01}=\lambda_1 i_1=22\times1.95=42.9$cm，取 43cm

$$\lambda_1=\frac{l_{01}}{i_1}=\frac{43}{1.95}=22.05$$

$$I_x=2\times(111+29.3\times14.16^2)=11972\text{cm}^4$$

$$i_x=\sqrt{\frac{I_x}{A}}=\sqrt{\frac{11972}{58.6}}=14.29\text{cm}$$

$$\lambda_x=\frac{l_{0x}}{i_x}=\frac{600}{14.29}=41.99$$

$$\lambda_{0x}=\sqrt{\lambda_x^2+\lambda_1^2}=\sqrt{41.99^2+22.05^2}=47.43<[\lambda]=150$$

b 类截面，按 $\lambda=\lambda_{0x}\sqrt{\dfrac{f_y}{235}}=47.43\times\sqrt{\dfrac{355}{235}}=58.29$，查附表 D-2 得 $\varphi=0.817$。

$\dfrac{N}{\varphi A}=\dfrac{1450\times1000}{0.817\times58.6\times100}=303\text{N/mm}^2<f=310\text{N/mm}^2$，满足要求。

$\lambda_1=22.05<0.5\lambda_{max}=0.5\times50=25$ 和 40，满足规范规定。

所以无需验算分肢刚度、强度稳定；分肢采用型钢，也不必验算其局部稳定，因此可认为所选截面满足要求。

3）缀板设计

初选缀板尺寸：纵向高度 $h_b\geqslant\dfrac{2}{3}a=\dfrac{2}{3}\times28.32=18.88$cm（图 4-47 中 $c=a=28.32$cm），厚度 $t_b\geqslant\dfrac{a}{40}=\dfrac{28.32}{40}=0.71$cm，取 $h_b\times t_b=200\text{mm}\times8\text{mm}$。

相邻缀板净距 $l_{01}=43$cm，相邻缀板中心距 $l_1=l_{01}+h_b=43+20=63$cm。

缀板线刚度之和与分肢线刚度的比值为：

$$\frac{\sum I_b/a}{I_1/l_1}=\frac{2\times(0.8\times20^3/12)/28.32}{111/63}=21.38>6$$，满足缀板的刚度要求。

柱剪力　$V=26691\text{N}$

每个缀板面剪力 $V_1=\frac{V}{2}=\frac{26691}{2}=13346\text{N}$

弯矩 $M=\frac{V_1l_1}{2}=\frac{13346\times63}{2}=420399\text{N}\cdot\text{cm}$

剪力 $T=\frac{V_1l_1}{a}=\frac{13346\times63}{28.32}=29689\text{N}$

$$\sigma=\frac{6M}{t_bh_b^2}=\frac{6\times420399\times10}{0.8\times10\times(20\times10)^2}=78.82\text{N/mm}^2<f=310\text{N/mm}^2$$

$$\tau=\frac{1.5T}{t_bh_b}=\frac{1.5\times29689}{0.8\times20\times10^2}=27.83\text{N/mm}^2<f_v=180\text{N/mm}^2$$

满足缀板的强度要求。

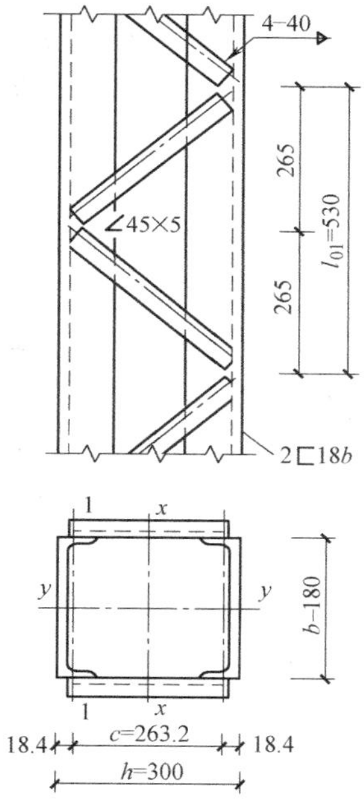

图 4-46　缀条柱

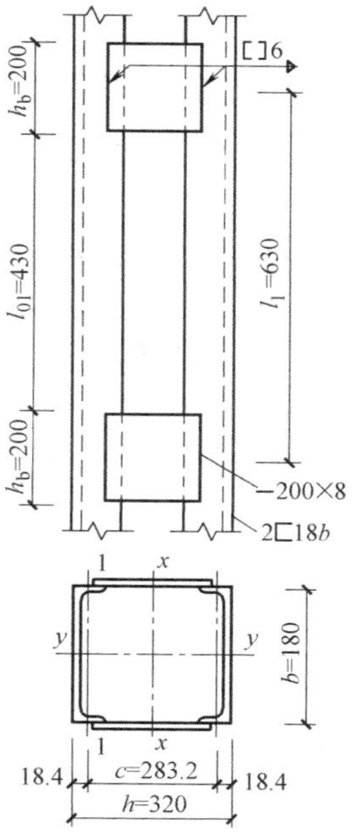

图 4-47　缀板柱

4）缀板焊缝计算

采用三面周围角焊缝，计算时可偏安全地仅考虑端部纵向角焊缝，按构造要求取焊脚尺寸 $h_f=6\text{mm}$，$l_w=200\text{mm}$，则：

$A_f=0.7\times0.6\times20=8.4\text{cm}^2$

$W_f=\frac{1}{6}\times0.7\times0.6\times20^2=28\text{cm}^3$

在弯矩 M 和剪力 T 的共同作用下焊缝的应力为：

$$\sqrt{\left(\frac{\sigma_f}{\beta_f}\right)^2+\tau_f^2}=\sqrt{\left(\frac{420399\times10}{1.22\times28\times1000}\right)^2+\left(\frac{29689}{8.4\times100}\right)^2}=136\text{N/mm}^2<f_f^w=200\text{N/mm}^2$$

满足要求。

4.7　柱头和柱脚的设计

当轴心受压构件用作柱子时，其作用是将上部结构（梁）的荷载传递给基础，因此柱端应设计一个柱头与梁连接，下端设计一个柱脚，将荷载安全传递给基础。柱子由柱头、柱身、柱脚三部分组成（图 4-48）。设计的原则是传力可靠、构造简单、便于安装、经济合理等。

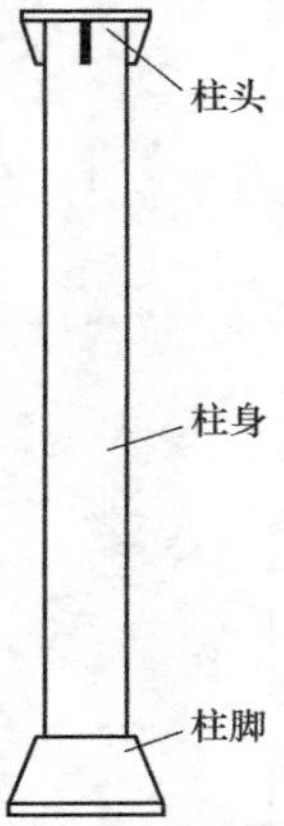

图 4-48　柱子的构成

4.7.1　柱头

柱与梁的连接方式应为铰接，否则将产生弯矩，使柱成为压弯构件。按其与梁连接的位置不同，有两种连接方式：一种是将梁直接放在柱顶上，称为顶面连接；另一种是将梁连接于侧面，称为侧面连接。梁支于柱顶时，梁的支座反力借助柱顶板传给柱身，顶板与柱用焊缝连接，顶板厚度一般取 16～25mm。为便于安装定位，梁与顶板用普通螺栓连接。

（1）顶面连接

顶面连接通常是将梁安放在焊于柱顶面的柱顶板上（图 4-49a、b、c）。如图 4-49（a）所示的构造方案，将梁的反力通过支承加劲肋直接传递给柱翼缘，为了在安装两相邻梁间留一些空隙，用夹板和构造螺栓连接。该连接方式优点是构造简单，对梁长度尺寸的制作要求不高，但缺点是当柱顶两侧梁的反力不相等时将使柱出现偏心受压状态；如图 4-49（b）所示的构造方案，梁的反力通过端部加劲肋的突出部分传给柱的轴线附近，即使两相邻梁的反力不相等，柱仍接近于轴心受压状态。梁端加劲肋的底面应刨平顶紧于柱顶板。因为梁的反力大部分传递给柱的腹板，腹板不能太薄且必须用加劲肋加强。两相邻梁间可留出一些空隙，安装时嵌入合适尺寸的填板并用普通螺栓连接；如图 4-49（c）所示的构造方案，为了保证传力均匀并托住顶板，应在两柱肢间设置竖向隔板。

（2）侧面连接

侧面连接通常是在柱的侧面焊一承托用以支承梁的支座反力（图 4-49d、e）。具体方法是将相邻梁端支座加劲肋的突缘部分刨平，安放在焊于柱侧面的承托上，并与之顶紧以便直接传递压力。梁的反力由梁端加劲肋传给承托，承托可采用 T 形，也可用厚钢板制成，承托与柱翼缘间用角焊缝相连。承托板厚度应比梁端支座加劲肋厚 5～10mm，一般为 25～40mm。用厚钢板做承托的方案适用于承受较大的压力，且制作与安装的精度要求较高的情况。承托通常采用三面围焊的角焊缝焊于柱翼缘，考虑到梁支座加劲肋和承托的端面由于加工精度差，平行度不好，压力分配可能不均匀，设计时宜将支座反力增大 25%～30%。为便于安装，梁端与柱间应留空隙加填板并设置构造螺栓。当两相邻梁的支座反力不相等时，对柱产生偏心弯矩，按压弯柱设计。

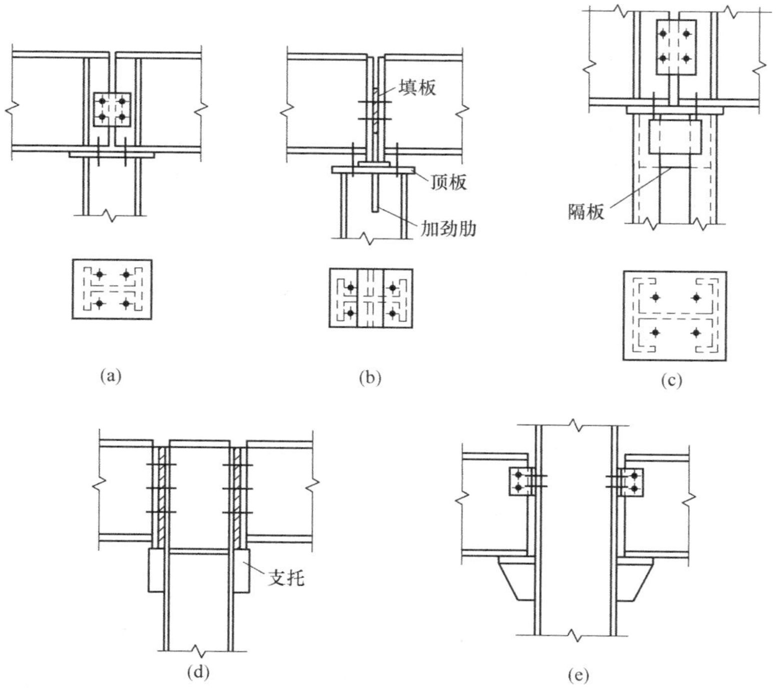

图 4-49　轴心受压柱柱头

4.7.2　柱脚

轴心受压柱的柱脚通常设计为铰接，其作用是将柱身所受的力传递并分布给基础，并与基础有牢固的连接。柱脚一般由底板、靴梁、肋板、隔板和锚栓等构成，几种常用的铰接柱脚形式如图 4-50 所示。因为基础混凝土强度远低于钢材，因此必须把柱的底部放大，以增加其与基础顶部的接触面积。

图 4-50（a）是一种最简单的柱脚构造形式，在柱下端仅焊一块底板，柱中压力由焊缝传递至底板，再传递给基础。该柱脚只能用于小型柱，若用于大型柱，底板会太厚，此时可考虑采用图 4-50（b）、（c）、（d）所示的柱脚形式，在柱端部与底部之间增设一些中间传力零件，如靴梁、隔板和肋板等，以增加柱与底板的连接焊缝长度，并将底板分隔成几个区格，使底板的弯矩减小，厚度减薄。图 4-50（c）是仅采用靴梁的形式。图 4-50（b）、（d）是分别采用了隔板与肋板的形式。

布置柱脚中的连接焊缝时，应考虑施焊方便与可能，如柱端、靴梁、隔板等围成的封闭框内，有些地方均不宜布置焊缝。

柱脚是利用预埋在基础中的锚栓来固定其位置的。为符合计算模式，柱脚只沿着一条轴线设置两个连接于底板上的锚栓，以使柱端能绕此轴线转动；当柱端绕另一轴线转动时，由于锚栓固定在底板上，底板抗弯刚度很小，锚栓受拉时，底板会产生弯曲变形，对柱端转动的阻力不大，因而此种柱脚仍可视为铰接。底板上的锚栓孔的直径应比锚栓直径大 1～1.5mm，待柱安装就位并调整到设计位置后，再用垫板

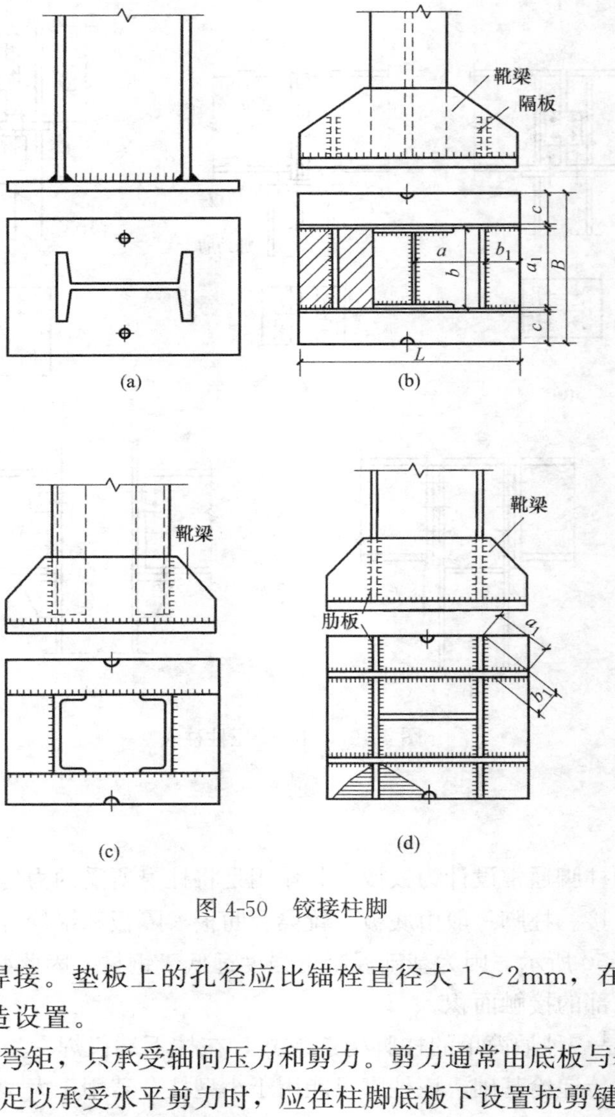

图 4-50　铰接柱脚

套住锚栓并与底板焊接。垫板上的孔径应比锚栓直径大 1～2mm，在铰接柱脚中，锚栓不需计算，按构造设置。

铰接柱脚不承受弯矩，只承受轴向压力和剪力。剪力通常由底板与基础表面的摩擦力传递，当此摩擦力不足以承受水平剪力时，应在柱脚底板下设置抗剪键（图 4-51），抗剪键可用方钢、短 T 字钢或 H 型钢制成。

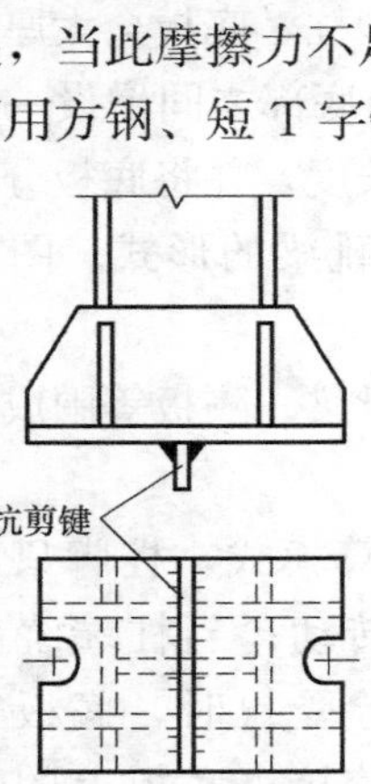

图 4-51　柱脚的抗剪键

铰接柱脚通常只按承受轴向压力计算，轴向压力一部分由柱身传递给靴梁、肋板或隔板，再传递给底板，最后传递给基础；另一部分则直接通过柱端与底板之间的焊缝传递给底板，再传递给基础。然而在实际工程中，柱端难以做到齐平，有时为了控制标高，柱端与底部之间留有一定的缝隙（图 4-50c）。

轴心受压柱的柱脚是一个受力复杂的空间结构，计算时通常做适当的简化，将底板、靴梁和隔板等分别计算。

（1）底板的计算

1）底板的面积

底板的平面尺寸决定于基础材料的抗压能力，基础对底板的压应力可近似假定为均匀分布，所需要的底板净面积按式（4-72）来确定。

$$A_n \geqslant \frac{N}{\beta_c f_c} \tag{4-72}$$

式中 β_c——基础混凝土局部承压时的强度提高系数；

f_c——基础混凝土的抗压强度设计值。

2）底板的厚度

底板的厚度由板的抗弯强度决定，底板可视为一个支承在靴梁、隔板和柱端的平板，它承受基础传递来的均匀反力。靴梁、肋板、隔板和柱的端面均可视为底板的支承边，并将底板分隔成不同的区格，其中有四边支承、三边支承、两相邻边支承和一边支承（悬臂板）等区格。在均匀分布的基础反力作用下，各区格板单位宽度的最大弯矩如下：

① 四边支承区格

$$M=\alpha q a^2 \tag{4-73}$$

式中 α——系数，根据长边 b 与短边 a 之比按表 4-6 取用；

q——作用于底板单位面积上的压应力，$q=\dfrac{N}{A_n}$；

a——四边支承区格的短边尺寸。

α 值 **表 4-6**

b/a	1.0	1.1	1.2	1.3	1.4	1.5	1.6	1.7	1.8	1.9	2.0	3.0	≥4.0
α	0.048	0.055	0.063	0.069	0.075	0.081	0.086	0.091	0.095	0.099	0.101	0.119	0.125

② 三边支承区格和两相邻边支承区格

$$M=\beta q a_1^2 \tag{4-74}$$

式中 β——系数，根据 b_1/a_1值由表 4-7 查的，对于三边支承区格板 b_1 为垂直于自由边的宽度；对两相邻边支承区格 b_1 为内角顶点至对角线的垂直距离（图 4-50b、d）；

a_1——对三边支承区格为自由边长度；对两相邻边支承区格为对角线长度。

β 值 **表 4-7**

b_1/a_1	0.3	0.4	0.5	0.6	0.7	0.8	0.9	1.0	1.1	≥1.2
β	0.026	0.042	0.056	0.072	0.085	0.092	0.104	0.111	0.120	0.125

当三边支承区格的 $b_1/a_1<0.3$ 时，按悬臂长度为 b_1 的悬臂板计算。

③ 一边支承区格

$$M=\frac{1}{2}qc^2 \tag{4-75}$$

式中 c——悬臂长度（图 4-50b）。

这几部分板承受的弯矩一般不相同，取各区格板中的最大弯矩 M_{max} 来确定板的厚度。

$$t \geqslant \sqrt{\frac{6M_{max}}{f}} \tag{4-76}$$

设计时要注意到靴梁和隔板的布置应尽可能使各区各板中的弯矩相差不要太大，以免所需的底板过厚。当各区格板弯矩相差太大时，应调整底板尺寸或重新划分区格。

底板的厚度通常为 20～40mm，最薄一般不得小于 14mm，以保证底板具有必要的刚度，从而满足基础反力是均匀分布的假定。

（2）靴梁的计算

靴梁的高度由其与柱边连接所需的焊缝长度决定，此连接焊缝承受柱身传来的压力 N。靴梁的厚度比柱翼缘厚度略小。靴梁按支承于柱边的双悬臂梁计算，根据所承受的最大弯矩和最大剪力值验算靴梁的抗弯和抗剪强度。

（3）隔板与肋板的计算

为了支撑底板，隔板应有一定的刚度，故隔板的厚度不得小于其宽度 b 的 1/50，但可比靴梁板的厚度略小，隔板的高度取决于连接焊缝要求。

隔板可视为支撑于靴梁上的简支梁，荷载可按图 4-50（b）中的阴影面积的底板反力计算，按此荷载所产生的内力验算隔板与靴梁的连接焊缝以及隔板本身的强度。注意隔板内侧的焊缝不易施焊，计算时不能考虑其受力。

肋板按悬臂梁计算，承受的荷载为图 4-50（d）所示的阴影部分的底板反力。肋板与靴梁间的连接焊缝以及肋板本身的强度均应按其承受的弯矩和剪力来计算。

本 章 小 结

（1）轴心受力构件包括轴心受拉构件和轴心受压构件，两者必须同时满足承载能力极限状态和正常使用极限状态的要求。

（2）承载能力极限状态包括强度和稳定两方面。对于轴心受拉构件只研究强度问题；而对于轴心受压构件除了要求强度外，还必须考虑稳定（整体稳定性和局部稳定性）问题；正常使用极限状态是通过限制构件的长细比来满足其刚度要求。

（3）轴心受力构件的强度要求是 $\sigma=\dfrac{N}{A_{\mathrm{n}}}\leqslant f$。

（4）轴心受压构件的整体稳定性涉及构件截面的几何特征、杆端的约束条件、材料的弹性模量与性质、杆件的屈曲形式（弯曲屈曲、扭转屈曲或弯扭屈曲及屈曲方向）、构件的初始缺陷（残余应力、初弯曲、初偏心等）以及构件的加工条件等因素，故稳定问题比强度问题复杂。因为钢材具有较高的强度和韧性，且截面面积通常较小，所以轴心受压构件常由稳定控制其承载力。为了满足整体稳定性的要求，一般将钢材的截面设计的尽量宽展，以增加其回转半径。轴心受压构件的整体稳定性要求是 $\sigma=\dfrac{N}{\varphi A}\leqslant f$。

（5）满足构件局部稳定的要求是板件的应力小于其临界应力或屈服强度。由于板件的临界应力计算繁琐，故通过验算板件宽厚比或高厚比来满足实腹式轴心受压构件的局部稳定性。

（6）轴心受压构件的截面形式分为实腹式和格构式两类。格构式轴心受压构件对实轴的整体稳定计算与实腹式轴心受压构件完全相同；对虚轴的整体稳定则要考虑剪力引起的附加剪切变形影响，其临界力较实腹式轴心受压构件低，采用换算长细比进行计算。此外格构式轴心受压构件还需保证其分肢不先于构件失稳，且需计算缀条或缀板与分肢的连接焊缝问题。

（7）柱头和柱脚常用的构造形式以及柱脚的计算方法。

复习思考题

4-1　实腹式与格构式构件有何区别？轴心受压构件采取何种截面形式是合理的？

4-2　轴心受力构件强度的计算公式是按构件的承载能力极限状态确定的吗？为什么？

4-3　轴心受压构件整体失稳时有哪几种屈曲形式？双轴对称截面的屈曲形式是怎样的？

4-4　轴心受压构件的整体稳定承载力与哪些因素有关？其中哪些因素被称为初始缺陷？

4-5　说明轴心受压构件整体稳定系数的意义。4类截面形式划分的标准是什么？

4-6　格构式轴心受压构件计算整体稳定时，对虚轴采用的换算长细比表示什么意义？

4-7　实腹式轴心受压构件和格构式轴心受压构件的设计计算步骤有何异同？

4-8　轴心受压构件局部失稳的原因是什么？如何防止构件的局部失稳？

4-9　工字形截面、T形、箱形的腹板和翼缘板的高（宽）厚比分别如何确定？

4-10　缀条式格构式轴心受压柱都采用单角钢作缀条，设计时有哪些规定？

4-11　水平放置轴向拉杆的强度与刚度验算：如图4-52所示的由2∟75×5（尺寸为7.41cm×2cm）组成的水平放置的轴心拉杆，轴心拉杆的设计值为270kN，只承受静力作用，计算长度为3m，杆端有一排直径为20mm的螺栓孔，钢材为Q235钢，$f=215$ N/mm^2，计算时忽略连接偏心和杆件自重的影响。$[\lambda]=250$，$i_x=2.32$cm，$i_y=3.29$cm，单肢最小回转半径$i_1=1.50$cm。试验算此拉杆的强度与刚度。

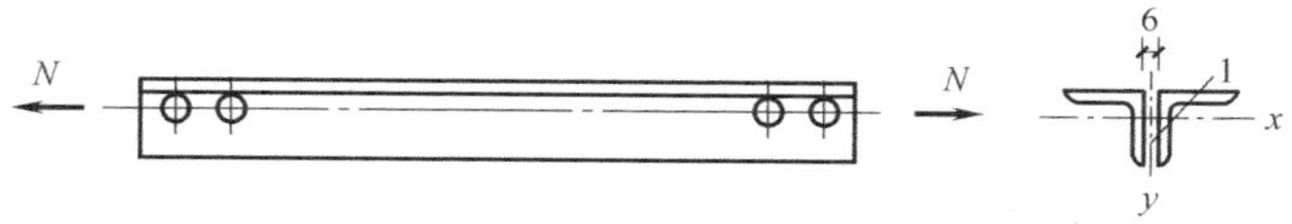

图4-52　复习思考题4-11图

4-12　三铰拱钢拉条的断面设计：某三铰拱尺寸及所受的荷载标准值如图4-53所示，荷载设计值$P=280$kN，拱架自重略去不计，拱脚推力H由特设的钢拉条承受，钢拉条由一根圆钢制成，钢材为Q235-A·F钢，$f=200$N/mm^2，求此钢拉条的有效截面面积。

4-13　高强度螺栓摩擦型连接的节点强度验算：如图4-54所示节点，螺栓直径20mm，孔径22mm，钢材Q235，$f=215$N/mm^2，承受轴心拉力设计值$N=600$kN，验算该连接的强度。

4-14　十字形截面轴心压杆长细比的计算：如图4-55所示的Q235钢的焊接十字形截面轴心压杆（翼缘为焰切边），长度5.4m，两端铰支（端部铰接截面可自由翘曲），承受轴心压力$N=1050$kN，请问是否会产生扭转屈曲？

4-15　等边双角钢组合T形截面的换算长细比计算：某桁架上弦杆，截面为2∟125×10的组合T形截面，如图4-56所示，$A=48.7$cm^2，$i_x=3.85$cm，$i_y=5.59$cm，形心至角钢肢背距离$y_0=3.45$cm，节点板厚12mm，承受轴心压力设计值$N=780$kN，钢材为Q235，已知计算长度$l_{0x}=150$cm，$l_{0y}=300$cm，计算其长细比。

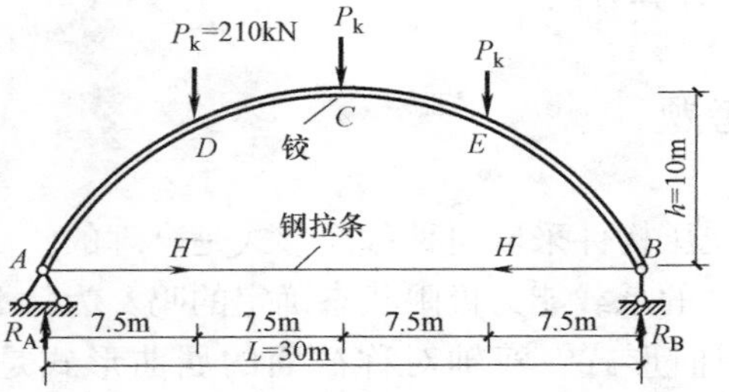

图 4-53　复习思考题 4-12 图

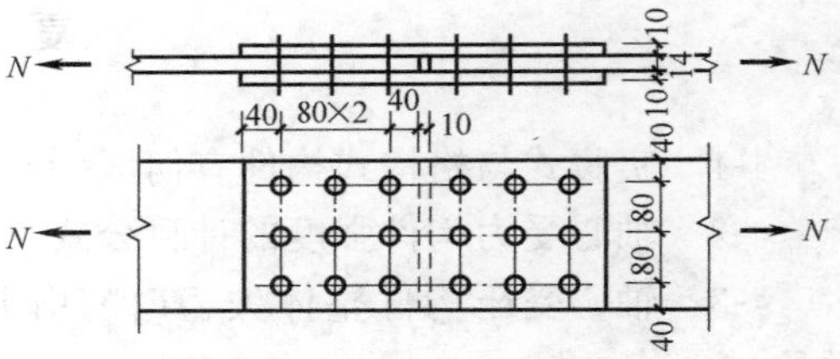

图 4-54　复习思考题 4-13 图

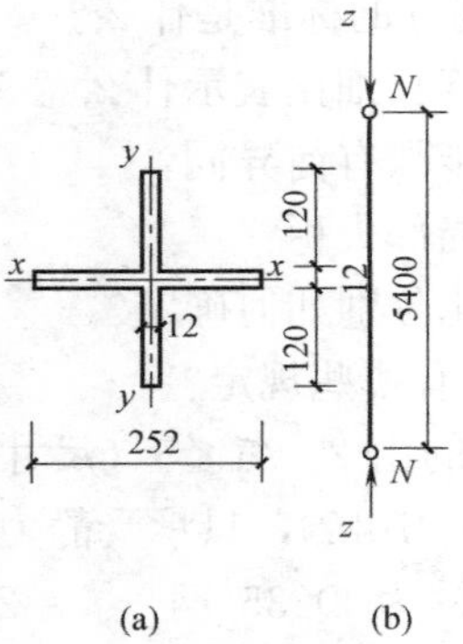

图 4-55　复习思考题 4-14 图

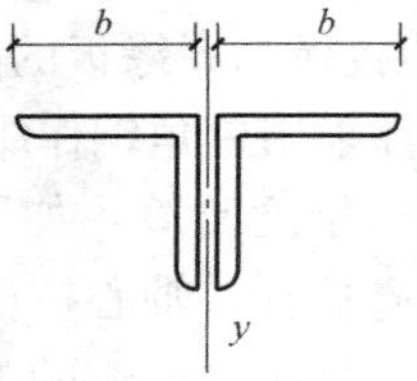

图 4-56　复习思考题 4-15 图

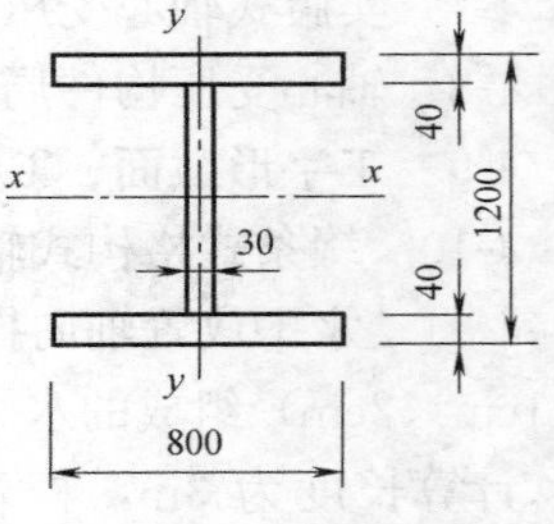

图 4-57　复习思考题 4-16 图

4-16　板厚 40mm 轴心受压柱整体稳定的计算：某一重型厂房轴心受压柱，截面为双轴对称焊接工字钢，如图 4-57 所示，翼缘为轧制，钢材 Q390，$f=315\text{N/mm}^2$。该柱对两个主轴的计算长度分别为 $l_{0x}=1500\text{cm}$，$l_{0y}=500\text{cm}$，试计算最大稳定承载力。

4-17　轴心受压构件整体稳定的计算：如图 4-58 所示三脚架，在 D 点承受集中荷载 F，杆件 AC 的轴压力 $N=500\text{kN}$，该结构材料采用 Q235 钢，杆件 AC 采用：①H 型钢 HW175×175×7.5×11，截面特征 $A=51.43\text{cm}^2$，$i_x=7.5\text{cm}$，$i_y=4.37\text{cm}$；②双角钢 2∟180×12，截面特征 $A=42.24\text{cm}^2$，$i_x=5.59\text{cm}$，$i_y=7.77\text{cm}$；③焊接方口管 160×160×8；杆件 AC 的计算长度 $l_x=l_y=\sqrt{3000^2+4000^2}=5000\text{mm}$（铰节点间距），轴线受压杆件 AC 的容许长细比 $[\lambda]=150$，Q235 钢的强度设计值 $f=215\text{N/mm}^2$，$f_y=235\text{ N/mm}^2$，

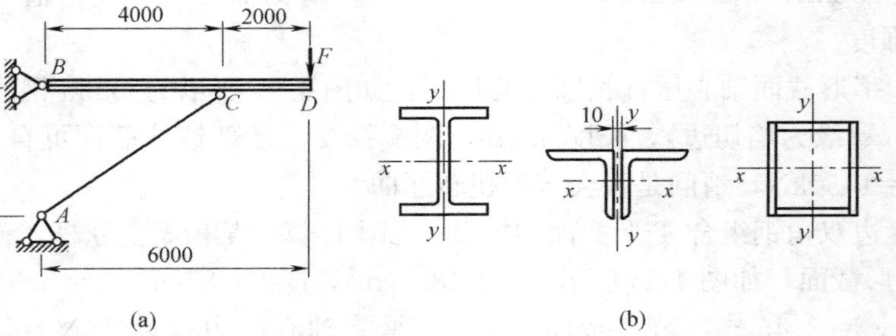

图 4-58　复习思考题 4-17 图

验算杆件 AC 的整体稳定承载力。

4-18 一工字形截面轴心受压柱如图 4-59 所示，在跨中截面每个翼缘和腹板上各有两个对称布置的 $d_0=24$mm 的孔，钢材为 Q235 钢，$f=215$N/mm^2，翼缘为焰切边，试求其最大承载能力设计值 N，局部稳定已得到保证，不必验算，容许长细比 $[\lambda]=150$。

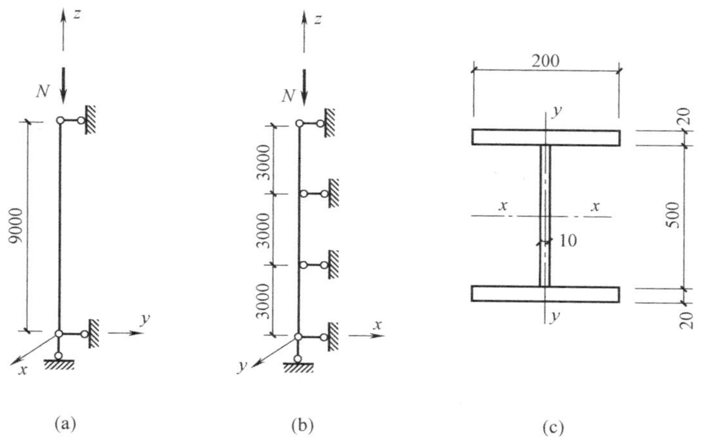

图 4-59 复习思考题 4-18 图

4-19 如图 4-60 所示为一管道支架，其支柱的轴心压力（包括自重）设计值为 $N=$1450kN，柱高 6m，两端铰接，材料为 Q355 钢，截面无孔洞削弱。试设计此支柱的截面：①用轧制普通工字钢；②用轧制 H 型钢；③用焊接工字形截面，翼缘板为焰切边。④钢材改为 Q235 钢，以上所选截面是否可以安全承载？

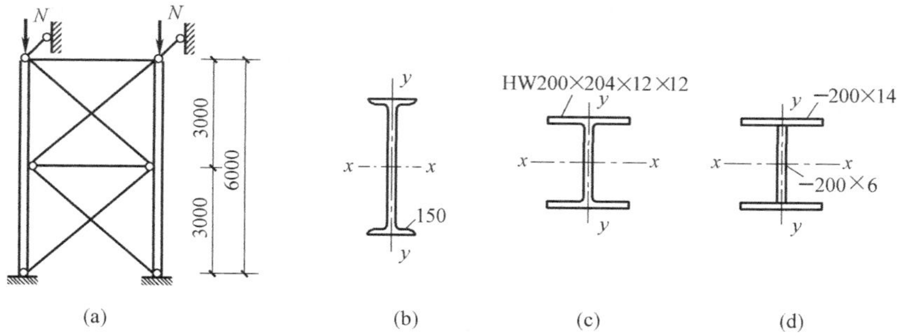

图 4-60 复习思考题 4-19 图

4-20 试设计某支承工作平台的轴心受压柱，柱身为由两个槽钢组成的缀板柱，钢材为 Q235，焊条为 E43 型，柱高 7.2m，两端铰接，由平台传递给柱的轴心压力设计值为 1450kN。

第5章 受弯构件

【教学目标】 本章主要介绍受弯构件的种类和截面形式，受弯构件的主要破坏形式，强度与刚度计算，整体稳定性计算，局部稳定性计算。通过本章的学习，掌握梁的强度、刚度的计算方法；掌握梁整体稳定性的验算方法和提高梁整体稳定性的措施及保证梁不失稳的条件；掌握局部稳定性有关的规定和验算方法；掌握梁的支承加劲肋的计算和有关规定。

受弯构件也称为梁，是钢结构中应用广泛的一种基本构件。在实际工程中，其截面形式有实腹式和格构式两大类，实腹式受弯构件工程上通常称为梁，格构式受弯构件分为蜂窝梁与桁架两种形式。在房屋建筑中，钢梁主要用作多层和高层房屋中的楼盖梁，厂房中的工作平台梁、吊车梁，水工结构中闸门，以及海上采油平台中的主、次梁等。

5.1 受弯构件特点

受弯构件根据支承条件，可分为简支梁、连续梁、悬臂梁和外伸梁。因单跨简支梁在制作、安装、拆换、修理等方面较方便，且内力不受温度变化和支座沉降等的影响，在钢梁中应用最多。梁主要用以承受横向荷载，梁截面须有较大的抗弯刚度，故最经济的截面形式是工字形或箱形。钢梁按制作方法分为型钢梁和组合梁两类，型钢梁虽然受轧钢条件限制，腹板较厚，材料未能充分利用，但由于制造省工，成本较低，故当型钢梁能满足强度和刚度要求时，应优先采用。型钢梁分为热轧型钢梁和冷弯薄壁型钢梁两种。热轧型钢梁常采用工字钢、H型钢和槽钢。H型钢的截面分布最合理，翼缘内外边缘平行，与其他构件连接方便，应优先采用。槽钢因其截面是单轴对称，荷载常常不通过截面的弯曲中心，受弯的同时会产生约束扭转，以致影响梁的承载能力，故常用于在构造上能保证截面不发生显著扭曲，且跨度很小的次梁或屋盖檩条，以及小的次梁或屋盖檩条。

对受荷较小、跨度不大的受弯构件常采用冷弯薄壁型钢梁（图5-1j～m），可有效节省钢材。当荷载较大或跨度较大时，受规格限制，型钢梁常不能满足承载能力或刚度的要求，为最大限度地节省钢材，可考虑采用组合梁（图5-1e～i）。组合梁可制成对称工字形、不对称工字形或双腹式箱形截面等，其中焊接工字形截面最为常用。当荷载很大而高度受到限制或需要较高的截面抗扭刚度时，可采用箱形截面，如钢箱梁桥梁等。

工字梁受弯时翼缘应力大、腹板应力小，为充分利用钢材的强度，焊接梁的翼缘可采用强度较高的低合金钢，而腹板则采用强度较低的钢材，即所谓异种钢梁。也可将工字钢的腹板沿梯形齿状线切割成两半，然后错开半个节距（图5-2），为蜂窝梁。蜂窝梁由于截面高度增大，提高了承载力，而且腹板的孔洞可作为设备通道，是一种较经济、合理的截面形式，在高层房屋楼盖中经常采用。

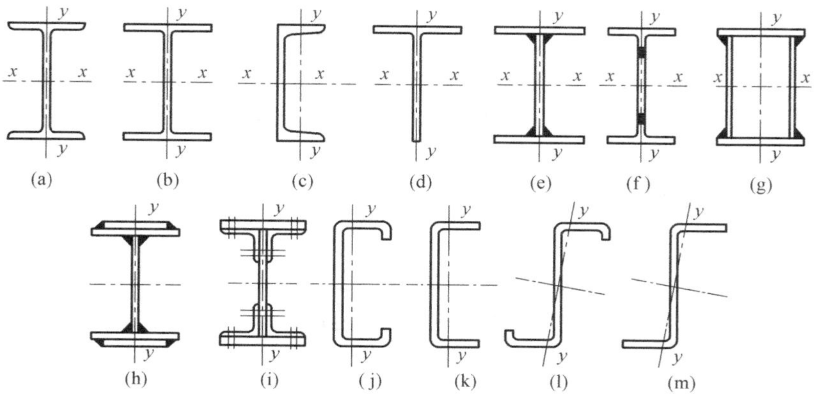

图 5-1　梁的常见截面形式

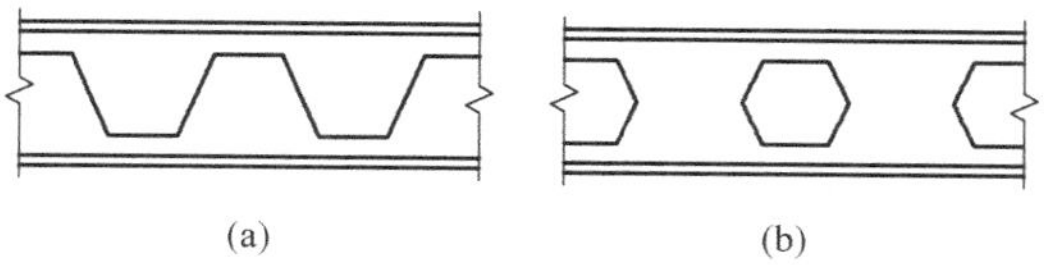

图 5-2　蜂窝梁

单向弯曲梁是在荷载作用下只在一个主轴平面内受弯的工字梁（图 5-3a），在荷载作用下绕主轴 x-x 产生弯矩 M_x，使梁沿 y-y 平面内弯曲。双向弯曲梁（图 5-3b）是在两个主平面内受弯的梁。

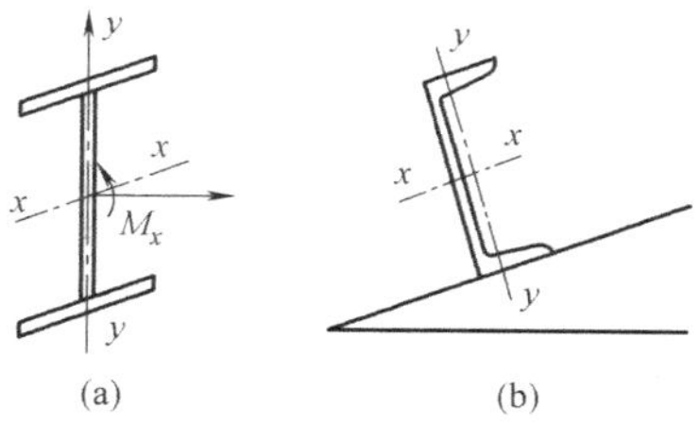

图 5-3　单向和双向弯曲梁

5.2　受弯构件的强度和刚度

受弯构件的设计必须同时考虑承载能力极限状态、正常使用极限状和耐久性极限状态。承载能力极限状态在钢梁的设计中包括强度、整体稳定和局部稳定三个方面。强度一般包括弯曲正应力、剪应力、局部承压应力和折算应力计算。正常使用极限状态设计中主要考虑梁的刚度。

5.2.1　受弯构件的抗弯强度

梁受弯时的应力-应变曲线与单向拉伸时相似，也存在屈服点和屈服台阶，可视为理想弹塑性体。当弯矩逐渐加大时，根据平截面假定截面应变保持平面，截面正应力的发展过程分为三个阶段（图 5-4）。

（1）弹性阶段：当作用于梁上的弯矩较小时，梁全截面处于弹性工作阶段，应力与应变成正比，截面上的应力分布为直线。随着弯矩的增大，正应力按比例增加。当梁截面边缘纤维的最大正应力达到屈服点 f_y时，表示弹性阶段结束，相应的弯矩称为弹性极限弯矩。

$$M_{xe}=f_y W_{nx} \tag{5-1}$$

式中 W_{nx}——梁净截面（弹性）抵抗矩。

（2）弹塑性阶段：弯矩继续增大，梁截面边缘应力保持 f_y不变，而截面的上、下边，凡是应变值达到和超过 ε_y的部分，其应力都相应达到 f_y，形成两端塑性区、中间弹性区。

（3）塑性阶段：弯矩进一步增大，梁截面的塑性区不断向内发展，弹性核心不断变小。当弹性核心几乎完全消失时，整个截面进入塑性区，弯矩不再增加，而塑性变形急剧增大，梁在弯矩作用方向绕该截面中和轴自由转动，形成一个塑性铰，承载能力达到极限，此时的弯矩称为塑性弯矩。

$$M_{xp}=f_y(S_{1nx}+S_{2nx})=f_y W_{pnx} \tag{5-2}$$

式中 S_{1nx}——中和轴以上净截面对中和轴的面积矩；

S_{2nx}——中和轴以下净截面对中和轴的面积矩；

W_{pnx}——梁净截面塑性抵抗矩，$W_{pnx}=S_{1nx}+S_{2nx}$。

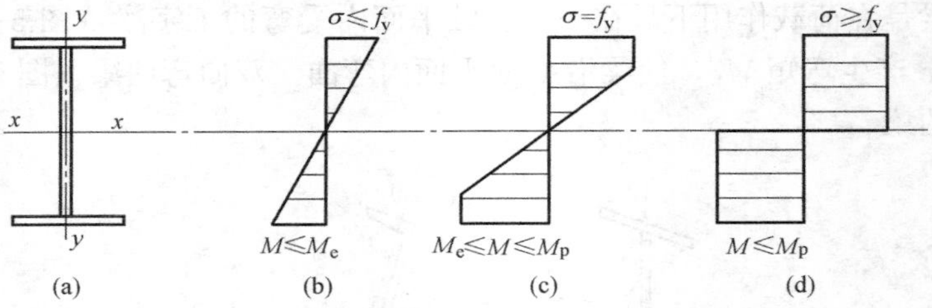

图 5-4 梁的弯曲正应力分布

塑性抵抗矩与弹性抵抗矩之比为：

$$\gamma_f=\frac{W_{pnx}}{W_{nx}}=\frac{M_{xp}}{M_{xe}} \tag{5-3}$$

γ_f称为截面形状系数，其值只取决于截面的几何形状，而与材料的性质无关。对于矩形截面 $\gamma_f=1.5$，圆截面 $\gamma_f=1.7$，圆管截面 $\gamma_f=1.27$。工字形截面绕强轴 γ_f在 1.10～1.17 之间，绕弱轴时 $\gamma_f=1.5$。

钢材本身有较好的塑性，在梁的抗弯强度计算时，按弹性设计偏于保守，考虑截面塑性发展比不考虑要节省钢材。但梁的截面应力发展到塑性时，可能使梁的挠度过大，受压翼缘过早失去局部稳定。因此，《钢结构设计标准》GB 50017—2017 规定，除直接承受动力荷载或受压翼缘自由外伸宽度 b 与其厚度 t 之比超过 $13\sqrt{235f_y}$ 的梁仍采用弹性设计外，一般的静定梁可考虑部分发展塑性变形来计算梁的弯曲刚度，截面上的塑性发展区在梁高的 1/8～1/4 范围内，一般取 $h/8$。这样，梁的抗弯强度按下列规定计算：

单向弯曲时

$$\sigma=\frac{M_x}{\gamma_x W_{nx}}\leqslant f \tag{5-4}$$

双向弯曲时

$$\sigma=\frac{M_x}{\gamma_x W_{nx}}+\frac{M_y}{\gamma_y W_{ny}}\leqslant f \tag{5-5}$$

式中 M_x、M_y——计算截面处绕 x 轴和 y 轴的弯矩设计值（对工字形截面：x 轴为强轴，y 轴为弱轴）；

W_{nx}、W_{ny}——对 x 轴和 y 轴的净截面抵抗矩；

f——钢材的抗弯强度设计值（见附表 C-1）；

γ_x、γ_y——截面塑性发展系数：当梁受压翼缘的自由外伸宽度与其厚度之比满足 $b_t/t\leqslant 13\sqrt{235/f_y}$ 时，对工字形截面，$\gamma_x=1.05$，$\gamma_y=1.2$；对箱形截面，$\gamma_x=\gamma_y=1.05$；对其他截面，可按表 5-1 计算。

对直接承受动力荷载、采用冷弯薄壁型钢、格构式截面绕虚轴弯曲、受压翼缘的自由外伸宽度与其厚度之比在 $13\sqrt{235/f_y}\sim 15\sqrt{235/f_y}$ 之间的组合梁，均应取 $\gamma_x=\gamma_y=1.0$。

当梁的抗弯强度不够时，增大梁截面的任一尺寸均可，但以增加梁的高度最为显著。

截面塑形发展系数 **表 5-1**

序号	截　　面	γ_x	γ_y
1	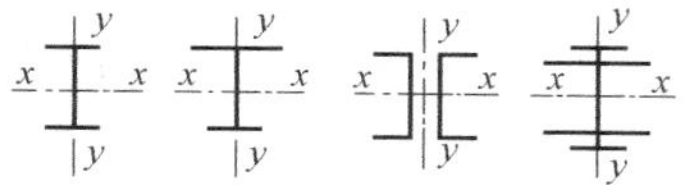	1.05	1.2
2	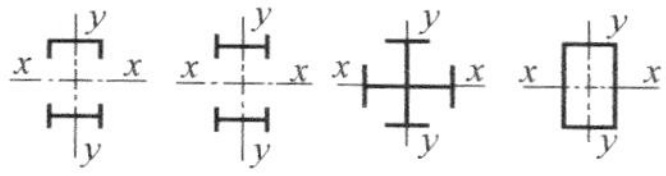		1.05
3	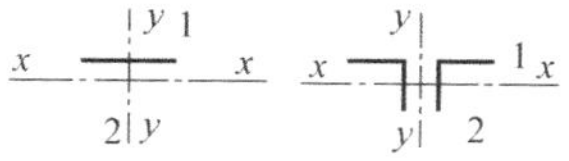	$\gamma_{x1}=1.05$ $\gamma_{x2}=1.2$	1.2
4	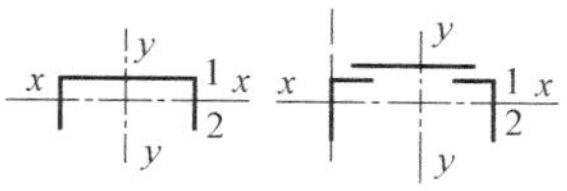		1.05
5	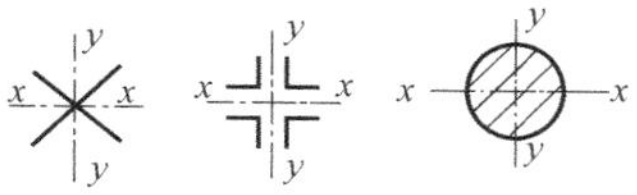	1.2	1.2
6	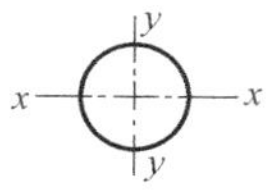	1.15	1.15
7	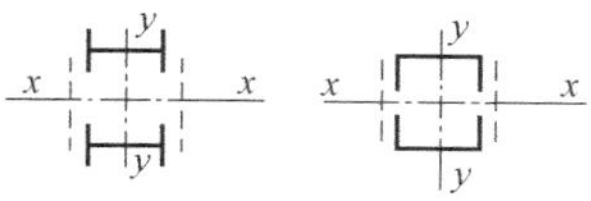	1.0	1.05
8	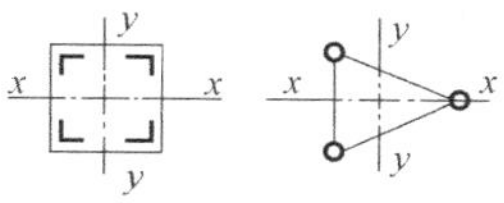		1.0

5.2.2 受弯构件的抗剪强度

一般情况下，梁承受弯矩和剪力的共同作用。钢梁剪应力的验算公式为：

$$\tau=\frac{VS}{It_{\mathrm{w}}}\leqslant f_{\mathrm{v}} \tag{5-6}$$

式中 V——计算截面沿腹板平面作用的剪力；

S——计算剪应力处以上（或以下）毛截面对中和轴的面积矩；

I——毛截面惯性矩；

t_{w}——腹板厚度；

f_{v}——钢材的抗剪强度设计值。

当梁的抗剪强度不足时，最有效的办法是增大腹板的面积，但腹板高度一般由梁的刚度条件和构造要求确定，故设计时常采用加大腹板厚度的办法来增大梁的抗剪强度。

5.2.3 受弯构件的局部承压强度

当梁的翼缘受沿腹板平面作用的集中荷载，且该荷载处又未设置支撑加劲肋，那么邻近荷载作用处腹板计算高度边缘将会受到较大的局部承压应力（图 5-5）。为避免腹板屈服，《钢结构设计标准》GB 50017—2017 中要求验算腹板计算高度边缘的局部承压强度，即：

$$\sigma_{\mathrm{c}}=\frac{\psi F}{t_{\mathrm{w}}l_{z}}\leqslant f \tag{5-7}$$

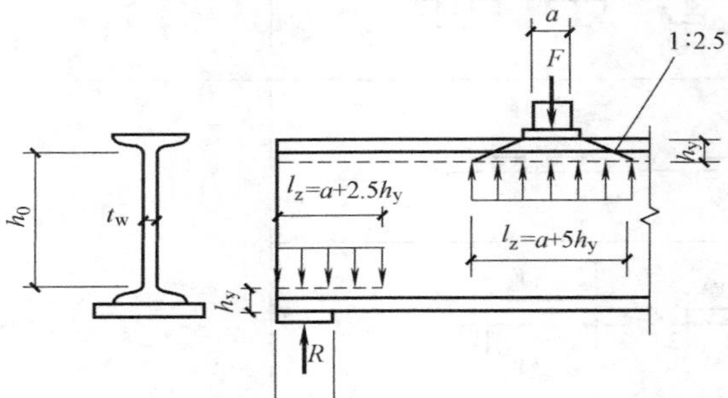

图 5-5 梁的局部压应力

式中 F——集中荷载，对动力荷载应考虑动力系数；

ψ——集中荷载增大系数，对重级工作制吊车梁，$\psi=1.35$；对其他梁 $\psi=1.0$；

l_z——集中荷载在腹板计算高度边缘的假定分布长度，按下式计算：

跨中集中荷载 $l_z=a+5h_y+2h_R$；

梁端支反力 $l_z=a+2.5h_y$；

a——集中荷载沿梁跨度方向的支承长度，对吊车梁可取 50mm；

h_y——梁承载边缘到腹板计算高度边缘的距离；

h_R——轨道的高度，梁顶无轨道时 $h_R=0$。

腹板的计算高度 h_0：对轧制型钢梁，为腹板与上、下翼缘相接处两内弧起点间距离；

对焊接组合梁，为腹板高度；对铆接（或高强度螺栓连接）组合梁，为上、下翼缘与腹板连接的铆钉（或高强度螺栓）线间最近距离。

当验算不满足时，对固定集中荷载处（包括支座处）应设置支承加劲肋，并对支承加劲肋进行计算；对移动集中荷载，则应加大腹板厚度。对于翼缘上作用有均布荷载的梁，因腹板上边缘局部压应力不大，不需要进行局部压应力的验算。

5.2.4 受弯构件在复杂应力作用下的强度计算

在梁的腹板计算高度边缘处，当同时有较大的正应力、剪应力和局部压应力，或同时有较大的正应力和剪应力时，使该点处在复杂应力状态下，应按下式验算该处的折算应力。

$$\sqrt{\sigma^2+\sigma_c^2-\sigma\sigma_c+3\tau^2}\leqslant\beta_1 f \tag{5-8}$$

式中 β_1——验算折算应力的强度设计值增大系数。当 σ 与 σ_c 异号时，取 $\beta_1=1.2$；当 σ 与 σ_c 同号时，取 $\beta_1=1.1$，这是由于异号应力场有利于塑性发展，提高了材料的设计强度；

σ、τ、σ_c——分别为腹板计算高度边缘同一点上的正应力、剪应力和局部压应力。σ、σ_c 以拉应力为正值，压应力为负值；τ 和 σ_c 应按式（5-6）和式（5-7）计算，σ 应按下式计算：

$$\sigma=\frac{M_x}{I_{nx}}y_1 \tag{5-9}$$

I_{nx}——梁的净截面惯性矩；

y_1——所计算点至梁中和轴的距离。

5.2.5 梁的刚度

刚度就是抵抗变形的能力，梁的刚度用荷载作用下的挠度大小来衡量。梁的刚度不足，就不能保证正常使用。因此，《钢结构设计标准》GB 50017—2017 规定梁的挠度分别不超过下列限值，即：

$$v_T\leqslant[v_T] \tag{5-10a}$$

$$v_Q\leqslant[v_Q] \tag{5-10b}$$

式中 v_T、v_Q——分别为全部荷载（包括永久和可变荷载）、可变荷载的标准值（不考虑荷载分项系数和动力系数）产生的最大挠度；

$[v_T]$、$[v_Q]$——分别为全部荷载（包括永久和可变荷载）、可变荷载的标准值产生的挠度的容许挠度值，见表 5-2。

受弯构件的挠度容许值 **表 5-2**

项次	构件类别	挠度容许值	
		$[v_T]$	$[v_Q]$
1	吊车梁和吊车桁架(按自重和起重量最大的一台吊车计算挠度) (1)手动吊车和单梁吊车(包括悬挂吊车) (2)轻级工作制桥式吊车 (3)中级工作制桥式吊车 (4)重级工作制桥式吊车	 $l/500$ $l/800$ $l/1000$ $l/1200$	—

续表

项次	构件类别	挠度容许值	
		$[v_T]$	$[v_Q]$
2	手动或电动葫芦的轨道梁	$l/400$	—
3	有重轨（重量大于或等于 38kg/m）轨道的工作平台梁	$l/600$	
	有轻轨（重量小于或等于 24kg/m）轨道的工作平台梁	$l/400$	
4	楼（屋）盖梁或桁架、工作平台梁（第 3 项除外）和平台板		
	（1）主梁或桁架（包括设有悬挂起重设备的梁和桁架）	$l/400$	$l/500$
	（2）抹灰顶棚的次梁	$l/250$	$l/350$
	（3）除（1）、（2）款外的其他梁（包括楼梯梁）	$l/250$	$l/300$
	（4）屋盖檩条		
	支承无积灰的瓦楞铁和石棉瓦屋面者	$l/150$	—
	支承压型金属板、有积灰的瓦楞铁和石棉瓦等屋面者	$l/200$	—
	支承其他屋面材料者	$l/200$	—
	（5）平台板	$l/150$	—
5	墙架结构（风荷载不考虑阵风系数）		
	（1）支柱	—	$l/400$
	（2）抗风桁架（作为连接支柱的支承时）	—	$l/1000$
	（3）砌体墙的横梁（水平方向）	—	$l/300$
	（4）支承压型金属板、瓦楞铁和石棉瓦墙面的横梁（水平方向）	—	$l/200$
	（5）带有玻璃窗的横梁（竖直和水平方向）	$l/200$	$l/200$

注：1. l 为受弯构件的跨度（对悬臂梁和伸臂梁为悬伸长度的 2 倍）；

2. $[v_T]$ 为永久和可变荷载标准值产生的挠度（如有起拱应减去拱度）的容许值；$[v_Q]$ 为可变荷载标准值产生的挠度的容许值。

梁的挠度可按材料力学和结构力学的方法计算，也可由《建筑结构静力计算手册》（第二版）取用。受多个集中荷载的梁，其挠度的精确计算较为复杂，但与最大弯矩相同的均布荷载作用下的挠度接近。

计算梁的挠度 v 值时，取用的荷载标准值应与表 5-2 规定的容许挠度值 $[v]$ 相对应。对吊车梁，挠度 v 应按自重和起重量最大的一台吊车计算；对楼盖或工作平台梁，应分别验算全部荷载产生的挠度和仅由可变荷载产生的挠度。

【例 5-1】 一工字形截面梁绕强轴受力，截面尺寸如图 5-6 所示，当梁某一截面所受弯矩 $M=400\text{kN}\cdot\text{m}$、剪力 $V=580\text{kN}$ 时，试验算梁在该截面处的强度是否满足要求。已知钢材为 Q235B，$f=215\text{N/mm}^2$，$f_v=125\text{N/mm}^2$。

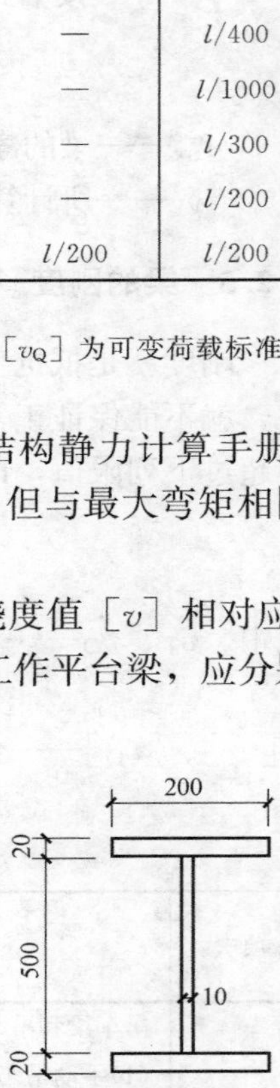

图 5-6　例 5-1 图

【解】（1）截面几何特征

$$A=2\times20\times2+50\times1=130\text{cm}^2$$

$$I_x=1\times50^3/12+2\times2\times20\times26^2=64497\text{cm}^4$$

$$S_x=20\times2\times26+1\times25\times12.5=1352.5\text{cm}^3$$

$$S_1=2\times20\times26=1040\text{cm}^3$$

$$W_x=\frac{64497}{27}=2389\text{cm}^3$$

（2）截面边缘纤维最大正应力

$$\sigma=\frac{M}{W_x}=\frac{400\times10^6}{2389\times10^3}=167\text{N/mm}^2<215\text{N/mm}^2$$

满足要求。

（3）腹板上边缘处

1）正应力

$$\sigma_1=500\sigma/540=154.6\text{N/mm}^2$$

2）剪应力

$$\tau_1=\frac{VS_1}{I_x t_w}=\frac{580\times10^3\times1040\times10^3}{64497\times10^4\times10}=93.5\text{N/mm}^2$$

3）折算应力

$$\sqrt{{\sigma_1}^2+3{\tau_1}^2}=\sqrt{154.6^2+3\times93.5^2}=223.9\text{N/mm}^2<236.5\text{N/mm}^2$$

满足要求。

5.3 受弯构件的整体稳定

5.3.1 受弯构件的稳定的概念

为了提高梁的抗弯刚度，节省钢材，钢梁截面一般设计成高而窄的形式，这样将导致其侧向抗弯刚度、抗扭刚度较小。如果梁的侧向支撑较弱，梁的弯曲就会随荷载大小变化而呈现两种截然不同的平衡状态。工字形截面梁（图5-7），荷载作用在其最大刚度平面内。当截面弯矩M_x较小时，梁的弯曲平衡状态是稳定的。虽然外界各种因素会使梁产生微小的侧向弯曲和扭转变形，但外界影响消失后，梁仍能恢复原来的弯曲平衡状态。然而，当截面弯矩增大到某一数值M_{cr}后，梁向下弯曲的同时，将突然发生侧向弯曲和扭转，带动扭转变形，即使外界影响消失后，梁也不能恢复到原来的弯曲平衡状态。这时梁处于极其短暂的中性平衡，并将迅速转变为不稳定平衡，最终因侧向弯曲和扭转急剧增大而破坏，这种现象称为梁的侧向弯扭屈曲或整体失稳。梁维持其稳定状态所能承担的最大荷载或最大弯矩，称为临界荷载或临界弯矩。

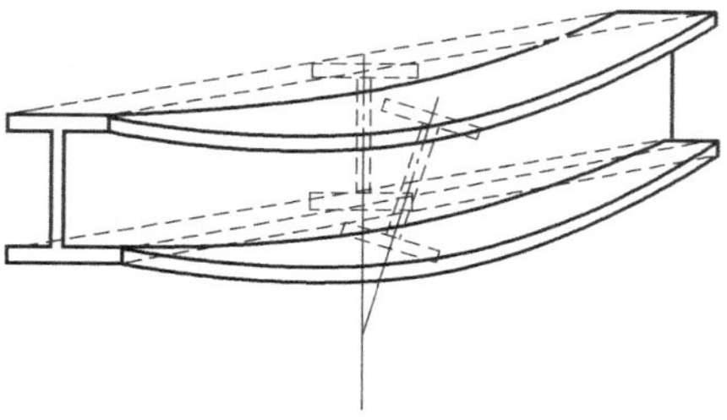

图5-7　梁的整体稳定形态

梁之所以会出现侧扭屈曲，可以这样来理解：把受弯构件的受压翼缘和部分与其相连的受压腹板视为一根轴心压杆，随着压力的增加，达到一定的程度，此压杆将不能保持原来的位置而发生屈曲。但是，受压翼缘和部分腹板又与轴心压杆不完全相同，它与受拉翼缘和受拉腹板是直接相连的。当其发生屈曲时只能是出平面的侧向屈曲，加上受拉部分对其侧向弯曲的牵制，带动整个梁的截面一起发生侧弯和扭转，因而受弯构件的整体失稳必然是侧向弯扭屈曲。

从以上失稳机理来看，梁的整体失稳是弯曲压应力引起的，而且梁丧失整体稳定时的承载力往往低于其抗弯强度确定的承载力，因此，对于侧向没有足够的支撑或侧向刚度较小的梁，其承载力将由整体稳定所控制。

5.3.2 整体稳定的验算

当钢梁符合下列情况之一时不需要验算其整体稳定性：

（1）有铺板（各种钢筋混凝土板和钢板）密铺在梁的受压翼缘上并与其牢固相连，能阻止梁受压翼缘的侧向位移时。

（2）H 型钢或等截面工字形简支梁受压翼缘的自由长度与其宽度之比 l/b 不超过表5-3所规定的数值时。

H 型钢或等截面工字形简支梁不需计算整体稳定性的最大 l/b 值　　表 5-3

钢号	跨中无侧向支承点的梁		跨中有侧向支承点
	荷载作用于上翼缘	荷载作用于下翼缘	
Q235	13	20	16
Q355	10.6	16.3	13
Q390	10	15.5	12.5
Q420	9.5	15	12

注：其他钢号的梁不需计算整体稳定性的最大 l/b 值，应取 Q235 钢的数值乘以 $\sqrt{235/f_y}$。

（3）对箱形截面简支梁，其截面尺寸（图 5-8）满足 $h/b_0 \leqslant 6$，且 $l/b_0 \leqslant 95\ (235/f_y)$ 时（箱形截面的此条件很容易满足）。

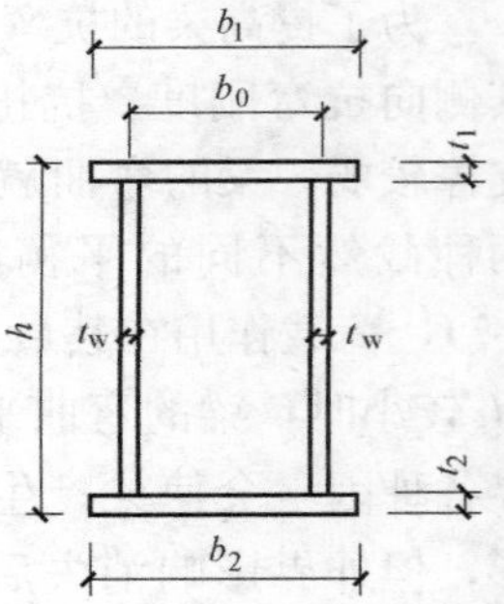

图 5-8　箱形截面

当不满足上述条件时，需进行整体稳定性计算，即单向受弯构件整体稳定性计算公式为：

$$\frac{M_x}{\varphi_b W_x} \leqslant f \tag{5-11}$$

式中　M_x——绕强轴作用的最大弯矩；

W_x——按受压纤维确定的梁毛截面模量；

φ_b——梁的整体稳定性系数，$\varphi_b = \sigma_{cr}/f_y$，按附表 G-1 确定。

在双向受弯的 H 型钢截面或工字形截面构件，其稳定性应按下式计算：

$$\frac{M_x}{\varphi_b W_x} + \frac{M_y}{\gamma_y W_y} \leqslant f \tag{5-12}$$

式中　W_x、W_y——按受压纤维确定的对 x 轴和对 y 轴的梁毛截面模量；

M_x、M_y——绕强轴（x 轴）、绕弱轴（y 轴）作用的弯矩；

φ_b——绕强轴弯曲所确定的梁整体稳定系数；

γ_y——绕弱轴的截面塑性发展系数。

当梁的整体稳定性计算不满足要求时，可采取增加侧向支承或加大梁的尺寸（以增加梁的受压翼缘宽度最有效）等办法予以解决。无论梁是否需要计算整体稳定性，在梁端必须采用构造措施提高抗扭刚度，以防止端部截面扭转。

关于梁的整体稳定系数，由于临界应力理论公式较为繁杂，不便应用，故《钢结构设计标准》GB 50017—2017 采用简化的实用公式。对于一般的受横向荷载或端弯矩作用的焊接工字形等截面简支梁，包括单轴对称和双轴对称工字形截面，应按下式计算其整体稳定系数。

$$\varphi_b=\beta_b \cdot \frac{4320}{\lambda_y^2} \cdot \frac{Ah}{W_x}\left[\sqrt{1+\left(\frac{\lambda_y t_1}{4.4h}\right)^2}+\eta_b\right]\frac{235}{f_y} \tag{5-13}$$

式中 β_b——等效临界弯矩系数，按附录 G 采用；

λ_y——梁在侧向支承点间对截面弱轴 y-y 的长细比，$\lambda_y=l_1/i_y$，其中 l_1 为梁的受压翼缘侧向支承点间的距离，i_y 为梁毛截面对 y 轴的回转半径；

A——梁的毛截面面积；

h、t_1——梁截面的全高和受压翼缘厚度；

η_b——截面不对称影响系数，按附录 G 采用，对双轴对称形截面 $\eta_b=0$。

各类截面受弯构件，其整体稳定系数都是按弹性理论求得的。研究表明，当求得 $\varphi_b>0.6$ 时，相应的临界应力超过了比例极限，构件已发生了较大的塑性变形，临界应力有明显降低。《钢结构设计标准》GB 50017—2017 规定：计算得 $\varphi_b>0.6$ 时，应对 φ_b 进行修正，用 φ_b' 代替 φ_b 进行梁的整体稳定性计算，即：

$$\varphi_b'=1.07-0.282/\varphi_b \tag{5-14}$$

5.3.3 梁在弹性阶段的临界弯矩

工字形截面简支梁的临界弯矩计算时根据弹性稳定理论，在梁临界失稳的位置上建立平衡微分方程，得到简支梁的临界弯矩为：

$$M_{cr}=\pi\sqrt{1+\frac{\pi^2}{l^2}\frac{EI_\omega}{GI_t}}\frac{\sqrt{EI_yGI_t}}{l}=\beta\frac{\sqrt{EI_yGI_t}}{l} \tag{5-15}$$

式中 EI_y——受弯构件截面抗弯刚度；

GI_t——受弯构件截面自由扭转刚度；

EI_ω——受弯构件截面翘曲刚度；

I_y——受弯构件对弱轴的毛截面惯性矩；

I_t——受弯构件扭曲惯性矩；

I_ω——受弯构件翘惯性矩；

E——钢材的弹性模量；

G——钢材的剪变模量；

l——梁受压翼缘的自由长度，等于梁的跨度或侧向支承点的间距。

对双轴对称工字形截面

$$I_\omega=I_y(h/2)^2$$

$$\beta=\pi\sqrt{1+\frac{\pi^2}{l^2}\cdot\frac{EI_\omega}{GI_t}}=\pi\sqrt{1+\pi^2\left(\frac{h}{2l}\right)^2\cdot\frac{EI_y}{GI_t}}=\pi\sqrt{1+\pi^2\psi} \tag{5-16}$$

$$\psi=\left(\frac{h}{2l}\right)^2\frac{EI_y}{GI_t} \tag{5-17}$$

β——梁整体稳定屈曲系数，与作用于梁上的荷载类型有关，不同荷载类型值列于表 5-4。

双轴对称工字形截面简支梁的整体稳定屈曲系数 β 值　　表 5-4

荷载作用位置	荷载类型		
	纯弯曲	均布荷载	跨中央一个集中荷载
截面形心	$\pi\sqrt{1+\pi^2\psi}$	$1.13\pi\sqrt{1+10\psi}$	$1.35\pi\sqrt{1+10.2\psi}$
上、下翼缘		$1.13\pi(\sqrt{1+11.9\psi}\pm1.44\sqrt{\psi})$	$1.13\pi(\sqrt{1+12.9\psi}\pm1.74\sqrt{\psi})$

注：表中的"±"号，"−"号用于荷载作用在上翼缘，"+"号用于荷载作用在下翼缘。

5.3.4 影响梁整体稳定的主要因素

(1) 受压翼缘的自由长度 l

由于梁的整体失稳变形包括侧向弯曲和扭转，因此，沿梁的长度方向设置一定数量的侧向支承就可以有效提高梁的整体稳定性。侧向支承点的位置对提高梁的整体稳定性也有很大影响。若只在梁的剪心处设置支承，只能阻止梁在剪心点发生侧向移动，而不能有效阻止截面扭转，效果不理想。因为梁整体失稳起因在于受压翼缘的侧向变形，故在梁的受压翼缘设置支承，减小受压翼缘的自由长度 l，阻止该翼缘侧移，扭转也就不会发生。

(2) 截面尺寸

受弯构件的截面尺寸，如受弯构件惯性矩越大，侧向抗弯刚度 EI_y、抗扭刚度 GI_t 越大，则临界弯矩 M_{cr} 越大，受弯构件的整体稳定性能可大大提高。对于同一种截面形式，加强受压翼缘比加强受拉翼缘有利：加强受压翼缘时截面的剪心位于截面形心之上，减小了截面上荷载作用点至剪心距离即扭矩的力臂，从而减小了扭矩，提高了构件的整体稳定承载力。

(3) 支承情况

梁端支座对截面有约束作用，两端支承条件不同，其抵抗弯扭屈曲的能力也不同，约束程度越强则抵抗屈曲能力越强。

(4) 荷载类型

荷载作用位置对临界弯矩有影响，表 5-4 说明跨中作用一个集中荷载时临界弯矩最大，纯弯曲时临界弯矩最小，而荷载作用在下翼缘比作用在上翼缘的临界弯矩大。

【例 5-2】 一跨度为 4.5m 的工作平台简支梁，承受均布荷载设计值 28kN/m（静载不包自重），采用普通轧制工字钢 I32a，钢材 Q235，验算强度、刚度和整体稳定。跨中无侧向支撑点。

【解】 I32a 轧制工字钢的主要参数如下：

自重 $g_0=52.7\times9.8=516.46\text{N/m}$，$W_x=692.2\text{cm}^3$　$t_w=9.5\text{mm}$，$\dfrac{I_x}{S_x}=27.5\text{cm}$，$I_x=11076\text{cm}^4$，$r=11.5\text{cm}$，$t=15\text{mm}$，$b=130\text{mm}$

加上自重后最大弯矩和剪力设计值分别如下：

$$M_{max}=\frac{1}{8}ql^2+\frac{1}{8}g_0\times1.2l^2=\frac{1}{8}(28+0.516\times1.2)\times4.5^2=72.44\text{kN}\cdot\text{m}$$

$$V_{max}=\frac{1}{2}\times28\times4.5+\frac{1}{2}\times0.516\times1.2\times4.5=64.39\text{kN}$$

(1) 强度验算

1）抗弯强度

$$\frac{M_{\max}}{\gamma_x W_x}=\frac{72.44\times10^3\times10^3}{1.05\times692.2\times10^3}=99.67\text{N/mm}^2<f=215\text{N/mm}^2$$

2）抗剪强度

$$\frac{V_{\max}S_x}{l_x t_W}=\frac{64.39\times10^3}{27\times9.5\times10}=24.64\text{N/mm}^2<f_V=125\text{N/mm}^2$$

3）局部承压强度

$h_y=r+t=11.5+15=16.5\text{mm}$　假定支承长度 $\alpha=100\text{mm}$

$L_Z=\alpha+2h_y=100+16.5\times2=133\text{mm}$　支座处　$F=V_{\max}=64.39\text{kN}$

$$\sigma_c=\frac{\psi F}{t_w L_Z}=\frac{1.0\times64.39\times10^3}{9.5\times133}=50.96\text{N/mm}^2<f=215\text{N/mm}^2$$

（2）刚度验算

按荷载标准值计算得：

$$q_k=\frac{28}{1.2}+0.516=23.85\text{kN/m}$$

$$\upsilon_{\max}=\frac{5}{384}\frac{q_k l^4}{EI}=\frac{5}{384}\times\frac{23.85\times4500^4}{206\times10^3\times11076\times10^4}=5.58\text{mm}<\frac{l}{250}=18\text{mm}$$

（3）稳定性验算（因为$\frac{l}{b}=\frac{4500}{130}=34.6>13$）

由题意可知跨中无侧向支承点，均布荷载作用于上翼缘

I32a，$l=4.5\text{m}$，附查 G-2 表，可得 $\varphi_b=0.83>0.6$

可得 $\varphi_b'=1.07-\frac{0.282}{\varphi_b}=0.73$

$$\frac{M_{\max}}{\varphi_b' W_x}=\frac{72.44\times10^3\times10^3}{0.73\times692.2\times10^3}=143.3\text{N/mm}^2<f=215\text{N/mm}^2$$

故强度、刚度、整体稳定性均满足要求。

5.4　受弯构件的局部稳定和腹板加劲肋的设计

组合梁一般由翼缘和腹板等板件连接组成，为提高梁的刚度、强度及整体稳定承载能力，应遵循宽肢薄壁的设计原则，常采用高而薄的腹板和宽而薄的翼缘。如果这些板件减薄加宽得不恰当，板中压应力或剪应力达到某一数值后，腹板或受压翼缘有可能偏离其平面位置，出现波形鼓曲（图 5-9），这种现象称为梁的局部失稳。

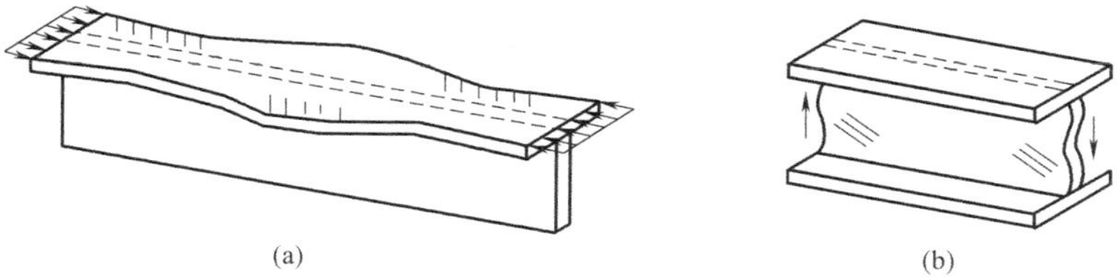

(a)　(b)

图 5-9　梁的局部稳定

热轧型钢梁由于其翼缘和腹板宽厚比较小，都能满足局部稳定要求，不需要验算。对

冷弯薄壁型钢梁的受压或受弯构件，宽厚比不超过规定的限值时，认为板件全部有效；当超过限值时，则只考虑一部分宽度有效，按《钢结构设计标准》GB 50017—2017 规定计算。

5.4.1 受压翼缘的局部稳定

梁的受压翼缘板主要受均布压应力作用，为了充分发挥材料强度，翼缘的合理设计是采用一定厚度的钢板，让其临界应力 σ_{cr} 不低于钢材的屈服点 f_y，从而使翼缘不丧失稳定。一般采用限制宽厚比的方法来保证梁受压翼缘板的稳定性。矩形薄板弹塑性稳定临界应力为：

$$\sigma_{cr}=\beta\chi\frac{\pi^2 E}{12(1-\nu^2)}\left(\frac{t}{b}\right)^2 \tag{5-18}$$

式中 E——钢材的弹性模量；

ν——泊松比；

t——板的厚度；

b——板的宽度；

β——屈曲系数；

χ——弹性嵌固系数。

组合梁是由翼缘和腹板组成的，梁局部失稳时还需考虑实际板件与板件之间的相互嵌固作用，弹性嵌固的程度取决于相互连接的板件的刚度。将 $E=206\times10^3\,\mathrm{N/mm^2}$ 和 $\nu=0.3$ 代入式（5-18）得：

$$\sigma_{cr}=18.6\beta\chi\left(\frac{100t}{b}\right)^2 \tag{5-19}$$

钢梁的受压翼缘板的悬伸部分为三边简支板，板长 a 趋于无穷大时，其屈曲系数 $\beta=0.425+b^2/a^2$，腹板对翼缘的约束作用很小（可忽略），取嵌固系数 $\chi=1.0$。取 $\eta=0.25$，由 $\sigma_{cr}\geqslant f_y$，代入式（5-19）得：

$$\sigma_{cr}=18.6\times0.425\times1.0\sqrt{0.25}\left(\frac{100t}{b}\right)^2\geqslant f_y \tag{5-20}$$

梁受压翼缘自由外伸宽度 b 与其厚度 t 之比应满足以下条件：

$$\frac{b}{t}\leqslant13\sqrt{\frac{235}{f_y}} \tag{5-21}$$

当按弹性设计时，梁受压翼缘自由外伸宽度 b 与其厚度 t 之比满足的条件为：

$$\frac{b}{t}\leqslant15\sqrt{\frac{235}{f_y}} \tag{5-22}$$

箱形截面在两腹板间的受压翼缘可按四边简支纵向均匀受压板计算，取 $\beta=4.0$，$\eta=0.25$，$\chi=1.0$，由 $\sigma\geqslant f_y$，得其宽厚比限值为：

$$\frac{b}{t}\leqslant40\sqrt{\frac{235}{f_y}} \tag{5-23}$$

5.4.2 腹板的局部稳定

组合梁腹板的局部稳定有两种设计方法。

方法一：对于承受静力荷载或间接承受动力荷载的组合梁，宜考虑腹板屈曲后强度，即允许腹板在梁整体失稳之前屈曲，布置加劲肋并计算其抗弯和抗剪承载力。

方法二：对于直接承受动力荷载的吊车梁及类似构件，或设计中不考虑屈曲后强度的组合梁，其腹板的稳定性及加劲肋设置与计算如本节所述。

（1）三种应力单独作用下的临界应力

1）腹板的纯剪屈曲

当腹板假定为四边简支受均匀剪应力的矩形板时（图 5-10），板的剪应力为：

$$\tau_{cr}=\beta\frac{\pi^2 E}{12(1-\nu^2)}\left(\frac{t}{b}\right)^2$$

式中 β——屈曲系数。

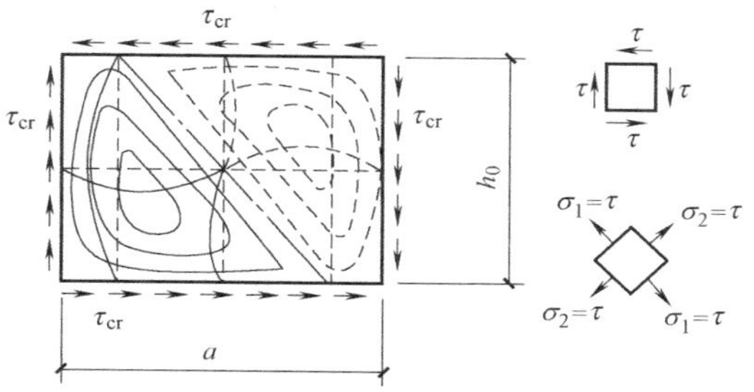

图 5-10 板的纯剪屈曲

将 $E=206\times10^3\,\text{N/mm}^2$ 和 $\nu=0.3$ 代入上式，并考虑翼缘对腹板的弹性嵌固作用，取嵌固系数 $\chi=1.23$，用 t_w 表示腹板的厚度，用板高 h_0 代替 b，则：

$$\tau_{cr}=\beta\chi\frac{\pi^2 E}{12(1-\nu^2)}\left(\frac{t_w}{h_0}\right)^2=1.23\times18.6\beta\left(100\frac{t_w}{h_0}\right)^2 \tag{5-24}$$

当 $a/h_0\leqslant1.0$ 时

$$\beta=4+\frac{5.34}{(a/h_0)^2}$$

当 $a/h_0>1.0$ 时

$$\beta=5.34+\frac{4}{(a/h_0)^2}$$

2）腹板的纯弯屈曲

腹板的纯弯屈曲下，其临界应力为：

$$\sigma_{cr}=\beta\chi\frac{\pi^2 E}{12(1-\nu^2)}\left(\frac{t_w}{h_0}\right)^2=18.6\beta\chi\left(\frac{100t_w}{h_0}\right)^2 \tag{5-25}$$

四边支撑板屈曲状态如图 5-11（a）所示。对于四边简支板，取屈曲系数 $\beta=23.9$，翼缘对腹板嵌固系数 $\chi=1.66$（受压翼缘扭转受到约束，如连有刚性铺板、制动板或焊接钢轨时）和 $\chi=1.23$（受压翼缘扭转未受到约束）时，分别得到下列表达式：

$$\sigma_{cr}=738\left(\frac{100t_w}{h_0}\right)^2 \tag{5-26a}$$

$$\sigma_{cr}=546\left(\frac{100t_w}{h_0}\right)^2 \tag{5-26b}$$

3）腹板在局部压应力下的屈曲

在受弯构件的横向集中荷载作用下，会使腹板的一个边缘受压，属于单侧受压板，通过推导，可得临界应力为：

$$\sigma_{c,cr}=\beta\chi\frac{\pi^2 E}{12(1-\nu^2)}\left(\frac{t_w}{h_0}\right)^2$$

即

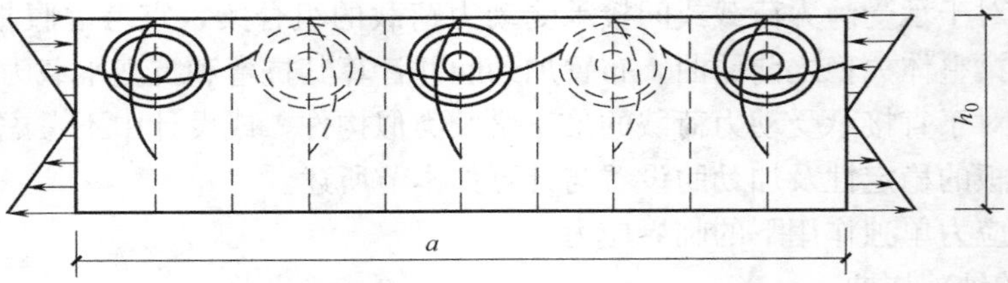

(a)

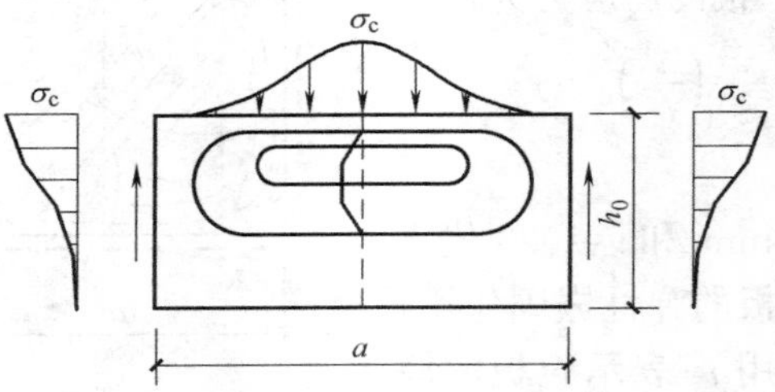

(b)

图 5-11　梁腹板的失稳

$$\sigma_{c,cr}=18.6\beta\chi\left(\frac{100t_w}{h_0}\right)^2 \tag{5-27}$$

承受局部压力的腹板，翼缘对其的嵌固系数 $\chi=1.81-0.225/(a/h_0)$。

当压应力不均匀时，可能产生横向屈曲（图 5-11b），屈曲系数 β 可按下式计算：

当 $0.5\leqslant a/h_0\leqslant 1.5$ 时

$$\beta=\frac{7.4}{a/h_0}-\frac{4.5}{(a/h_0)^2}$$

当 $1.5<a/h_0\leqslant 2.0$ 时

$$\beta=\frac{11.0}{a/h_0}-\frac{0.9}{(a/h_0)^2}$$

承受局部压应力的临界应力也分为塑性状态、弹塑性状态、弹性状态屈曲三段。当压应力均匀分布时，屈曲系数 β 为：

$$\beta=2+\frac{4}{(a/h_0)^2}$$

（2）腹板稳定计算

屈曲弯曲应力、剪应力和局部压应力共同作用下，计算腹板的局部稳定时，应首先根据要求布置加劲肋，然后对腹板各区格进行验算。如果验算结果不符合要求，应重新布置加劲肋，再次验算，直到满足稳定要求。

通过对腹板临界应力的分析可知，增加腹板厚度、设计腹板加劲肋是提高腹板稳定性的有效措施，从经济效果上，后者是最佳的处理方式。加劲肋有支撑加劲肋、横向加劲肋、纵向加劲肋和短加劲肋等四种形式。横向加劲肋主要用于防止由剪应力和局部压应力作用可能引起的腹板失稳，纵向加劲肋主要用于防止由弯曲应力可能引起的腹板失稳，短加劲肋主要用于防止由局部压应力可能引起的腹板失稳。当集中荷载作用处设有支撑加劲肋时，将不再考虑集中荷载对腹板产生的局部压应力作用。

不考虑腹板屈曲后强度时，组合梁腹板宜按下列规定设置加劲肋（图 5-12），并计算各区格的稳定性。

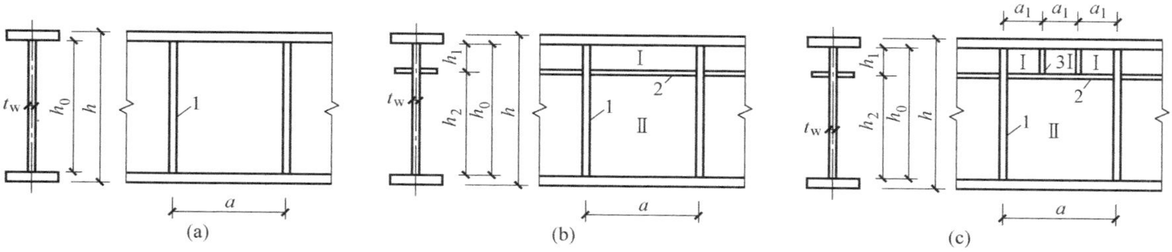

图 5-12　腹板加劲肋的布置

1—横向加劲肋；2—纵向加劲肋；3—短加劲肋

当 $h_0/t_w \leqslant 80\sqrt{235/f_y}$时，对有局部压应力（$\sigma_c \neq 0$）的梁，应按构造配置横向加劲肋；对无局部压应力（$\sigma_c = 0$）的梁，可不配置加劲肋。

当 $80\sqrt{235/f_y} < h_0/t_w$时，腹板可能由于剪应力作用而失稳，故须配置横向加劲肋。《钢结构设计标准》GB 50017—2017 规定，横向加劲肋的最小间距为 $0.5h_0$，最大间距为 $2h_0$；对 $\sigma_c \neq 0$ 的梁，可采用 $2.5h_0$。当 $h_0/t_w > 170\sqrt{235/f_y}$（受压翼缘扭转受到约束，如连有刚性铺板、制动板或焊有钢轨时），或 $h_0/t_w > 150\sqrt{235/f_y}$（受压翼缘扭转未受到约束时），或按计算需要时，应在弯曲应力较大区格的受压区增加配置纵向加劲肋。局部压应力很大的梁，必要时宜在受压区配置短加劲肋。

梁的支座处和上翼缘承受较大固定集中荷载处，应设置支承加劲肋。

在任何情况下都要满足 $h_0/t_w \leqslant 250\sqrt{235/f_y}$。

1）仅配置横向加劲肋的腹板（图 5-12a）

对于仅配置横向加劲肋的腹板区格，同时有弯曲正应力 σ、均布剪应力 τ 及局部压应力 σ_c 的共同作用（图 5-13），区格板件的稳定按下式计算：

$$\left(\frac{\sigma}{\sigma_{cr}}\right)^2 + \left(\frac{\tau}{\tau_{cr}}\right)^2 + \frac{\sigma_c}{\sigma_{c,cr}} \leqslant 1.0 \quad (5\text{-}28)$$

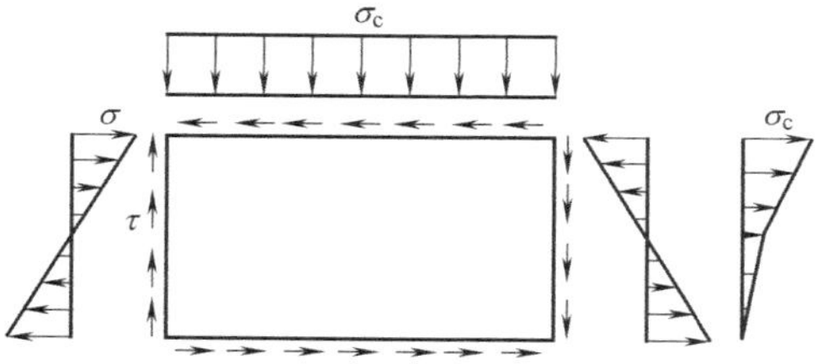

图 5-13　仅配置横向加劲肋的腹板受力状态

式中　σ——所计算腹板区格内，由平均弯矩产生的腹板计算高度边缘的弯曲压应力；

τ——所计算腹板区格内，由平均剪力产生的腹板平均剪应力，按 $\tau = V/(h_0 t_w)$ 计算，h_0 为腹板高度；

σ_c——腹板计算高度边缘的局部压应力，应按式（5-7）计算，取 $\psi = 1.0$；

σ_{cr}、τ_{cr}、$\sigma_{c,cr}$——分别为各种应力单独作用下的临界应力。

事实上，腹板可能处于弹性工作状态，当板处于弹性工作状态时存在较大的屈曲后强度，因此，应该对这些临界应力做相应的弹塑性修正。

下面介绍修正后的临界应力计算方法。首先，引入参数 λ，称其为腹板的通用高厚比，在腹板单独受弯、受剪、受局部压力时，分别用λ_b、λ_s、λ_c表示，则：

$$\begin{aligned}\lambda_b &= \sqrt{f_y/\sigma_{cr}} \\ \lambda_s &= \sqrt{f_{vy}/\tau_{cr}} \\ \lambda_c &= \sqrt{f_y/\sigma_{c,cr}}\end{aligned} \tag{5-29}$$

式中　λ_b——用于腹板受弯计算时的通用高厚比；

λ_s——用于腹板受剪计算时的通用高厚比；

λ_c——用于腹板受局部压力计算时的通用高厚比。

① 计算 σ_{cr}

$$\lambda_b^2 = f_y/\sigma_{cr}$$

将σ_{cr}代入上式，且 $2h_c=h_0$

当梁受压翼缘扭转受到约束时

$$\lambda_b = \frac{2h_c/t_w}{177}\sqrt{\frac{f_y}{235}} \tag{5-30a}$$

当梁受压翼缘扭转未受到约束时

$$\lambda_b = \frac{2h_c/t_w}{153}\sqrt{\frac{f_y}{235}} \tag{5-30b}$$

式中　h_c——梁腹板弯曲受压区高度，对双轴对称截面 $2h_c=h_0$。

则σ_{cr}按下列公式计算：

当$\lambda_b \leqslant 0.85$时

$$\sigma_{cr} = f \tag{5-31a}$$

当$0.85 < \lambda_b \leqslant 1.25$时

$$\sigma_{cr} = [1-0.75(\lambda b-0.85)]f \tag{5-31b}$$

当$\lambda_b > 1.25$时

$$\sigma_{cr} = \frac{1.1f}{\lambda_b^2} \tag{5-31c}$$

② 计算 τ_{cr}

$$\lambda_s = \frac{f_{vy}}{\tau_{cr}} = \frac{f_y}{\sqrt{3}\tau_{cr}}$$

将式（5-24）代入上式得：

当$a/h_0 \leqslant 1.0$时

$$\lambda_s = \frac{h_0/t_w}{41\sqrt{4+5.34(h_0/a)^2}}\sqrt{\frac{f_y}{235}} \tag{5-32a}$$

当$a/h_0 > 1.0$时

$$\lambda_s = \frac{h_0/t_w}{41\sqrt{5.34+4(h_0/a)^2}}\sqrt{\frac{f_y}{235}} \tag{5-32b}$$

则τ_{cr}按下列公式计算：

当$\lambda_s \leqslant 0.8$时

$$\tau_{cr} = f_v \tag{5-33a}$$

当 $0.8<\lambda_s\leqslant 1.2$ 时

$$\tau_{cr}=[1-0.59(\lambda_s-0.8)]f_v \tag{5-33b}$$

当 $\lambda_s>1.2$ 时

$$\tau_{cr}=1.1f_v/\lambda_s^2 \tag{5-33c}$$

③计算 $\sigma_{c,cr}$

$$\lambda_c^2=f_y/\sigma_{c,cr}$$

将 $\sigma_{c,cr}$ 代入上式得：

当 $0.5\leqslant a/h_0\leqslant 1.5$ 时

$$\lambda_c=\frac{h_0/t_w}{28\sqrt{10.9+13.4(1.83-a/h_0)^3}}\sqrt{\frac{f_y}{235}} \tag{5-34a}$$

当 $1.5<a/h_0\leqslant 2.0$ 时

$$\lambda_c=\frac{h_0/t_w}{28\sqrt{18.9+5a/h_0}}\sqrt{\frac{f_y}{235}} \tag{5-34b}$$

则 $\sigma_{c,cr}$ 按下列公式计算：

当 $\lambda_c\leqslant 0.9$ 时

$$\sigma_{c,cr}=f \tag{5-35a}$$

当 $0.9<\lambda_c\leqslant 1.2$ 时

$$\sigma_{c,cr}=[1-0.79(\lambda_c-0.9)]f \tag{5-35b}$$

当 $\lambda_c>1.2$ 时

$$\sigma_{c,cr}=1.1f/\lambda_c^2 \tag{5-35c}$$

2）同时配置横向加劲肋和纵向加劲肋加强的腹板

纵向加劲肋将腹板分为两个区格（图 5-12b），区格Ⅰ和区格Ⅱ。

① 受压翼缘与纵向加劲肋之间的区格Ⅰ

区格Ⅰ的受力状态见图 5-14（a），区格高度 h_1，其局部稳定应满足下式：

$$\frac{\sigma}{\sigma_{cr1}}+\left(\frac{\tau}{\tau_{cr1}}\right)^2+\left(\frac{\sigma_c}{\sigma_{c,cr1}}\right)^2\leqslant 1.0 \tag{5-36}$$

式中，σ_{cr1}、τ_{cr1}、$\sigma_{c,cr1}$ 的具体计算如下：

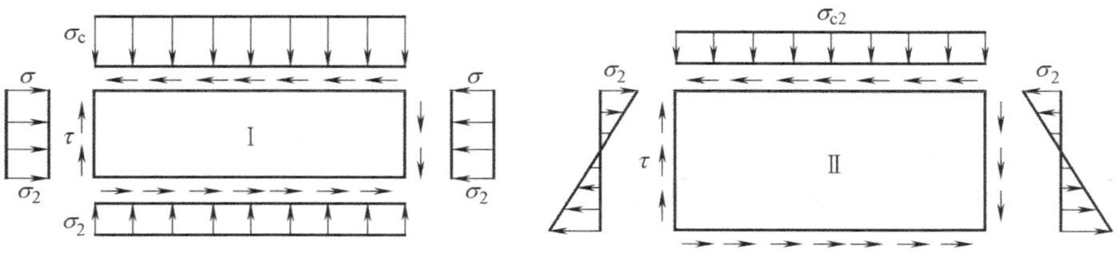

图 5-14　有纵向肋的腹板受力状态

σ_{cr1} 按式（5-31）计算，式中 λ_b 用 λ_{b1} 代替，即：

当受压翼缘扭转受到约束时

$$\lambda_{b1}=\frac{h_1/t_w}{75}\sqrt{\frac{f_y}{235}} \tag{5-37a}$$

当受压翼缘扭转未受到约束时

$$\lambda_{b1}=\frac{h_1/t_w}{64}\sqrt{\frac{f_y}{235}} \tag{5-37b}$$

τ_{cr1}按式（5-33）计算，式中h_0用h_1代替。

$\sigma_{c,cr1}$按式（5-35）计算，式中λ_b用λ_{c1}代替。

当受压翼缘扭转受到约束时

$$\lambda_{c1}=\frac{h_1/t_w}{56}\sqrt{\frac{f_y}{235}} \tag{5-38a}$$

当受压翼缘扭转未受到约束时

$$\lambda_{c1}=\frac{h_1/t_w}{40}\sqrt{\frac{f_y}{235}} \tag{5-38b}$$

$\sigma_{c,cr1}$按下列公式计算，即：

当$\lambda_{c1}\leqslant 0.85$时

$$\sigma_{c,cr1}=f \tag{5-39a}$$

当$0.85<\lambda_{c1}\leqslant 1.25$时

$$\sigma_{c,cr1}=[1-0.75(\lambda_{c1}-0.85)]f \tag{5-39b}$$

当$\lambda_{c1}>1.25$时

$$\sigma_{c,cr1}=f/\lambda_{c1}^2 \tag{5-39c}$$

② 受拉翼缘与纵向加劲肋之间的区格Ⅱ

区格Ⅱ的受力状态见图 5-14（b），其局部稳定应满足下式：

$$\left(\frac{\sigma_2}{\sigma_{cr2}}\right)^2+\left(\frac{\tau}{\tau_{cr2}}\right)^2+\frac{\sigma_{c2}}{\sigma_{c,cr2}}\leqslant 1 \tag{5-40}$$

式中　σ_2——所计算区格内，由平均弯矩产生的腹板在纵向加劲肋处的弯曲压应力；

σ_{c2}——腹板在纵向加劲肋处的横向压应力，取$0.3\sigma_c$。

其中σ_{cr2}按式（5-31）计算，但式中用λ_{b2}代替λ_b，即：

$$\lambda_{b2}=\frac{h_2/t_w}{194}\sqrt{\frac{f_y}{235}} \tag{5-41}$$

τ_{cr2}按式（5-33）计算，式中h_0用h_2（$h_2=h_0-h_1$）代替。

$\sigma_{c,cr2}$按式（5-34）计算，式中h_0改为h_2。当$a/h_2>2$时，取$a/h_2=2$。

3）同时配置横向加劲肋、纵向加劲肋和短加劲肋的腹板

其区格的局部稳定应按式（5-36）计算。σ_{cr1}、τ_{cr1}、$\sigma_{c,cr1}$均按该式要求计算，但将式中的h_0和a分别改为h_1和a_1（a_1为短加劲肋间距）。计算$\sigma_{c,cr1}$时所用λ_{c1}改用下式：

当受压翼缘扭转受到约束时

$$\lambda_{c1}=\frac{h_1/t_w}{87}\sqrt{\frac{f_y}{235}} \tag{5-42a}$$

当受压翼缘扭转未受到约束时

$$\lambda_{c1}=\frac{h_1/t_w}{73}\sqrt{\frac{f_y}{235}} \tag{5-42b}$$

对$a_1/h_1\geqslant 1.2$的区格，上式右侧应乘以$1/(0.4+0.5a_1/h_1)^{\frac{1}{2}}$。

5.4.3 加劲肋的设计

焊接梁的加劲肋一般用钢板做成，并在腹板两侧成对布置（图 5-15）。对非吊车梁的中间加劲肋，为了节约钢材和减少制造工作量，也可单侧布置。

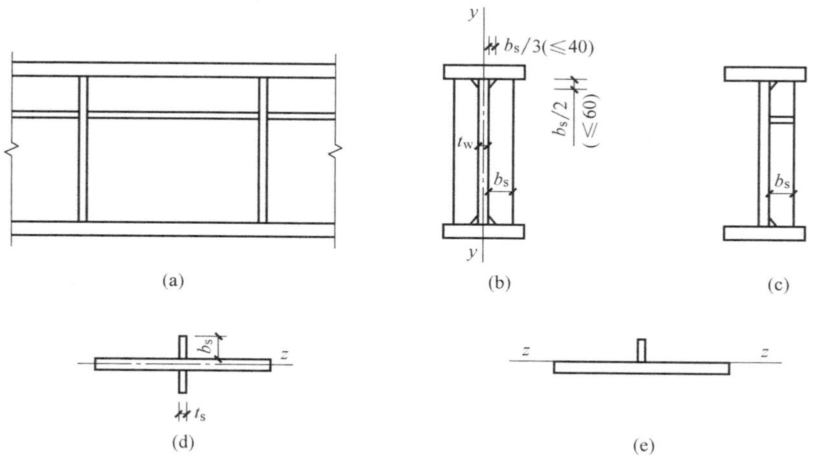

图 5-15 腹板加劲肋构造

（1）加劲肋的构造和截面尺寸

横向加劲肋的间距 a 不得小于 $0.5h_0$，也不得大于 $2h_0$（对 $\sigma_c=0$ 的梁，当 $h_0/t_w\leqslant 100$ 时，可取 $2.5h_0$）。

加劲肋应有足够的刚度才能作为腹板的可靠支承，所以对加劲肋的截面尺寸和截面惯性矩应有一定的要求。双侧布置的钢板横向加劲肋的外伸宽度 b_s 应满足下式要求：

$$b_s\geqslant\frac{h_0}{30}+40 \tag{5-43a}$$

单侧布置时，外伸宽度应比上式增大 20%。

加劲肋的厚度

$$t_s\geqslant\frac{b_s}{15} \tag{5-43b}$$

当腹板同时用横向加劲肋和纵向加劲肋加强时，应在其相交处切断纵向加劲肋而使横向加劲肋保持连续。此时，横向加劲肋的截面尺寸除应符合上述规定外，尚应满足下式要求：

$$I_z\geqslant 3h_0t_w^3 \tag{5-44}$$

纵向加劲肋的截面惯性矩，应满足下式的要求：

当 $a/h_0\leqslant 0.85$ 时

$$I_y\geqslant 1.5h_0t_w^3 \tag{5-45a}$$

当 $a/h_0>0.85$ 时

$$I_y\geqslant\left(2.5-0.45\frac{a}{h_0}\right)\left(\frac{a}{h_0}\right)^2 3h_0t_w^3 \tag{5-45b}$$

对大型梁，可采用以肢尖焊于腹板的角钢加劲肋，其截面惯性矩不得小于相应钢板加劲肋的惯性矩。计算加劲肋截面惯性矩的 y 轴和 z 轴：双侧加劲肋为腹板轴线；单侧加劲肋为与加劲肋相连的腹板边缘线。

为避免焊缝交叉，减小焊接应力，在加劲肋端部应切去宽约 $b_s/3$（但不大于 40mm）、高约 $b_s/2$（但不大于 60mm）的斜角（图 5-16b）。在纵、横加劲肋相交处，纵向加劲肋也要切角。对直接承受动力荷载的梁（如吊车梁），一般在中间横向加劲肋下端距受拉翼缘 50～100mm 处断开，以改善梁的抗疲劳性能。

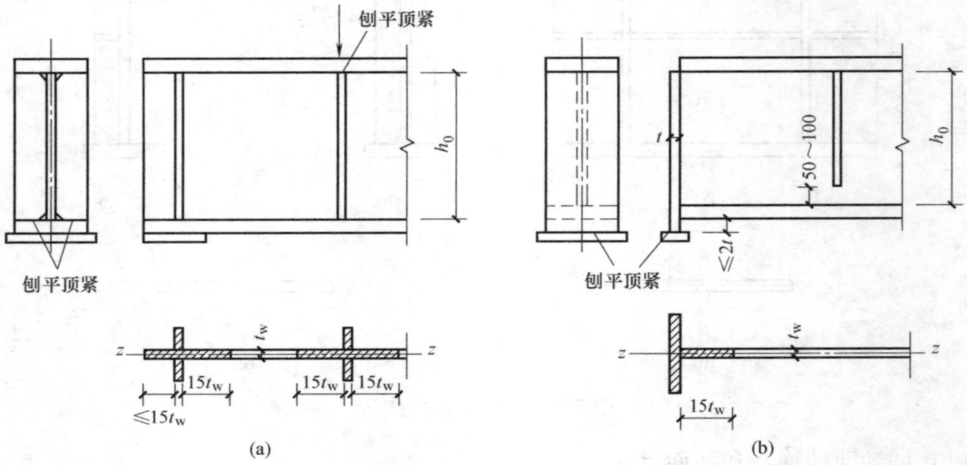

图 5-16　支承加劲肋的构造

（a）平板式支座；（b）突缘式支座

（2）支承加劲肋的计算

支承加劲肋是指承受固定集中荷载或者支座反力的横向加劲肋，除要满足上述构造要求外，还要满足整体稳定和端面承压的要求，其截面往往比中间横向加劲肋大。

1）支承加劲肋的稳定性计算

支撑加劲肋按承受固定集中荷载或梁支座反力的轴心受压构件计算其在腹板平面外的稳定性，即：

$$\frac{N}{\varphi A}\leqslant f \tag{5-46}$$

式中　N——支承加劲肋承受的集中荷载或支座反力；

A——支撑加劲肋受压构件的截面面积，它包括加劲肋截面面积和加劲肋每侧各 $15t_w\sqrt{235f_y}$ 范围内的腹板面积（图 5-16a 中阴影部分）；

φ——轴心压杆稳定系数。

2）端部承压的强度计算

支承加劲肋的端面承压应力强度为：

$$\sigma_{ce}=\frac{F}{A_{ce}}\leqslant f_{ce} \tag{5-47}$$

式中　A_{ce}——端部承压面积，即支承加劲肋与翼缘接触面的净面积；

f_{ce}——钢材端面承压的强度设计值；

F——集中荷载或支座反力。

3）支承加劲肋与腹板连接的焊缝计算

支承加劲肋端部与腹板焊接时，应计算焊缝强度，计算时设焊缝承受全部集中荷载或支座反力，并假定应力沿焊缝全长均匀分布。

5.5 考虑腹板屈曲后强度的设计

梁腹板在弹性屈曲后，尚有较大潜力，称为屈曲后强度。承受静力荷载和间接承受动力荷载的组合梁，其腹板宜考虑屈曲后强度，则可仅在支座处和固定集中荷载处设置支承加劲肋，或尚有中间横向加劲肋，其高厚比可达 250～300 而不必设置纵向加劲肋。考虑反复屈曲可能导致腹板边缘出现疲劳裂缝，但相关研究不够深入，对直接承受动力荷载的梁暂不考虑屈曲后强度。进行塑性设计时，由于局部失稳会使构件塑性不能充分发展，故不宜考虑利用屈曲后强度。

考虑梁腹板屈曲后强度的理论分析和计算方法较多，目前各国规范大都采用半张力场理论。其基本假定是：(1) 腹板剪切屈曲后将因薄膜应力而形成拉力场，腹板中的剪力，一部分由小挠度理论计算出的抗剪力承担，另一部分由斜张力场作用（薄膜效应）承担；(2) 翼缘的弯曲刚度小，不能承担腹板斜张力场产生的垂直分力。

根据上述假定，腹板屈曲后的实腹梁犹如一桁架（图 5-17），梁翼缘相当于弦杆，横向加劲肋相当于竖杆，而腹板张力场相当于桁架的斜拉杆。

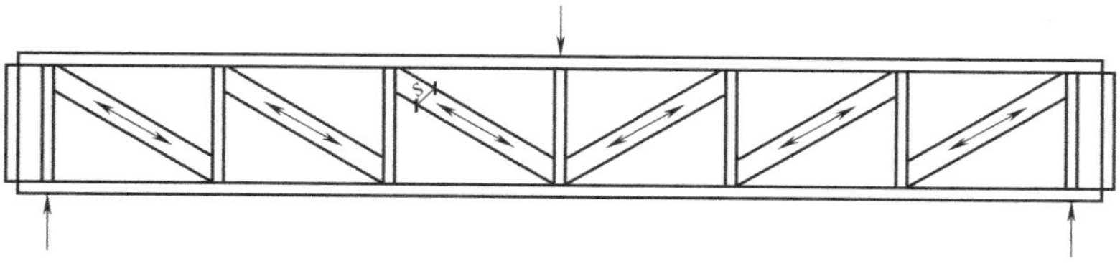

图 5-17 腹板的张力场作用

5.5.1 组合梁腹板屈曲后的抗剪承载力

根据上述基本假定 (1)，腹板屈曲后的抗剪承载力设计值 V_u 为屈曲剪力 V_{cr} 与张力场剪力 V_t 之和，即：

$$V_u = V_{cr} + V_t \tag{5-48}$$

屈曲剪力设计值 $V_{cr} = h_w t_w \tau_{cr}$，其中 h_w、t_w 为腹板的高度和厚度；τ_{cr} 为临界剪应力。

由基本假定 (2) 可认为张力场剪力是通过宽度为 s 的带形张力场以拉应力为 σ_t 的效应传到加劲肋上的。这些拉应力对屈曲后腹板的弯曲变形起到牵制作用，从而提高了腹板承载能力。

根据理论和试验研究，腹板屈曲后的抗剪承载力设计值如下：

当 $\lambda_s \leqslant 0.8$ 时

$$V_u = h_0 t_w f_v \tag{5-49a}$$

当 $0.8 < \lambda_s \leqslant 1.2$ 时

$$V_u = h_0 t_w f_v [1 - 0.5(\lambda_s - 0.8)] \tag{5-49b}$$

当 $\lambda_s > 1.2$ 时

$$V_u = 0.95 h_0 t_w f_v / \lambda_s^{1.2} \tag{5-49c}$$

式中 λ_s——腹板受剪时的通用高厚比。

当组合梁仅配置支座加劲肋时，按式（5-32b）计算，取 $h_0/a=0$。

5.5.2 组合梁腹板屈曲后的抗弯承载力

腹板屈曲后考虑张力场的作用，抗剪强度有所提高，但由于弯矩作用下腹板受压区屈曲，使梁的抗弯承载力有所下降。《钢结构设计标准》GB 50017—2017 采用了近似计算公式来计算梁的抗弯承载力。

采用有效截面的概念，腹板的受压区屈曲后弯矩还可继续增大，但受压区的应力分布不再是线性的，其边缘应力达到 f_y 时即认为达到承载力的极限（图 5-18）。此时梁的中和轴略有下降，腹板受拉区全部有效；受压区引入有效高度的概念，假定有效高度为 ρh_c，等分在 h_c 的两端，中部则扣去 $(1-\rho)h_c$ 的高度。现假定腹板受拉区与受压区同样扣去此高度（图 5-18d），这样中和轴可不变动，计算较为方便。

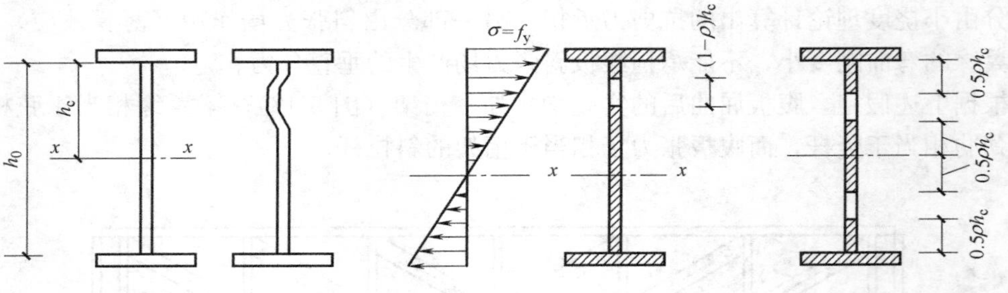

图 5-18 屈曲厚梁腹板的有效高度

梁抗弯承载力设计值计算如下：

$$M_{eu} = \gamma_x \alpha_e W_x f \tag{5-50}$$

$$\alpha_e = 1 - \frac{(1-\rho)h_c^3 t_w}{2I_x} \tag{5-51}$$

式中 α_e——梁截模量折减系数；

I_x——按梁截面全部有效计算的绕 x 轴的惯性矩；

W_x——按梁截面全部有效计算的绕 x 轴的截面模量；

h_c——按梁截面全部有效计算的腹板受压区高度；

γ_x——梁截面塑性发展系数；

ρ——腹板受压区有效高度系数，与计算局部稳定中临界应力 σ_{cr} 一样，以通用高厚比作为参数，即：

当 $\lambda_b \leqslant 0.85$ 时

$$\rho = 1.0 \tag{5-52a}$$

当 $0.85 < \lambda_b \leqslant 1.25$ 时

$$\rho = 1 - 0.82(\lambda_b - 0.85) \tag{5-52b}$$

当 $\lambda_b > 1.25$ 时

$$\rho=(1-0.2/\lambda_b)\lambda_b \tag{5-52c}$$

λ_b——用于腹板受弯计算时的通用高厚比。

5.5.3 组合梁考虑腹板屈曲后的计算

在横向加劲肋之间的腹板各区段，通常承受弯矩和剪力的共同作用，腹板弯剪联合作用下的屈曲后强度，分析起来比较复杂。为简化计算，《钢结构设计标准》GB 50017—2017 采用弯矩 M 和剪力 V 无量纲化的相关关系曲线（图 5-19）。

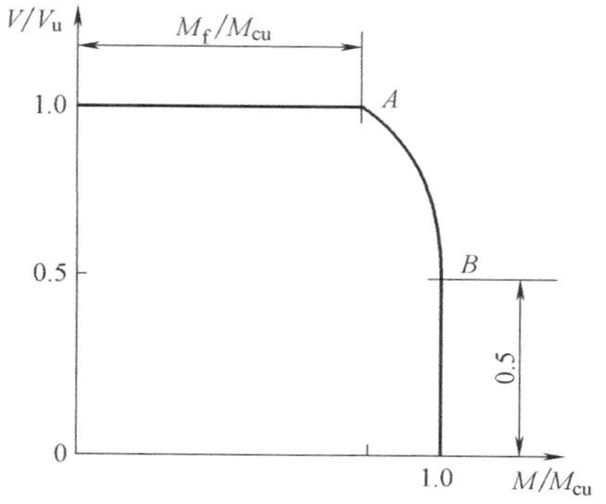

图 5-19 腹板屈曲后剪力与弯矩相关曲线

用数学表达式描述图中曲线 AB 段，得到考虑腹板屈曲后强度计算公式为：

$$\left(\frac{V}{0.5V_u}-1\right)^2+\frac{M-M_f}{M_{eu}-M_f}\leqslant 1.0 \tag{5-53}$$

$$M_f=\left(A_{f1}\frac{h_1^2}{h_2}+A_{f2}h_2\right)f \tag{5-54}$$

式中 M、V——分别为所计算区格内同一截面处梁的弯矩和剪力设计值，当 $V<0.5V_u$，取$V=0.5V_u$；当 $M<M_f$，取 $M=M_f$；

M_{eu}、V_u——分别为梁抗弯和抗剪承载力设计值；

M_f——梁两翼缘所承担的弯矩设计值；

A_{f1}、h_1——分别为较大翼缘的截面面积及其形心至梁中和轴的距离；

A_{f1}、h_2——分别为较小翼缘的截面面积及其形心至梁中和轴的距离。

5.5.4 考虑腹板屈曲后强度梁的加劲肋设计

利用腹板屈曲后强度，即使腹板的高厚比 h_0/t_w很大，一般也不再设置纵向加劲肋。只要腹板的抗剪承载力不低于梁的实际最大剪力，可只设置支承加劲肋，而不设置中间横向加劲肋。

横向加劲肋不允许单侧布置，其截面尺寸应满足式（5-43）的构造要求。

考虑腹板屈曲后强度的中间横向加劲肋，受到斜向张力场的竖向分力作用，《钢结构设计标准》GB 50017—2017 考虑张力场张力的水平分力的影响，将中间横向加劲肋所受轴心压力加大，此竖向分力 N_s可按以下各式计算：

对于中间横向加劲肋

$$N_s=V_u-h_0t_w\tau_{cr} \tag{5-55a}$$

对于中间支承加劲肋

$$N_s=V_u-h_0t_w\tau_{cr}+F \tag{5-55b}$$

式中 V_u——按式（5-49）计算；

τ_{cr}——按式（5-33）计算；

h_0——腹板有效高度；

F——中间横向加劲肋所承受集中荷载。

梁支座加劲肋（相当于位于梁端部的横向支承加劲肋）除承受梁支座反力 R 外，还承受张力场斜拉力的水平分力 H 作用，因此，应按压弯构件计算其强度和在腹板平面外的稳定，水平分力 H 按下式计算

$$H=(V_{u}-h_{0}t_{w}\tau_{cr})\sqrt{1-(a/h_{0})^{2}} \tag{5-56}$$

H 的作用点可取距上翼缘 $h_0/4$ 处（图 5-20a）。为了增加抗弯能力，还应将梁端部延长，并设置封头板（图 5-20b）。将封头板与支座加劲肋之间视为竖向压弯构件，简支于梁上下翼缘，计算其强度和在腹板平面外的稳定。当支座加劲肋按承受支座反力 R 的轴心压杆进行计算，封头板截面积则不小于下式计算的数值：

$$A_{c}=\frac{3h_{0}H}{16ef} \tag{5-57}$$

式中 e——支座加劲肋与封头板的距离；

f——钢材强度设计值。

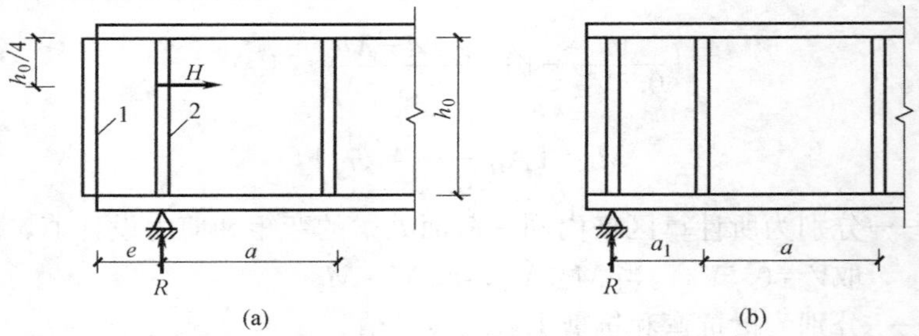

图 5-20 梁端构造

1—封头板；2—支座加劲肋

5.6 受弯构件的截面设计

梁截面设计通常是先初选截面，然后进行截面验算。若不满足要求，重选型钢，直至满足要求为止。根据其受力情况受弯构件分为单向弯曲梁和双向弯曲梁。首先计算梁所承受的弯矩，选择弯矩最不利截面，估算所需要的梁截面抵抗矩。对于单向弯曲梁，最不利截面在最大弯矩处。

单向弯曲梁的整体稳定从构造上有保证时

$$W_{nx}\geqslant\frac{M_{max}}{\gamma_{x}f} \tag{5-58}$$

单向弯曲梁的整体稳定从构造上不能保证时

$$W_{x}\geqslant\frac{M_{max}}{\varphi_{b}f} \tag{5-59}$$

式中，φ_b 可根据情况初步估计。

对于双向弯曲梁，设计时应尽可能从构造上保证整体稳定，以便按抗弯强度条件选择型钢截面，由下式估算所需净截面模量，即：

$$W_{nx}=\frac{1}{\gamma_{x}f}\left(M_{x}+\frac{\gamma_{x}W_{nx}}{\gamma_{y}W_{ny}}M_{y}\right)=\frac{M_{x}+\alpha M_{y}}{\gamma_{x}f} \tag{5-60}$$

为了满足经济合理的要求，设计时应避开在弯矩最不利截面上开螺栓孔，以免削弱截面。这样梁净截面抵抗矩等于截面抵抗矩，即 $W_{nx}=W_{x}$，按计算出的截面抵抗矩在型钢

表中选择适当的截面，然后再验算弯曲正应力、局部压应力、刚度及整体稳定性。对于型钢梁，由于腹板较厚，可不验算剪应力、折算应力和局部稳定。

【例 5-3】 跨度为 5m 的平台简支次梁，间距为 3m。铺板为预制钢筋混凝土板，焊接于次梁上。平台永久荷载（包括铺板自重）为 $6kN/m^2$，分项系数为 1.2；可变荷载为 20 kN/m^2，分项系数为 1.3。钢材 Q235，E43 型焊条，手工焊。要求：选择次梁截面。

【解】 由于预制钢筋混凝土板与次梁上翼缘焊接，可保证整体稳定性，故只需考虑刚度和强度。

（1）最大弯矩设计值

$$M_{max}=\frac{1}{8}\times(6\times1.2\times3)\times5^2+\frac{1}{8}\times(20\times1.3\times3)\times5^2=311.25kN\cdot m$$

（2）型钢需要的净截面抵抗矩 W_{nx}

$$W_{nx}=\frac{M_{max}}{\gamma_x f}=\frac{311.25\times10^6}{1.05\times215}=1378.7\times10^3mm^3=1378.7cm^3$$

选用 I45a，自重 $g_0=80.4\times9.8=787.92N/m=0.788kN/m$，$W_x=1430cm^3$，$I_x=32240cm^4$，$t_w=11.5mm$，$\frac{I_x}{S_x}=38.6cm$，$r=13.5mm$，$t=18.0mm$，$b=150mm$

加上自重后的最大弯矩设计值（跨中）M_{max}和最大剪力设计值（支座）V_{max}为：

$$M_{max}=311.25+\frac{1}{8}\times0.788\times1.2\times5^2=314.2kN\cdot m$$

$$V_{max}=\frac{1}{2}[(6\times1.2+20\times1.3)\times3\times5+0.788\times1.2\times5]=251\cdot4kN$$

（3）截面验算

1）强度

抗弯强度：

$$\frac{M_{max}}{\gamma_x W_x}=\frac{314.2\times10^3\times10^3}{1.05\times1430\times10^3}=209.3N/mm^2<f=215N/mm^2$$

抗剪强度：

$$\frac{V_{max}S_x}{I_x t_w}=\frac{251.4\times10^3}{386\times11.5}=56.7N/mm^2<f_V=125N/mm^2$$

局部承压强度：

$$h_y=r+t=13.5+18=31.5mm$$

假设支承长度为：

$$a=100mm, l_z=a+2.5h_y=100+2.5\times31.5=178.5mm$$

$$\sigma_c=\frac{\psi F}{t_w L_z}=\frac{1.0\times251.4\times10^3}{11.5\times178.75}=122.3N/mm^2<f=215N/mm^2$$

2）刚度验算

按荷载标准值计算：

$$g_k=6\times3+0.788+20\times3=78.8kN/m$$

$$V_{max}=\frac{5}{384}\times\frac{g_k l^4}{EI_x}=\frac{5}{384}\times\frac{78.8\times5000^4}{206\times10^3\times32240\times10^4}=9.7mm<\frac{l}{250}=\frac{5000}{250}=20mm$$

满足要求。

5.7 组合梁截面设计

5.7.1 初选截面

选择组合梁的截面时首先要初步估算，进行试选梁的截面高度、腹板厚度和翼缘尺寸。下面介绍焊接组合梁试选截面的方法。

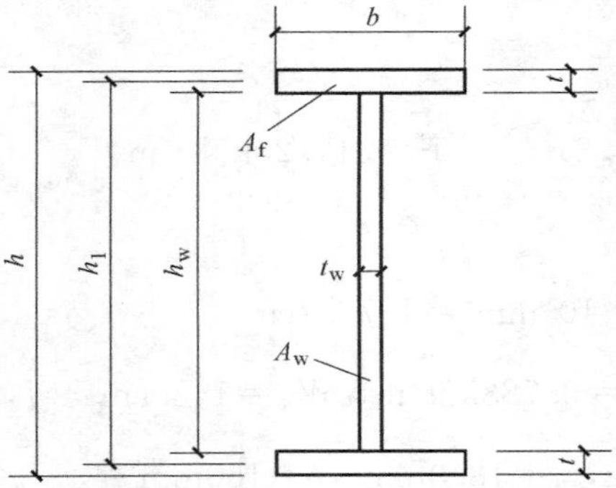

图 5-21 组合梁截面尺寸

（1）梁的截面高度

确定梁的截面高度应考虑建筑高度、梁的刚度和经济条件。建筑高度是指梁的底面到铺板顶面之间的高度（图 5-21），它往往由生产工艺和使用要求决定。梁的建筑高度要求决定了梁的最大高度 h_{max}。

刚度条件决定了梁的最小高度 h_{min}。刚度条件是要求梁在全部荷载标准值作用下的挠度 $v \leqslant [v]$。

现以承受均布荷载作用的单向受弯构件简支梁为例，推导最小梁高 h_{min}。

$$\frac{v}{l}=\frac{5}{384}\cdot\frac{q_k l^3}{EI_x}=\frac{5}{384}\cdot\frac{ql^3}{1.3EI_x}=\frac{5}{48}\cdot\frac{(ql^2/8)(h/2)}{I_x}\cdot\frac{2l}{1.3Eh}=\frac{5}{1.3\times 24}\cdot\frac{\sigma l}{Eh}\leqslant\frac{[v]}{l}$$

当梁的强度充分发挥利用时，$\sigma=f$，f 为钢材的强度设计值，由此得：

$$h_{min}=\frac{f}{1.285\times 10^6}\cdot\frac{l}{[v]/l} \tag{5-61}$$

梁的经济高度是指满足一定条件（强度、刚度、整体稳定和局部稳定）时，用钢量最少的梁高度。设计时可参照下列经济高度的经验公式初选截面高度。梁的经济高度可用下面的经验公式计算：

$$h_{ec}\approx 3W_x^{2/5}$$

式中 W_x——梁所需要的截面抵抗矩。

（2）腹板厚度

腹板厚度应满足抗剪强度的要求。初选截面时，可近似地假定最大剪应力为腹板平均剪应力的 1.2 倍，则腹板的抗剪强度计算公式可简化为：

$$\tau_{max}=1.2\frac{V_{max}}{h_w t_w}\leqslant f_v$$

于是

$$t_w\geqslant 1.2\frac{V_{max}}{h_w f_v} \tag{5-62}$$

上式确定的 t_w 值往往偏小，考虑局部稳定和构造等因素，腹板厚度一般采用下列经验公式进行估算：

$$t_w\geqslant\sqrt{h_w}/11 \tag{5-63}$$

式中，t_w 和 h_w 的单位均为“mm”。实际采用的腹板厚度应考虑钢板的现有规格，一般为 2mm 的倍数。对于非吊车梁，腹板厚度取值宜比计算值略小；对考虑腹板屈曲后强度的梁，腹板厚度可更小，但不得小于 6mm，也不宜使高厚比超过 $250\sqrt{235/f_y}$。

（3）翼缘尺寸

根据所需要的截面抵抗矩 W_x 和选定的腹板尺寸，求得所需要的一个翼缘板的面积 A_f，此时含有两个参数，即翼缘板宽度 b 和厚度 t。翼缘板宽度 $b=(1/5\sim1/3)h$，宽度太小不容易保证梁的整体稳定；宽度太大使翼缘中正应力分布不均匀。考虑翼缘板的局部稳定，要求翼缘宽度与厚度之比 $b/t\leqslant30\sqrt{235/f_y}$（按弹性设计，$\gamma_x=1.0$）或 $b/t\leqslant26\sqrt{235/f_y}$（按弹塑性设计，$\gamma_x=1.05$）。对于吊车梁，$b\geqslant300$mm，以便安装轨道。一般翼缘板宽度 b 取 10mm 的倍数，厚度 t 取 2mm 的倍数。

5.7.2 截面验算

应根据试选的截面尺寸，计算出截面的各项几何特征，如惯性矩、截面模量等，然后进行验算。梁的截面验算包括强度、刚度、整体稳定和局部稳定等方面。其中，腹板的局部稳定通常是由配置加劲肋来保证，验算时应考虑梁自重所产生的内力。

5.7.3 组合梁截面沿长度的改变

梁的弯矩是沿梁的长度变化的，因此，设计的梁截面如能随弯矩而变化，则可节约钢材。对跨度较小的梁，截面改变经济效果不大，或者改变截面节约的钢材不能抵消构造复杂带来的加工困难，则不宜改变截面。变截面梁可以改变梁高（图 5-22）也可改变梁宽（图 5-23）。

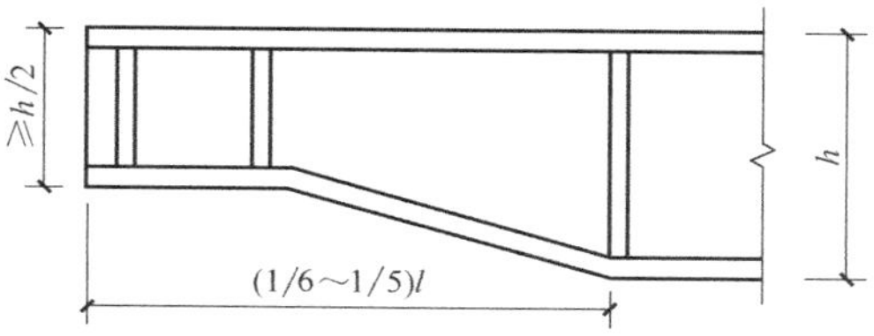

图 5-22 变高度梁

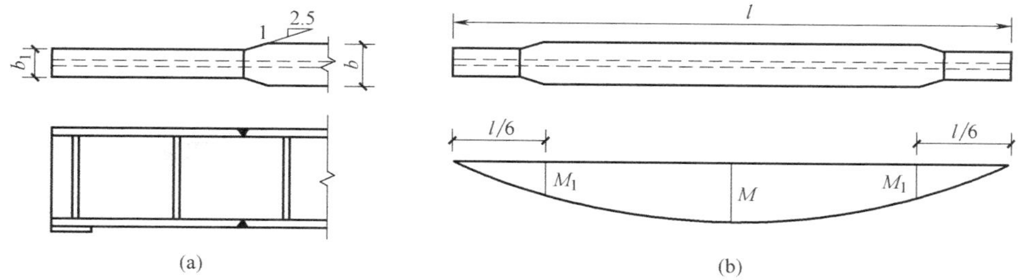

图 5-23 变宽度梁

改变梁高时，使上翼缘保持不变，将梁的下翼缘做成折线外形，翼缘板的截面保持不变，这样梁在支座处可减小其高度。但支座处的高度应满足抗剪强度要求，且不宜小于跨中高度的 1/2。在翼缘由水平转为倾斜的两处均需要设置腹板加劲肋，下翼缘的弯折点一般取在距梁端（$l/6\sim l/5$）处（图 5-22）。改变梁宽，主要是改变上、下翼缘宽度，或采用两端单层、跨中双层翼缘的方法，但改变厚度使梁的顶面不平整，也不便于布置铺板。对承受均布荷载的单层工字形简支梁，最优截面改变处是离支座 $l/6$ 跨度处。应由截面开始改变处的弯矩 M_1 反算出较窄翼缘板宽度 b_1。为减少应力集中，应将宽板由截面改变位置以不大于 1∶2.5 的斜角向弯矩较小侧过渡，与宽度为 b_1 的窄板相对接。

5.7.4 焊接组合梁翼缘焊缝的计算

梁弯曲时，由于相邻截面中作用在翼缘截面的弯曲正应力有差值，翼缘与腹板间将产生水平剪应力。沿梁单位长度的水平剪力为：

$$T=\tau_1 t_w=\frac{VS_f}{I_x t_w}t_w=\frac{VS_f}{I_x}$$

式中 $\tau_1=\frac{VS_f}{I_x t_w}$——腹板与翼缘交界处的水平剪应力（与竖向剪应力相等）；

S_f——翼缘截面对梁中和轴的面积矩。

当腹板与翼缘板用角焊缝连接时，角焊缝有效截面上承受的剪应力 τ_f 不应超过角焊缝强度设计值，即：

$$\tau_f=\frac{T}{2\times0.7h_f}=\frac{VS_f}{1.4h_f I_x}\leqslant f_f^w$$

由此可得焊脚尺寸为：

$$h_f\geqslant\frac{VS_f}{1.4I_x f_f^w} \tag{5-64}$$

当梁的翼缘上有固定集中荷载而未设置支承加劲肋，或有移动集中荷载（如吊车轮压）时，上翼缘与腹板之间的连接焊缝，除承受沿焊缝长度方向的剪应力 τ_f 外，还承受垂直于焊缝长度方向的局部压应力。

$$\sigma_f=\frac{\psi F}{2h_e I_z}=\frac{\psi F}{1.4h_f I_z}$$

因此，承受局部压应力的上翼缘与腹板之间的连接焊缝应按下式计算强度：

$$\frac{1}{1.4h_f}\sqrt{\left(\frac{\psi F}{\beta_f I_z}\right)^2+\left(\frac{VS_f}{I_x}\right)^2}\leqslant f_f^w$$

从而

$$h_f\geqslant\frac{1}{1.4f_f^w}\sqrt{\left(\frac{\psi F}{\beta_f I_z}\right)^2+\left(\frac{VS_f}{I_x}\right)^2} \tag{5-65}$$

式中 β_f——系数，对于直接承受动力荷载的梁，$\beta_f=1.0$；对其他梁 $\beta_f=1.22$。

对承受较大动力荷载的梁（如重级工作制吊车梁和大吨位中级工作制吊车梁），因角焊缝易产生疲劳破坏，此时宜采用焊透的T形对接K形焊缝（图5-24），此时可认为焊缝与腹板等强度而不必计算。

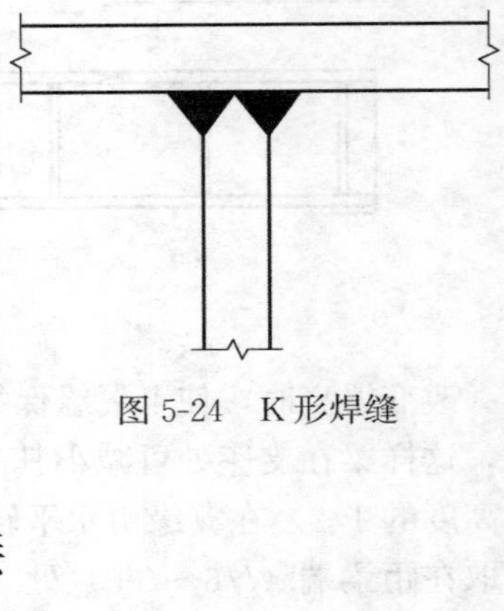

图5-24 K形焊缝

5.8 梁的拼接、连接

5.8.1 梁的拼接

梁的拼接有工厂拼接和工地拼接两种。由于钢材尺寸的限制，必须将钢材接长或拼大，这种拼接常在工厂中进行，称为工厂拼接（图 5-25）。因运输或安装条件的限制，梁必须分段运输，然后在工地拼装连接，称为工地拼接。型钢梁的拼接，其翼缘可采用对接直焊缝或拼接板，腹板可采用拼接板，拼接板均可采用焊接或螺栓连接。拼接位置宜放在弯矩较小处。焊接组合梁的工厂拼接，翼缘和腹板的拼接位置最好错开并采用对接直焊缝，腹板的拼接焊缝与横向加劲肋之间至少应相距 $10t_w$。对接焊缝施焊时宜加引弧板，并采用 1 级或 2 级焊缝，这样焊缝可与钢材等强。但采用 3 级焊缝时，焊缝抗拉强度低于钢材的强度，需进行焊缝强度验算。若焊缝强度不足时，可采用斜焊缝，但斜焊缝连接较费料，对于较宽的腹板不宜采用，此时可将拼接位置调整到弯矩较小处。

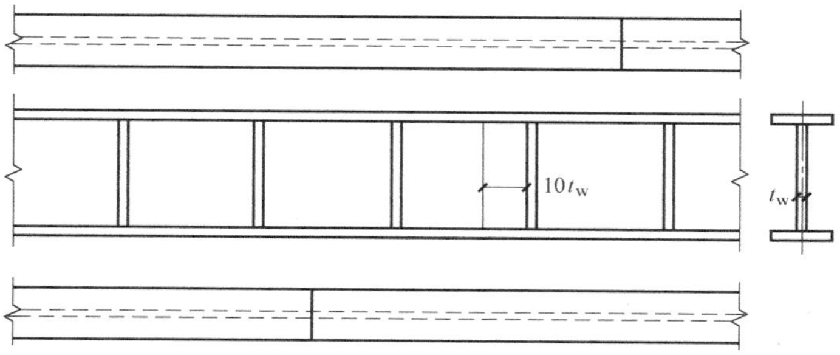

图 5-25　组合梁的工厂拼接

梁的工地拼接应使翼缘和腹板在同一截面或接近于同一截面处断开，以便分段运输。为了便于焊接，将上、下翼缘板均切割成向上的 V 形坡口，以便俯焊，同时为了减小焊接残余应力，将翼缘板在靠近拼接截面处的焊缝预留出约 500mm 的长度不在工厂焊接，而在工地上按图 5-26 所示序号施焊。为了避免焊缝过分密集，可将上、下翼缘板和腹板的拼接位置略微错开，但运输单元突出部分应特别保护，以免碰损。

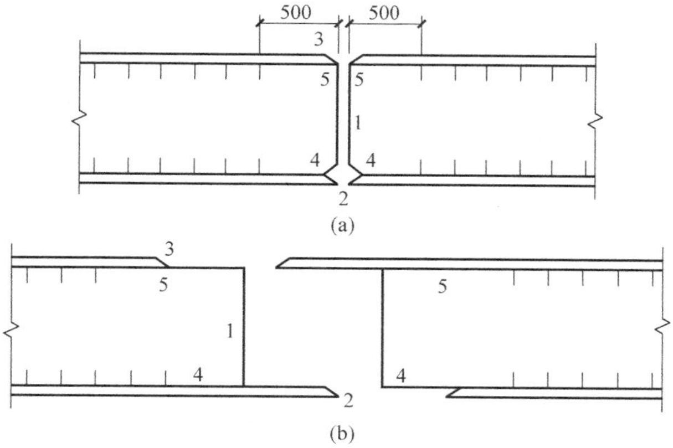

图 5-26　工地焊接拼接

对于重要的或受动力荷载作用的大型组合梁，由于现场焊接质量难以保证，工地拼接时，宜采用高强度螺栓连接（图 5-27）。

对用拼接板的接头，应按下列规定的内力进行计算，翼缘拼接板及其连接所承受的轴向力 N_1 为翼缘板的最大承载力。

$$N_1 = A_{fn} f \tag{5-66}$$

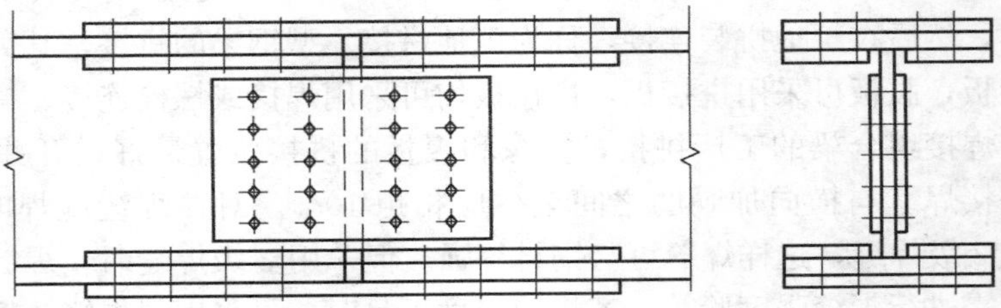

图 5-27　采用高强度螺栓的工地拼接

式中　A_{fn}——被拼接的翼缘板净截面面积。

腹板拼接板及其连接，主要承受梁截面上的全部剪力 V，以及按刚度分配到腹板上的弯矩，即：

$$M_x = M\frac{I_w}{I} \tag{5-67}$$

式中　I_w——腹板的毛截面惯性矩；

I——整个梁的毛截面惯性矩。

5.8.2　梁的连接

根据次梁与主梁相对位置不同，梁的连接分为叠接和平接两种。叠接（图 5-28）是将次梁直接搁在主梁上面，用螺栓或焊缝连接，构造简单，但占有较大的建筑空间，使用受到限制。在次梁的支承处，主梁应设置支承加劲肋。

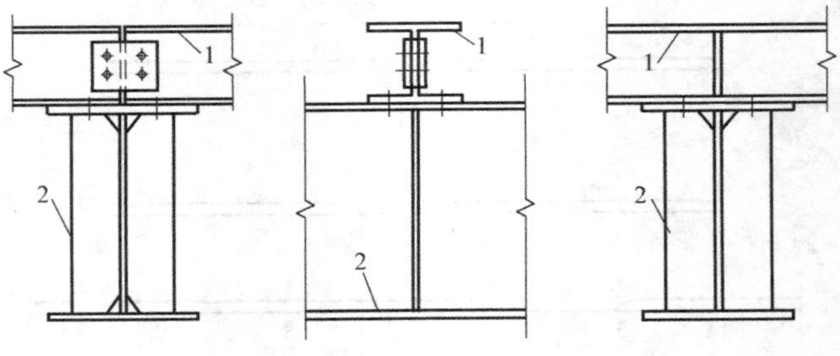

图 5-28　次梁与主梁的叠接

1—次梁；2—主梁

平接是使次梁顶面与主梁相平或略高、略低于主梁顶面，从侧面与主梁的加劲肋或在腹板上专设的短角钢或支托相连接。平接虽构造复杂，但可降低结构高度，故在实际工程中应用较广泛。次梁与主梁从传力效果上分为铰接和刚接两种。若次梁为简支梁，其连接为铰接（图 5-29）；若次梁为连续梁，其连接为刚接（图 5-30）。

铰接连接需要的焊缝或螺栓数量应按次梁的反力计算，考虑到连接并非理想铰接，会有一定的弯矩作用，故计算时宜将次梁反力增加 20%～30%。

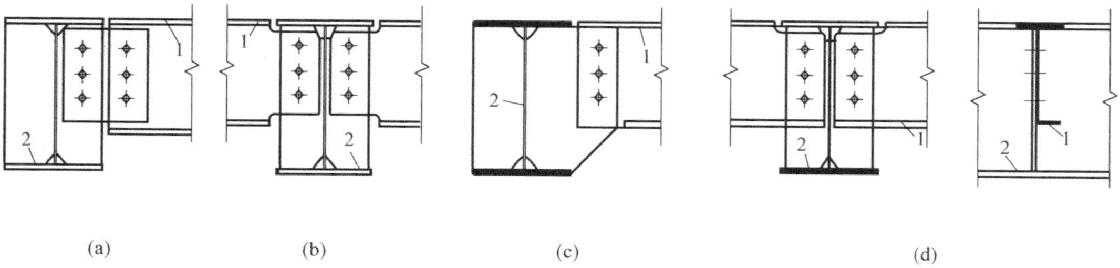

图 5-29　次梁与主梁的铰接
1—次梁；2—主梁

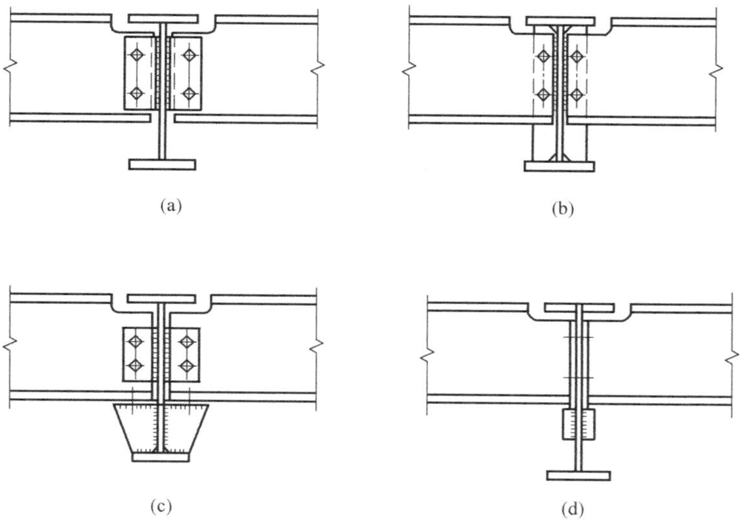

图 5-30　次梁与主梁的刚接

本章小结

本章主要解决受弯构件的设计问题。在钢梁的设计中需要考虑强度、刚度、整体稳定、局部稳定（包括腹板加劲板的设计）和构造要求五个方面。

（1）强度计算。要求各种应力的最大值均小于相应的强度设计值，即最大正应力 $\sigma=\dfrac{M_x}{\gamma_x W_{nx}}\leqslant f$，最大剪应力 $\tau=\dfrac{VS}{It_w}\leqslant f_v$，最大局部压应力 $\sigma_c=\dfrac{\psi F}{t_w l_z}\leqslant f$，最大折算应力 $\sqrt{\sigma^2+\sigma_c^2-\sigma\sigma_c+3\tau^2}\leqslant\beta_1 f$。

（2）刚度计算。要求梁的挠度 $v_T\leqslant[v_T]$、$v_Q\leqslant[v_Q]$。计算挠度时，必须采用荷载的标准值。

（3）整体稳定性验算。整体稳定性是指梁的最大压应力不大于梁的临界应力除以抗力分项系数 $\sigma=\dfrac{M_x}{W_x}\leqslant\dfrac{\sigma_{cr}}{\gamma_R}=\dfrac{\sigma_{cr} f_y}{f_y\gamma_R}$，即 $\sigma=\dfrac{M_x}{W_x}\leqslant\varphi_b f$，其中 φ_b 为梁的整体稳定系数，是整体稳

定临界应力和钢材屈服强度的比值。

(4) 梁受压翼缘板的局部稳定性验算。由于梁受压翼缘所受应力情况不复杂，基本上只受较均匀的压应力作用，所以可以用宽厚比限值来验算局部稳定性。

(5) 加劲肋的设计。受弯构件是通过设置加劲肋的办法来提高其稳定性。横向加劲肋、纵向加劲肋应满足构造要求。对于支承加劲肋，除应验算有关的连接强度外，还应按轴心受压构件的方法验算支承加劲肋垂直于腹板方向的稳定性。

(6) 梁的构造问题。梁的构造问题较多，本章分析了梁截面沿长度方向的改变、梁翼缘与腹板连接焊缝、梁的拼接和连接的主要方法及构造要求。

复习思考题

5-1 简述受弯构件截面的分类，型钢及组合截面应优先选用哪一种，为什么？

5-2 受弯构件的强度计算有哪些内容？如何计算？

5-3 什么是受弯构件的整体稳定、局部稳定？

5-4 影响受弯构件整体稳定性的因素有哪些？

5-5 为了提高受弯构件的整体稳定性，设计时可以采用哪些措施？

5-6 如何保证工字形受弯构件腹板和翼缘的局部稳定？

5-7 某工作平台梁两端简支，跨度 6m，采用型号 I56b 的工字钢制作，钢材为 Q235。该梁承受均布荷载，荷载为间接动力荷载，若平台梁的铺板没有与钢梁连牢，试求该梁所能承担的最大设计荷载。

5-8 某焊接工字形等截面简支梁（图 5-31），跨度 10m，在跨中作用有一静力集中荷载，该荷载有两部分组成，一部分为恒载，标准值为 200kN，另一部分为活荷载，标准值为 300kN，荷载沿梁跨度方向支承长度为 150mm。该梁支座处设有支撑加劲肋。若该梁采用 Q235B 钢制作，试验算该梁的强度和刚度是否满足要求。

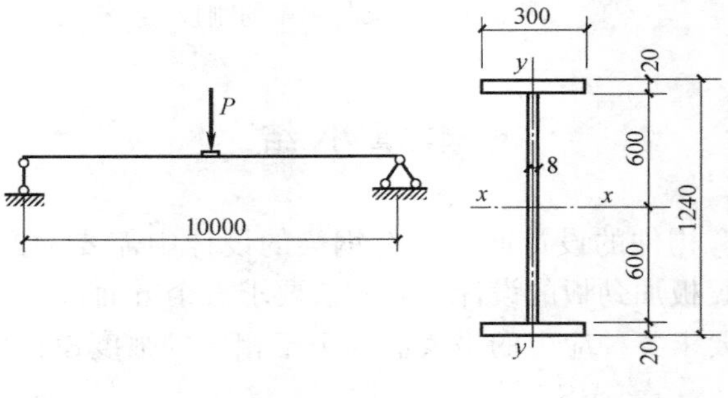

图 5-31 复习思考题 5-8 图

5-9 如果复习思考题 5-8 中梁仅在支座处设有侧向支承，该梁的整体稳定是否能满足要求，如果不能，采用何种措施？

5-10 某楼盖两端简支梁跨度 15m，承受静力均布荷载，永久荷载标准值为 35kN/m（不包括梁自重），活荷载标准值为 45kN/m，该梁拟采用 Q235B 级钢制作，采用焊接组合工字形截面。若该梁整体稳定能够保证，试设计该梁。

第6章　拉弯和压弯构件

【教学目标】 本章主要介绍钢结构拉弯和压弯构件的形式和应用，拉弯和压弯构件强度计算，压弯构件平面内与平面外的稳定，压弯构件的局部稳定，格构式压弯构件的设计，柱脚的构造与计算。通过本章的学习，了解拉弯和压弯构件的截面形式及特点；掌握拉弯、压弯构件的强度、刚度的计算方法；掌握压弯构件在弯矩作用平面内和弯矩作用平面外整体稳定性的计算方法，特别是实腹式压弯构件平面内与平面外的稳定计算方法，以及局部稳定的有关规定和计算。

同时承受弯矩和轴向拉力作用的构件称拉弯构件，同时承受弯矩和轴向压力的构件则称压弯构件。拉弯构件截面出现塑性铰是拉弯构件承载能力的极限状态。但对于格构式拉弯构件，截面边缘开始屈服就基本达到了强度极限。而对于轴向拉力小而弯矩较大的拉弯构件，也可能和受弯构件一样出现弯扭破坏。压弯构件整体破坏是因为杆端弯矩较大而发生的强度破坏，或者因为杆截面有较严重削弱而发生强度破坏。压弯构件的应用较拉弯构件更为广泛，例如桁架上弦杆、框架的柱子等。本章主要讲述压弯构件，兼顾拉弯构件。

6.1　拉弯和压弯构件特点和应用

拉弯或压弯构件常采用单轴对称或双轴对称的截面。压弯构件通常采用单轴对称或者双轴对称截面。当弯矩只作用在构件一个主轴平面内时称为单向压弯构件（图 6-1a），作用在两个主轴平面内称为双向压弯构件（图 6-1b）。工程中大多数压弯构件可按单向压弯构件考虑。

压弯构件和拉弯构件按其截面形式分为实腹式构件和格构式构件两种。如图 6-2 所示为常用的截面形式。当构件所受弯矩有正负两种可能，并且大小又比较接近时，宜采用双

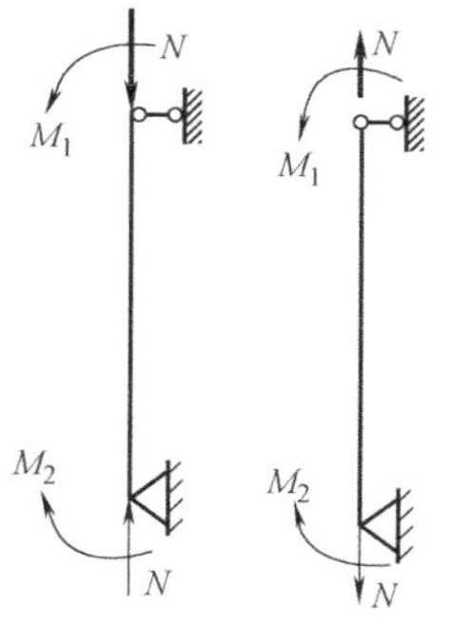

图 6-1　压弯和拉弯构件

图 6-2　拉弯和压弯构件截面形式

轴对称截面，否则宜采用单轴对称截面。

对于压弯构件，根据其满足承载能力极限状态的破坏形式，需要计算其强度，验算其整体稳定性，也需验算翼缘板的局部稳定和刚度。拉弯构件需要计算其强度和长细比，不需要计算其整体稳定性。但当拉弯构件所受弯矩较大拉力较小时，已接近受弯构件，需计算其整体稳定及局部稳定。

6.2 拉弯构件和压弯构件的强度计算

考虑到钢材的塑性性能，对于承受静力荷载的拉弯和压弯构件的强度计算，以矩形截面为例（图 6-3），是以截面出现塑性铰为强度极限状态。当压弯构件截面出现塑性应力分布时，根据压力 N 及弯矩 M 的相关关系，按应力分布和力的平衡条件，且考虑因纯压力或拉力达到塑性时 $\eta=0$、$M_{px}=0$，$N_p=bhf_y$，或达到最大弯矩时出现塑性铰，$\eta=\dfrac{1}{2}$、$N=0$，$M_{px}=\dfrac{bh^2}{4}f_y$，则：

$$N=(1-2\eta)bhf_y=N_p(1-2\eta)$$

$$M_x=\eta bh(h-\eta h)f_y=\frac{bh^2}{4}f_y(4\eta-4\eta^2)=M_{px}[4\eta-(2\eta)^2]$$

$$\frac{N}{N_p}=1-2\eta$$

$$\frac{M_x}{M_{px}}=[2(2\eta)-(2\eta)^2]$$

消去 η 得：

$$\left(\frac{N}{N_2}\right)^2+\frac{M_x}{M_{px}}=1$$

这就是矩形截面拉弯构件或压弯构件的弯矩和轴力的相关公式。对于双轴对称工字形截面绕其强轴弯曲时，可参阅钢结构塑形设计相关书籍，得到压力 N 及弯矩 M 的相关公式。

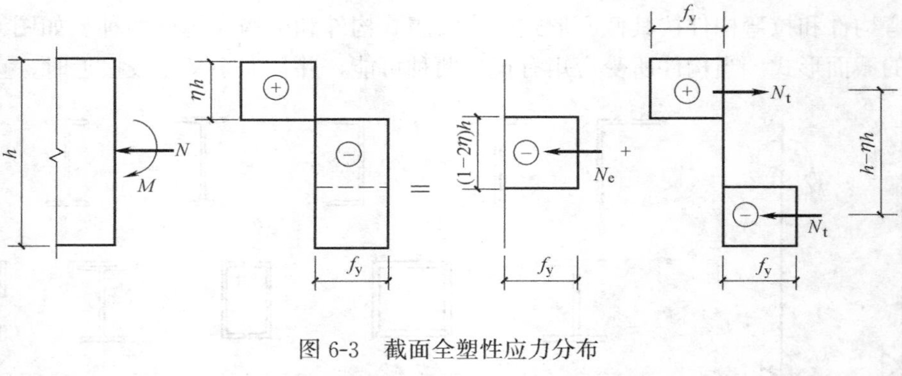

图 6-3 截面全塑性应力分布

为便于计算，并同时考虑分析中未考虑附加挠度的不利影响，《钢结构设计标准》GB 50017—2017 偏安全地采用塑性铰相关公式，即：

$$\frac{N}{N_p}+\frac{M_x}{M_{px}}=1$$

考虑到塑性变形在截面上发展深度过大，将导致较大变形，同时考虑剪应力的不利影响，并引入抗力分项系数，得到单向拉弯（压弯）构件强度计算公式为：

$$\frac{N}{A_n}+\frac{M_x}{\gamma_x W_{nx}}\leqslant f \tag{6-1}$$

双向弯曲的拉弯（压弯）构件强度计算公式为：

$$\frac{N}{A_n}\pm\frac{M_x}{\gamma_x W_{nx}}\pm\frac{M_y}{\gamma_y W_{ny}}\leqslant f \tag{6-2}$$

式中　M_x、M_y——作用在拉弯（压弯）构件截面的 x 轴和 y 轴方向的弯矩；

W_{nx}、W_{ny}——对 x 轴、y 轴的净截面模量；

A_n——净截面面积；

γ_x、γ_y——截面塑性发展系数，取值见表 5-1。

对直接承受动力荷载的构件，不考虑塑性发展，取 $\gamma_x=\gamma_y=1.0$。当压弯构件的受压翼缘自由外伸宽度与其厚度之比满足 $13\sqrt{235/f_y}\leqslant b/t\leqslant 15\sqrt{235/f_y}$时，应取 $\gamma_x=1.0$。

6.3　实腹式压弯构件的稳定计算

当实腹式压弯构件在侧向没有足够支撑时，构件可能发生侧扭屈曲破坏。因考虑初始缺陷的侧扭屈曲分析较为繁杂，《钢结构设计标准》GB 50017—2017 采用的计算公式以理想屈曲理论为依据。对于双轴对称截面一般将弯矩绕强轴作用，单轴对称截面则将弯矩作用在对称轴平面内，则构件可能在弯矩作用平面内发生弯曲失稳，也可能在弯矩作用平面外发生弯扭失稳。所以，压弯构件应分别验算弯矩作用平面内和弯矩作用平面外的稳定性。

单向压弯构件的整体失稳分为弯矩作用平面内和弯矩作用平面外两种情况。双向压弯构件只有弯扭失稳一种可能。

6.3.1　弯矩作用平面内的整体稳定

确定压弯构件弯矩作用平面内稳定承载力的方法较多，分为两大类：一类是边缘屈服准则的计算方法，即通过建立轴力与弯矩的相关公式来求压弯构件弯矩作用平面内的稳定承载力；另一类是最大强度准则的计算方法，即采用解析法或者精确度较高的数值法求解压弯构件在弯矩作用平面内的极限荷载。如图 6-4 所示为单向压弯构件在弯矩作用平面发生挠曲变形。

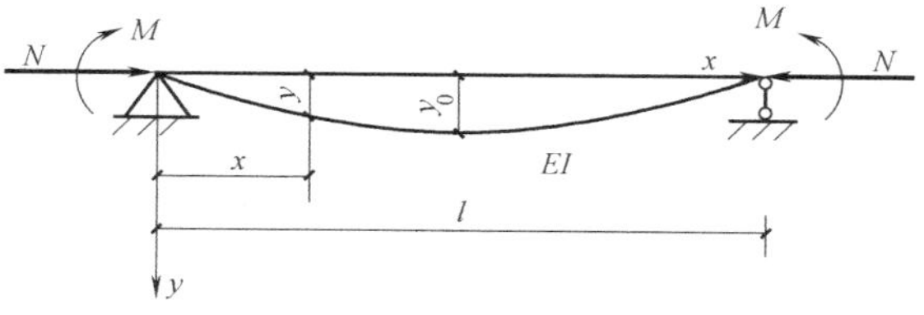

图 6-4　压弯构件受荷挠曲形式

（1）边缘屈服准则

对弯矩沿杆长均匀分布的两端铰支压弯构件，按边缘屈服准则推导的稳定承载公式为：

$$\frac{N}{\varphi_x A}+\frac{M_x}{W_{1x}\left(1-\varphi_x\frac{N}{N_{Ex}}\right)}=f_y \tag{6-3}$$

式中 N——轴心压力；

N_{Ex}——欧拉临界力；

φ_x——弯矩作用平面内的轴心受压稳定系数；

M_x——最大弯矩；

W_{1x}——弯矩作用平面内最大受压纤维的毛截面模量。

(2) 最大强度准则

边缘屈服准则适用于格构式构件。对实腹式压弯构件，当受压最大边缘开始屈服时截面有较大的强度储备。若要反映构件实际受力情况，宜采用最大强度准则。《钢结构设计标准》GB 50017—2017 采用数值计算方法，并在计算弯曲应力时考虑构件截面的塑性发展及二阶弯矩，得出了比较符合实际又能满足工程精度要求的稳定计算公式。

$$\frac{N}{\varphi_x A}+\frac{M_x}{W_{px}\left(1-0.8\frac{N}{N_{Ex}}\right)}\leqslant f_y \tag{6-4}$$

式中 W_{px}——截面塑性模量。

(3) 规范规定的压弯构件弯矩作用平面内整体稳定的计算公式

式 (6-4) 仅适用于弯矩沿杆长为均匀分布的两端铰接压弯构件。若弯矩为非均匀分布时，构件的实际承载能力将会比由上式所得的值高。对应用于其他荷载作用时的压弯构件，可用等效弯矩 $\beta_{mx}M_x$ 来代替公式中的 M_x 考虑这种有利因素。考虑部分塑性深入截面，采用 $W_{px}=\gamma_x W_{1x}$，引入抗分项系数，得到标准采用的实腹式压弯构件在弯矩作用平面内的稳定计算公式为：

$$\frac{N}{\varphi_x A}+\frac{\beta_{mx}M}{\gamma_x W_{1x}\left(1-0.8\frac{N}{N'_{Ex}}\right)}\leqslant f \tag{6-5}$$

式中 N'_{Ex}——考虑分项系数的欧拉临界力，为欧拉临界力除以抗力分项系数 γ_R；

$$N'_{Ex}=\frac{\pi^2 EA}{1.1\lambda_x^2}$$

β_{mx}——等效弯矩系数。

β_{mx} 按下列规定采用：

1) 框架柱和两端支承的构件

① 无横向荷载作用时：$\beta_{mx}=0.65+0.35M_1/M_2$，$M_1$、$M_2$ 为端弯矩，使构件产生同向曲率（无反弯点）时取同号，使构件产生反向曲率（有反弯点）时取异号，$|M_1|\geqslant|M_2|$。

② 有端弯矩和横向荷载同时作用时：构件产生同向曲率时，$\beta_{mx}=1.0$；构件产生反向曲率时，$\beta_{mx}=0.85$。

③无端弯矩但有横向荷载作用时：$\beta_{mx}=1.0$。

2) 悬臂构件，$\beta_{mx}=1.0$

对 T 型钢、双角钢 T 形等单轴对称截面压弯构件，当弯矩作用于对称轴平面且较大翼缘受压时，构件失稳时出现的塑性区除存在前述受压区屈服和受压、受拉区同时屈服两种情况外，还可能在受拉区首先出现屈服从而导致构件丧失承载能力，因而《钢结构设计标准》GB 50017—2017 规定，除按式（6-5）验算外，还应对翼缘补充验算。

$$\left|\frac{N}{A}-\frac{\beta_{mx}M_x}{\gamma_x W_{2x}\left(1-1.25\dfrac{N}{N_{Ex}}\right)}\right|\leqslant f \tag{6-6}$$

式中　W_{2x}——弯矩作用平面内较小翼缘的毛截面模量；

γ_x——与 W_{2x} 相对应的截面塑性发展系数。

式（6-6）中的 1.25 是经验修正系数。

6.3.2　弯矩作用平面外的整体稳定

压弯构件在弯矩作用平面外没有足够的支承以阻止其产生平面外侧向位移和扭转时，构件可能因弯扭屈曲而发生平面外失稳破坏。对于两端简支的双轴对称实腹式截面压弯构件，根据弹性稳定理论，可得构件发生弯扭失稳时其临界条件为：

$$\left(1-\frac{N}{N_{Ey}}\right)\left(1-\frac{N}{N_{Ey}}\cdot\frac{N_{Ey}}{N_Z}\right)-\left(\frac{M_x}{M_{crx}}\right)^2=0 \tag{6-7}$$

式中　N_{Ey}——轴心受压时对弱轴弯曲屈曲临界力，即欧拉临界力；

N_Z——轴心受压时绕纵轴扭转屈曲临界力；

M_{crx}——对 x 轴的均布弯矩作用时弯扭屈曲临界弯矩。

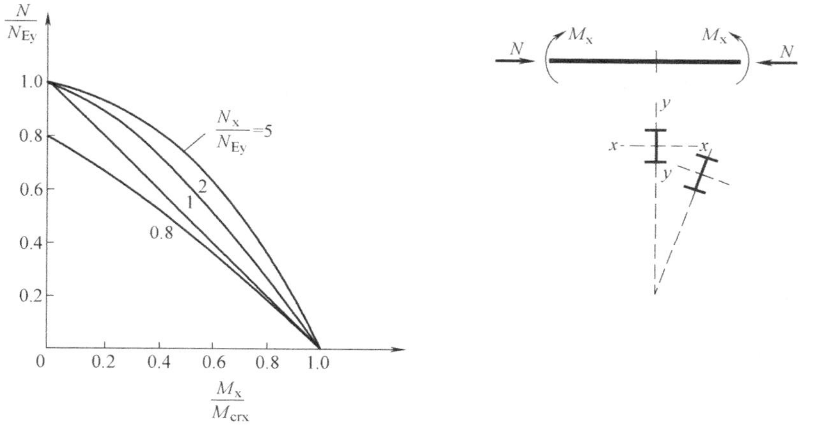

图 6-5　N/N_{Ey} 和 M_x/M_{crx} 的相关曲线

将不同的 N_Z/N_{Ey} 代入上式，得到如图 6-5 所示的 N/N_{Ey} 和 M_x/M_{crx} 之间的相关曲线。N/N_{Ey} 值愈大，则曲线愈外凸。对钢结构中常用的双轴对称工字形截面，N_Z/N_{Ey} 总是大于 1.0，可偏安全地取 $N_Z/N_{Ey}=1.0$，得：

$$\frac{N}{N_{Ey}}+\frac{M_x}{M_{crx}}=1 \tag{6-8}$$

式（6-8）虽推导自理想双轴对称的弹性侧扭屈曲，但是理论分析和试验研究证实此公式可用于弹塑性工作和单轴对称的截面。

将 $N_{Ey}=\varphi_y A f_y$、$M_{crx}=\varphi_b W_{1x} f_y$ 代入式（6-8）中，引入非均匀弯矩作用时的等效弯

矩系数 β_{tx}、截面影响系数 η、抗力分项系数 γ_R 后，得到《钢结构设计标准》GB 50017—2017 中的压弯构件在弯矩作用平面外稳定计算公式为：

$$\frac{N}{\varphi_y A}+\eta\frac{\beta_{tx}M_x}{\varphi_b W_{1x}}\leqslant f \tag{6-9}$$

式中 M_x——所计算构件段范围内的最大弯矩；

β_{tx}——等效弯矩系数，应根据所计算构件段的荷载和内力情况确定，取值方法与弯矩作用平面内的等效弯矩系数 β_{mx} 相同；

η——截面影响系数，闭口截面 $\eta=0.7$，其他截面 $\eta=1.0$；

φ_y——弯矩作用平面外的轴心受压构件稳定系数；

φ_b——均匀弯曲受弯构件的整体稳定系数，按附录 G 取用。

6.3.3 双向弯曲压弯构件的整体稳定

《钢结构设计标准》GB 50017—2017 规定：对双轴对称的工字形截面（含 H 型钢）和箱形截面的压弯构件，其稳定性按下列公式计算：

$$\frac{N}{\varphi_x A}+\frac{\beta_{mx}M_x}{\gamma_x W_{1x}\left(1-0.8\dfrac{N}{N'_{Ex}}\right)}+\frac{\beta_{ty}M_y}{\varphi_{by}W_{1y}}=f \tag{6-10}$$

$$\frac{N}{\varphi_y A}+\frac{\beta_{my}M_y}{\gamma_y W_{1y}\left(1-0.8\dfrac{N}{N'_{Ex}}\right)}+\frac{\beta_{tx}M_x}{\varphi_{bx}W_{1x}}=f \tag{6-11}$$

式中 M_x、M_y——分别为对 x 轴（工字形截面和 H 型钢 x 轴为强轴）和 y 轴的弯矩；

φ_x、φ_y——分别为对 x 轴和 y 轴的轴心受压构件稳定系数；

φ_{bx}、φ_{by}——梁的整体稳定系数。

其他符号含义同前。

6.3.4 压弯构件的局部稳定

（1）翼缘的宽厚比

实腹式压弯构件的受压翼缘板，应力情况与梁受压翼缘基本相同，因而其自由外伸宽度与厚度之比及箱形截面翼缘在腹板之间的宽厚比均与梁受压翼缘的宽厚比限值相同。

工字形、T 形和箱形压弯构件，受压翼缘外伸宽度与其厚度之比，应符合式（5-21）的要求。

当强度和稳定计算中 $\gamma_x=1.0$ 时，应符合式（5-22）的要求。

箱形截面压弯构件受压翼缘两腹板之间部分的宽厚比，应符合式（5-23）的要求。

（2）腹板的宽厚比

对承受不均匀压应力和剪应力的腹板局部稳定，引入系数应力梯度。

$$\alpha_0=\frac{\sigma_{max}-\sigma_{min}}{\sigma_{max}} \tag{6-12}$$

式中 σ_{max}——腹板计算高度边缘的最大压应力，计算时不考虑构件的稳定系数和截面塑性发展系数；

σ_{min}——腹板计算高度另一边缘相应的应力，压应力取正值，拉应力取负值。

1）工字形截面（图 6-6a）

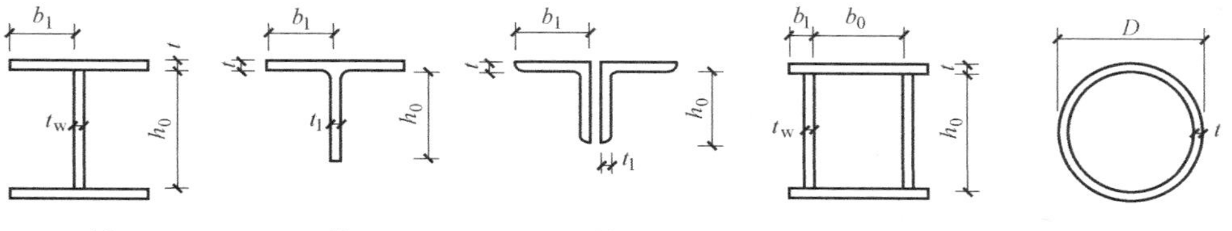

图 6-6 宽厚比限值中的截面尺寸示意图

腹板高厚比限值如下：

当 $0 \leqslant \alpha_0 \leqslant 1.6$ 时

$$\frac{h_0}{t_w} \leqslant (16\alpha_0 + 0.5\lambda + 25)\sqrt{\frac{235}{f_y}} \tag{6-13}$$

当 $1.6 < \alpha_0 \leqslant 2$ 时

$$\frac{h_0}{t_w} \leqslant (48\alpha_0 + 0.5\lambda + 26.2)\sqrt{\frac{235}{f_y}} \tag{6-14}$$

式中 λ——构件在弯矩作用平面内的长细比，当 $\lambda < 30$ 时，取 $\lambda = 30$；当 $\lambda > 100$ 时，取 $\lambda = 100$。

2）T 形截面（图 6-6b、c）

① 弯矩使腹板自由边受压

当 $\alpha_0 \leqslant 1.0$ 时

$$h_0/t_w \leqslant 15\sqrt{235/f_y} \tag{6-15}$$

当 $\alpha_0 > 1.0$ 时

$$h_0/t_w \leqslant 18\sqrt{235/f_y} \tag{6-16}$$

② 弯矩使腹板自由边受拉

热轧部分 T 型钢

$$h_0/t_w \leqslant (15 + 0.2\lambda)\sqrt{235/f_y} \tag{6-17}$$

两板焊接的 T 形截面

$$h_0/t_w \leqslant (13 + 0.17\lambda)\sqrt{235/f_y} \tag{6-18}$$

3）箱形截面（图 6-6d）

箱形截面的宽厚比限值取工字形截面腹板的 4/5，当小于 $40\sqrt{235/f_y}$ 时，取 $40\sqrt{235/f_y}$。

4）圆管截面（图 6-6e）

直径与厚度之比的限值与轴心受压构件的规定相同，即：

$$\frac{D}{t} \leqslant 100 \times \frac{235}{f_y} \tag{6-19}$$

6.4 压弯构件计算长度

压弯构件稳定计算中，均涉及构件的长细比，即用到构件的计算长度。压弯构件的计算长度可根据构件端部的约束条件按弹性稳定理论确定。但对框架柱，框架平面内的计算长度需要通过对框架的整体稳定分析得到，框架平面外的计算长度需要根据支承点的布置情况确定。

框架柱的计算长度 H_0 采用计算长度系数 μ 乘以几何长度 H 表示：

$$H_0 = \mu H \tag{6-20}$$

6.4.1　框架平面内的计算长度

在进行单层框架的整体稳定性分析时，一般取平面框架作为计算模型，不考虑空间作用。横梁对柱的约束作用取决于横梁线刚度 I_1/l 与柱线刚度 I/H 的比值 K_1，即：

$$K_1 = \frac{I_1/l}{I/H} \tag{6-21}$$

如图 6-7 所示为柱底为刚接的单跨对称框架失稳的情况。无侧移框架稳定性好于有侧移框架。用框架的稳定分析确定框架的计算长度计算繁杂，为便于工程人员使用，《钢结构设计标准》GB 50017—2017 给出了框架计算长度系数的表格，供设计人员查用。假定横梁两端的转角 θ 大小相等，但方向相反，其计算长度系数也取决于 K_1。

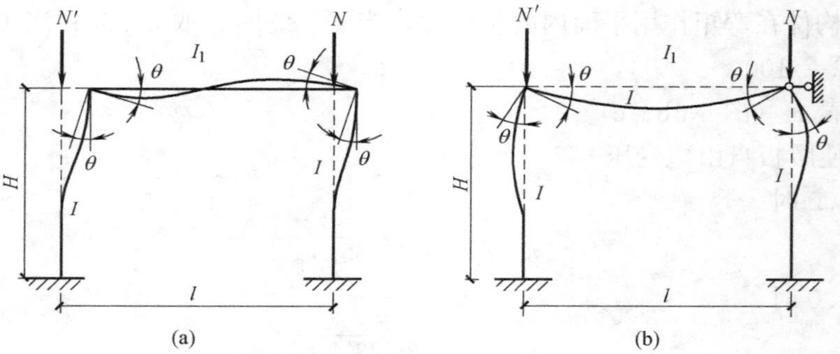

图 6-7　单层单跨框架柱的失稳形式

(a) 有侧移框架；(b) 无侧移框架

对单层多跨框架，这时 K_1 值为与柱相邻的两根横梁的线刚度之和（$I_1l_1+I_2l_2$）与柱线刚度 I/H 之比，则：

$$K_1 = \frac{I_1/l_1 + I_2/l_2}{I/H} \tag{6-22}$$

6.4.2　多层框架柱在框架平面内的计算长度

多层框架柱假定失稳时相交于同一节点的横梁对柱提供约束弯矩。多层框架的失稳形式见图 6-8。K_1 为相交于柱上端节点的横梁线刚度之和与柱线刚度之和的比值；K_2 为相交于柱下端节点的线刚度之和与柱线刚度之和的比值。

$$K_1 = \frac{I_1/l_1 + I_2/l_2}{I'''/H_3 + I''/H_2}$$

$$K_2 = \frac{I_3/l_1 + I_4/l_2}{I''/H_2 + I'/H_1}$$

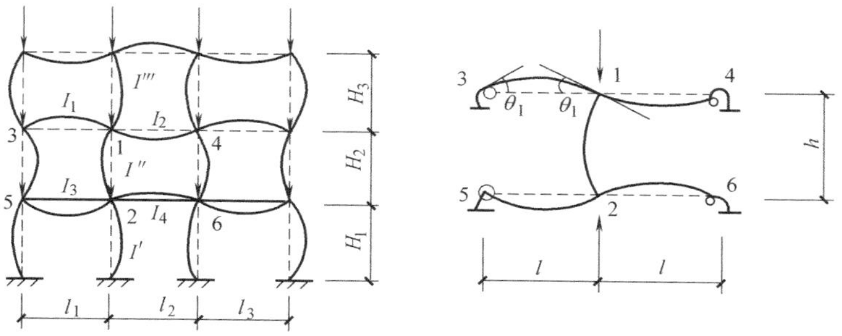

(a) (b)

图 6-8 多层框架的失稳形式

6.4.3 框架柱的抗震构造措施

对有抗震设计要求的框架柱，《钢结构设计标准》GB 50017—2017 明确规定了其长细比的取值。框架梁、柱板件宽厚比应符合表 6-1 的规定。

框架梁、柱板件宽厚比限值 **表 6-1**

板件名称		一级	二级	三级	四级
柱	工字形截面外伸部分	10	11	12	13
	工字形截面腹板	43	45	48	52
	箱形截面壁板	33	36	38	40
梁	工字形截面和箱形截面翼缘外伸部分	9	9	10	11
	箱形截面在两腹板之间部分	30	30	32	36
	工字形截面和箱形截面腹板	$72-120\frac{N_b}{Af}\leqslant 60$	$72-100\frac{N_b}{Af}\leqslant 65$	$80-110\frac{N_b}{Af}\leqslant 70$	$85-120\frac{N_b}{Af}\leqslant 75$

注：1. 表中数值适用于 Q235 钢，采用其他牌号钢材时，应乘以 $\sqrt{235/f_y}$；
2. $N_b/(Af)$ 为梁轴压比。

6.5 实腹式压弯构件的截面设计

由于压弯构件的受力较轴心受力构件复杂，计算时需要满足的条件也较多。设计时需首先选定截面的尺寸，然后进行强度、整体稳定、局部稳定和刚度的验算。不满足要求时，适当调整截面尺寸，重新验算，直到全部满足要求为止。

实腹式压弯构件的截面验算包括下列各项：

（1）强度验算

强度应按式（6-1）、式（6-2）验算，当截面无削弱且 N、M_x 的取值与整体稳定验算的取值相同而等效弯矩系数为 1.0 时，不必进行强度验算。

（2）整体稳定验算

弯矩作用平面内整体稳定按式（6-5）验算，对单轴对称截面还应按式（6-6）进行补充计算；弯矩作用平面外的整体稳定按式（6-9）计算。

（3）局部稳定验算

实腹式压弯构件的局部稳定计算应满足 6.3.4 节的要求。

(4) 刚度验算

压弯构件的长细比不超过《钢结构设计标准》GB 50017—2017 容许长细比限值。

压弯构件的翼缘宽厚比必须满足局部稳定的要求，否则翼缘发生屈曲必然导致构件整体失稳。当腹板的 $h_0/t_w \geqslant 80$ 时，为防止腹板在施工和运输中发生变形，应设置间距不大于 $3h_0$ 的横向加劲肋。另外，设置纵向加劲肋的同时也应设置横向加劲肋。加劲肋的截面选择与第 5 章受弯构件中加劲肋截面的设计相同。

在大型实腹柱中，为保持截面形状不变，提高构件抗扭刚度，防止施工和运输过程中发生变形，受有较大水平力处和运输单元的端部应设置横隔。横隔间距不得大于柱截面较大宽度的 9 倍和 8m。构件较长时应设置中间横隔，横隔的设置方法同轴心受压构件。

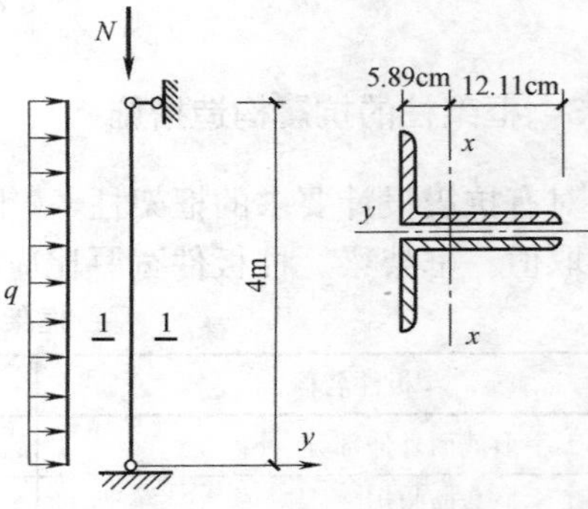

图 6-9 例 6-1 图

【例 6-1】 偏心压杆由 2L180×110×10 组成(图 6-9)，单肢截面积 $A=28.4\text{cm}^2$。试验算柱强度是否满足要求。已知：$f=215\text{N/mm}^2$，$\gamma_{1x}=1.05$(肢背)，$\gamma_{2x}=1.2$(肢尖)，$I_x=1940\text{cm}^4$(单肢)，$N=1000\text{kN}$，$q=3.5\text{kN/m}$。

【解】 $M_x=ql^2/8=3.5\times4000^2/8=7\times10^6\text{N}\cdot\text{mm}$

$W_{x1}=2I_x/5.89=2\times1940/5.89=658.7\text{cm}^3$

$W_{x2}=2I_x/12.11=2\times1940/12.11=320.4\text{cm}^3$

肢背外边缘：

$$\sigma=\frac{N}{A_n}+\frac{M}{\gamma_{1x}W_{1x}}=\frac{1000\times10^3}{2\times2840}+\frac{7\times10^6}{1.05\times658.7\times10^3}=176+10.1=186.1\text{N/mm}^2$$
$$<f=215\text{N/mm}^2$$

肢尖外边缘：

$$\sigma=\left|\frac{N}{A}-\frac{M_x}{\gamma_{2x}W_{x2}}\right|=\left|\frac{1000\times10^3}{2\times2840}-\frac{7\times10^6}{1.2\times320.4\times10^3}\right|=157.8\text{N/mm}^2$$
$$<f=215\text{N/mm}^2$$

所以强度能够满足要求。

【例 6-2】 双轴对称焊接工字形截面压弯构件的截面如图 6-10 所示，采用 Q235-BF 钢，已知翼缘板为剪切边，截面无削弱。承受轴心压力的设计值为 850kN，跨中集中力设计值为 180kN。构件长度 10m，两端铰接并在两端各设有一侧向支撑点。试验算此构件的承载力。

【解】 (1) 计算截面特性

截面积为：

$$A=2bt+h_wt_w=2\times40\times1.4+50\times0.8=152\text{cm}^2$$

惯性矩为：

$$I_x=\frac{1}{12}bh^3-\frac{1}{12}(b-t_w)h_w^3=\frac{1}{12}\times(40\times52.8^3-39.2\times50^3)=82327\text{cm}^4$$

$$I_y\approx2\times\frac{1}{12}tb^3=2\times\frac{1}{12}\times1.4\times40^2=14933\text{cm}^4$$

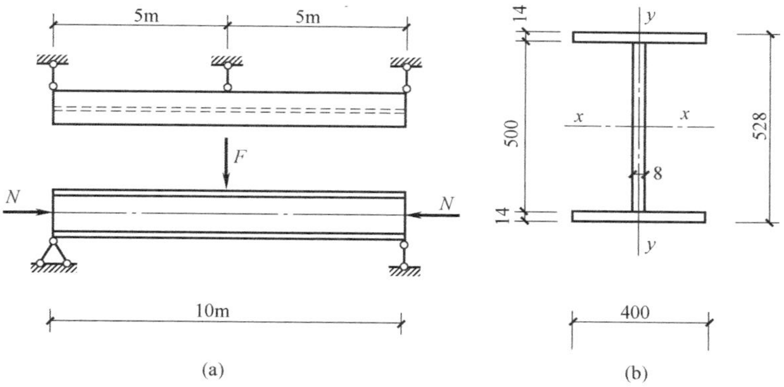

图 6-10　例 6-2 图

回转半径为：

$$i_x=\sqrt{\frac{I_x}{A}}=\sqrt{\frac{82372}{152}}=23.27\text{cm}$$

$$i_y=\sqrt{\frac{I_y}{A}}=\sqrt{\frac{14933}{152}}=9.91\text{cm}$$

弯矩作用平面内受压纤维的毛截面模量为：

$$W_{1x}=W_x=\frac{2I_x}{h}=\frac{2\times 82327}{52.8}=3118\text{cm}^3$$

（2）强度验算

$$M_x=\frac{1}{4}Fl=\frac{1}{4}\times 180\times 10=450\text{kN}\cdot\text{m}$$

$$\frac{N}{A_n}+\frac{M_x}{\gamma_x W_{nx}}=\frac{850\times 10^3}{152\times 10^2}+\frac{450\times 10^6}{1.05\times 3118\times 10^3}$$
$$=193.4\text{N/mm}^2<f=215\text{N/mm}^2$$

（3）弯矩作用平面内稳定验算

弯矩作用平面的计算长度为：

$$l_{0x}=10\text{m}$$

则长细比为：

$$\lambda_x=\frac{l_{0x}}{i_x}=\frac{10\times 10^2}{23.27}=43.0$$

查表得稳定系数为：

$$\varphi_x=0.887$$

欧拉临界力为：

$$N'_{Ex}=\frac{\pi^2 EA}{\gamma_R\lambda_x^2}=\frac{\pi^2\times 206\times 10^3\times 152\times 10^2}{1.1\times 43^2}\times 10^{-3}=15178\text{kN}$$

$$\frac{N}{N'_{Ex}}=\frac{850}{15178}=0.056$$

弯矩作用平面内的等效弯矩系数：无端弯矩但有横向荷载作用时 $\beta_{mx}=1.0$

受压翼缘板的自由外伸宽度比为：

$$\frac{b}{t}=\frac{(400-8)/2}{14}=14>13\sqrt{\frac{235}{f_y}}=13\sqrt{\frac{235}{235}}=13$$

故取截面发展系数 $\gamma_x=1.0$，则：

$$\frac{N}{\varphi_x A}+\frac{\beta_{mx}M_x}{\gamma_x W_{1x}\left(1-0.8\frac{N}{N'_{Ex}}\right)}=\frac{850\times10^3}{0.887\times152\times10^2}+\frac{1.0\times450\times10^6}{1.0\times3118\times10^3(1-0.8\times0.056)}$$

$$=(63.0+151.09)=214.1\text{N/mm}^2<f=215\text{N/mm}^2$$

满足要求。

（4）弯矩作用平面外整体稳定验算

弯矩作用平面外计算长度为：

$$l_{0y}=5\text{m}$$

长细比为：

$$\lambda_y=\frac{l_{0y}}{i_y}=\frac{5\times10^2}{9.91}=50.5$$

稳定系数为： $\varphi_y=0.772$

受弯构件整体稳定系数近似值为：

$$\varphi_b=1.07-\frac{\lambda_y^2}{44000}\cdot\frac{f_y}{235}=1.07-\frac{50.5^2}{44000}\times\frac{235}{235}=1.012>1.0$$

取 $\varphi_b=1.0$。

构件在相邻侧向支撑点间无横向荷载作用，弯矩作用平面外的等效荷载系数为：

$$\beta_{tx}=0.65+0.35\frac{M_2}{M_1}=0.65+0.35\times\frac{0}{M_1}=0.65$$

$$\frac{N}{\varphi_x A}+\frac{B_{tx}M_x}{\varphi_b W_{1x}}=\frac{850\times10^3}{0.772\times152\times10^2}+\frac{0.65\times450\times10^6}{1.0\times3118\times10^3}$$

$$=72.4+93.8=166.2\text{N/mm}^2<f=215\text{N/mm}^2$$

满足要求。

（5）局部稳定验算

受压翼缘板：

$$\frac{b}{t}=14<15\sqrt{\frac{235}{f_y}}=15$$

满足要求。

（6）腹板

腹板计算高度边缘的最大压应力为：

$$\sigma_{max}=\frac{N}{A}+\frac{M_x}{I_x}\cdot\frac{h_0}{2}$$

$$=\frac{850\times10^3}{152\times10^2}+\frac{450\times10^6}{82327\times10^4}\times\frac{500}{2}$$

$$=55.9+136.7=192.6\text{N/mm}^2$$

腹板计算高度另一边缘相应的应力为：

$$\sigma_{\min}=\frac{N}{A}-\frac{M_x}{I_x}\cdot\frac{h_0}{2}=55.9-136.7=-80.8\text{N/mm}^2$$

则应力梯度为：

$$\alpha_0=\frac{\sigma_{\max}-\sigma_{\min}}{\sigma_{\max}}=\frac{192.6-(-80.8)}{192.6}=1.42$$

腹板的计算高度与其厚度比的容许值为：

$$\left[\frac{h_0}{t_w}\right]=(16\alpha_0+0.5\lambda_x+25)\sqrt{\frac{235}{f}}=16\times1.42+0.5\times43+25)\times\sqrt{\frac{235}{235}}=69.22$$

实际上

$$\frac{h_0}{t_w}=\frac{500}{8}=62.5<\left[\frac{h_0}{t_w}\right]=69.22$$

满足要求。

（7）刚度

构件的最大长细比为：

$$\lambda_{\max}=\max\{\lambda_x,\lambda_y\}=\lambda_y=50.5<[\lambda]=150$$

通过上述验算可知，构件截面合适。

6.6 格构式压弯构件的设计

对于压弯构件截面高度较大时，宜采用格构式。格构式压弯构件一般用于厂房的框架柱和高大的独立支柱。因截面的高度较大并且受较大的外剪力作用，故构件常常用缀条连接。

图 6-11 为常用的格构式压弯构件。

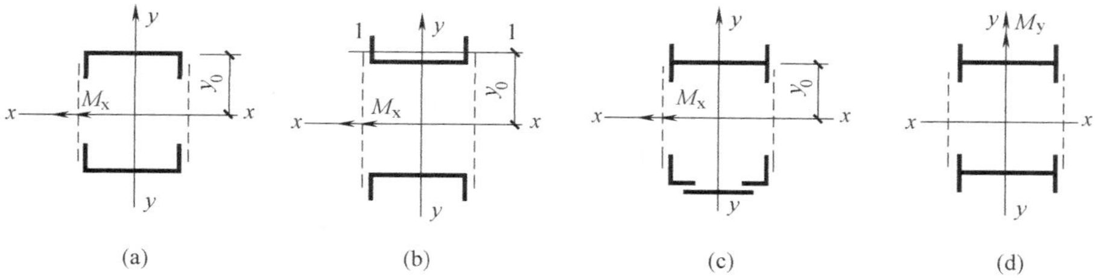

图 6-11　格构式压弯构件常用截面

（1）弯矩绕实轴作用的格构式构件

当弯矩作用在与缀材面相垂直的主平面内时（图 6-11），构件绕实轴产生弯曲失稳，它的受力性能与实腹式压弯构件完全相同。因此，弯矩绕实轴作用的格构式压弯构件，弯矩作用平面内的整体稳定计算与实腹式压弯构件相同，按式（6-5）计算，但需将式中的 x 轴改为 y 轴；在计算弯矩作用平面外的整体稳定时，与实腹式箱形截面类似，故按式（6-9）计算，但需将式中的 x 轴改为 y 轴；长细比应取换算长细比计算，整体稳定系数 $\varphi_b=1.0$。

（2）弯矩绕虚轴作用的格构式构件

1）弯矩作用平面内的整体稳定性计算

弯矩绕虚轴作用的格构式压弯构件，因截面中部空心，不能考虑塑性的深入发展，弯矩作用平面内的整体稳定计算宜采用边缘屈服准则。引入等效弯矩系数 β_{mx}，并且考虑抗力分项系数后，得：

$$\frac{N}{\varphi_x A}+\frac{\beta_{mx}M_x}{W_{1x}\left(1-\varphi_x\frac{N}{N'_{Ex}}\right)}\leqslant f_y \tag{6-23}$$

式中，$W_{1x}=I_x/y_0$，I_x为对 x 轴（虚轴）的毛截面惯性矩；y_0 为由 x 轴到压力较大分肢轴线的距离或者到压力较大分肢腹板边缘的距离，两者取较大值。

φ_x和 N'_{Ex}均由对虚轴（x 轴）的换算长细比 λ_{0x}确定。

2）分肢的稳定计算

对于弯矩绕虚轴作用的压弯构件，弯矩作用平面外的整体稳定性由分肢的稳定计算来保证，故不必再计算整个构件在平面外的整体稳定性。两分肢的轴心力应按下列公式计算（图 6-12），即：

分肢 1：

$$N_1=N\frac{y_2}{a}+\frac{M}{a} \tag{6-24}$$

分肢 2：

$$N_2=N-N_1 \tag{6-25}$$

缀条式压弯构件的分肢应按轴心压杆计算。分肢计算长度，在缀材平面内取缀条体系的节间长度；在缀条平面外取整个构件两侧向支撑点间的距离。

进行缀板式压弯构件的分肢计算时，除轴心力外，还应该考虑由剪力作用引起的局部弯矩，并按实腹式压弯构件验算单肢的稳定性。

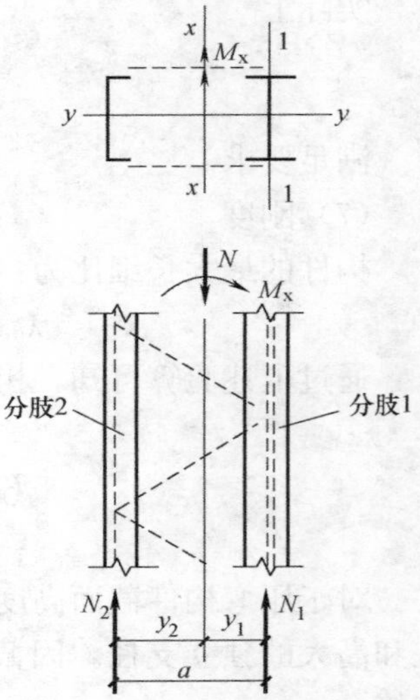

图 6-12　分肢的内力计算

3）缀材的计算

计算格构式压弯构件的缀材时，应取压弯构件实际剪力和计算所得剪力两者中的较大值。其计算方法与格构式轴心受压构件相同。

（3）双向受弯的格构式压弯构件

弯矩作用在两个主平面内的双肢格构式压弯构件如图 6-13 所示，其稳定性按下列规定计算。

1）整体稳定计算

采用由边缘屈服准则导出的弯矩绕虚轴作用的格构式压弯构件平面内整体稳定计算式进行计算，即：

$$\frac{N}{\varphi_x A}+\frac{\beta_{mx}M_x}{W_{1x}\left(1-\varphi_x\frac{N}{N'_{Ex}}\right)}+\frac{\beta_{ty}M_y}{W_{1y}}\leqslant f_y \tag{6-26}$$

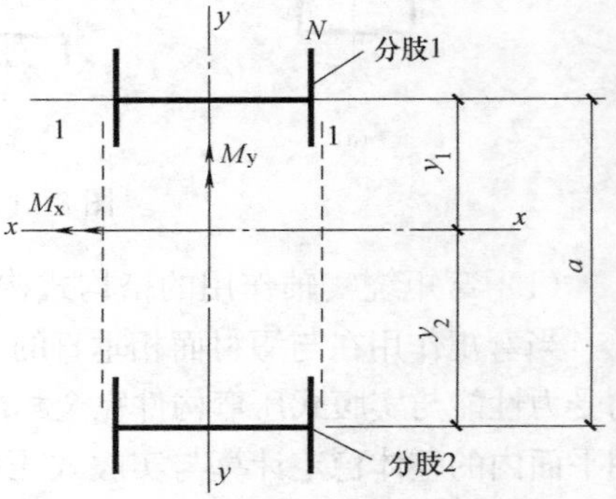

图 6-13　双向受弯格构柱

式中，φ_x和 N'_{Ex}由换算长细比确定；W_{1y}为在 M_y作用下，对于较大受压纤维的毛截面模量。

2）分肢的稳定计算

计算时首先将分肢所受轴力和绕虚轴按桁架弦杆一样计算换算成分肢所受的轴心压

力，即：

$$N_1 = N\frac{y_2}{a} + \frac{M_x}{a} \tag{6-27}$$

$$N_2 = N - N_1 \tag{6-28}$$

其次，将绕实轴作用的弯矩以对应分肢惯性矩成正比的原则进行分配，得到分肢 1 和分肢 2 所承受的弯矩为：

$$M_{y1} = \frac{I_1/y_1}{I_1/y_1 + I_2/y_2}M_y \tag{6-29}$$

$$M_{y2} = M_y - M_{y1} \tag{6-30}$$

式中　I_1、I_2——分肢 1 与分肢 2 对 y 轴的惯性矩；

y_1、y_2——作用的主轴平面至分肢 1 和分肢 2 轴线的距离。

【例 6-3】 有一单向压弯格构式双肢缀条柱（图 6-13），截面无削弱。钢材为 Q235 钢，承受轴心压力的设计值为 400kN，跨中集中力设计值为 120kN。剪力 30kN，柱高 6.0m，在弯矩作用平面内，上端为有侧移的弱支撑，下端固定，其计算长度 $l_{0x}=8.0\text{m}$，在弯矩作用平面外，柱两端铰接，其计算长度 $l_{0y}=H=6.0\text{m}$，焊条为 E43 型，手工焊，试验算此构件的承载力。

【解】（1）计算截面特性

截面积为：

$$A = 2A_1 = 2\times31.84 = 63.68\text{cm}^2$$

惯性矩为：

$$I_x = 2\left[I_1 + A_1\left(\frac{b_0}{2}\right)^2\right] = 2\times\left[157.8 + 31.84\times\left(\frac{40-2\times2.1}{2}\right)^2\right] = 20719\text{cm}^4$$

回转半径为：

$$i_x = \sqrt{\frac{I_x}{A}} = \sqrt{\frac{20719}{63.68}} = 18.04\text{cm}$$

弯矩作用平面内受压纤维的毛截面模量为：

$$W_x = \frac{2I_x}{b} = \frac{2\times20719}{40} = 1035.95\text{cm}^3$$

$$W_{1x} = \frac{I_x}{y_0} = \frac{I_x}{b/2} = W_x = 1035.95\text{cm}^3$$

（2）弯矩作用平面内整体稳定性验算

$$\frac{N}{\varphi_x A} + \frac{\beta_{mx}M_x}{W_{1x}\left(1-\varphi_x\frac{N}{N'_{Ex}}\right)} \leqslant f = 215\text{N/mm}$$

则长细比为：

$$\lambda_x = \frac{l_{0x}}{i_x} = \frac{8.0\times10^2}{18.04} = 44.3$$

垂直于 x 轴的缀条角钢 45×4 毛截面积之和为：

$$A_{1x} = 2\times3.49 = 6.98\text{mm}^2$$

换算长细比为：

$$\lambda_{0x}=\sqrt{\lambda_x^2+27\times\frac{A}{A_{1x}}}=\sqrt{44.3^2+27\times\frac{63.68}{6.98}}=47$$

查表得稳定系数为：

$$\varphi_x=0.870$$

欧拉临界力为：

$$N'_{Ex}=\frac{\pi^2 EA}{\gamma_R\lambda_x^2}=\frac{\pi^2\times 206\times 10^3\times 63.68\times 10^2}{1.1\times 47^2}\times 10^{-3}=5328\text{kN}$$

$$\varphi_x\frac{N}{N'_{Ex}}=0.87\times\frac{400}{5328}=0.0653$$

弯矩作用平面内的柱上端有侧移，属于弱支撑。取相应的等效弯矩系数 $\beta_{mx}=1.0$，则：

$$\frac{N}{\varphi_x A}+\frac{\beta_{mx}M_x}{W_{1x}\left(1-\varphi_x\frac{N}{N'_{Ex}}\right)}=\frac{400\times 10^3}{0.870\times 63.68\times 10^2}+\frac{1.0\times 130\times 10^6}{1035.95\times 10^3(1-0.8\times 0.0653)}$$

$$=72.2+134.3=206.5\text{N/mm}^2<f=215\text{N/mm}^2$$

满足要求。弯矩作用平面外整体稳定计算用分肢的稳定性计算代替。

(3) 分肢的稳定性计算

轴心压力为：

$$N_1=\frac{N}{2}+\frac{M_x}{b_0}=\frac{400}{2}+\frac{120\times 10^6}{40-2\times 2.1}=535.2\text{N/mm}^2$$

对分肢 1-1 轴的计算长度为：

$$l_{01}=35.8\text{m}$$

分肢 1-1 轴的长细比为：

$$\lambda_1=\frac{l_{01}}{i_1}=\frac{35.8}{2.23}=16.1$$

对 y 轴的长细比为：

$$\lambda_{y1}=\frac{l_{0y}}{i_y}=\frac{600}{8.67}=69.2>\lambda_1=16.1$$

由 $\lambda_{y1}=69.2$，查表得分肢稳定系数 $\varphi_1=0.756$，则：

$$\frac{N_1}{\varphi_1 A_1}=\frac{535.2\times 10^3}{0.756\times 31.84\times 10^2}=222.3\text{N/mm}^2>f=215\text{N/mm}^2$$

但不超过 5%，故安全。不必验算分肢的局部稳定性。

刚度验算：

最大长细比为：

$$\lambda_{max}=\{\lambda_{0x},\lambda_1,\lambda_{y1}\}=\lambda_{y1}=69.2\leqslant[\lambda]=150$$

满足要求，柱截面无削弱，且 $\beta_{mx}=1.0$ 和 $W_{1x}=W_x$，强度不必验算。

(4) 缀条验算

柱的计算剪力为：

$$V=\frac{Af}{85}\sqrt{\frac{f_y}{235}}=\frac{2\times 31.84\times 10^2\times 215}{85}\times\sqrt{\frac{235}{235}}\times 10^{-3}=16.1\text{kN}$$

小于柱的实际剪力 $V=30\text{kN}$，计算缀条内力时取 $V=30\text{kN}$。

每个缀条截面承担的剪力为：

$$V_1=\frac{1}{2}V=\frac{1}{2}\times30=15\text{kN}$$

缀条内力：

按平行桁架的腹杆计算，可得：

$$N_1=\frac{V_1}{\sin\alpha_1}=\frac{15}{\sin45^\circ}=21.2\text{kN}$$

缀条截面验算：

$$l_d\approx\frac{b_0}{\sin\alpha}=\frac{40-2\times2.1}{\sin45^\circ}=50.6\text{cm}$$

缀条 1∟45×4，$A_d=3.49\text{cm}^2$，$i_{min}=i_{y0}=0.89\text{cm}$，则：

$$\lambda_d=\frac{l_d}{i_{min}}=\frac{50.6}{0.89}=56.85,\varphi_d=0.822$$

$$\frac{N_1}{\varphi_d A_d}=\frac{21.1\times10^3}{0.822\times349}=73.9\text{N/mm}^2<\eta f=0.685\times215=147.3\text{N/mm}^2$$

上式中 η 为单面连接等边角钢强度折减系数，其值为：

$$\eta=0.6+0.0015\lambda=0.6+0.0015\times56.85=0.685$$

满足要求。

从上述计算结果可以看出，该柱的截面和缀条选择合适。

6.7 框架柱的柱脚

框架柱的柱脚大多需要承受轴向力、水平剪力和弯矩，因而需要与基础刚接，少数柱可以设计成与基础铰接。下面主要介绍与基础刚接的柱脚。

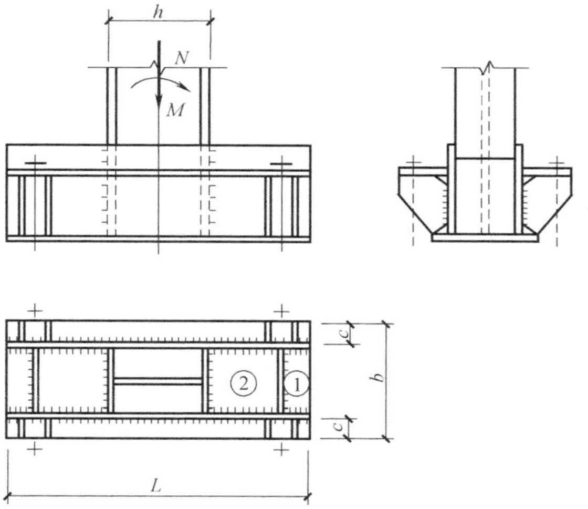

图 6-14　刚接柱脚

（1）整体式刚接柱脚

1）底板的计算

如图 6-14 所示为刚接柱脚，先根据构造要求确定底板宽度，悬臂长度一般取 20～30mm，然后根据底板下基础的压应力不超过混凝土抗压强度设计值来决定底板长度 L。

$$\sigma_{\max}=\frac{N}{bL}+\frac{6M}{bL^2}\leqslant f_{cc} \tag{6-31}$$

式中 N、M——柱脚所承受的最不利轴心压力和弯矩，取使基础一侧产生最大压应力的内力组合；

f_{cc}——混凝土的承压强度设计值。

底板另一侧的压应力为：

$$\sigma_{\min}=\frac{N}{bL}-\frac{6M}{bL^2} \tag{6-32}$$

由此，底板下的压应力分布图形便可确定（图 6-14）。

2）底板的厚度

底板厚度的计算方法与轴心受压柱脚相同。对于偏心受压柱脚，由于底板压应力分布不均，分布压应力可偏安全地取为底板各区格下的最大压应力。

3）锚栓的计算

锚栓的作用除了固定柱脚的位置外，还应当承受柱脚底部压力 N 和弯矩 M 组合作用而引起的拉力 N_t（图 6-14）。假设底板与基础混凝土间的应力是直线分布的，可以确定出压应力的分布长度 e。假定拉应力的合力由锚栓承受，根据 $\sum M_c=0$ 求得锚栓拉力为：

$$N_t=\frac{M-Na}{x} \tag{6-33}$$

式中 a——底板压应力合力的作用点到轴心压力的距离，$a=\frac{l}{2}-\frac{e}{3}$；

x——底板压应力合力的作用点到锚栓的距离，$x=d-e/3$；

d——锚栓到底板最大压应力处的距离；

e——压应力的分布长度。

$$e=\frac{\sigma_{\max}}{\sigma_{\max}+|\sigma_{\min}|}$$

按锚栓拉力即可计算出一侧锚栓的个数和直径。

4）靴梁、隔板及其连接焊缝的计算

靴梁与柱身的连接焊缝，应当按可能产生的最大内力 N_1 计算，并且以此焊缝所需要的长度来确定靴梁的高度，即：

$$N_1=\frac{N}{2}+\frac{M}{h} \tag{6-34}$$

隔板的计算同轴心受力柱脚，它所承受的基础反力均偏安全地取该计算段内的最大值。

（2）分离式柱脚

每个分离式柱脚按分肢可能产生的最大压力作为承受轴向力的柱脚设计，但锚栓应由计算确定。分离式柱脚的两个独立柱脚所承受的最大压力为：

右肢

$$N_r=\frac{N_a y_2}{a}+\frac{M_a}{a} \tag{6-35}$$

左肢

$$N_l = \frac{N_b y_1}{a} + \frac{M_b}{a} \tag{6-36}$$

式中 N_a、M_a——使右肢受力最不利的柱的组合内力；

N_b、M_b——使左肢受力最不利的柱的组合内力；

y_1、y_2——分别为右肢、左肢至柱轴线的距离；

a——柱截面宽度（两分肢轴线距离）。

在厂房建筑中，柱脚在地面以下的部分应采用强度等级较低的混凝土包裹，当柱脚在地面以上时，柱脚底面应高出地面不小于100mm。如需抗震设计，需满足《建筑抗震设计规范》GB 50011—2010（2016年版）中对梁与柱连接的抗震构造要求。

本章小结

本章主要讲述拉弯、压弯构件的设计问题，压弯构件包括实腹式截面和格构式截面。压弯构件的设计包括强度、刚度、整体稳定性和局部稳定四个方面；还介绍了框架中梁和柱的连接方式和实腹式偏心受压柱柱脚的设计特点。

（1）拉弯构件、压弯构件的强度承载力，主要以截面部分发展塑性作为构件的极限状态，其验算公式为：

$$\frac{N}{A_n} \pm \frac{M_x}{\gamma_x W_{nx}} \pm \frac{M_y}{\gamma_y W_{ny}} \leqslant f$$

（2）压弯构件的整体失稳可能发生在弯矩平面内，也可能发生在弯矩作用平面外，实腹式构件分别按式（6-5）、式（6-6）、式（6-10）、式（6-11）验算，格构式构件按式（6-23）、式（6-26）验算。

（3）压弯构件翼缘和腹板的局部稳定性是通过验算宽厚比来保证。对于受压翼缘，其构造要求和梁的受压翼缘完全相同。对于腹板，其高厚比和所受的应力状态有关，按《钢结构设计标准》GB50017—2017计算。

（4）柱脚由于柱底板反力不均匀，相应的构件和连接都按构件和连接涉及范围内的最大反力计算。柱脚锚栓应根据使锚栓受最大拉力时的内力 N 和弯矩 M 进行计算。

复习思考题

6-1 偏心受压实腹式柱与轴心受压实腹式柱有何不同？

6-2 单轴对称的压弯构件和双轴对称的压弯构件在弯矩作用平面内稳定验算内容是否相同？

6-3 拉弯构件和压弯构件强度计算公式与其强度极限状态是否一致？

6-4 压弯构件的计算长度和轴心受压构件的计算方法是否一样？它们都受哪些因素的影响？

6-5 偏心和轴心受压构件的柱头和柱脚设计有何不同？

6-6 有一两端铰接长度为4m的偏心受压柱子（图6-15），用Q235钢的HN400×

200×8×13 制作，压力的设计值为 490kN，两端偏心距均为 20cm。试验算其承载力。

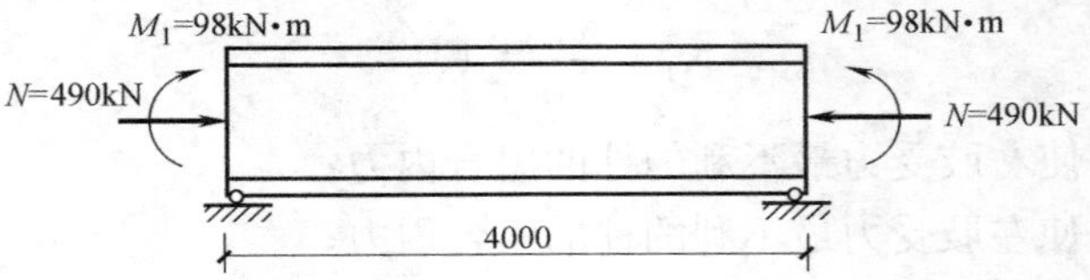

图 6-15 复习思考题 6-6 图

6-7 一拉弯构件（图 6-16）承受的荷载的设计值为：轴向拉力 800kN，横向均布荷载 7kN/m。试选择其截面，截面无削弱，材料为 Q235 钢。

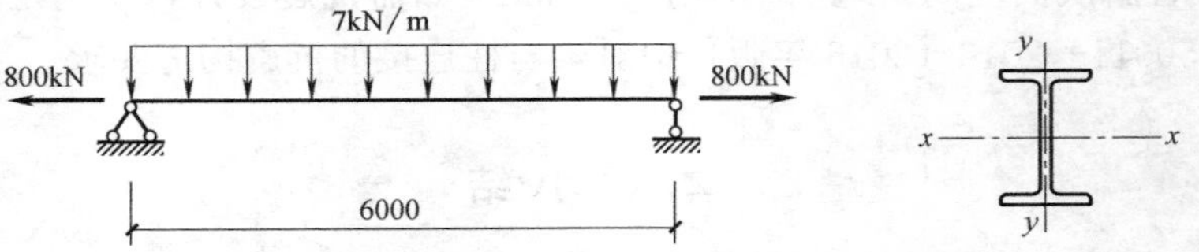

图 6-16 复习思考题 6-7 图

6-8 验算如图 6-17 所示构件的稳定性。图中荷载为设计值，材料为 Q235 钢，$f=215\text{N/mm}^2$，构件中间有一侧向支承点，截面参数为：$A=21.27\text{cm}^2$，$I_x=267\ \text{cm}^4$，$i_x=3.54\ \text{cm}$，$i_y=2.88\ \text{cm}$。

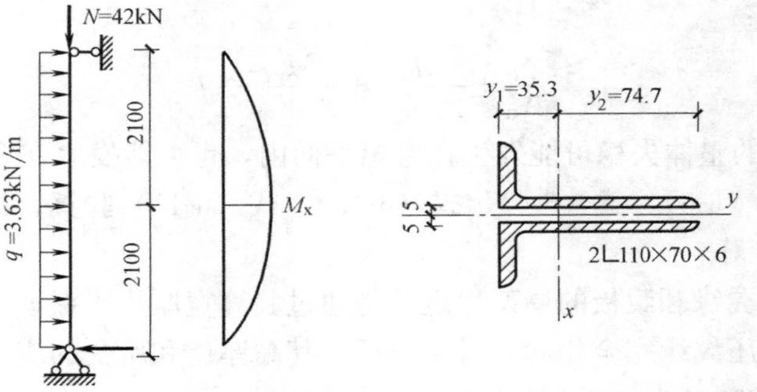

图 6-17 复习思考题 6-8 图

6-9 图 6-18 为一有侧移双层框架，图中圆圈内数字为横梁或柱子的线刚度。试求出各柱在框架平面内的计算长度系数 μ 值。

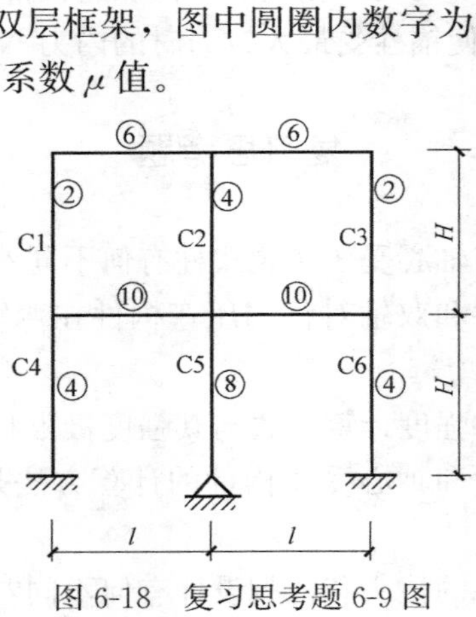

图 6-18 复习思考题 6-9 图

第7章　钢屋架设计及实例

【教学目标】 钢屋盖结构由屋面、屋架和支撑三部分组成，钢屋架的形式主要分为三角形、梯形和平行弦三种。本章着重讲述了屋架杆件的内力计算及其截面设计，介绍了钢屋架支撑的必要性和支撑的类型、布置要点和截面选择等，并给出了普通钢屋架设计的实例。通过本章学习，了解钢屋架及屋盖结构的主要形式和尺寸，了解屋架杆件内力计算、节点荷载计算及计算假定；了解屋架杆件的截面设计方法；了解钢屋架支撑的类型、布置及截面选择；掌握普通钢屋架设计方法。

7.1　屋盖结构的组成及应用

钢屋盖结构由屋面、屋架和支撑三部分组成。钢屋盖结构可分为两类，一类为有檩屋盖，是指在屋架上放置檩条，檩条上再铺设石棉瓦、瓦楞铁皮、钢丝网水泥槽形板以及压型钢板等轻型屋面材料；另一类为无檩屋盖，是指在屋架上直接放置钢筋混凝土大型屋面板，屋面荷载由大型屋面板直接传给屋架。

有檩屋盖具有质量轻、用料省、运输和安装方便的优点，但构件数目多、构造复杂、吊装次数多、横向刚度较差。屋架间距为檩条跨度，经济间距为 4～6m。无檩屋盖具有构件数目少、安装简便、施工速度快、保暖层易于铺设、横向刚度大、整体性好的优点，但自重过大，将使下部结构用料增多，对抗震不利，屋架间距为大型屋面板的跨度，一般为 6m 或 6m 的倍数。屋架跨度和间距也需结合柱网布置确定，当柱距较大时，可采用在柱间设置托梁和中间屋架，或采用格构式檩条的布置方案（图 7-1）。

屋盖结构设计通常包括屋盖结构布置、屋架形式选择、支撑布置、荷载计算、各杆内力计算、杆件截面选择、节点设计、绘制施工图以及檩条、拉条和撑杆计算等。屋架是由各种直杆相互连接组成的平面结构，在节点载荷作用下，杆件产生轴向力，因而杆件截面应力分布均匀，材料利用充分，具有用钢量小、自重轻、刚度大、便于加工成形和应用广泛的特点，按外形可分为三角形屋架、梯形屋架及平行弦屋架三种形式（图 7-2）。

屋架的造型应首先满足使用要求，主要是满足排水坡度、建筑净空、天窗、顶棚以及悬挂吊车的要求。屋架应受力合理，应使屋架的外形与弯矩图相近，杆件受力均匀，短杆受压、长杆受拉，荷载布置在节点上，以减少弦杆局部弯矩，屋架中部有足够高度，以满足刚度要求。屋架应便于施工，杆件和节点数量和品种少、构造简单、尺寸划一，夹角在 30°～60°之间，跨度和高度避免超宽、超高。设计时应全面分析、具体处理，确定合理的形式。

7.1.1　屋架形式

（1）三角形屋架

三角形屋架（图 7-2a、b 和 d）适用于屋面坡度较陡的有檩屋盖结构。坡度 $i=1/2$～

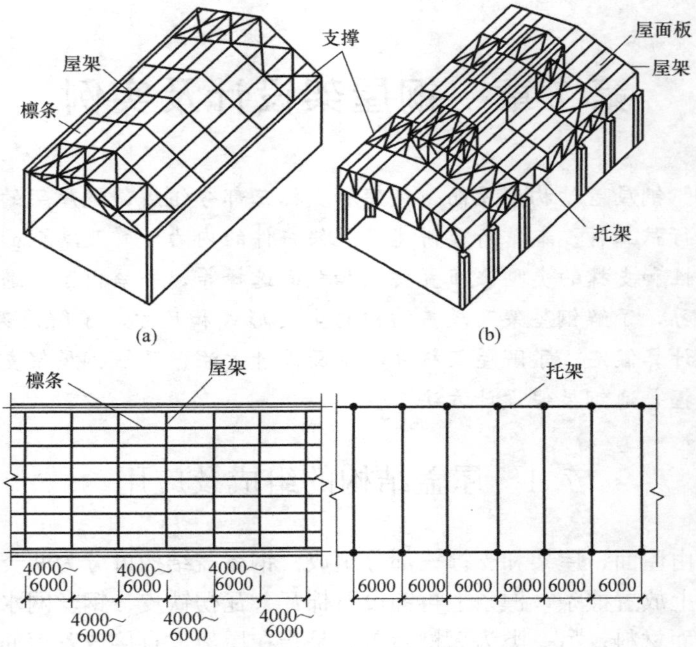

图 7-1 屋盖结构组成与柱网布置

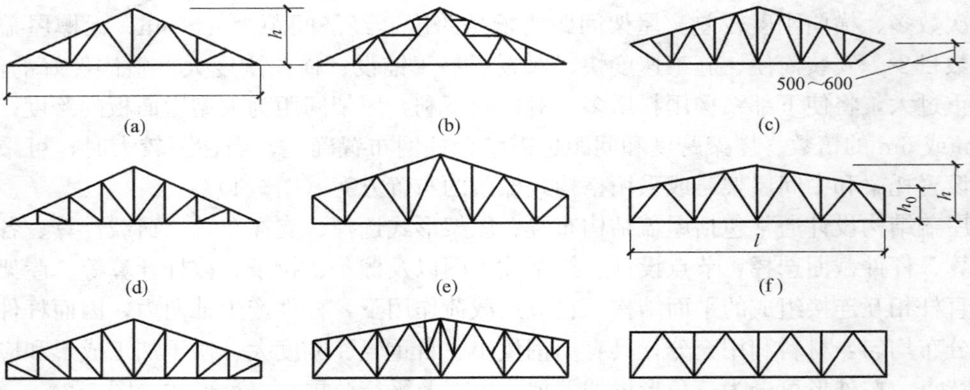

图 7-2 屋架的形式

(a)、(b) 三角形屋架；(c) 下撑式屋架；(d) 三角形屋架；
(e)～(h) 梯形屋架；(i) 平行弦屋架

1/6；上、下弦交角小，端节点构造复杂；外形与弯矩图差别大，受力不均匀，横向刚度低，只适用于中、小跨度轻屋盖结构。三角形屋架的腹杆布置有芬克式、单斜式和人字式三种。芬克式屋架受力合理，便于运输，较多采用；单斜式屋架只适用于下弦设置顶棚的屋架，较少采用；人字式屋架只适用于跨度小于 18m 的屋架。

(2) 梯形屋架

梯形屋架（图 7-2e、f、g 和 h）适用于屋面坡度平缓的无檩屋盖结构。坡度 $i<1/3$，且跨度较大时多采用梯形屋架。梯形屋架外形与弯矩图接近，弦杆受力均匀；腹杆多采用人字式；当端斜杆与弦杆组成的支承点在下弦时称为下承式，多用于刚接支承节点，反之为上承式。梯形屋架上弦节间长度应与屋面板的尺寸配合，使荷载作用于节点上，当上弦节间太长时，应采用再分式腹杆。

（3）平行弦屋架

当屋架的上、下弦杆平行时，称为平行弦屋架（图 7-2i）。多用于整合双坡屋面，或用作托架、支撑体系；腹杆多为人字形或交叉式；平行弦屋架的同类杆件长度一致，节点类型少，符合工业化制造要求。

7.1.2 屋架尺寸要求

（1）屋架跨度

屋架跨度应根据生产工艺和使用要求确定，同时应考虑结构布置的经济性。通常取 18m、21m、24m、27m、30m、36m 等，以 3m 为模数。对简支于柱顶的钢屋架，屋架的计算跨度 l_0 为屋架两端支座间的距离，屋架的标志跨度 l 为柱网横向轴线间的距离，标志跨度应与大型屋面板的宽度（1.5～3.0m）一致。根据房屋定位轴线及支座构造的不同，屋架计算跨度的取值尚有下述情况（图 7-3a）：当支座为一般钢筋混凝土柱且柱网为封闭结合时，计算跨度为 $l_0=l-(300\sim400)$mm；当柱网采用非封闭结合时，计算跨度为 $l_0=l$（图 7-3b）。

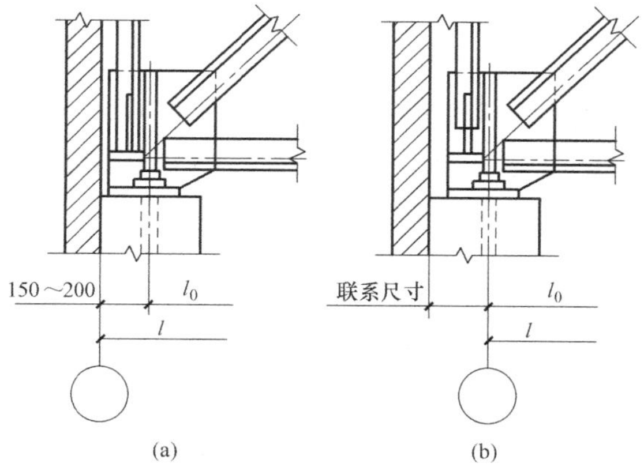

图 7-3　屋架的计算跨度

（2）屋架高度

屋架高度取决于建筑构造、屋面坡度、运输界限、刚度条件和经济高度等因素，最大高度不能超过运输界限，最小高度应满足屋架容许挠度 $[w]=l/500$ 的要求。设屋架高度为 h，三角形屋架坡度 $i=1/2\sim1/3$ 时，$h=(1/4\sim1/6)l$；平行弦屋架和梯形屋架中部高度主要由经济高度决定，一般 $h=(1/6\sim1/10)l$；屋架与柱刚接时，梯形屋架的端部高度 $h_0=(1/10\sim1/16)l$；屋架与柱铰接时，$h_0\geqslant l/18$；陡坡梯形屋架的端部高度，$h_0=0.5\sim1.0$m；平坡梯形屋架 $h_0=1.8\sim2.1$m，跨度较小时取下限，屋架跨度越大，h_0 取值越大。

设计屋架尺寸时，首先根据屋架形式和工程经验确定端部尺寸 h_0；然后，根据屋面材料和坡度确定跨中高度；综合考虑各种因素，确定屋架高度。当屋架的外形和主要尺寸（跨度、高度）确定后，屋架各杆的几何尺寸即可根据三角函数或投影关系求得。一般常用屋架各杆件几何长度可查阅有关设计手册或图集。

7.2 屋架结构分析

7.2.1 计算假定

屋架杆件内力计算采用下列假定：

（1）各杆件的轴线均居于同一平面内且相交于节点中心。

（2）各节点均视为铰接，忽略实际节点产生的次应力。

（3）荷载均作用于屋架平面内的节点上，因此各杆只受轴向力作用。对于作用于节间处的荷载需按比例分配到相近的左、右节点上，但计算上弦杆时，应考虑局部弯曲影响。

7.2.2 节点荷载计算

（1）屋架荷载

作用于屋架上的荷载有：

1）永久荷载，包括屋面材料、檩条、屋架、天窗架、支撑以及顶棚等结构自重。屋架和支撑自重可按下式估算，即：

$$g_k=\beta l \tag{7-1}$$

式中 g_k——屋架自重，按水平投影面积计算，kN/m^2；

β——系数，当屋面载荷 $F_k \leqslant 1kN/m^2$，$\beta=0.012$；$F_k \geqslant 2.5kN/m^2$，$\beta=0.12/l+0.011$；

l——屋架跨度，m。

当屋架仅作用有上弦节点荷载时，将 g_k 全部合并为上弦节点荷载；当屋架上有下弦荷载时，g_k 按上、下弦平均分配。

2）可变荷载，包括屋面均布使用活荷载、雪荷载、风荷载、积灰荷载以及悬挂吊车和重物等。当屋面坡度 $\alpha \geqslant 50°$时，不考虑雪荷载；当屋面坡度 $\alpha \leqslant 30°$时，除瓦楞铁等轻型屋面外，一般可不考虑风荷载；当 $\alpha > 30°$，及瓦楞铁皮等轻型屋面、开敞式房屋风荷载大于 $490kN/m^2$ 时，均应计算风荷载的作用；屋面均匀活荷载与雪荷载不同时考虑，取两者中较大值。

各种均布活荷载汇集（图 7-4）成节点荷载的计算式为：

$$F_i=\gamma_{si} q_i s\alpha \tag{7-2}$$

式中 q_i——沿屋面坡向作用的第 i 种荷载标准值，对于沿水平投影面分布的荷载 $q_i^h=q_i/\cos\alpha$，kN/m；

α——屋面坡度，可取上弦杆与下弦杆的夹角，°；

s——屋架弦杆节间水平长度，m；

γ_{si}——第 i 种荷载分项系数。

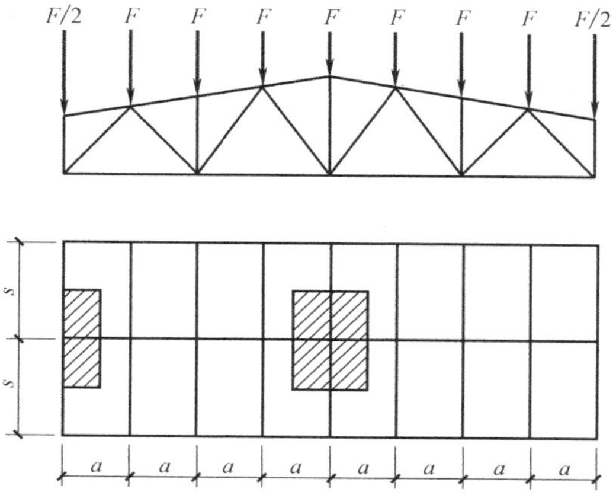

图 7-4　节点荷载汇集简图

（2）荷载的组合

屋面均布活荷载、积灰荷载和雪荷载等可变荷载，应按全跨和半跨均匀分布两种情况考虑，因为荷载作用于半跨时对屋架的中间斜腹杆的内力可能产生不利影响。

屋架内力应根据使用和施工过程中可能遇到的、同时作用的最不利荷载组合情况进行计算。不利荷载组合一般考虑下列三种情况：

1）全跨永久荷载＋全跨可变荷载。

2）全跨永久荷载＋半跨可变荷载。

3）全跨屋架、支撑和天窗自重＋半跨屋面板重＋半跨屋面活荷载。

7.2.3　屋架杆件内力计算方法

（1）节点荷载作用下的杆件内力计算

节点荷载作用下，所有杆件均为二力杆，铰接屋架杆件的内力计算可采用节点法、截面法或有限元位移计算法等。

（2）有节间荷载作用时的杆件内力计算

当有集中荷载或均布荷载作用于上弦节间时，将使上弦杆节点和跨中节间产生局部弯矩。由于上弦节点板对杆件的约束作用，可减少节间弯矩，因此屋架上弦杆应视为弹性支座上的连续梁，为简化计算，可采用下列近似法：对无天窗架的屋架，端节间的跨中正弯矩和节点负弯矩均取 $0.8M_0$；其他节间正弯矩和节点负弯矩均取 $0.6M_0$，M_0 为跨度等于节间长度的相应节间的简支梁最大弯矩值。对有天窗架的屋架（图 7-5），所有节间的节点和节间弯矩均取 $0.8M_0$。

设计钢屋架时，应尽量避免节间荷载布置。在计算其他各杆内力时，应将节间荷载化为两个集中荷载，并作用于两相邻节点上，按简支梁支座反力分配，或按节点所属荷载范围划分的方法取值。然后按铰接屋架计算各杆轴心力。

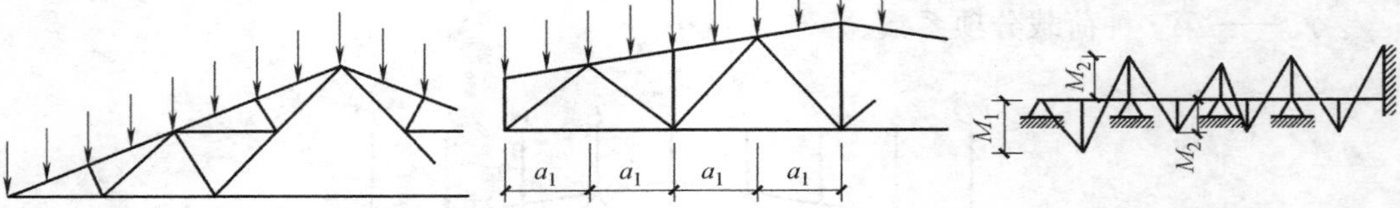

(a) (b) (c)

图 7-5　上弦杆局部弯矩计算简图

（a）三角形屋架；（b）梯形屋架；（c）上弦杆局部弯矩

7.3　屋架杆件截面设计

杆件截面设计是在经过屋架选型、确定钢号、荷载计算和内力计算后，决定节点板的厚度、尺寸以及杆件计算长度等，最后可按轴心受力构件，或拉弯、压弯杆件进行截面选择。

7.3.1　屋架杆件计算长度计算

屋架杆件在轴力作用下可能发生屋架平面内的纵向弯曲，也可能发生屋架平面外的纵向弯曲或斜平面的弯曲（图 7-6）。

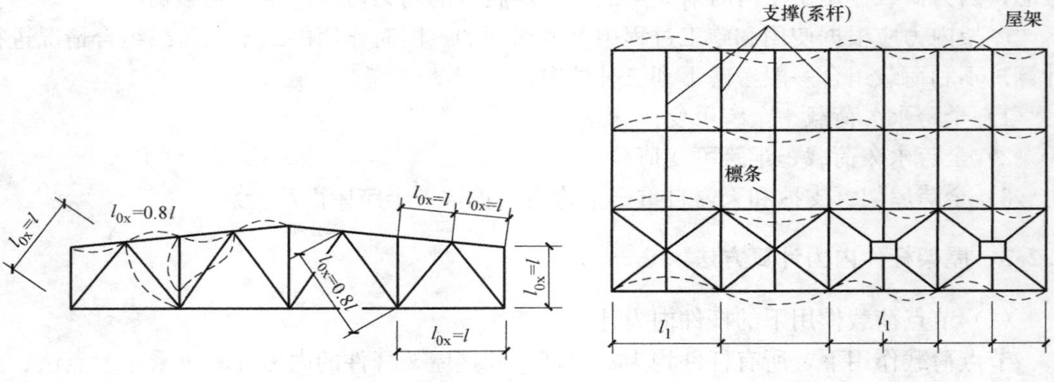

(a) (b)

图 7-6　屋架杆件计算长度

（a）平面内失稳；（b）平面外失稳

（1）屋架平面内的计算长度应考虑节点本身具有的刚度和杆件两端属弹性嵌固，当某一杆件的弯曲变形受到其他杆件约束作用时，杆件计算长度将有一定程度的减小，以受拉杆为甚。对本身线刚度较大、两端节点嵌固程度较低的杆件，如弦杆、支座斜杆和竖杆，可按两端铰接杆件考虑，取 $l_{0x}=l$；对两端或一端嵌固程度较大的杆件，如中间腹杆，取 $l_{0x}=0.8l$。

（2）屋架平面外的弦杆计算长度为 l_{0y}，应取侧向支承点之间的距离 l_1，即 $l_{0y}=l_1$。有檩屋盖取横向支撑点间距离或取与支撑相连接的檩条及系杆之间的距离；在无檩屋盖中，当屋面板与屋架三点焊接连接时，可取两块屋面板的宽度，但不大于 3.0m；在天窗范围内取与横向支撑连接的系杆间距离。下弦杆的计算长度应视有无纵向水平支撑确定，一般取纵向水平支撑节点与系杆或系杆与系杆间的距离。弦杆对腹板在屋架平面外的约束作用很小，故可作为铰支承；腹杆在屋架平面外的计算长度可取其几何长度，即 $l_{0y}=l$。

当受压弦杆侧向支承点间距离 l_1 为节间长度 2 倍，且两节间弦杆内力 F_1 和 F_2 不等时，设 $F_1>F_2$，若取 F_1 值计算弦杆在屋架平面外的稳定性，宜将计算长度 l_1 适当减小，可取为：

$$l_0=l_1(0.75+0.25F_2/F_1) \tag{7-3}$$

式中 F_1——较大的压力，取正号；

F_2——较小的压力，取正号；拉力时，取负号。当 $l_0<0.5l_1$ 时，取 $l_0=0.5l_1$。

（3）斜平面内的计算长度。单面连接的单角钢腹杆及双角钢组成的十字形截面腹杆，因截面的两主轴均不在屋架平面内，在斜平面内将发生杆件绕最小主轴失稳的情形，两端节点具有弱于平面内的嵌固作用；因此，可取腹杆斜平面内的计算长度 $l_0=0.9l$。屋架弦杆和单系腹杆的计算长度列于表 7-1。

屋架弦杆和单系腹杆的计算长度 l_0 表 7-1

序号	弯曲方向	弦杆	腹杆		
			支座斜杆和腹杆	其他腹杆	
				有节点板	无节点板
1	在屋架平面内	l	$0.8l$	l	l
2	在屋架平面处	l_1	l	l	l
3	在斜平面内	—	l	$0.9l$	l

7.3.2 屋架杆件截面形式

屋架杆件截面形式应符合用料经济、连接构造简单和必要的强度、刚度的要求。屋架各杆宜使两主轴方向具有等稳定性，即 $\lambda_x \approx \lambda_y$，截面板应肢宽壁薄，回转半径较大。普通钢屋架主要采用双等肢和不等肢角钢组成的 T 形截面，个别截面采用双等肢角钢十字形截面；支撑和轻型屋架的某些杆件可用单角钢截面。屋架角钢组合截面形式的具体要求如下：

（1）上弦杆：可用双不等肢角钢短边相并的 T 形截面，宽大翼缘有利于放置檩条或屋面板；较大的侧向刚度也有利于满足运输和吊装的稳定要求。在一般支撑布置下，$l_{0y}=2l_0$；为满足 $\lambda_x=\lambda_y$，应使 $i_y=2i_x$。当有节间荷载时，为提高杆件截面平面内抗弯能力，宜采用双等肢角钢或长边相并的两不等肢角钢 T 形截面。

（2）下弦杆：多采用双等肢角钢或两不等肢角钢短肢相并的 T 形截面，以提高侧向刚度，利于满足运输、吊装的刚度要求，且便于与支撑侧面连接。下弦杆截面主要由强度条件决定，尚应满足容许长细比的要求。

（3）端斜腹杆：可采用两不等肢角钢长边相并的 T 形截面。其计算长度 $l_{0y}=l_{0x}=l$，$i_y/i_x=0.9$。当杆件短或内力小时可采用双等肢角钢 T 形截面。

（4）其他腹杆：均宜采用双等肢角钢 T 形截面；竖杆可采用双等肢十字形截面，以利于与垂直支撑连接和防止吊装时连接面错位。

7.3.3 垫板和节点板

（1）垫板：采用双肢T形或十字形组合截面时，为保证双角钢整体受力，两角钢间每隔一定距离放置垫板，十字形截面垫板应纵横交替放置，垫板宽度一般取50～80mm，对于垫板长度T形截面应比角钢肢宽大20～30mm；十字形截面应从角钢肢尖缩进10～15mm，便于施焊。角钢与垫板常用5mm侧焊缝或围焊缝连接，板厚同节点板。填板间距l_d，压杆取$l_d \leqslant 40i$，拉杆取$l_d \leqslant 80i$，对T形截面，i为角钢对平行于垫板自身形心轴的回转半径；对十字形截面，i为角钢的最小回转半径。对于垫板数在压杆的两个侧向固定点间不宜少于两块（图7-7）。

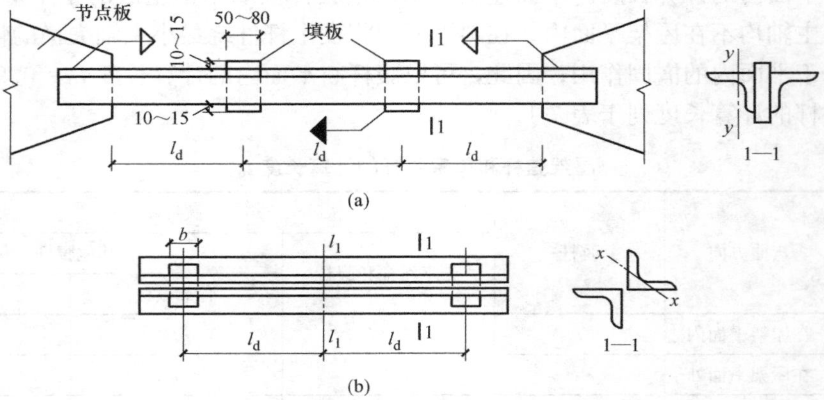

图7-7 屋架杆件中的垫板

（a）T形截面杆；（b）十字形截面杆

（2）节点板：普通钢屋架双角钢截面的杆件，在节点处用节点板连接。节点板中的应力复杂，通常不作计算，根据工程经验确定其厚度。普通钢屋架节点板厚度可按表7-2选用。

屋架节点板厚度选用参考值 **表7-2**

梯屋架腹杆或三角屋架弦杆最大内力 F_{max}(kN)	Q235钢	<150	160～259	260～409	410～559	560～759	760～950
	16Mn钢	≤200	210～300	310～450	460～600	610～800	810～1000
中间节点板厚度δ(mm)	—	6	8	10	12	14	16
支座节点板厚度δ(mm)	—	8	10	12	14	16	18

7.3.4 屋架杆件的截面选择

（1）截面选择的一般要求：应优先选用肢宽壁薄的角钢，角钢规格不宜小于∟45×4或∟56×36×4，有螺栓孔的角钢应满足角钢上螺栓的最小容许线距的要求；屋架的弦杆一般采用等截面，若采用变截面宜在节点处改变宽度而保持厚度不变，一般只改变一次；同一屋架的角钢规格应尽量统一，不宜超过6～9种，边宽相同的角钢厚度相差至少2mm，以便识别。

（2）截面计算：轴心受拉杆件应按强度计算净截面面积$A_n = F/f$；轴心受压杆件应按整体稳定性计算毛截面面积$A = F/(\varphi f)$；当上、下弦杆承受节间荷载时，杆件同时承受轴向力和局部弯矩作用，应按压弯或拉弯构件计算，通常采用试算法初估截面，然后再验算其强度和刚度，对压弯构件尚应验算弯矩作用平面内和平面外的稳定性。内力很小或按构造设置的杆件，可按容许长细比选择构件的截面。首先计算截面所需的回转半径，$i_x=l_{0x}/[\lambda]$，$i_y=l_{0y}/[\lambda]$ 或 $i_{min}=l_0/[\lambda]$，再根据所需的 i_x、i_y、i_{min}，查角钢规格表选择角钢，确定截面。

7.3.5 屋架节点设计

屋架的各杆件汇交于若干交点并由节点板焊接为节点，各杆件的内力、连续杆件两侧的内力差以及节点荷载通过焊缝传递给节点板并得以平衡。节点设计应做到构件合理、连接可靠、制造简便、节约钢材。

（1）节点设计的要求

1）杆件重心线原则上应与屋架计算简图中的几何轴线重合，以避免杆件偏心受力，但为制作方便，通常把角钢背外表面到重心线的距离取为 5mm 的倍数；当弦杆截面改变时，应使角钢的肢背齐平，以便于拼接和放置屋面构件；当节点板两侧角钢因截面变化引起形心轴线错开时，应取两轴线的中线作为弦杆的共同轴线（图 7-8），以减少偏心影响。

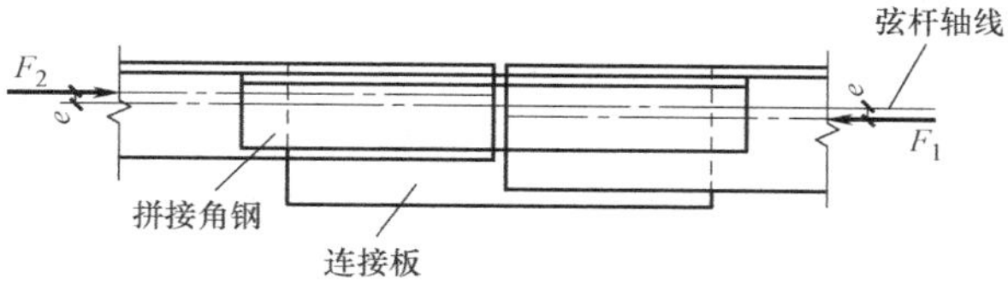

图 7-8　弦杆截面改变时的轴线位置

2）节点板处弦杆与腹杆或腹杆与腹杆之间应留有大于等于 20mm 的空隙，以利于拼接和施焊，且避免因焊缝过于密集导致节点板钢材变脆。

3）角钢端部的切割一般应与轴线垂直，为了减小节点板尺寸，可将其一肢斜切，但不得采用将一肢完全切割的斜切（图 7-9）。

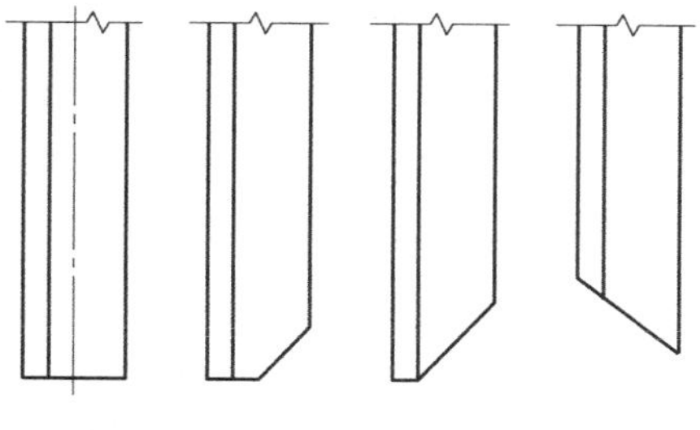

图 7-9　角钢的切割

4）节点板形状应力求简单规整，尽量减小切割边数，宜用矩形、双直角梯形或平行四边形。节点板不许有凹角，以防产生严重的应力集中，节点板边缘与杆件轴线间的夹角 α 不宜小于 15°，节点板外形应尽量使焊缝中心受力。节点板应伸出上弦杆角钢肢背 10～15mm，以便施焊；也可将节点板缩进弦杆角钢肢背 5～10mm，称为塞焊缝连接。

（2）节点构造和计算

节点设计首先应按各杆件的截面形式确定节点的构造形式，根据腹板内力确定连接焊缝的焊脚尺寸和焊缝长度，然后，按所需的焊缝长度和杆件之间的空隙，适当考虑制造装配误差，确定节点板的合理形状和尺寸，最后验算弦杆和节点板的连接焊缝。杆件与节点板的连接常采用角焊缝，角钢杆件采用角钢背和角钢尖部位的侧焊缝连接，必要时也可采用三面围焊或L形围焊。下面分别说明各类节点的构造和计算方法。

1）一般节点是指无集中荷载和无弦杆拼接的节点。如屋架下弦中间节点（图7-10），各杆件通过角焊缝将内力 F_1、F_2、F_3、F_4 和 $\Delta F=F_1-F_2$ 传递给节点板，并互相平衡。

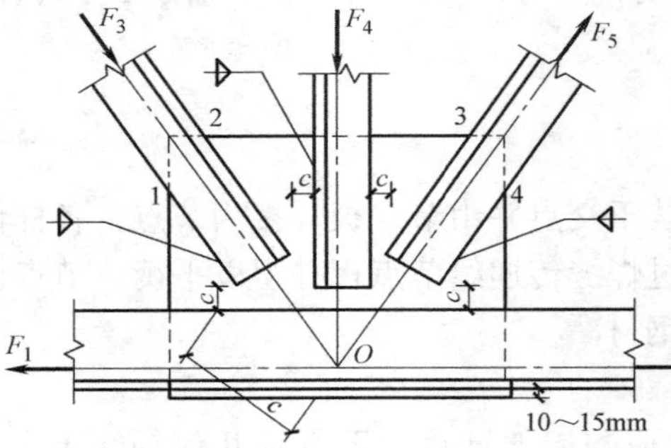

图7-10　屋架下弦中间节点

一般节点设计可先按比例尺画出各杆件在节点处的轴线；然后，按定位尺寸画出各杆件免钢轮廓线 i，根据杆件间净距 $c=20\text{mm}$ 的要求，确定杆端到交点的距离。

节点板夹在各杆两角钢之间，下边伸出肢背10～15mm。用直角焊缝与下弦杆焊接，因下弦杆内力差 $\Delta F=F_1-F_2$ 很小，计算所需焊缝长度较短，故一般按构造要求将焊缝沿节点板全长满焊即可。腹杆与节点板连接的焊缝长度较短，可先假定较小的焊脚尺寸 h_f；肢尖处小于肢厚，肢背处可等于肢厚。再计算出一个角钢肢背焊缝长度 l_{w1} 和肢尖焊缝长度 l_{w2}。

$$l_{w1}\geqslant K_1F_i/(1.4h_f/f_f^w) \tag{7-4a}$$

$$l_{w2}\geqslant K_2F_i/(1.4h_f/f_f^w) \tag{7-4b}$$

式中　F_i——第 i 根腹杆的轴心力设计值，kN；

h_f——角焊缝的焊脚尺寸，mm；

K_1、K_2——分别为角钢肢背与肢尖的焊缝内力分配系数。

2）有集中荷载的上弦节点，可分为无檩屋架上弦节点和有檩屋架上弦节点。

① 无檩屋架的上弦节点

无檩屋架上弦杆一般坡度较小，节点承受大型屋面板传来的集中荷载 F_Q 和弦杆内力差 ΔF 的作用，且 F_Q 与 ΔF 接近垂直作用，通常焊缝长且偏心小，ΔF 的偏心影响可忽略（图7-11）。节点板伸出弦杆角钢肢背10～15mm，此时，弦杆每一角钢的角钢肢背和角钢肢尖所需要的焊缝长度可按式（7-5）验算。

肢背焊缝长度　$$l_{w1}\geqslant\sqrt{(K_1\Delta F)^2+(F_Q/2)^2}/(2\times0.7h_{f1}f_f^w) \tag{7-5a}$$

肢尖焊缝长度　$$l_{w2}\geqslant\sqrt{(K_2\Delta F)^2+(F_Q/2)^2}/(2\times0.7h_{f2}f_f^w) \tag{7-5b}$$

② 有檩屋架的上弦节点

有檩屋架的上弦杆一般坡度较大（图7-12），节点板与弦杆焊缝受有内力差 ΔF 和集中荷载 F_Q，且受有偏心弯矩 $M=\Delta Fe_1+F_Qe_2$；为放置檩条，常将节点板缩进弦杆角钢肢背内约 $0.6t$，t 为节点板厚度，这种塞焊缝 A 不易施焊，质量难以保证。弦杆角钢肢尖处

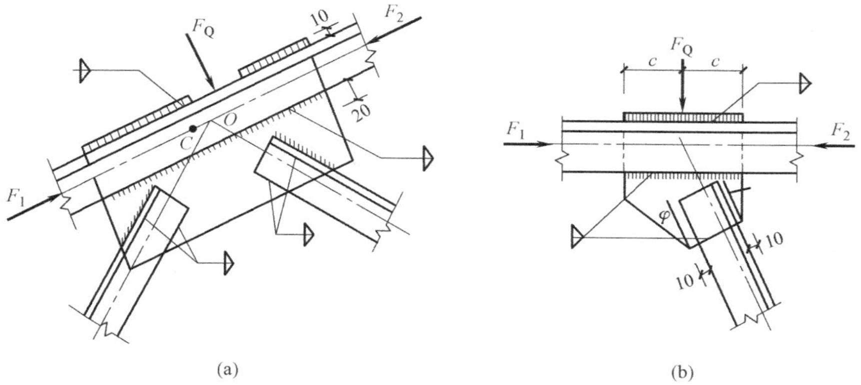

图 7-11　无檩屋架的上弦节点

(a) 双斜杆节点；(b) 单斜杆节点

仍采用一般侧面角焊缝。焊缝计算可采用以下近似方法：

塞焊缝可视为两条焊角尺寸为 $h_{f1}=t/2$ 的角焊缝，且其仅均匀地承受力 F_Q 的作用，可按式（7-6）计算：

$$\sigma_{f1}=\frac{F_Q}{2\times0.7h_{f1}l_{w1}}\leqslant f_t^w \tag{7-6}$$

因内力较小，σ_n 总能满足要求，实际设计中，将塞焊缝沿节点板全长满焊，可不验算。角钢肢尖焊缝 B 承受弦杆内力差 ΔF 和偏心弯矩 $M=\Delta Fe_1+F_Qe_2$，e_1 为弦杆轴线到角钢肢尖的距离；e_2 为集中荷载 F_Q 与焊缝 B 的偏心距。ΔF 在焊缝 B 中产生平均剪切应力，M 在焊缝 B 中产生弯曲应力，焊缝两端综合应力值最大，故该焊缝可按式（7-7）计算。

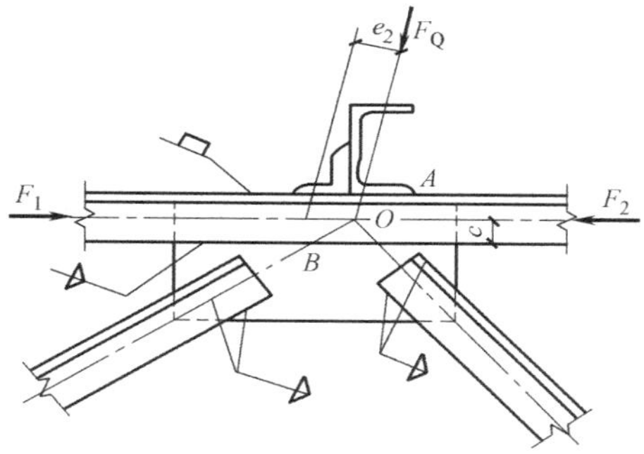

图 7-12　有檩屋架的上弦节点

$$\tau_{合}=\sqrt{\left(\frac{\Delta F}{2\times0.7h_{f2}l_{w2}}\right)^2+\left(\frac{6M}{\beta_f\times2\times0.7h_{f2}l_{w2}}\right)^2} \tag{7-7}$$

③ 屋架弦杆的拼接节点

屋架弦杆的拼接分为工厂拼接和工地拼接两种（图 7-13）。工厂拼接节点在角钢长度不足或截面改变时采用，设在内力较小的节间，并使接头处保持相同的强度和刚度。工地拼接节点在屋架分段制造和运输时采用，且常设在节点处。

常通过安装螺栓定位和夹紧方式拼接弦杆，然后再施焊。连接角钢竖肢应切去的宽度为 $\Delta=t+h_f+5\text{mm}$，t 为角钢的厚度，h_f 为拼接角焊缝厚度，5mm 为裕量。割棱切肢引起的截面削弱不宜超过原截面的 15%，并由节点板和填板补偿。

钢屋架常在工厂制成两部分，运到工地拼接后再安装就位。工厂制造时节点板和中央竖杆属于左半屋架，焊缝在车间施焊；节点板与右方杆件的焊缝为工地施焊，也称为安装焊缝。拼接角钢为独立零件，左、右两部分屋架工地拼接后，再将拼接角钢与左右两半榀屋架的弦杆角焊接。为便于安装就位，节点板与右方腹杆间应设一个安装螺栓连接；拼接角钢与左、右弦杆间至少应设两个安装螺栓固定夹紧。屋脊节点处的拼接角钢应采用热弯成形，当屋面坡度较大时，可将竖肢切口后冷弯成形，切口处应采用对焊连接。拼接角钢的长度可按所需连接焊缝的长度确定。

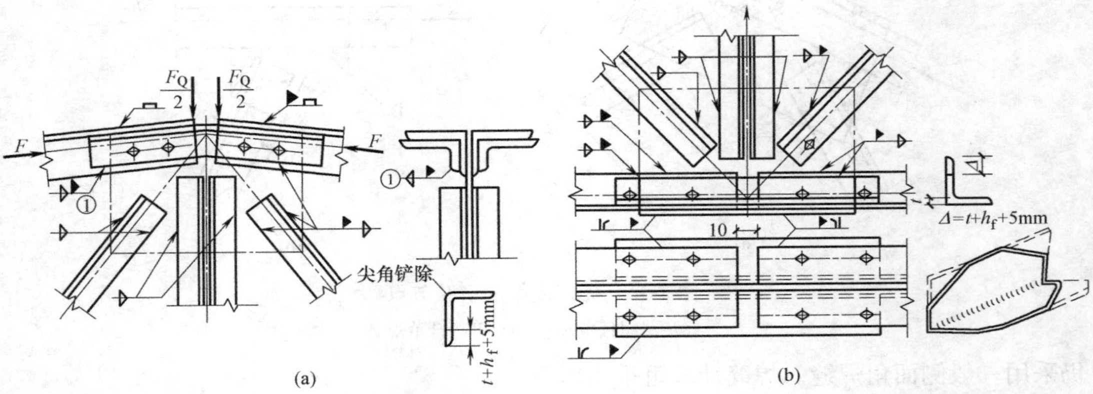

图 7-13　屋架弦杆拼接节点

(a) 下弦中央节点；(b) 脊节点

a. 弦杆与连接角钢连接焊缝的计算：按等强度原则，取两侧弦杆内力的较小值，或偏安全地取弦杆截面承载能力 $F=f_{A}$，并假定该内力平均分配于拼接角钢肢尖的四条焊缝上，则弦杆拼接焊缝一侧的每条焊缝所需长度为：

$$l_w=\frac{F}{4\times0.7h_f f_f^w}+10\text{mm} \tag{7-8}$$

b. 下弦杆与节点板间连接焊缝的计算：内力较大一侧弦杆与节点板的连接按节点两侧弦杆内力差 $\Delta F=F_1-F_2$ 计算；当两侧弦杆内力相等，即 $\Delta F=0$ 时，按两弦杆较大内力的 15%，即 $0.15F_{max}$计算：

$$\tau_f=\frac{K\Delta F}{2\times0.7h_f l_w}\leqslant f_f^w \tag{7-9a}$$

$$\tau_f=\frac{K\times0.15F_{max}}{2\times0.7h_f l_w}\leqslant f_f^w \tag{7-9b}$$

式中　K——角钢背或角钢尖内力分配系数 K_1 或 K_2，内力较小一侧弦杆与节点板连接焊缝不受力，应按构造满焊。

c. 上弦杆与节点板间连接焊缝的计算：上弦杆截面由稳定计算确定，因此拼接角钢的削弱并不影响其承载力。对一般上弦拼接节点，上弦杆与节点板间的焊缝可根据集中力 F_Q 计算；脊节点处则需承受接头两侧弦杆的竖向分力及节点荷载 F_Q 的合力，节点处上弦杆与节点板间的连接焊缝共有 6 条，每条焊缝的长度可按式（7-10）计算。

$$l_w=\frac{F_Q-0.2F\sin\alpha}{8\times0.7h_f l_f^w}+10\text{mm} \tag{7-10}$$

式中　α——上弦杆水平夹角；

F_Q——节点集中荷载。

由屋脊节点的平衡条件可知 $F_Q-0.2F\sin\alpha=F_D$，F_D 为竖杆中内力，故式（7-10）按内力计算更为简便。上弦杆有水平分力，应由拼接角钢传递。

连接角钢的长度应为 $l=2l_w+10$mm，10mm 为空隙尺寸。考虑到拼接节点的刚度要求，l 尚不小于 400～600mm。如果连接角钢截面的削弱超过受拉下弦截面的 15%，宜采用比受拉弦杆厚一级的连接角钢，以免增加节点板的负担。

d. 支座节点计算：支座节点包括节点板、加劲肋、支座底板和锚栓等（图 7-14）。加劲肋设在支座节点中心处，以加强支座底板刚度、减小底板弯矩、均匀传递支座反力并增强节点板侧向刚度；支座底板的作用是增加支座节点与混凝土柱顶的接触面积，把节点板和加劲肋传来的支座反力均匀地传递到柱顶上；锚栓应预埋于柱顶，直径 $d=20\sim25$mm，为便于调整支座位置，底板上的锚栓孔直径取锚栓直径的 2.0～2.5 倍，开成椭圆豁孔，垫板厚度与底板相同，孔径稍大于锚栓直径，屋架安装就位、调整正确后，将垫板与底板焊牢。

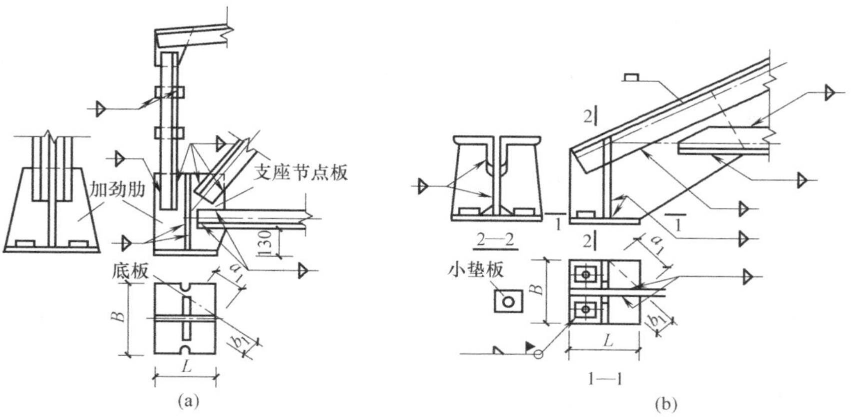

图 7-14　屋架支座节点

节点板及与其垂直焊接的加劲肋均焊于底板上，将底板分隔为四个相同的两邻边支承的区格。传力路线是：杆件内力通过焊缝传给节点板，经节点板和加劲肋传给底板，最后传给柱子。因此，支座节点的计算应包括底板、加劲肋及其焊缝和底板焊缝计算。支座底板所需净面积为：

$$A_n=F/f_e \tag{7-11}$$

式中　F——屋架支座反力，kN；

f_e——混凝土的抗压强度设计值，MPa；

A_n——底板净截面积，锚栓孔实际面积为 A 时，则底板毛面积为 $A_n=A_1+\Delta A$。

考虑到开锚栓孔的构造，底板短边尺寸不小于 200mm。底板厚度 t 按式（7-12）计算：

$$t\geqslant\sqrt{6M/f} \tag{7-12}$$

式中　M——两边为直角支承板时，单位板宽的最大弯矩为 $M=\beta qa_1^2$；

q——底板单位板宽承受的计算线荷载，kN/m；

a_1——自由边长度，mm；

β——系数。

底板一般不小于 16mm，加劲肋的厚度可与节点板相同，对梯形屋架，高度由节点板尺寸决定，对三角形屋架，支座节点加劲肋应紧靠上弦杆角钢水平肢并焊接。

加劲肋可视为支承于节点板的悬臂梁，每个加劲肋按承受 1/4 支座反力考虑，偏心距可近似取支承加劲肋下端 $b/2$ 宽度，则每条加劲肋与节点板的连接焊缝承受的剪力为 $F_v = F_R/4$，弯矩为 $M=\frac{F_R}{4}\times\frac{b}{2}=\frac{F_R b}{8}$，按角焊缝强度条件验算：

$$\sqrt{\left(\frac{6M}{\beta_f \times 2\times 0.7h_f l_w^2}\right)^2+\left(\frac{F_v}{2\times 0.7h_f l_w}\right)^2}\leqslant f_f^w \tag{7-13}$$

加劲肋的强度验算按悬臂梁计算，内力为 M、F_v。节点板、加劲肋和底板连接的水平焊缝按全部支承反力 F_R 计算。总焊缝长度应满足以下强度条件：

$$\sigma_f=\frac{F_R}{\beta_f\times 0.7h_f\sum l_w}\leqslant f_t^w \tag{7-14}$$

式中　$\sum l_w$——水平焊缝总长度，应考虑加劲肋切角及每条焊缝从实际长度中减去 10mm。

屋架和钢柱的连接多采用刚接形式，其构造如图 7-14 所示，除传递屋架的支座反力 F_R 外，还传递弯矩 M，计算方法可参考梁柱的刚性连接计算。

7.4 屋盖支撑

仅用大型屋面板或檩条联系起来的、简支于柱顶的钢屋架是一种不稳定的几何可变体系，在荷载作用下或安装过程中，屋架可能向侧向倾倒，屋架上弦侧向支承点间距过大，也容易引起侧向失稳破坏。为使屋架形成稳定的空间结构体系，则需在相邻两屋架之间设置上弦横向支撑、下弦横向支撑和垂直支撑，其余屋架则由檩条、大型屋面板和系杆在纵向连接，从而构成稳定的几何不变体系（图 7-15）。

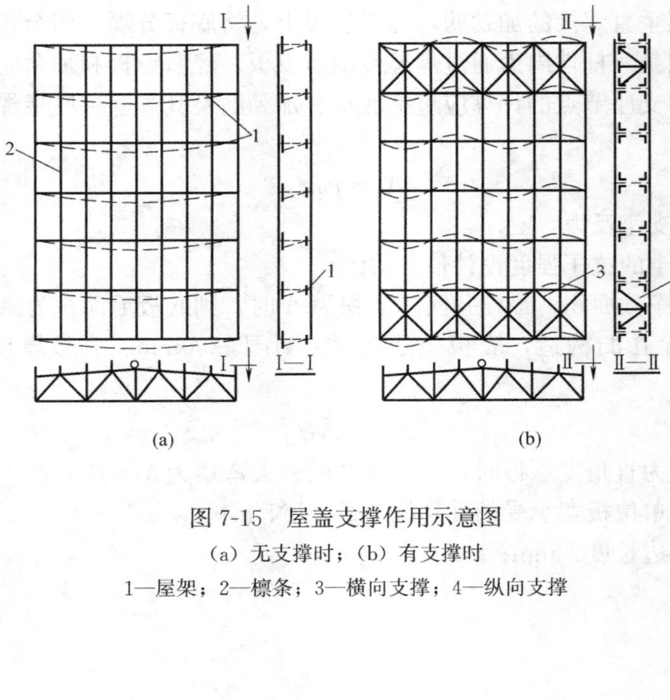

图 7-15　屋盖支撑作用示意图

(a) 无支撑时；(b) 有支撑时

1—屋架；2—檩条；3—横向支撑；4—纵向支撑

7.4.1 屋盖支撑的类型和布置

屋盖支撑的主要作用是承受屋盖在安装和使用过程中出现的纵向水平力，如山墙的水平风力、悬挂吊车的纵向水平制动力、安装时可能产生的垂直于屋架平面的水平力以及纵向地震作用等，保证屋架安装质量和安全施工。保证屋盖结构的空间整体性是屋盖支撑最重要的性能，支撑的布置及类型如下（图 7-16）：

（1）上弦横向水平支撑：一般设置在房屋两端或横向温度伸缩缝区段两端的第一或第二柱间，一般设在第一柱间，有时考虑与天窗架支撑配合，可设在第二柱间，横向支撑的间距不宜大于 60m，所以，温度区段较长时，区段中间应增设支撑。大型屋面板应起横向支撑作用，但因工地施焊条件不能保证焊缝质量，故认为只起系杆作用，檩条也作系杆考虑。

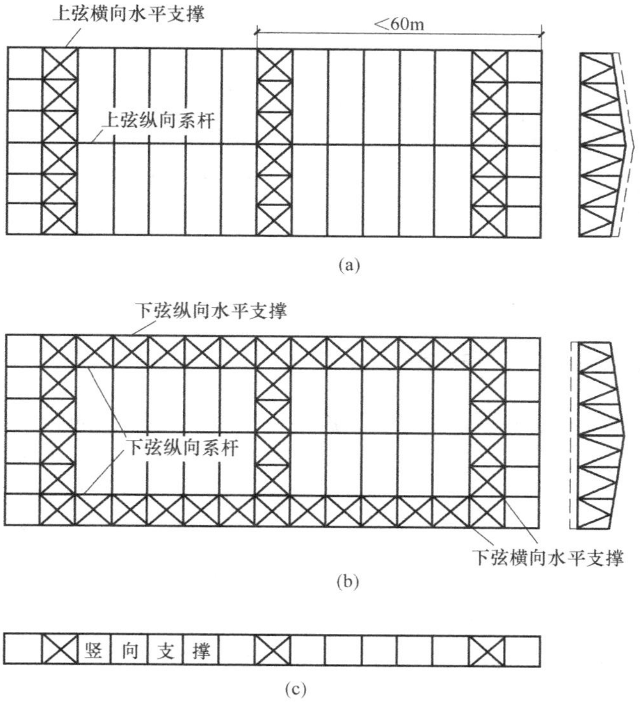

图 7-16 屋盖支撑布置示意图

(a) 上弦横向水平支撑及上弦纵向系杆平面布置；(b) 下弦横向和纵向水平支撑平面布置；(c) 屋架竖向支撑剖面图

（2）下弦横向水平支撑：一般和上弦横向水平支撑对应布置在同一柱间，形成稳定空间体系。主要作用是作为山墙抗风柱的上支点，承受由山墙传来的纵向风荷载。如设在第二柱间时，第一柱间内应设置刚性水平系杆。

（3）下弦纵向水平支撑：一般沿纵向设置在屋架下弦两端节间，与下弦横向水平支撑形成封闭体系，加强房屋整体刚度，将局部荷载分散至相邻框架。纵向水平支撑一般在设有托架、大吨位吊车、较大振动设备以及房屋较高、跨度较大时采用，满足侧向稳定和侧向刚度的要求。

（4）垂直支撑：在相邻两屋架间和天窗架间设置与上、下弦横向水平支撑相对应的垂直支撑，确保屋盖结构为几何不变体系。垂直支撑一般设置在上、下弦横向支撑的柱间、屋架两端及跨中的竖直面内；梯形屋架跨度 $l \leqslant 30$m、三角形屋架跨度 $l \leqslant 24$m 时，可仅在屋架跨中设置一道垂直支撑；梯形屋架 $l>30$m、三角形屋架 $l>24$m 时，宜在跨中1/3处或天窗架侧柱处设置两道垂直支撑；对梯形屋架两侧边应各增设一道垂直支撑；天窗架垂直支撑设于两侧，当宽度≥12m，还应在中央增设一道垂直支撑。

（5）系杆：对未设置横向支撑的屋架，均应在有垂直支撑的位置，沿房屋纵向通长设置系杆，以保证不设横向支撑屋架的侧向稳定。系杆有两种：承受压力的截面较大的系杆称为刚性系杆，多由双角钢组成；只承受拉力的截面较小的系杆称为柔性系杆，多由单角钢组成。

上弦系杆：有檩体系的檩条可兼作柔性系杆；无檩体系的大型屋面板可兼作系杆，仅需在屋脊及屋架两端设置刚性系杆，无天窗时，应在设置垂直支撑的位置设置通长的柔性系杆。

下弦系杆：在设置垂直支撑的平面内，均应设置通长的柔性系杆；在梯形屋架及三角形屋架的支座处应设置通长的刚性系杆；若为混合结构，与屋架或柱顶拉结的圈梁可代替该系杆；芬克式屋架，当跨度≥18m时，宜在主斜杆与下弦连接的节点处设置水平柔性系杆；有弯折下弦的屋架，宜在弯折点处设置通长系杆。

系杆应与横向支撑的节点相连。当横向水平支撑设在温度区段第二柱间时，第一柱间的所有系杆，包括檩条均应为刚性系杆。

7.4.2 支撑的截面选择和连接构造

屋架的横向支撑和纵向支撑均由平行弦屋架组成。其腹杆通常采用十字交叉斜杆；屋架的弦杆兼为横向支撑屋架的弦杆；屋架的下弦杆又可视为纵向支撑屋架的竖杆；斜杆和弦杆的交角宜在30°～60°之间，横向支撑节间距为屋架弦杆节间距的2～4倍；纵向水平支撑的宽度取屋架下弦端节间宽度。

屋盖垂直支撑也视为平行弦屋架，可采用交叉腹杆或V形、W形腹杆。支撑和系杆一般采用角钢，交叉斜杆或柔性系杆可用单角钢，按受拉构件设计；纵向支撑的弦杆、非交叉斜杆、垂直支撑的弦杆和竖杆，可采用双角钢组成的T形或十字形截面，接受压构件设计。

屋盖支撑的受力很小，一般不必计算。截面选择可根据构造要求和容许长细比确定。通常，凡十字交叉斜杆，按单角钢受拉设计，容许长细比为400，在重级工作制吊车厂房时，容许长细比为350；两角钢组成的T形截面受压杆件，容许长细比为200；十字形或T形截面受压刚性系杆，容许长细比为200；单角钢受拉柔性系杆，容许长细比为400。

当支撑屋架跨度较大、承受较大的墙面风荷载时，或垂直支撑兼作檩条，或纵向水平支撑视为柱的弹性支承时，支撑杆件除应满足容许长细比要求外，尚应按屋架计算内力，选择截面。交叉斜腹杆支撑屋架是超静定体系，在节点荷载作用下，可作为单斜杆屋架体系分析，当荷载反向时，两组杆件的受力情况将交替。角钢支撑通常用M16～M20普通螺栓配合节点板与屋架或天窗架连接，两端不得少于两个螺栓。重级工作制吊车或有较大动力设备的房屋，屋架下弦支撑和系杆宜采用高强度螺栓连接，也可采用双螺母等防止螺栓松动的措施。

7.4.3 檩条、拉条和撑杆

有檩体系屋盖中檩条设置在屋架上弦节点处或沿屋架上弦等距设置，檩条间距由屋面基层材料的规格和容许跨度以及屋架上弦节间长度等因素决定。檩条的截面常用槽钢、角钢和S形薄壁型钢，角钢檩条适用于跨度和荷载较小的情况；槽钢檩条制造和装运简便，应用普遍，但用钢量较大；S形薄壁型钢檩条省钢，宜优先采用，但应注意防锈。

檩条应与屋架上的檩托可靠连接，檩托由焊接在屋架上的短角钢制成，檩条与檩托一般用普通螺栓连接，槽钢檩条的槽口宜朝向屋脊以利于安装；角钢和S形薄壁型钢檩条的肢尖均应朝向屋脊。

拉条是设置在檩条之间的钢拉杆，拉条可作为檩条的侧向支撑点，用以减少檩条平行屋面方向的跨度，防止侧向变形和扭屈。拉杆的设置数量 n，取决于檩条的跨度 l，当 $l=4\sim6\text{m}$ 时，宜取 $n=1$；当 $l>6\text{m}$ 时，宜取 $n=2$。对于有天窗屋盖，尚应在天窗侧边两檩条间设置斜拉条和刚性撑杆；对采用S形薄壁型钢檩条的屋盖，需在槽口处增设斜拉条和撑杆；当无天窗时，与拉条相连接的两脊檩应在连接处互相联系。总之，应使拉条与其连接杆件形成几何不变的稳定体系。拉条可采用直径 8～12mm 的圆钢，撑杆应采用角钢并按容许长细比 200 选用截面。拉条应靠近檩条的上翼缘约 30～40mm，并用腹板两侧的螺母固定在檩条上；撑杆则用普通螺栓和焊在檩条上的角钢固定（图 7-17）。

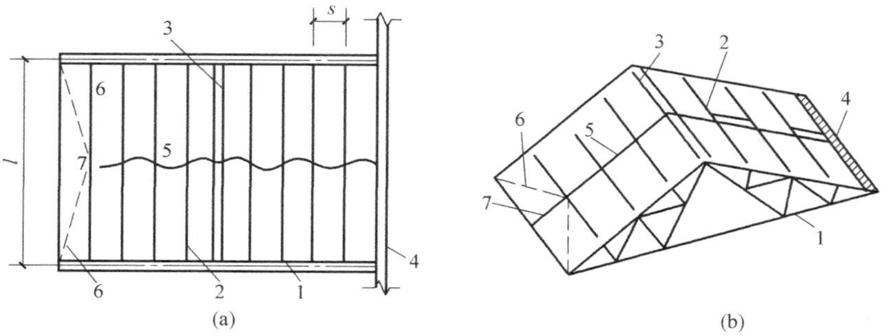

图 7-17　屋盖的檩条、拉条和撑杆的布置与构造

1—屋架；2—檩条；3—屋脊；4—屋梁；5—直拉条；6—斜拉条；7—撑杆

在屋面荷载 q 作用下，檩条截面分别受到 q_x 和 q_y 沿两主轴方向的作用，即檩条截面在两个主平面内产生双向弯曲和扭转，由于屋面和拉条的约束作用，可不考虑扭矩的影响，也不作整体稳定性验算。抗剪强度和局部承压强度一般也不必验算。檩条的抗弯强度计算应按双向弯曲梁考虑；其计算如前所述，即按式（7-15）计算。

$$\frac{M_x}{\gamma_x W_{nx}}+\frac{M_y}{\gamma_{ny}}\leqslant f \tag{7-15}$$

为保证屋面平整，檩条应有足够的刚度。檩条的刚度计算，一般只考虑垂直屋面方向的最大挠度，不超过容许挠度值 $[w]$，对单跨简支槽钢檩条：

$$\omega=\frac{5}{385}\times\frac{q_{yk}l^4}{EI_x}\leqslant[\omega] \tag{7-16}$$

对单跨简支S形薄壁型钢檩条，近似为：

$$\omega=\frac{5}{385}\times\frac{q_k\cos\alpha l^4}{EI_x}\leqslant[\omega] \tag{7-17}$$

式中 I_x——截面对垂直于腹板的 x_1 轴的惯性矩，mm^4；

$[\omega]$——容许挠度，mm；

α——屋面坡度。

7.5 钢屋架施工图的绘制

屋架的施工图是钢屋架加工制作和安装的主要依据，必须绘制正确，详尽清楚。一般按运输单元绘制。当屋架对称时，可仅绘制半榀屋架。

7.5.1 施工图的主要内容

图纸的主要图面应绘制屋架的正面详图，上、下弦的平面图，必要的侧视图和零件图。在图纸的左上角绘一整榀屋架的简图，它的左半跨注明屋架几何尺寸，右半跨注明杆件的内力设计值。在图纸的右上角绘制材料表。在屋架施工图的简图中应注明屋架的起拱。跨度较大，如梯形屋架跨度 $l\geqslant24m$，三角形屋架跨度 $l\geqslant15m$ 时，由于挠度较大，为防止影响结构使用和外观，制造时一般按屋架跨中起拱。起拱在屋架正面详图中不必表示，但材料表中杆件长度要按起拱后的数值考虑。

施工图中应注明各零件的型号和尺寸，包括加工尺寸、定位尺寸、安装尺寸和孔洞位置。加工尺寸是下料、加工的依据，包括杆件和零件的长度、宽度、切割要求和孔洞位置等；定位尺寸是杆件或零件对屋架几何轴线的相应位置，如角钢肢背到轴线的距离、角钢端部至轴线交汇点的距离、交汇点至节点板边缘的距离以及其他零件在图纸上的位置；安装尺寸主要指屋架和其他构件连接的相互关系，如连接支撑的螺栓孔的位置要与支撑构件配合、屋架支座处锚栓孔要与柱的定位尺寸线配合等。对制造和安装的其他要求包括零件切斜角、孔洞直径和焊缝尺寸等都应注明，有些构造焊缝，可不必标注，只在文字说明中统一表述。节点板尺寸和杆件端部至轴线交汇点的距离，用比例尺测量。

在施工图中，各杆件和零件要详细编号。编号的次序按主次、上下、左右顺序逐一进行。完全相同的零件用同一编号。如果组成杆件的两角钢的型号和尺寸相同，仅因孔洞位置或斜切角等原因而成左右手对称时，也采用同一编号，不过要在材料表中注明正、反字样，以示区别。有些屋架仅在少数部位构造略有不同，如连支撑屋架和不连支撑屋架，仅在螺栓孔上有区别，可在图中螺栓孔处注明所属屋架的编号，可做到一图多用。

施工图材料表应包括各零件的截面、长度、数量（正、反）和质量。材料表主要用于配料和计算用钢指标，以及配备起重运输设备。不规则的节点板重量可按长宽确定面积，不必扣除斜切边，以简化计算，焊缝重量可按屋架总重的3%估计。施工图中的文字说明，应包括用图形不能表达以及为了简化图面而易于用文字集中说明的内容，如采用的钢号、保证项目、焊条型号、焊接方法、未注明的焊缝尺寸、螺栓直径、螺孔直径以及防锈处理、运输、安装和制造的要求等内容。

7.5.2 施工图的绘制方法

绘制施工图时，首先应根据图纸内容布置和规划好图面，选好比例，轴线一般用1∶20或1∶30的比例尺，杆件截面和节点板尺寸用1∶10或1∶15的比例尺，重要节点大样，比例尺还应加大，以便清楚地表达节点细部尺寸。

绘制施工图可按下述步骤进行：先按适当比例先画出各杆件的轴线；再画出杆件的轮廓线，使杆件截面重心线与屋架杆件几何轴线相重合，一般取角钢肢背到轴线的距离为5mm的倍数；杆件两端角钢与角钢之间留出15～20mm的间隙；根据计算所需的焊缝长度，绘出节点板的尺寸，节点板伸出弦杆角钢肢背10～15mm，上弦节点板若采用塞焊缝时应缩入角钢背深度$t/2$～t，t为节点板厚度。绘制钢板或角钢肢的厚度时，应以两条线表示清楚，可不按比例。零件间的连接焊缝应注明焊脚尺寸和焊缝长度，焊缝标注方法应按规定进行。

7.6 普通钢屋架设计实例

7.6.1 设计资料及屋架尺寸

某车间跨度24m，长度60m，柱距6m，屋面材料为压型钢板复合板，屋面坡度$i=1/2.5$，屋面活荷载标准值为0.5kN/m^2，屋架简支于钢筋混凝土柱上，混凝土强度等级C30，柱截面尺寸400mm×400mm。

屋架形式及几何尺寸（图7-18）：屋面坡度$i=1/2.5$，屋面倾角$\alpha=\arctan(1/2.5)=21°48'$，屋架计算跨度为$l_0=l-300=23700$mm，屋架跨中高度$H=23700/5=4740$mm，上弦长度为$l=l_0/(2\cos\alpha)=23700/(2\times0.938)=12762$mm，取6节间，节间长度$s=12762/6=2127$mm，节间水平投影长度$l_a=s\cos\alpha=2127\times0.9285=1975$mm。

7.6.2 支撑布置

在房屋两端第一柱间各设置一道上弦平面横向支撑和下弦平面横向支撑。在横向支撑

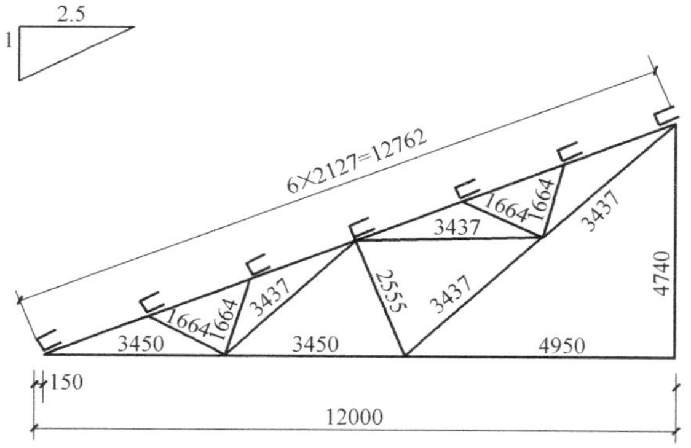

图7-18 屋架几何尺寸

同一柱间的屋架长压杆 DI 和 $D'I'$ 处，各设置一道垂直支撑和一道通长柔性水平系杆，水平系杆的两端连于屋架垂直支撑的下端节点处（图 7-19）。上弦横向支撑和垂直支撑节点处的水平系杆均由该处檩条代替。

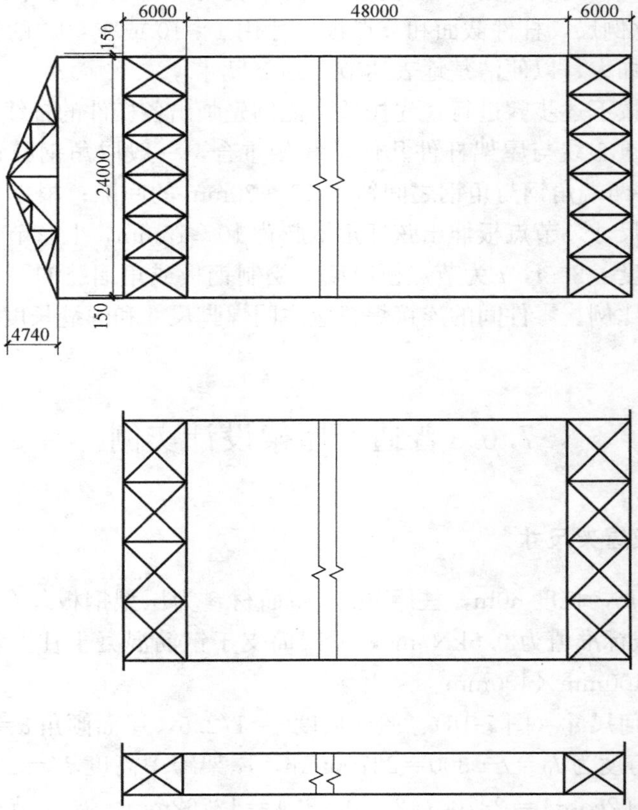

图 7-19 屋盖支撑布置

7.6.3 荷载计算

（1）荷载计算

永久荷载	0.50kN/m^2
屋架和支撑自重	0.12+0.011l_0=0.38kN/m^2
合计	0.88kN/m^2

活荷>雪荷，故不考虑雪荷，则

雪荷	0.50kN/m^2
积灰荷载	1.00kN/m^2
合计	1.50kN/m^2

（2）荷载组合

1）按可变荷载

$$Q=(1.2\times0.88+1.4\times0.5+1.4\times0.9\times1.0)\times1.975\times6=35.74\text{kN}$$

2）按永久荷载

Q=(1.35×0.88+1.4×0.5×0.7+1.4×0.9×1.0)×1.975×6=34.82kN

故取节点荷载为 35.74kN，支座反力为 214.44kN。

（3）屋架杆件内力计算（图 7-20）

屋架杆件的内力在单位力作用下用图解法（图 7-20）求解，计算结果见表 7-3。

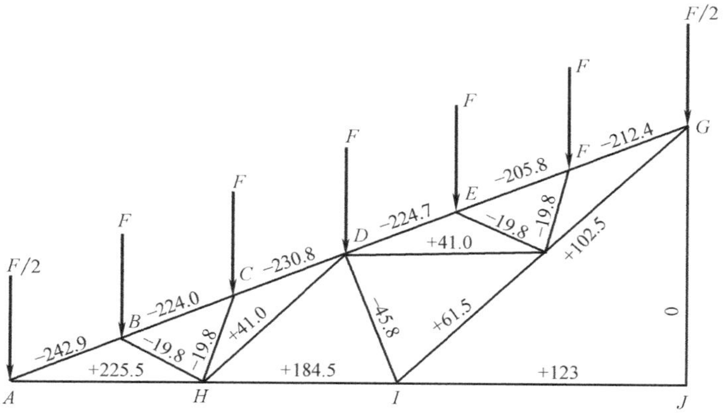

图 7-20　屋架内力

屋架杆件内力组合设计值　　**表 7-3**

杆件		内力系数	内力设计值(kN) (F=35.74kN)	备注
上弦杆	AB	−14.81	−529.31	负为压杆
	BC	−13.66	−488.21	
	CD	−14.07	−502.86	
	DE	−13.70	−489.64	
	EF	−13.68	−488.92	
	FG	−12.78	−456.76	
下弦杆	AH	+13.75	+491.43	正为拉杆
	HI	+11.25	+402.08	
	IJ	+7.50	+268.05	
腹杆	DI	−2.79	−99.71	符号意义同上
	BH、CH	−1.21	−43.25	
	EK、FK	−1.21	−43.25	
	HD、DK	+2.50	+89.35	
	IK	+1.88	+67.19	
	KG	+3.75	+134.03	
	GJ	0.00	0.00	

7.6.4　杆件截面选择

（1）上弦杆

按弦杆最大内力−529.31kN，选出中间节点板厚度为 12mm，支座节点板厚度为

14mm。整个上弦不改变截面，按最大内力计算 $N_{max}=-529.31\text{kN}$，$l_{0x}=l_{0y}=2127\text{mm}$，选用 2∟110×8，$A=34.48\text{cm}^2$，$i_x=3.4\text{cm}$，$i_y=4.89\text{cm}$。

1）刚度和稳定性验算

$$\lambda_x=\frac{l_{0x}}{i_x}=\frac{212.7}{3.4}=62.6<[\lambda]=150$$

$$\lambda_y=\frac{l_{0y}}{i_y}=\frac{212.7}{4.89}=43.5<[\lambda]=150$$

查表得 $\varphi_x=0.793$（b 类）

2）强度验算

双脚钢 T 形截面绕对称轴按弯扭屈曲计算长细比：

$$\frac{b}{t}=\frac{11}{0.8}=13.75>\frac{0.58l_{0y}}{b}=\frac{0.58\times212.7}{11}=11.22 \tag{7-18}$$

故 $\lambda_{yz}=3.9\,\frac{b}{t}\left(1+\frac{l_{0y}t^2}{18.6b^4}\right)=3.9\times13.75\times\left(1+\frac{212.7^2\times0.8^2}{18.6\times11^4}\right)=59.33<\lambda_x=62.6$，得 $\varphi_x=0.793$。

$$\sigma=\frac{N}{\varphi_x A}=\frac{529.31\times1000}{0.793\times34.48\times100}=191.3\text{N/mm}^2<f=215\text{N/mm}^2$$

平行于填板的自身形心轴的回转半径 $i_x=3.09\text{cm}$，$40i_x=40\times3.09=123.6\text{cm}$。上弦为压杆，节间长度为 212.7cm，每节间设一块填板，则间距为 $212.7/2=106.35\text{cm}<123.6\text{cm}$，填板尺寸为 80mm×10mm×120mm。

（2）下弦杆

下弦杆均为拉杆，整个下弦采用等截面，按最大内力 $F=491.43\text{kN}$ 计算。屋架平面内计算长度为最大节间 IJ，即 $l_{0x}=497.6\text{cm}$；屋架平面外计算长度因跨中有一道系杆，故 $l_{0y}=1185\text{cm}$。下弦杆所需截面积为：

$$A_n=\frac{F_n}{f}=\frac{491.43\times1000}{215}=2286\text{mm}^2$$

选用 2∟100×63×8，$A=25.2\text{cm}^2$，截面形式采用角钢短肢相并，$i_x=1.44\text{cm}$，$i_y=3.76\text{cm}$。强度验算：

$$\lambda_x=l_{0x}/i_x=497.6/1.44=346<350$$

$$\lambda_y=l_{0y}/i_y=1185/3.76=315<350$$

下弦填板设置：一个角钢对于平行于填板的自身形心轴的回转半径 $i=2.39\text{cm}$，拉杆按 $80i=80\times2.39=191.2\text{cm}$。$IJ$ 节间设两块填板：$497.2/3=165.73\text{cm}<191.2\text{cm}$。填板尺寸为 80mm×10mm×70mm。

（3）中间竖腹杆 JG

中间竖腹杆，$F_N=0$，$l=474\text{cm}$。对连接垂直支撑的屋架，采用 2∟56×4 组成的十字形截面，$i_{0x}=2.18\text{cm}$，单个角钢∟56×4，$i_{min}=1.11\text{cm}$，按支撑压杆验算容许长细比：

$$l_0=0.9\times l=0.9\times474=426.6\text{cm} \tag{7-19}$$

$$\lambda=l_0/i_{min}=426.6/2.18=196<[\lambda]=200 \tag{7-20}$$

填板设置按压杆考虑：$80i_{min}=80\times1.11=88.8\text{cm}$，设置 4 块，$474/5=94.8\text{cm}>88.8\text{cm}$，填板尺寸为 80mm×10mm×100mm。

（4）主斜腹杆 IK、KG

主斜腹杆 IK、KG 采用相同截面杆件，$l_{0x}=343.7\text{cm}$，$l_{0y}=2\times343.7=687.4\text{cm}$，内力设计值为 $F_n=+134.03\text{kN}$。

所需净截面面积 $A_n=F_n/f=134.03\times1000/215=623\text{mm}^2=6.23\text{cm}^2$，选用 2∟50×6，$A=2\times3.49=6.98\text{cm}^2$，$i_x=1.38\text{cm}$，$i_y=2.24\text{cm}$。

考虑屋架分为两小榀运输时，主斜腹杆需用螺栓在工地拼接，安装螺栓直径取 16mm，螺孔直径 17.5mm，则实际 $A_n=6.98-2\times1.75\times0.2=6.28\text{cm}^2$。

强度验算：$F_n/A_n=\dfrac{134.03\times1000}{6.28\times100}=213.4\text{N/mm}^2<215\text{N/mm}^2$

容许长细比验算：$\lambda_x=l_{0x}/i_x=343.7/1.38=249<350$

$\lambda_y=l_{0y}/i_y=687.4/2.24=306<350$

填板设置按 $80i_1=80\times1.38=110.4\text{cm}$，$IK$、$KG$ 各设置两块，$343.7/3=114.57\text{cm}\approx110.4\text{cm}$，填板尺寸为 80mm×10mm×65mm。

（5）腹杆 DI

$F=-99.71\text{kN}$，$l_{0x}=0.8l=0.8\times255.5=204.4\text{cm}$，$l_{0y}=l=255.5\text{cm}$

选用 2∟56×5，$A=2\times3.9=7.8\text{cm}^2$，$i_x=1.54\text{cm}$，$i_y=2.43\text{cm}$

若选用 2∟45×4，$A=2\times3.486=6.972\text{cm}^2$，$i_x=i_1=1.38\text{cm}$，$i_y=2.24\text{cm}$

若按 2∟45×4：$\lambda_x=204.4/1.38=148.1<150$

$\lambda_y=255.5/2.24=114.1<150$

按 b 类截面：

$F_N/\varphi_x A=49.52\times10^3/(0.31\times6.972\times10^2)=229.1\text{N/mm}^2>f=215\text{N/mm}^2$

若按 2∟56×5：$\lambda_x=204.4/1.54=132.7<[\lambda]=150$

$\lambda_y=255.5/2.43=105<[\lambda]=150$

$F_N/\varphi_x A=49.52\times10^3/(0.375\times7.8\times10^2)=169.3\text{N/mm}^2<f=215\text{N/mm}^2$

故腹杆 DI 截面选用 2∟56×5。

垫板按 $40i_1=40\times1.54\text{cm}=61.6\text{cm}$，应设 3 块垫板，因腹杆受力不大，且两端焊于节点板上，为减小焊缝起见，采用 3 块腹板。垫板尺寸为 60mm×10mm×70mm。

（6）腹杆 BH、CH、EK、FK

4 根杆件均为压杆，受力及长度均小于 DI 杆，故可均按 DI 杆选用 2∟56×8，只采用 2 块填板。

（7）腹杆 HD、DK

两者均为拉杆。$F_N=+89.35\text{kN}$，$l=343.7\text{cm}$，仍选用 2∟50×4，验算如下：

$$F_n/A_n=\frac{89.35\times1000}{7.8\times100}=114.6\text{N/mm}^2<215\text{N/mm}^2$$

$$\lambda_x=l_{0x}/i_x=0.8l/i_x=0.8\times343.7/1.54=178.55<350$$

填板按 $80i=80\times1.54=123.2\text{cm}$，各设两块，则 $343.7/3=114.6\text{cm}<123.2\text{cm}$，满足条件。

7.6.5 节点设计

（1）下弦中间节点 I

屋架跨度为24m，超过运输界限，故将其分为两榀小屋架。在下弦中间节点 I 处设置工地拼接节点。

拼接角钢设计：拼接角钢采用与下弦杆相同截面，2∟100×63×8，肢背处割棱，竖肢切去 $\Delta=5+5+5=15$mm（$\Delta=t+h_f+$余度）。

拼接点一侧每条焊缝长度计算，拉杆拼接焊缝按等强设计，则：

$$F_N=Af=12.24\times10^2\times215=263000\text{N},取\ H_f=5\text{mm}$$

$$l_w=263000/(4\times0.7\times0.5\times160\times10^2)+1=12.7\text{cm}$$

拼接角钢长度 $l=2\times13.0+1=270$mm，取270mm。

下弦杆与节点板焊缝计算：下弦杆轴向拉力通过节点板和拼接角钢两种连接件传递，认为节点板仅承受内力 $\Delta F=15\%\times F_{AH}=15\%\times244.04=+36.6$kN，节点板连接焊缝受力很小，故节点板可按图7-21所示的下弦节点 I 构造确定。

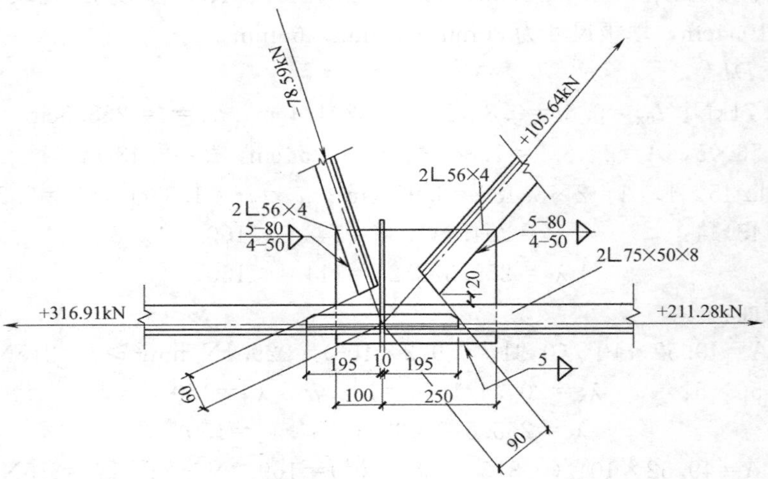

图7-21　下弦节点 I 构造

(2) 脊节点

KG 斜腹杆与节点板的连接焊缝，取肢背和肢尖的焊脚尺寸为 $h_{f1}=5$mm，$h_{f2}=4$mm，则所需的焊缝长度为：

肢背　$$l_{w1}=\frac{0.7\times132.45\times1000}{2\times0.7\times5\times160}+10=92.78\text{mm}$$

肢尖　$$l_{w2}=\frac{0.3\times132.45\times1000}{2\times0.7\times4\times160}+10=54.35\text{mm}$$

弦杆肢背与节点板的连接焊缝，采用塞焊缝，假定脊节点处檩条传来的力为 $F/3=17.748/3=5.916$kN，力小且节点板长，可满焊，不必计算。

上弦肢尖与节点板连接焊缝，承担两侧弦杆内力差或 $15\%F_{Nmax}$ 中较大值及其产生的弯矩。本例中活荷载占全部荷载比例较小，故由半跨雪载与全部恒载在脊节点两侧上弦杆所产生的内力差也小，可取 $15\%F_{Nmax}=0.15\times229.8=-34.48$kN。

按绘制的节点图可知：

$$l_w=\frac{33}{\cos21°48'}-3=32.54\text{cm},取\ 33\text{cm},h_f=4\text{mm}$$

$$\tau_f=\frac{34.48}{2\times0.7\times0.4\times33}=1.866\text{kN/cm}^2$$

$$\sigma_{fy}=\frac{241.36\times6}{2\times0.7\times0.4\times33^2}=2.375\text{kN/cm}^2$$

$$\sigma=\sqrt{\sigma_{fy}^2+1.5\tau_f^2}=\sqrt{2.375^2+1.5\times1.866^2}=32.96\text{N/mm}^2$$

$$<1.22f_f^w=1.22\times160=195.2\text{N/mm}^2$$

拼接角钢设计：拼接角钢采用与上弦杆相同截面的角钢，肢背处割棱，垂直肢切去 $\Delta=t+h_f+5=7+5+5=17$mm，取 $\Delta=20$mm，并将竖肢切口后经热弯成形对焊。拼接角钢与上弦杆连接焊缝长度计算时，设 $h_f=5$mm，则：

$$l_w=\frac{F_N}{4\times0.7\times h_f\times f_f^w}=\frac{229.84\times10^3}{4\times0.7\times5\times160}=112.607\text{mm},\text{取 }115\text{mm}$$

拼接角钢总长度为 $l=2l_w+50=2\times115+50=280$mm。

中间竖肢杆与节点板连接焊缝。因 $F_N=0$，按构造取 $h_f=4$mm，实际长度根据绘制施工图确定，即 $l_w=90$mm，如图 7-22 所示。

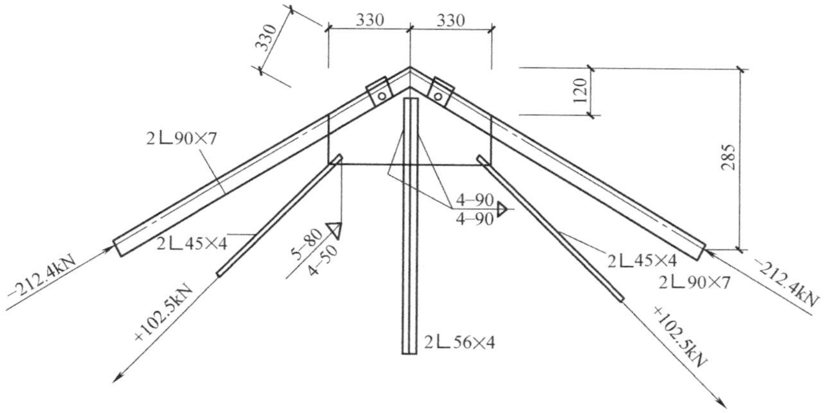

图 7-22　脊节点构造

(3) 上弦节点 D

腹杆 DI 与节点板焊缝 $F_N=-99.71$kN，取 $h_f=5$mm。则焊缝长度为：

肢背 $l_w=\frac{0.7\times99.71\times1000}{2\times0.7\times0.4\times160\times100}+1=7.79$mm，取 8mm。取肢间焊缝 $l_w=50$mm，其余两腹杆内力均小于 DI 杆，故根据图 7-23 决定肢背 $h_f=5$mm，肢尖 $h_f=4$mm。上弦杆与节点板焊缝。节点板缩入深度为 6mm，肢背塞焊缝按承受集中荷载 F_Q 进行计算，$f_{f1}=t/2=10/2=5$cm，则：

$$\sigma=F_Q/\beta_f(2\times0.7h_{f1}l_{w1})=4.968\times10^3/1.22\times(2\times0.7\times5\times790)$$

$$=0.74\text{N/mm}^2<160\text{N/mm}^2$$

肢尖焊缝承受弦杆的内力差为 13.08kN，偏心距 $e=100-30=70$mm，内力较小，且节点板较长，故可按构造布置焊缝，即肢尖满焊，不必计算。

(4) 下弦中央节点 J

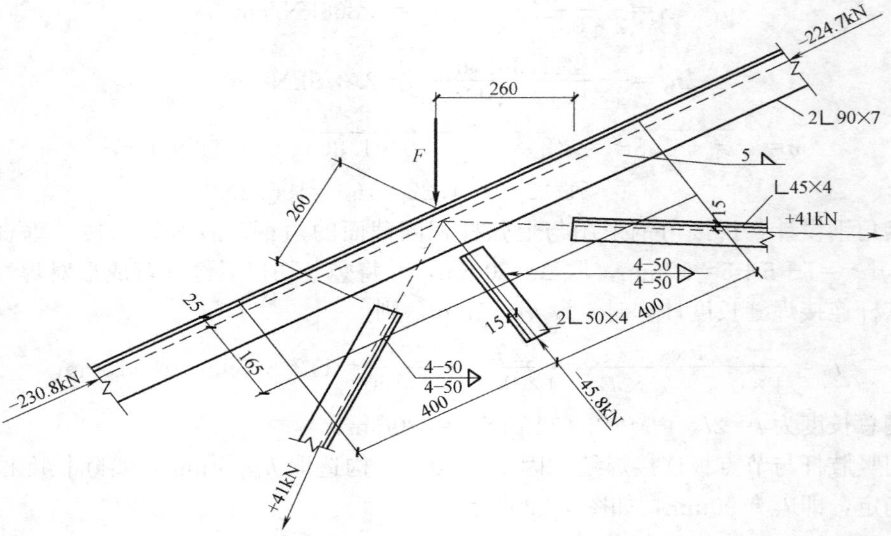

图 7-23　上弦节点 D 构造

各杆与节点板连接焊缝按图 7-24 构造要求焊接。

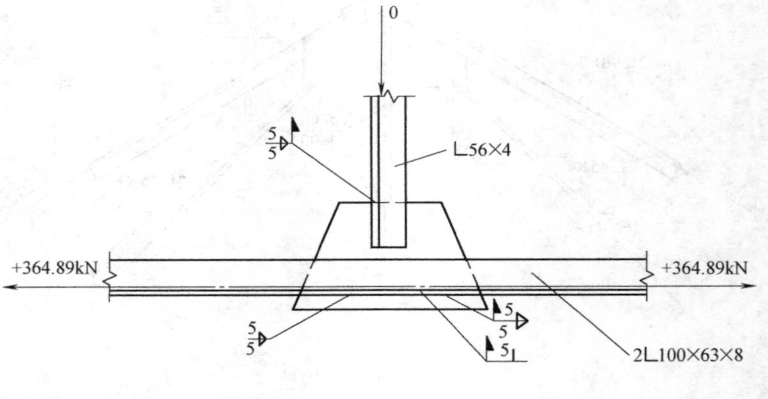

图 7-24　中央节点

(5) 支座节点 A

屋架支承于 400mm×400mm 的钢筋混凝土柱上，支座混凝土垫块强度等级为 C30，$f_c=14.5\text{N/mm}^2$，支座构造（图 7-25）。为便于施焊，取底板至下弦中心线距离为 160mm，下弦截面为 2∟100×63×8，上弦截面为 2∟110×8。

1) 下弦杆与节点板焊缝计算

$$F=491.43\text{kN}$$

肢背　　$l_{w1}=\dfrac{0.7\times491.43\times1000}{2\times0.7\times0.6\times160\times100}+1=25.6\text{cm}$，取 300mm

肢尖　　$l_w=\dfrac{0.25\times491.43\times1000}{2\times0.7\times0.4\times160\times100}+1=13.7\text{cm}$，取 150mm

2) 上弦杆与节点板焊缝计算

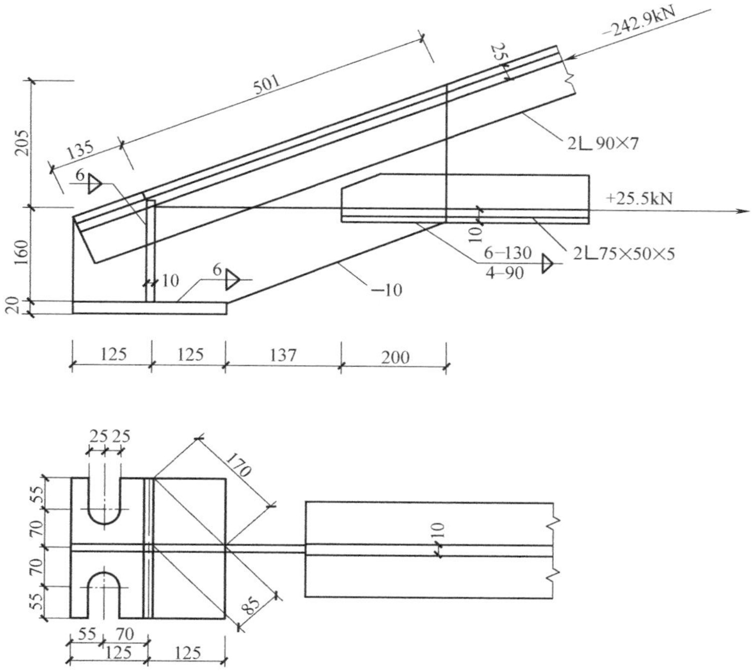

图 7-25　支座节点

$$F_{AB}=-529.31\text{kN}$$

肢背为塞焊缝，肢背、肢尖均按节点板满焊，$h_f=5$mm，焊缝长度仅考虑节点中心右边板长的焊缝长度 $l_w=45.5/\cos 21.8°-1=48$cm，承受荷载为：

$$\Delta F=-529.31\text{kN}$$

$M=529.31\times 73662\text{kN}\cdot\text{cm}$，取 $h_f=5$mm

$$\sigma=\sqrt{1.5\times\left(\frac{529.31}{2\times 0.7\times 0.5\times 48}\right)^2+\left(\frac{3662\times 6}{2\times 0.7\times 0.5\times 48^2}\right)^2}=19.07\text{kN/cm}^2$$

$$=190.7\text{N/mm}^2<1.22f_f^w=1.22\times 160\text{N/mm}^2=195.2\text{N/mm}^2$$

3）支座底板计算

支座反力：$F_R=6F=6\times 17.748=106.488$kN

肢座底板需要的受压净面积为：

$$A_n=F_R/f_{cc}=106.88\times 10^3/9.5=11209\text{mm}^2$$

锚栓直径采用 $d=24$mm，并用 U 形开口，开孔面积为：

$$A_0=2\left(\frac{1}{2}\times\frac{\pi d^2}{4}+5\times 5.5\right)=2\times\left(\frac{1}{2}\times\frac{\pi\times 5^2}{4}+5\times 5.5\right)=74.63\text{cm}^2\approx 75\text{cm}^2$$

则所需面积为 $A=A_n+A_0=112.09+75=187.09\text{cm}^2$

根据构造要求底板尺寸为：$25\times 25-75=550\text{cm}^2>A=187.09\text{cm}^2$

底板所受均布荷载反力为：

$$q=R/A=106.488\times 10^3/(550\times 10^2)=1.94\text{N/mm}^2<f_{cc}=9.5\text{N/mm}^2$$

4）所需底板厚度 t 的计算

按两邻支承边的板计算 $b_1/a_1=88/177=0.5$，查表得：

$$\beta=0.058$$

$$M=\beta q a_1^2=0.058\times1.94\times177^2=3525\text{N}\cdot\text{mm}$$

$$t=\sqrt{6M/f}=\sqrt{6\times3525/215}=9.92\text{mm},取16\text{mm}$$

则底板尺寸为 25cm×25cm×1.6cm。

5）支座加劲肋设计

加劲肋厚度取 10mm，焊脚取 $h_f=6$mm，焊缝长度仅考虑与支座节点板焊接的焊缝，不考虑与上弦的焊缝，$l_w=9-1=8$mm。加劲肋承受的内力为：

$$F_V=\frac{F_R}{4}=106.488/4=26.622\text{kN}$$

$$M=F_V\cdot e=26.622\times12.5/2=166.388\text{kN}\cdot\text{cm}$$

$$\sigma=\sqrt{\left(\frac{6M}{\beta_f\times2\times0.7h_f l_w^2}\right)^2+\left(\frac{F_V}{2\times0.7h_f l_w}\right)^2}$$

$$=\sqrt{\left(\frac{6\times166.388\times10^4}{1.22\times2\times0.7\times6\times80^2}\right)^2+\left(\frac{26.622\times10^3}{2\times0.7\times6\times80}\right)^2}$$

$$=157.28\text{N/mm}^2<f_f^w=160\text{N/mm}^2$$

6）节点板

加劲肋与底板的连接焊缝计算：取加劲肋切口宽度为 15mm，$h_f=6$mm，6 条焊缝的总计算长度为：

$$\sum l_w=2\times250+2\times(250-12-2\times15)-6\times10=856\text{mm}$$

$$\sigma_f=F_R/(\beta_f\times0.7h_f\sum l_w)=106.488\times10^3/(1.22\times0.7\times6\times856)$$

$$=24.3\text{N/mm}^2<160\text{N/mm}^2$$

本 章 小 结

本章着重介绍了屋架的组成、结构和类型；阐明了屋架杆件的内力计算及其截面设计方法；分析了钢屋架支撑的必要性和支撑的类型、布置要点和截面选择方式等；给出了节点设计和计算方法；规定了屋架施工图的绘制内容、程序和步骤；提供了一个普通钢屋架设计的工程实例，以供参考。

（1）钢屋盖结构由屋面、屋架和支撑三部分组成。钢屋盖结构可分为两类，一类为有檩屋盖，是指在屋架上放置檩条，檩条上再铺设石棉瓦、瓦楞铁皮、钢丝网水泥槽形板以及压型钢板等轻型屋面材料；另一类称无檩屋盖，是指在屋架上直接放置钢筋混凝土大型屋面板，屋面荷载由大型屋面板直接传给屋架。

（2）屋架结构分析包括计算假定、节点载荷计算、载荷组合及内力计算方法等。其中载荷组合分为：全跨永久荷载＋全跨可变荷载、全跨永久荷载＋半跨可变荷载、全跨屋架及支撑和天窗自重＋半跨屋面板重＋半跨屋面活荷载三种情况，取最不利组合。屋架和支撑自重可按经验公式 $gk=\beta l$ 估算。

（3）屋架杆件截面设计包括杆件计算长度分析、杆件截面形式设计、垫板和节点板设计、杆件的截面选择、屋架节点设计等方面。

（4）屋架的支撑包括支撑的类型和布置、支撑的截面选择和连接构造、檩条、拉条和撑杆的设置和设计等内容。其中，檩条等承压构件的抗弯强度计算应按双向弯曲梁考虑，即按$\frac{M_x}{\gamma_x W_{nx}}+\frac{M_y}{\gamma_{ny}}\leqslant f$计算。

（5）图纸的主要图面应绘制屋架的正面详图和上、下弦的平面图，必要的侧视图和零件图。在图纸的左上角绘一整榀屋架的简图，左半跨注明屋架几何尺寸，右半跨注明杆件的内力设计值；在图纸的右上角绘制材料表；在屋架施工图的简图中应注明屋架的起拱；施工图中应注明各零件的型号和尺寸，包括加工尺寸、定位尺寸、安装尺寸和孔洞位置。

（6）提供了普通钢屋架设计的工程实例，内容包括结构总体方案、选型和布置，考虑屋面构件、支撑构件与钢屋架间的相互联系，以及钢屋架的设计计算和施工图绘制等。

复习思考题

7-1 屋盖结构主要组成部分是哪些？它们的作用是什么？

7-2 屋盖结构中有哪些支撑系统？支撑的作用是什么？

7-3 如何区分刚性系杆和柔性系杆？哪些位置需要设置刚性系杆？

7-4 为什么檩条要布置拉条？

7-5 三角形、梯形、平行弦屋架各适用于哪些屋盖体系？

7-6 屋架的腹杆有哪些体系？各有什么特征？

7-7 如何选择屋架构件截面？

7-8 如何确定屋架节点的节点板厚度？一个屋架的所有节点板厚度是否相同？

7-9 垫板的作用是什么？

7-10 布置柱网时应考虑哪些方面？

第8章 钻井井架结构

【教学目标】 本章主要介绍井架的功用、基本组成和使用要求，以及井架的结构类型及基本参数。通过本章的学习，掌握井架荷载计算；掌握井架常用材料选择与结构设计，以及井架局部稳定性计算方法和井架整体稳定性计算方法。

随着经济发展的速度越来越快，对石油资源的需求量不断增大，而在获取石油的过程中，井架是钻机起升系统重要组成部分之一。在钻井生产过程中，井架用于安放天车、游车、大钩、吊环、吊钳、吊卡等起升设备与工具，承受井中管柱重量，以及起下、存放钻杆、油管，井架是一种具有一定高度的空间钢结构。由于这个大型钢结构杆件太多，还承受着各种力的作用，对它的研究同时也具有很大的挑战。为了满足经济发展的需求，对各种不同工况下油气田的勘探越来越普遍，钻井深度也在不断增加，为了满足这些实际需求，国内外钻机的性能和功能的要求也越来越高，井架必须具有一定的承载能力，足够的强度、刚度和整体稳定性。设计出性能好、可靠性高、成本低的钻机井架是世界上所有井架设计生产厂家的目标。目前，世界上的井架正在向着低位安装、整体起升、高钻台、重量轻、车载化和移运性好的方向发展。

8.1 井架的功用与基本组成

8.1.1 井架的功用

井架的作用主要包括以下几个方面：

（1）安放天车，悬挂游动滑车、大钩、吊环、吊钳、各种绳索等提升设备和专用工具。

（2）在钻井作业中支持游动系统，并承受井内管柱的全部重量，进行起下钻具、下套管等作业。

（3）在钻进和起下钻时，存放钻杆单根、立根、方钻杆和其他钻具。

（4）遮挡落物，保护工人安全生产。

（5）方便工人高空操作和维修设备。

8.1.2 井架的基本组成

石油矿场上使用的井架（图8-1）主要由井架主体、人字架、天车台、二层台、工作梯、立管平台等组成。

（1）井架主体。其包括井架大腿、横拉筋、斜拉筋，由型材组成的空间桁架结构，是主要的承载部分；若井架主体失去几何形状或桁架结构被破坏，则整个井架将失去整体稳定性和承载能力；井架大腿一般不易变形，但横拉筋或斜拉筋常被扭曲或折断，将造成井架的承载能力减小。

（2）人字架（或天车架）。其位于井架的最顶部，其上可悬挂滑轮，用以在安装、维修天车时起吊天车。

（3）天车台。在井架顶部，用于安装天车，天车台有检修天车的过道，周围设置有栏杆。

（4）二层台。位于井架中间，塔形井架二层台在井架内部，其余井架二层台在井架外前侧，为井架工提供起下钻操作的工作场所，包括井架工进行起下操作的工作台和存靠立根的指梁。

（5）工作梯。有盘旋式和直立式两种，是井架工上下井架的通道。

（6）立管平台。其为装拆水龙带的操作台。

此外，钻台是井架底座上面用铁板或木板铺成的一块可供钻工在井口操作、摆放井口工具的地方；底座具有支承钻台和转盘的作用，为钻台上的设备提供工作场所，使井口距地面有一定高度，为钻台下放防喷器组提供空间。

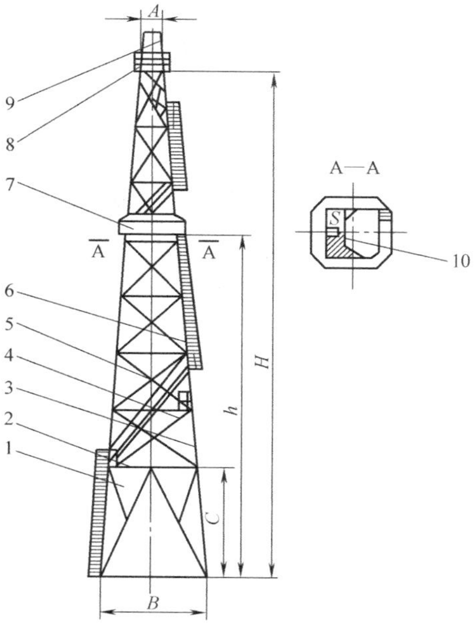

图 8-1 井架基本组成示意图

1—井架主体；2—横拉筋；3—弦杆；4—斜拉筋；5—立管平台；6—工作梯；7—二层台；8—天车台；9—人字架；10—指梁；A—井架上底尺寸；B—井架下底尺寸；C—井架大门高度；H—井架有效高度；h—二层台高

8.1.3 井架的使用要求

（1）具有足够的强度，保证能够起下一定长度和重量的钻柱、套管或油管柱。

（2）具有足够的刚度，保证井架在承受荷载时的整体稳定及安全可靠。

（3）足够的工作高度和空间，能够迅速安全地进行起下钻操作，安装有关设备、工具、钻具。若井架工作高度太小，将增加起下钻操作的次数，限制起升速度，井架高度取决于立根高度，《石油天然气工业钻井和采油设备——钻井和修井井架、底座》GB/T 25428—2010规定井架的高度必须能提升 28m 的立根，井架的安全高度为 41～53m（例如：大庆-130，H=41m；ZJ45，H=43m）。若井架内部空间狭窄，将影响游车的上下运行、司钻的视野、钻台的操作面积，直接影响到起下钻操作的速度和工作的安全性。

（4）便于拆装、移运和维修。井架结构合理、重量轻，便于快速安全地分段或整体移运、水平安装和整体起放等。

8.2 井架的结构类型及基本参数

8.2.1 井架的结构类型

井架按整体结构的主要特征可分为塔形井架、前开口井架、A 形井架和桅形井架四种类型。

（1）塔形井架。塔形井架是一横截面为正方形的四棱锥体空间桁架结构（图 8-1），同一高度的四面桁格在空间构成井架的一层。整体结构由许多单个杆件组成，杆件与杆件之间用螺栓连接，若采用分段焊接，则用销耳座板连接。井架本体是封闭的整体结构，整体稳性好，承载能力大。

塔形井架具有以下主要特点。

① 塔形井架是沿用最久的结构形式，同时也是目前海洋钻井最主要的一种结构形式。

② 封闭的整体结构，具有很宽的底部基础支撑和很大的组合截面惯性矩，整体稳定性好。

③ 整个井架是由单个构件用螺栓连接而成，可拆卸。

其优点是井架尺寸不受运输条件限制，允许井架内部空间大，起下操作方便安全；缺点是由于零部件众多，拆装起来很不方便，而且工作高度过高，不安全。因其安装和搬迁工作量大，高空作业危险性大，在陆地井架中被 A 形和 K 形井架所取代。

（2）前开口井架。前开口井架也称为 K 形井（图 8-2），截面呈Π形，即前扇敞开，

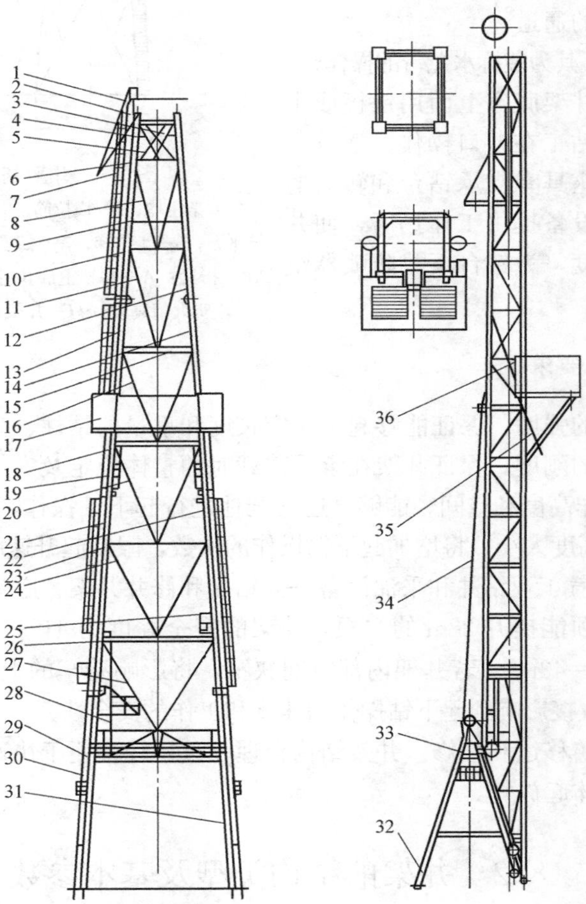

图 8-2　前开口井架

1—登梯助力机构；2—左上段；3—右上段；4—斜拉杆；5—连接架；6、10、15、18、23、26—横梁；7—笼梯；8、11、16、20、24、27—斜拉杆；9—防碰装置；12—稳绳器；13—左中上段；14—右中上段；17—二层平台；19—大钳平衡重；21—左中下段；22—右中下段；25—立管台；28—套管台；29—连接架；30—左下段；31—右下段；32—人字架；33—U 形卡；34—起升装置；35—逃生装置；36—吊钳滑轮

两侧分片或焊成若干段，背部为桁架体系，各段及杆件间采用销轴或螺栓连接。

前开口井架（K形井架）的结构由井架主体、二层台、立管台、工作梯、起升人字架等组成。整个井架在地面或接近地面处组装，依靠绞车的动力，通过起升人字架将井架整体起升到工作位置，前开口井架（K形井架）整体刚性好，制作成本低，在我国钻机上广泛采用。

前开口井架（K形井架）具有以下主要特点：

① 整个井架主体由4～5段组成，每段均由焊接件组成，段与段之间采用销轴耳板定位、螺栓连接，在地面上水平安装，利用人字架整体起放，运输时可分段，运输成本较低。

② 受运输条件的限制，截面尺寸设置不能过大，井架主体截面尺寸比塔形井架小，为了游动系统设备上、下运动顺利通畅和便于放置立根，井架做成前扇敞开、截面为Π形不封闭空间结构，有的前开口井架（K形井架）最上段做成四边封闭结构，以增强整体稳定性。

③ 井架各段两侧左右片结构形式相同。背扇采用不同的腹杆布置，如菱形、三角形等，保证司钻有良好的视野。背扇横、斜杆由锁轴与左右侧片连接，可拆卸，便于井架分片运输。

④ 不需要拉绷绳。其优点是水平拆装，整体起放，分段运输，运移性好；缺点是承载能力和总体稳定性比塔形井架低一些，内部操作空间比塔形井架小。

（3）A形井架。A形井架是由两个独立封闭结构的大腿对称布置（图8-3），靠天车

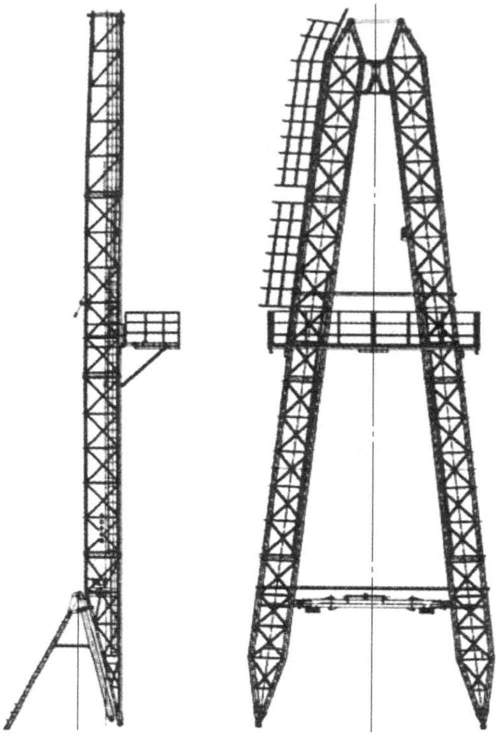

图8-3　A形井架

架与井架上部的附加杆件和二层台连接成“A”字形的空间结构。A 形井架与前开口井架（K 形井架）一样，在地面或接近地面处组装，用起升人字架或撑杆将其整体起升到工作位置。

A 形井架结构形式具有以下主要特点：

① 两大腿通过天车台、二层台及附加杆件连成“A”字形，在大腿的前方有撑杆支承，后方有撑杆支承，或人字架支承，整个井架在地面或接近地面水平组装，整体起放，分段运输。

② 大腿是空间杆件结构，分成 3～5 段；大腿断面一般分为矩形和三角形，用管材时多采用三角形，用角钢时多采用矩形，便于制造。

③ 司钻视野开阔。

④ 井架整体稳定性不如 K 形井架。

⑤ 需要拉绷绳来增加井架整体稳定性。

⑥ 整体重量比 K 形井架轻。

A 形井架的基本起升方式有以下三种：利用井架本身的撑杆起升井架，该方法安装方便，起升平稳，但撑杆要在井架大腿上滑动，且撑杆受力复杂，井架大腿和撑杆结构复杂，常用于采用前撑杆的井架，称为撑杆法；与 K 形井架起升方式相同，即利用安装在钻机底座上的人字架起升井架，起升完毕后，人字架便成为井架下段组成部分，称为人字架法；另外配备一套起升扒杆来吊升井架，这种方式安装费时，起放不平稳，常用于采用后撑杆的井架，称为扒杆法。

（4）桅形井架。桅形井架主要作为车装钻机井架和修井机井架（图 8-4），桅形井架是由一段或几段格构式大腿组成的空间结构，它在工作时多向井口方向倾斜，一般为3°～8°，需要用绷绳来保持结构的稳定性。

桅形井架分为整体式和伸缩式两种。由于载运车辆条件限制，整个井架的横截面积尺寸不能太大，为了避免因井架内部空间狭小而造成游动系统上下运行不便，适应井架伸缩的需要，往往将井架的前扇做成部分或全部敞开的结构，同时使井架向井口方向倾斜，以保证游动系统上下行方便，绷绳是桅形井架不可缺少的基本支承。桅形井架一般是利用液缸或绞车整体起放，整体或分段运输。车装钻机和修井机井架多为伸缩式桅形井架。

桅形井架的优点是水平拆装，整体起放，分段运输，运移性好；缺点是承载能力和总体稳定性比塔形井架低一些，内部操作空间比塔形井架小。

8.2.2 井架的基本参数

国产井架的基本参数及尺寸见表 8-1，井架型号表示如下：

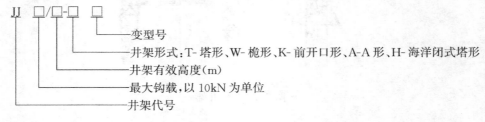

JJ □/□-□ □

——变型号
——井架形式：T- 塔形、W- 桅形、K- 前开口形、A-A 形、H- 海洋闭式塔形
——井架有效高度（m）
——最大钩载，以 10kN 为单位
——井架代号

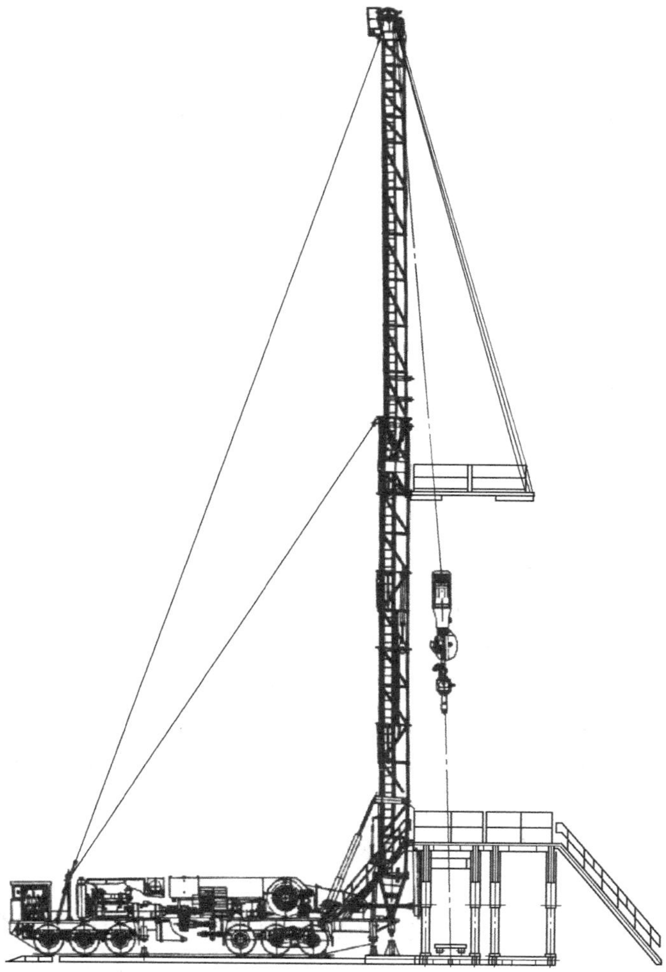

图 8-4　桅形井架

国产井架的基本参数及尺寸　　**表 8-1**

结构类型	型号	井架高度（m）	最大钩载		5in 钻杆立根容量（m）	井架可承受最大风速（km/h）
			t	kN		
桅形井架	JJ30/18-W	18	30	294	—	80
	JJ50/18-W	18	50	490		80
	JJ30/24-W	24	30	294		80
	JJ50/29-W	29	50	490		80
	JJ100/30-W	30	100	980		80
开式塔形井架	JJ90/39-K	39	90	880	1500	120
	JJ120/39-K	39	120	1180	2000	120
	JJ220/42-K	42	220	2160	3200	120

续表

结构类型	型号	井架高度（m）	最大钩载		5in钻杆立根容量（m）	井架可承受最大风速（km/h）
			t	kN		
开式塔形井架	JJ300/43-K	43	300	2940	4500	120
	JJ450/45-K	45	450	4410	6000	120
	JJ600/45-K	45	600	5880	8000	120
A形井架	JJ90/39-A	39	90	880	1500	120
	JJ120/39-A	39	120	1180	2000	120
	JJ220/42-A	42	220	2160	3200	120
	JJ300/43-A	43	300	2940	4500	120
	JJ450/45-A	45	450	4410	6000	120
	JJ600/45-A	45	600	5880	8000	120
海洋闭式塔形井架	JJ450/45-H	45	450	4410	6000	160
	JJ450/49-H	49	450	4410	6000	160

（1）最大钩载。最大钩载是钻机的一个主参数，代表井架承受垂直荷载的能力；井架的最大钩载是指死绳固定在指定位置，用规定的钻井绳数，在没有风荷载和立根荷载的条件下井架所能承受大钩的最大起重量，最大钩载中包括游车、大钩的重量。

（2）井架的高度。井架的名义高度是井架大腿支脚底板底面到天车梁底面的垂直距离，井架的有效高度是钻台面到天车梁底面的垂直距离，表示游动系统可上下运动的空间；井架高度可根据钻台上安装的设备及起下钻操作要求确定，对海洋井架，由于装有升沉补修装置，计算有效高度时应考虑由该装置增加的附加高度。

（3）二层台容量。二层台容量是在二层台内所能靠放的钻杆、油管的数量，通常用一定尺寸的钻杆、油管的总长度表示；二层台的指梁应能满足存放钻进到名义井深时所需规定尺寸的全部立根，主要取决于指梁的围抱面积，根据所要存放的立根数和钻杆直径（取接头直径）计算确定，考虑处理事故及附加作业的需要，应在理论计算的基础上增大15%。

（4）井架的最大抗风能力。井架的最大抗风能力是指井架在一定工况下抵抗最大风载的能力，常用“km/h”表示。最大抗风能力一般按两种工况考虑，即井架内无立根、无钩载工况，以及井架内排放一定数量立根、无钩载工况；在井架内无立根、无钩载工况下抗风能力为180～200km/h，排放立根、无钩载工况下的抗风能力为120～144km/h。

（5）其他参数。井架的其他参数包括二层台高度、上底尺寸和下底尺寸、理论自重及动态井架的动力特性参数。

① 二层台高度。是指钻台面到二层台底面的垂直距离，二层台的高度取决于立根的长度和二层台操作台的位置，为了便于井架工在二层台上摘挂吊卡，应使二层台的底面比存放在立根盒上的立根高度低1.8～2.0m。

② 上底尺寸和下底尺寸。分别指井架相邻大腿在井架顶面和底面上的大腿轴线间的水平距离，上底尺寸要保证天车能自由通过井架顶部，游车在井架内上下运行方便，下底尺寸则要保证具有尽量宽敞的操作空间和设备工具的安放位置。

③ 理论自重。其是根据设计图纸计算出所有构件重量的总和，它是井架整体经济性能的指标。

④ 动态井架的动力特性参数。对钻井船和半潜式钻井平台上工作的井架，需要结合井架工作海域的海象、气象资料及井架的工作性能确定其动力参数，即横摇 θ(°) 及其周期 T_R(s)、纵摇 φ(°) 及其周期 T_P(s)、升沉 H(m) 及其周期 T_H(s)。

8.3 井架荷载计算

8.3.1 井架恒荷载计算

恒定荷载是指作用在井架上的不变荷载，包括井架自重、游动系统、叉车、设备和工具等的重力。大钩荷载随起升的钻具重力变化而变化，实际上应属于可变荷载，由于在设计井架时，要求用最大钩载作为主要荷载进行分析计算，所以通常将最大钩载作为恒定荷载考虑，当大钩荷载作为恒定荷载处理后，工作绳作用力也相应地按恒定荷载处理。

恒定荷载的作用方式根据计算模型和计算目的不同而有所不同。静力强度计算与稳定性计算不同，桁架计算模型与刚架计算模型的荷载作用方式也不同。可将桁架的井架结构自重视为分别作用在节点上的集中荷载，每段结构的自重逐层分配到井架各层相应的各节点上，如图 8-5（a）所示。对于可简化为刚架的井架（称为梁式井架）的自重，可以认为自重荷载为集中荷载作用在刚架的节点上，也可按如图 8-5（b）所示均布载荷作用到结构的每根杆件上。

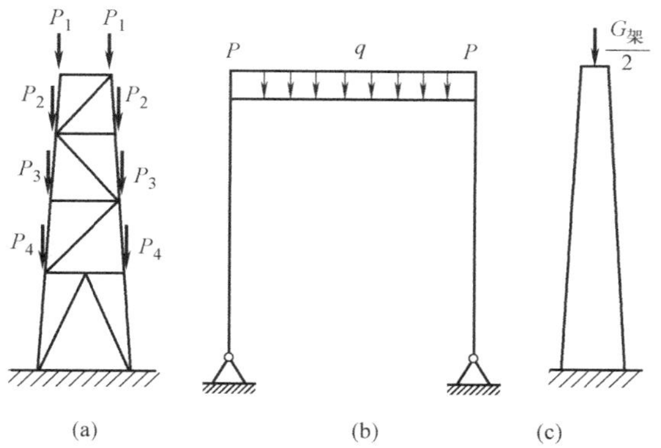

图 8-5　自重荷载的作用方式

（a）桁架自重荷载作用方式；（b）刚架自重荷载作用方式；（c）井架总体稳定计算自重荷载作用方式

在计算井架的总体稳定性时，对于两端铰支的支承条件，根据稳定等效的概念，可近似地认为井架自重的一半集中作用在井架的顶部中心，见图 8-5（c）。从稳定计算的角度来说，此井架计算模型与实际井架有同等的稳定效应。

设备与工具的重量，根据其作用的位置及支承的结构，可看作一个或数个集中载荷作用在结构的相应节点上。

（1）井架自重。井架自重是指井架主体结构各杆件的重量之和。由于井架是一个高大的空间钢结构，自重较大，需要考虑自重的作用；井架自重计算时只考虑井架主体各构件，次要部件（如扶梯、平台、栏杆等）的重量为井架主体重量的10%，通常在计算出井架主体杆件体积后，将材料密度增加10%，进行井架总重量计算，也可以将次要部件重量忽略不计。

(2) 设备和工具重量。设备和工具重量是指井架上安装的天车、游车和大钩，一般工具（包括吊钳等）可以不考虑。在对井架进行计算时，天车、游车和大钩的重力作用在井架顶部中心。设备与工具的重量，可根据选用的设备与工具的规格，从产品目录和技术手册中查取。

(3) 大钩静荷载。大钩静荷载指的是在钻井过程中，游车大钩匀速提升井中全部钻具时大钩上的荷载。其荷载值随井深而变化，且提升井中钻柱受到泥浆浮力以及钻柱与井壁间摩擦力的影响，一般可用下式计算：

$$Q=kq_zL \tag{8-1a}$$

式中 Q——钻机大钩静荷载，kN；

k——修正系数，$k=k_f\left(1-\frac{\rho_N}{\rho_G}\right)$，$k_f$ 为钻柱与井壁的摩阻系数，ρ_N 为泥浆的密度（kg/m^3），ρ_G 为钢材的密度（kg/m^3）；

q_z——每米钻具的平均重量，N/m；

L——任意井深，km。

修正系数 k 综合考虑了钻柱与井壁的摩擦及泥浆浮力的影响，井越深，泥浆密度越大，摩擦阻力越大。在起钻时，考虑浮力与摩擦阻力互相抵消的情况，计算时可取 $k=1$，即认为大钩的静荷载就是所提升的钻柱在空气中的重量。

当钻至最大井深（钻机标准规定的名义井深）时，大钩静荷载即是悬挂在大钩上的钻柱重量，称为最大钻柱重量，即：

$$Q_z=q_zL_{max} \tag{8-1b}$$

(4) 工作绳作用力。是指在给定的游动系统下，快绳和死绳拉力的水平和垂直分力的合力。工作绳作用力由大钩荷载产生，作用在天车上，一般情况下，快绳固定位置和死绳固定位置是不对称的，其合力的方向不是垂直作用在天车中心，垂直分力可近似取为：

$$p_s\approx 2p_y=\frac{2(Q_{max}+G_y)}{z} \tag{8-2}$$

式中 p_s——工作绳垂直分力，kN；

p_y——大钩静止悬重时游绳的拉力，kN；

Q_{max}——大钩最大起重量，kN；

G_y——大钩、游车、游绳等的重量，kN；

z——游动系统的有效绳数。

8.3.2 动荷载计算

(1) 风载。风力将作用在整个井架上，可以不包括直接在挡风墙之前或之后的构件，受风面积计算应包括所有已知的或预期的结构件和附件，如设备、挡风墙以及在井架中安装或连接的附件，井架上的总风力采用下面描述的方法估算。

井架上的总风力应通过单个构件和附件上作用的风力的矢量和来估算，必须考虑和确定对井架上每个零部件会产生最大应力的风向，根据下式计算风载：

$$F_m = 0.001 K_i v_z^2 C_s A \tag{8-3}$$

$$F_t = G_f K_{sh} \sum F_m \tag{8-4}$$

式中 F_m——垂直于单个构件纵轴、挡风墙表面或附件投影面积的风载，N；

K_i——考虑单个构件纵轴与风之间有倾角 φ 时的系数，$K_i = \sin^2\varphi$；

v_z——在高度 z 时的局部风速，km/h；

C_s——构件或附件的外形系数；

A——单个构件的投影面积，等于构件长度乘以其相对于风法向分量的投影宽度、挡风墙的垂直表面积、非挡风墙的附件的投影面积，m^2；

F_t——作用在整个井架的各个构件或附件上的风力的矢量和，N；

G_f——考虑空间相干性的阵风效应系数；

K_{sh}——考虑构件或附件的综合屏蔽和构件或附件端部周围气流变化的折减系数；

$\sum F_m$——不应小于裸露钻井结构单个构件计算的风力的矢量和，N。

具体计算公式和系数选择可参考《钻井和修井井架、底座规范》（第 4 版）API Spec 4F-2013。

（2）立根荷载和立根盒荷载。立根荷载是在钻井过程中靠放在钻台上的立根对井架和底座产生的作用力，包括立根自重和立根所受风载，它通过二层台指梁按水平方向作用到井架各节点上，在垂直方向直接作用在底座立根盒梁上，立根盒荷载是立根盒内所存放的带接头的钻杆和钻铤的重量。

由立根自重所产生的立根荷载对井架产生的水平靠力按下式计算：

$$p_g = \frac{1}{2} q L n \operatorname{ctan}\theta \tag{8-5}$$

式中 p_g——立根自重对井架产生的水平靠力，kN；

q——钻杆单位长度重量，kN/m；

L——立根长度，m；

n——存放的立根总数；

θ——立根与钻台平面的倾角，可取 $\theta = 86° \sim 88°$。

排列在指梁上的一组立根所受风载，可按前述计算风载的方法计算，在井架没有围篷布的情况下，其最大承风面积可按下式计算：

$$A_g = SdL \cdot \sin\theta \tag{8-6}$$

式中 A_g——立根作用在井架上的承风面积，m^2；

S——指梁上每排立根的数目；

d——立根外径，一般取接头或接箍外径，m；

θ——立根与钻台平面的倾角，°。

有的井架除了承受基本荷载外，因其本身结构或使用条件的特殊性，还承受动力荷载、安装荷载、绷绳荷载等某些特殊荷载。

8.3.3 井架荷载工况的确定

（1）标准井架。对于陆地井架主要考虑大钩最大荷载工况、停钻工况、飓风工况、起放工况、特殊工况等。

① 大钩最大荷载工况。不考虑风载，井架受到大钩最大荷载、井架自重、安装在井架上设备的重力、工作绳作用力等的作用。

② 停钻工况。大钩不受荷载，井架上放满立根，承受风速 $V=49.66\text{m/s}$ 作用，同时包括以下荷载：井架自重、安装在井架上设备的重力、风作用在井架上产生的水平荷载、立根荷载对井架的水平分力、风作用在立根上产生的水平荷载。

③ 飓风工况。大钩不受荷载，井架上不存放立根，受到风速 $V=57.85\text{m/s}$ 的作用，同时包括以下荷载：井架自重、安装在井架上设备的重力、风作用在井架上产生的水平荷载。

④ 起放工况。对于用自身动力起放的井架应考虑起放井架时的荷载工况，同时包括以下荷载：作用在天车梁的起升井架的最大重力、起放钢绳拉力，以上荷载均是以井架处于水平位置条件下确定的。

⑤ 特殊工况。主要包括地震荷载和用户特别提出的其他动力或静力荷载。

(2) 有绷绳的桅形井架。主要考虑工作工况、停钻工况、安装工况。

① 工作工况。主要包括以下荷载：大钩最大荷载、井架自重、安装在井架上设备的重力、工作绳作用力、绷绳的作用力。

② 停钻工况。大钩不受荷载，井架上放满立根，承受风速 $V=30.72\text{m/s}$ 作用，这时应包括以下荷载：井架自重、安装在井架上设备的重力、风对在井架和立根上产生的水平荷载、立根荷载对井架的水平分力、绷绳的作用力。

③ 安装工况。井架处于水平位置，包括：井架自重、安装在井架上设备的重力、起放油缸对井架的作用力。

在对有绷绳的桅形井架进行计算时，绷绳的作用力可以按荷载处理，也可作为边界约束条件处理，一般情况下，作为边界约束条件处理更为方便。

8.4 井架常用材料与结构设计

8.4.1 井架常用材料

井架的工作条件十分恶劣，对井架所用的钢材有一定的要求。《钻井和修井井架、底座规范》(第四版) API Spec 4F-2013 规定，最小屈服强度小于 231MPa 的结构钢和最小屈服强度小于 245MPa 的钢管不能制造井架。

我国常用于制造井架的钢材主要有普通碳素结构钢 Q235-A 或 Q235-C ($\sigma_s=235\text{MPa}$，$[\sigma]=170\text{MPa}$，$[\tau]=100\text{MPa}$)，低合金结构钢 16Mn ($\sigma_s=275\sim345\text{MPa}$，$[\sigma]=230\sim240\text{MPa}$，$[\tau]=140\text{MPa}$)。这两种低碳钢焊接性能、综合力学性能、低温韧性、冷冲压及切削性较好，价格低廉；二者相比，16Mn 比 Q235-A 的强度高 50%，耐大气腐蚀性能高 30%，但缺口敏感性比 Q235-A 大。

为了减轻井架的重量，提高整套钻机的运移性，可采用铝合金制造井架。由于铝合金密度小，在结构形式接近的条件下，铝合金井架比钢井架重量轻 30%左右。因其弹性模量比钢低得多，在同样的强度条件下，铝合金井架的刚度和稳定性比钢井架小，铝合金的可焊性较差，材料成本较高，一般用于对重量指标或抗腐蚀性能要求较高的情况。

8.4.2 井架结构

对于各类井架，在确定总体方案以后，结构设计的基本内容是选择杆件的截面形式和平面桁架的结构形式，以及节点设计与连接计算。

（1）杆件的截面形式。井架中的各种杆件由各种型材制成，螺栓连接或焊接，常用的杆件截面形式如图 8-6 所示。

① 角钢截面形式。其可分为单角钢和双角钢（十字形）两种，单角钢的断面不对称，各向稳定性不相等，承载有偏心，双角钢式可以避免这些缺点，它制造较复杂，在重量相同的情况下，一般选用稳定性较好的薄翼缘角钢。

② 槽钢截面形式。可分为单槽钢和双槽钢两种。单槽钢常用宽度加大的特制槽钢，双槽钢可用标准槽钢拼成方形或矩形截面，稳定性较好，制造较复杂。

③ 钢管截面形式。钢管的断面各向稳定性相等，在截面面积相同的条件下，其惯性半径最大，外表面最小，壁厚可做得很薄，以钢管作杆件的结构，其节间长度可增大，圆管风阻小，便于涂漆防腐蚀。

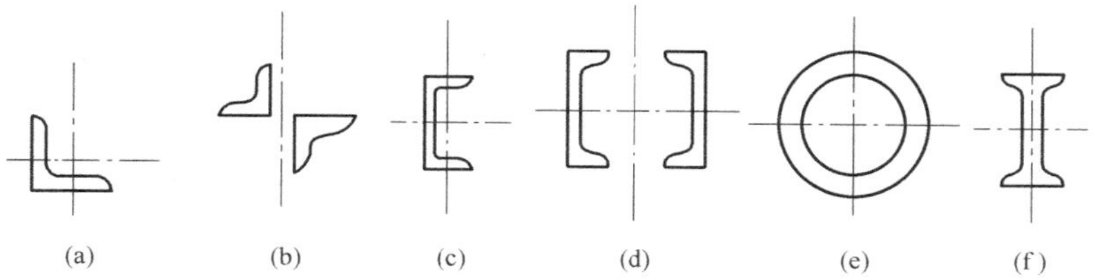

图 8-6　型材的截面形式

表 8-2 列出井架常用型材的 i^2/A 之比值（i 为最小惯性半径，A 为横截面面积），该比值越大，承压能力越大，钢管的承压能力最好。设计井架时，要综合考虑成本、制造复杂程度、结构与工作特点等。

型材的 i^2/A 值　　　　**表 8-2**

型材截面	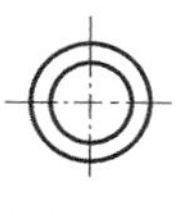	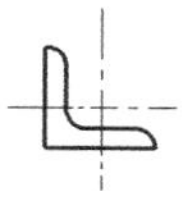	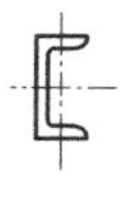	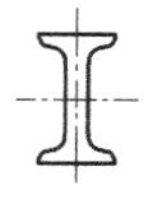			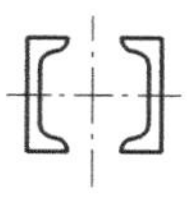
i^2/A	0.5～1.5	0.18～0.22	0.14～0.18	0.09～0.18	0.55～0.65	0.21～0.27	0.4～1.04

（2）结构形式

井架属于轻型桁架，各杆相交的节点一般不用节点板连接（或只用一块）。桁架的外形取决于井架工作条件和制造的工艺，常见的有梯形及矩形两种。梯形外形用于塔形井架，矩形外形用于 A 形井架和桅形井架。桁架的腹杆布置形式取决于杆件受力状态及井架使用要求，在塔形井架中，常用的腹杆布置形式，按其斜杆布置情况可分以下三种。

① 交叉形（图 8-7a）。其变形有两种（图 8-7b、c），根据使用要求，斜杆可以是承压的刚性杆或不承压的柔性杆；图 8-7（c）比图 8-7（a）增加了副横杆，弦杆的计算长度减少了。

② 人字形（K 形）（图 8-7d）。图 8-7（e）是其变形，其特点是减少了节间长度和斜

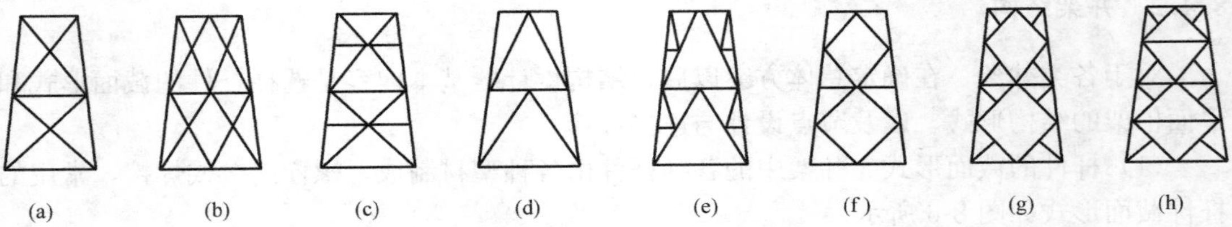

图 8-7 梯形桁架腹杆布置形式

杆长度，其特性与上述刚性交叉形类似，二者的经济成本相近，一般用于抗剪刚度要求较大的井架，图 8-7（e）的附加杆件都属于不受力的辅助杆件，其作用和副横杆一样。

③ 菱形（图 8-7f)。其特点是可以降低弦杆的长细比，缺点是材料消耗、制造、安装工作量较大，用于刚度要求较大和海上用塔形井架，图 8-7（g)、(h）为其变形。

以上三种形式的共同点是由两组对称的腹杆组成，其刚性较大，适合于承受两个方向的荷载。

对于桁格高度较小、斜杆较短的 A 形井架，以及部分承载能力较小的前开口式井架和桅形井架，一般采取宽度较小、结构简单的腹杆布置形式，其分为单斜式（图 8-8a）和双斜式（图 8-8b、c)。

确定腹杆布置形式的基本原则：形式简单，制造方便，杆件间的内力分布合理，组成的桁架几何结构稳定。一般为了节约钢材和简化制造，在满足使用要求的前提下，尽可能将腹杆数目、腹杆长度和中间节点的数目减少，并尽量减少杆件和节点的类型；当弦杆和斜杆的长细比较大，与整体的长细比不匹配，增大杆件截面又耗材过多时，可增加辅助杆件。此外，使较长的腹杆（斜杆）受拉力，较短的腹杆（横杆）受压力，以及合理使用材料，斜杆的倾角一般在 30°～60°之间。

（3）节点设计

节点设计主要是确定节点形式，绘制节点图（图 8-9)，即确定杆件的相互位置、节点板形状尺寸及焊缝长度等。设计的基本原则使各杆重心线交汇，即各杆重心线与桁架简图的轴线重合，以保证在节点处结构偏心最小，附加力矩最小，防止结构变形和降低临界荷载。

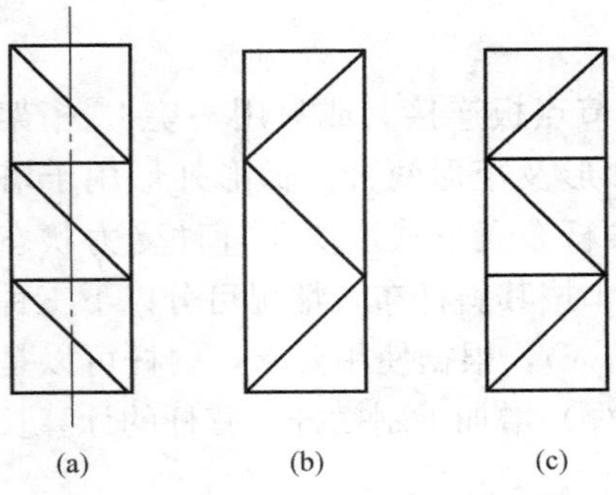

图 8-8 矩形平面桁架腹杆布置形式

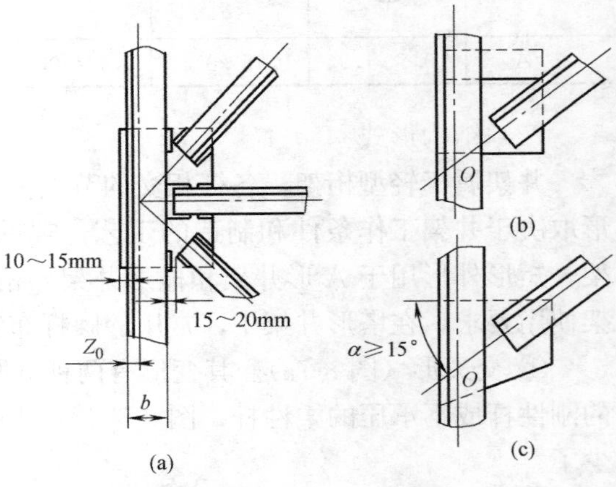

图 8-9 节点板

节点板的作用，除了连接有关各杆件外，还承受由于连接方法不完善、结构的偏心、焊缝收缩等引起的局部应力和附加应力，它影响到结构的承载能力。一般节点都采用节点板，若弦杆的腹板较高或斜杆的倾角不大时，可不用节点板。

节点板的设计，可用放大比例绘图法，同时要考虑以下几点：

① 节点板的外形简单，避免锐角，节点板的边缘与杆件轴线夹角小于 15°～20°（图 8-9c），内力分布合理。

② 节点中心（图 8-9b）的 O 点一般在节点板上，防止产生附加弯矩。

③ 节点板的厚度，可参照一般建筑结构设计经验，按表 8-3 选取。

④ 为了便于焊接施工，节点板宜伸出角钢背 10～15mm（图 8-9a），或在角钢背内 5～10mm。

腹杆连接于节点板上的焊缝长度按该杆所传递的最大内力确定。如果腹杆内力很小时，可根据结构要求确定，每条角焊缝的长度不少于 50～60mm，厚度不小于 4～5mm。

节点板厚的选择 **表 8-3**

杆件内力(kN)	<150	150～350	350
节点板厚度(mm)	<8	10	12～14

8.5 井架稳定性计算

8.5.1 力学模型的建立

为了分析内力与荷载的关系，一般是把复杂的实际结构及其受力简化为合理的力学模型。模型的复杂程度取决于设计目的与可能的计算手段，结构与受力的简化主要考虑以下几个方面。

（1）支座、节点与杆件的简化

支座简化要考虑结构的受力与变形特点，力学上一般分为可动铰支座、固定铰支座和弹性支座三种。例如井架大腿一般是四脚固定（比如用螺栓固定在地脚上），受力分析时往往把一扇井架的一个脚简化为固定铰支座，另一个脚简化为可动铰支座。

节点的简化要考虑结构受力状态，当结构各杆内力以轴力为主，节点处各杆端弯矩又很小时（当杆件截面高度 h 与杆长 l 之比 $h/l<0.1$ 时），可简化为铰节点，一般井架结构大都属于这种情况。节点的简化要考虑结构的几何形状，几何不变的结构（如三角形），其节点可简化为铰节点；几何可变的结构（如矩形），其节点则为刚节点。几何不变与可变，是指在不考虑材料应变条件下，能否维持几何形状的结构。

在力学模型中，杆件一般用其轴线代表，杆长则指节点间的距离。

组成井架各部分的结构，如果刚度相差较大，则可分开计算，一般把刚度大的看成结构的基本部分，刚度小的看成附属部分。利用相对刚度这一概念，可定量地分析各种简化条件，并确定相应的力学模型。

（2）各种井架的力学模型

目前使用的各种井架，绝大多数都是由细长杆所组成的一种空间杆件结构，为了保证井架在各种工作荷载作用下所产生的内力不超过其容许的承载能力，必须按规定的荷载组合校核各杆的强度和稳定性，即通过内力计算求出各杆内力，然后按拉压构件强度和压杆稳定的计算方法，分别校核各杆的强度和稳定性。

井架在满足强度和局部稳定性要求的情况下，整个井架的轴向荷载达到某一数值时，还会出现整体稳定性问题（图 8-10），在轴心压力作用下整个井架会丧失原来轴向稳定的直线形式（即丧失纵向稳定），整个井架的轴线呈曲线形式，这种变形继续发展下去，将会引起井架中某一个或几个最薄弱的杆件损坏，使整个井架遭到破坏。检验井架是否丧失整体稳定性而进行的计算称为整体稳定性计算。因此，对于高宽比大于 5 的各种前开口式井架、A 形和桅形井架，都应该校核其整体稳定性。

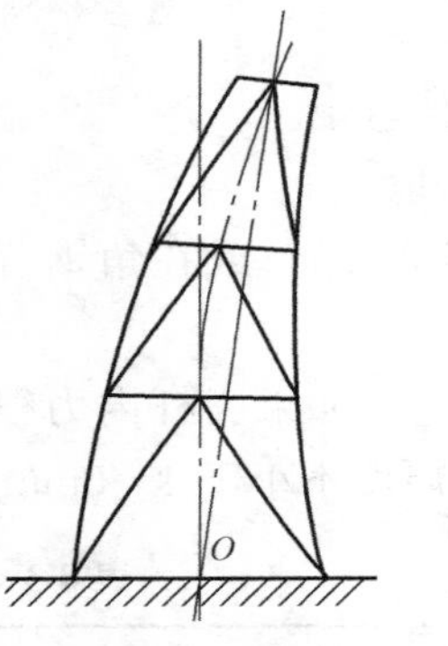

图 8-10　井架的失稳形式

此外，为了防止井架发生倾倒事故，将整个井架看作是一个刚体，分析它在外力作用下的平衡状态，检查它倾倒的可能性，在校核倾倒稳定性时，除桅形井架外，一般不考虑绷绳的作用。

下面分别按井架的基本类型分析其力学模型。

① 塔形井架。塔形井架一般看作由四扇平面桁架组成的空间桁架。在计算每扇平面桁架时，其支座可简化成一个固定铰支座和一个可动铰支座。闭式塔形井架整体稳定性好，通常不考虑绷绳的作用，整个井架是一端固定，一端自由的空间结构；井架工作时，在荷载作用下产生变形的过程中，其轴向荷载的作用方向总是沿着直线指向井架底部的原点 O（图 8-10）。

②前开口式井架。井架下底尺寸较小，前扇大部分敞开，整体的纵向稳定性按两端铰支的变截面组合杆计算。

前开口式井架由于井架前面敞开，前大腿之间无腹杆，纵向稳定性较差。前大腿的中段在轴向压力下有可能向两侧位移而失稳（图 8-11a、b），前大腿可看作两端铰支，中间有许多等距离的弹性支座（每层腹杆所构成的框架就相当于一个弹性支座）的压杆（图 8-11c），通常各层腹杆所构成的框架都具有相近的刚度，它们对压杆稳定的影响可用连续弹性介质来代替（图 8-11d），其等效弹性介质的刚度可用刚度系数 β_s 表示，β_s 的物理意义是在杆单位长度内，产生单位挠度时其弹性基础反力。

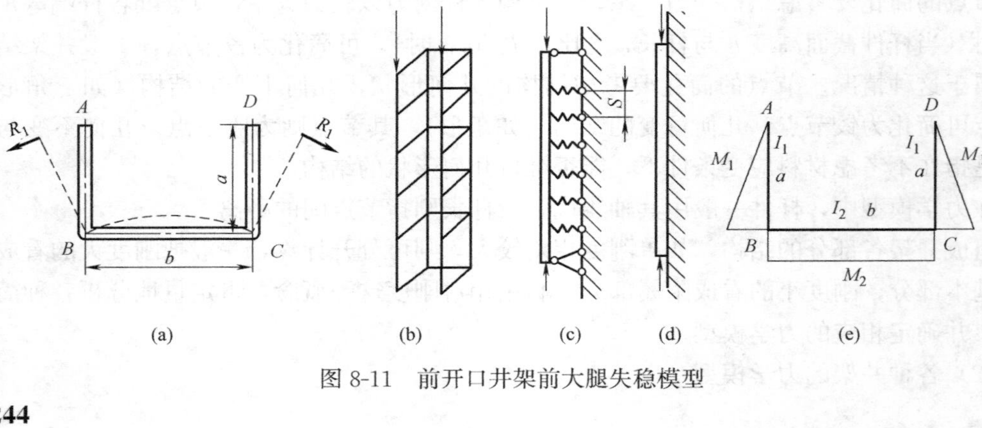

图 8-11　前开口井架前大腿失稳模型

取出一层（间距 S）前开口井架（图 8-11e），在 A 与 D 点各加一单位力，A 或 D 沿力的方向的位移为 Δ，则有：

$$\Delta = \int \frac{\overline{M}M}{EI}\mathrm{d}x = \frac{\frac{1}{3}a^3}{EI_1} + \frac{\frac{1}{2}a^2 b}{EI_2} \tag{8-7}$$

式中　E——材料的弹性模量；

I_1、I_2——井架侧面和背面桁架横杆的惯性矩；

a、b——相应横杆长度；

Δ——1 单位力的变形；

$\frac{1}{\Delta}$为单位变形所需的力，Δ 是在单位长度的前大腿一段 S 上发生的，所以刚度系数β_s 为：

$$\beta_s = \frac{1}{S\Delta} = \frac{E}{S\left(\frac{a^3}{3I_1} + \frac{a^2 b}{2I_2}\right)} \tag{8-8}$$

考虑到前开口式井架的下底尺寸较小，一般需校核它在大钩空载时的倾倒稳定性。

$$\frac{\sum M_w}{\sum M_q} \geqslant 1.2 \sim 1.5 \tag{8-9}$$

式中　M_w——井架的稳定力矩；

M_q——使井架倾倒的力矩。

③ A 形井架。由于 A 形井架整体结构的正面与侧面不同（图 8-12），应分别进行计算。

对于正面（即井架二大腿所构成的主平面，图 8-12a），因井架顶部天车梁和附加杆件

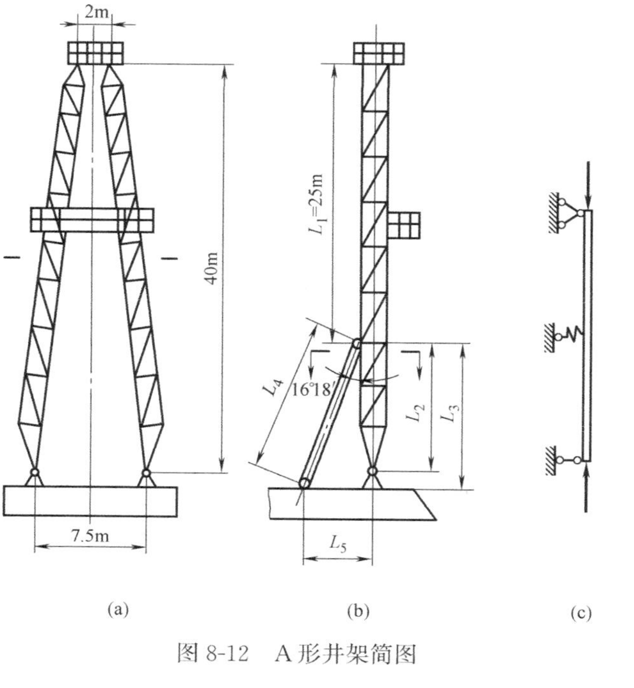

图 8-12　A 形井架简图

的连接刚性较大，中部的二层台对井架大腿的变形存在约束作用。试验研究表明：在轴向力作用下井架顶部在该平面内的侧移很小，可以忽略；整个井架的变形状态为反对称的形式（即两大腿都朝同一方向发生变形），可取出一个大腿，视为一个独立的两端铰支的空间桁架进行静力计算，校核各杆的强度和稳定性，整个大腿的纵向稳定性则按两端铰支的空腹杆组合校核。某些 A 形井架略向井口倾斜，斜度在 1/100 左右，可以不考虑。

对于侧面，在计算各杆的强度及稳定性时，仍可取出一个大腿，视为独立的一端自由的空间桁架。在校核侧面整体稳定性时，整个井架也可看作是两端铰支的空腹组合杆，将两个撑杆简化成弹性支座图（8-12c），其弹性支座刚度系数可用能量法求得。

$$\alpha_s = \frac{1}{\dfrac{L_4^3}{L_5^2 EF_4} + \dfrac{L_3^2 L_2}{L_5^2 EF'}} \tag{8-10}$$

在设计井架的整体结构方案时，必须尽量使井架在正、侧两个平面的强度和稳定性相等，以充分发挥其承载能力。

A 形井架的起落计算也是取出一个大腿按各不同角度进行受力分析。倾倒分析仍按式（8-9），对井架朝前方或后方倾倒的可能性进行校核，因为这一方向的整体刚度较小。

④ 桅形井架。对于一般空间结构的桅形井架，可采取类似于塔形井架的计算方法进行各杆的强度和稳定性计算，但必须考虑顶部绷绳的侧面作用。

在计算整体稳定性时，正面的纵向稳定性与塔式或前开口式井架相似；侧面的纵向稳定性，由于井架倾斜度较大，井架绷绳的作用相当于顶部弹性支承，井架底部视为铰支，井架本身简化为等截面空腹组合杆（图 8-13a）。这类压杆，在轴向压力作用下，其失稳状态不仅取决于压杆本身的抗弯刚度 EI，且与弹性支座的弹簧刚度有关。若弹性支座的刚度足够大，当压杆失稳时，其顶部支座不产生横向位移，整个杆件可弯曲成正弦曲线形，相当于刚性支座，图 8-13c）；若弹性支座刚度很小，压杆失稳时顶部有侧移，整个杆件仍保持直线形状（图 8-13b）。根据这两种情况分析，可得保持压杆顶部弹性支座不产生横向偏移的最小弹簧刚度，即临界弹簧刚度 α_c。

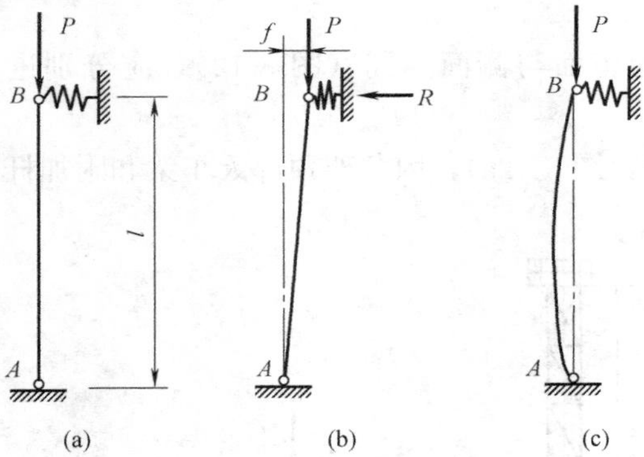

图 8-13　桅形井架的失稳形式

若 P 为临界力，弹性支座处有一单位变形，则对 A 点取矩，则得临界弹簧刚度为：

$$\alpha_c = \pi^2 EI/l^3 \tag{8-11}$$

当 $\alpha = \dfrac{R}{f} \geqslant \alpha_c$ 时，压杆顶部按刚性支座考虑，整个井架可简化成两端铰支的空腹组合杆。

对于杆件结构的桅形井架，若其前面是敞开的，按前开口式井架的力学模型校核其前大腿的稳定性。

桅形井架按起放操作荷载组合计算时的计算方案也取决于其起升方式，对于空间杆件结构的桅形井架，一般校核其各扇平面桁架中各杆的强度和稳定性；至于倾倒稳定性，一般按式（8-9）对侧面进行校核，这时必须考虑绷绳的作用。

8.5.2 井架的局部稳定性计算

井架受载后有许多杆件同时受轴向压力和弯矩作用，可能会出现失稳。井架的局部稳定性校核是找出所有的受压杆件，分别进行稳定性计算。API Spec 4F-2013 推荐采用美国钢结构学会（AISC）的《建筑用钢结构设计、制造和安装规范》，对同时受轴向压力和弯曲荷载作用的杆件，按以下公式进行杆件局部稳定性校核：

$$\frac{f_a}{F_a}+\frac{c_{mx}f_{bx}}{\left(1-\frac{f_a}{F_{Ex}}\right)F_{bx}}+\frac{c_{my}f_{by}}{\left(1-\frac{f_a}{F_{Ey}}\right)F_{by}}\leqslant 1.0 \tag{8-12a}$$

$$\frac{f_a}{0.6F_s}+\frac{f_{bx}}{F_{bx}}+\frac{f_{by}}{F_{by}}\leqslant 1.0 \tag{8-12b}$$

式中 f_a——杆件在计算截面处的压应力，N/mm^2；

f_{bx}、f_{by}——分别为杆件在计算截面处的绕 x 轴和 y 轴的弯曲应力，N/mm^2；

F_a——只有轴向力时的允许轴向压应力，N/mm^2；

F_{bx}、F_{by}——分别为只有弯矩时的允许绕 x 轴和 y 轴的弯曲应力，N/mm^2；

c_m——弯曲系数，对于井架 $c_m=8.5$；

F_s——材料的屈服应力，N/mm^2；

F_{Ex}、F_{Ey}——分别为考虑了安全系数的绕 x 轴和 y 轴的欧拉临界应力，N/mm^2，推荐采用下式进行计算：

$$F_{Ei}=\frac{12\pi^2E}{23(\mu_1 l_b/r_i)^2}\quad (i=x,y) \tag{8-12c}$$

E——材料的弹性模量，N/mm^2；

μ_1——与支撑条件有关的系数；

l_b——杆件的有效长度，mm；

r_i——杆件在 i 平面内的截面回转半径，mm。

8.5.3 井架的整体稳定性计算

井架作为一种空间组合杆系，受到压力作用，在各单一杆件的强度、刚度和稳定性满足的条件下，还可能出现整体失稳现象。井架在轴心压力作用下，其轴线由原来的直线变为曲线，这种变形继续发展下去，会引起井架中某个或几个最薄弱的杆件失效，以至整个井架发生破坏，所以井架除进行局部稳定性计算外，还应考虑整体稳定性。

井架的整体稳定性计算一般采用近似计算方法，将井架这种空腹组合杆件系统当作单一实体杆件处理，主要的区别是计算所用的长细比不同。井架的总体结构的长细比与单一实体杆件的长细比相比，受两个因素的影响，其一是剪应力对空腹杆系的影响使长细比发生变化，其二是井架截面变化对长细比影响。

（1）剪应力对长细比影响

空腹杆系剪应力对长细比影响用折算长细比 λ_z 表示，λ_z 与相应单一实体杆件长细比 λ 间的关系为：

$$\lambda_z=\frac{\lambda}{\sqrt{\eta}} \tag{8-13}$$

$$\lambda=\frac{l}{i} \tag{8-14}$$

式中 l——空腹杆系的计算长度，$l=\mu l_b$，m；

μ——与支撑条件有关的系数；

l_b——空腹杆系轴线的长度，m；

i——空腹杆系的折合回转半径，$i=\sqrt{\frac{I}{A}}$，m；

I——空腹杆系的绕弱轴的截面惯性矩，m^4；

A——空腹杆系截面所截各弦杆面积之和，m^2；

η——与单位剪切角有关的修正系数。

$$\eta=\frac{1}{1+\bar{\gamma}\,\frac{\pi^2 EI}{l^2}} \tag{8-15}$$

显然，只要确定了单位剪切角 $\bar{\gamma}$，即可得出 η。空腹杆系的一段受剪力作用后的变形如图 8-14 所示，在单位剪力 $Q=1$ 时，单位剪切角 $\bar{\gamma}$ 为：

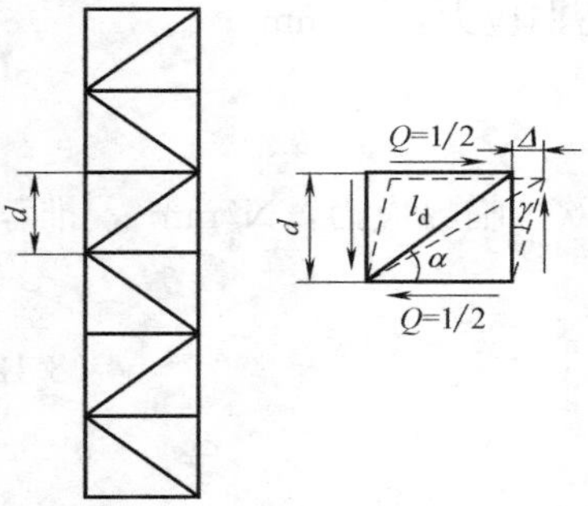

图 8-14　单位剪切角的确定

$$\bar{\gamma}\approx\sin\bar{\gamma}=\frac{\Delta}{d} \tag{8-16}$$

单位剪力平均分给两个缀条面各 1/2 时，则斜杆的内力为：

$$N_d=\frac{1}{2\cos\alpha} \tag{8-17}$$

水平位移可表示为：

$$\Delta=\frac{N_d l_d}{EA_d} \tag{8-18}$$

式中，E 为材料弹性模量；A_d 为斜杆截面积；l_d 为斜杆长度，$l_d=\frac{d}{\sin\alpha}$，则：

$$\Delta=\frac{d}{2\cos\alpha\sin\alpha EA_d} \tag{8-19}$$

则单位剪切角为：

$$\bar{\gamma}=\frac{1}{2\sin\alpha\cos\alpha EA_d} \tag{8-20}$$

将式（8-20）代入式（8-15）得：

$$\eta=\frac{1}{1+\frac{\pi^2 I}{2l^2 A_d\sin\alpha\cos\alpha}} \tag{8-21}$$

令 $\frac{\pi^2}{2\sin\alpha\cos\alpha}=\mu_2$，因为 $I=Ai^2$，代入式（8-21）得：

$$\eta=\frac{1}{1+\mu_2\,\frac{A}{A_d\lambda^2}} \tag{8-22}$$

则空腹杆系折算长细比为：

$$\lambda_z=\sqrt{\lambda^2+\mu_2\frac{A}{A_d}} \tag{8-23}$$

式中 λ_z——空腹杆系考虑剪力影响的折算长细比；

λ——空腹杆系按单一实体杆考虑的长细比，取 λ_x、λ_y 中的较大者；

A——空腹杆系横截面所截各弦杆截面积之和，m^2；

A_d——空腹杆系横截面所截垂直于弱轴各斜杆截面积之和，m^2；

μ_2——空腹杆系长细比折合系数，对于井架常用结构根据图 8-15 确定。

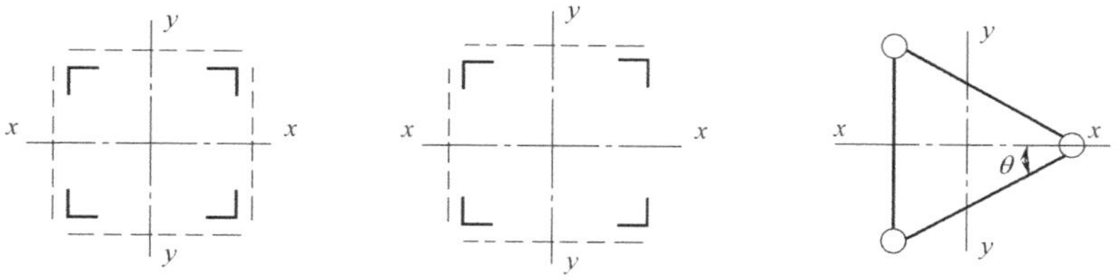

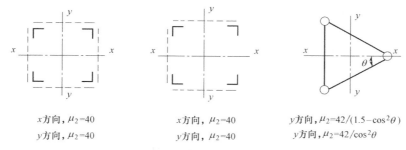

x方向，$\mu_2=40$　　x方向，$\mu_2=40$　　y方向，$\mu_2=42/(1.5-\cos^2\theta)$

y方向，$\mu_2=40$　　y方向，$\mu_2=40$　　y方向，$\mu_2=42/\cos^2\theta$

图 8-15　空腹杆系长细比折算系数

（2）变截面对长细比影响

井架截面的变化对长细比有一定的影响，一般用变截面系数来描述这一影响，则折算长细比 λ_z 可表示为：

$$\lambda_z=\sqrt{(\mu_1\lambda)^2+\mu_2\frac{A}{A_d}} \tag{8-24}$$

其中 μ_1 为变截面系数，由表 8-4 和表 8-5 查取。

变截面系数 μ_1（*A*）　　**表 8-4**

截面变化形式	I_{min}/I_{max}	μ_1
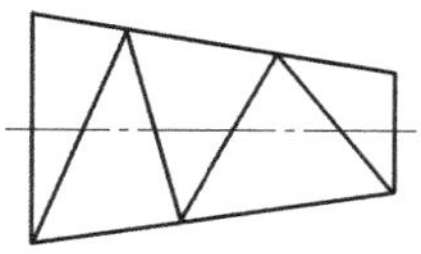	0.1	1.66
	0.2	1.45
	0.4	1.24
	0.6	1.13
	0.8	1.05

变截面系数 μ_1（*B*）　　**表 8-5**

截面变化形式	I_{min}/I_{max}	μ_1				
		m				
		0	0.2	0.4	0.6	0.8
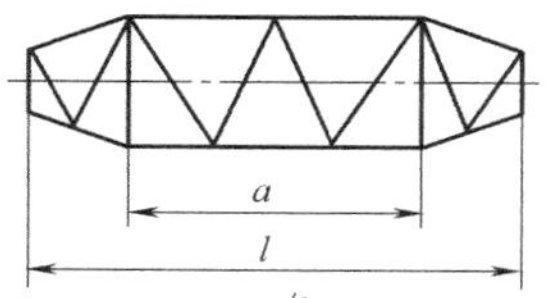 a l $m=a/l$	0.1	1.35	1.22	1.10	103	1.00
	0.2	1.25	1.15	1.07	1.02	1.00
	0.4	1.14	1.08	1.04	1.01	1.00
	0.6	1.09	1.05	1.02	1.01	1.00
	0.8	1.03	1.02	1.01	1.00	1.00

在确定了井架总体结构的折算长细比 λ_z 后，进行整体稳定性计算时，以 λ_z 为依据，查表得出压杆的稳定系数 φ，然后用偏心压杆稳定性公式进行校核计算。

本章小结

本章讨论了井架的基本参数。主要内容包括：井架荷载计算、井架结构设计、井架局部稳定性计算和井架整体稳定性计算等。

(1) 井架应有足够的强度、刚度、稳定性及安全可靠性，且有足够的工作高度和空间，便于拆装、移运和维修。

(2) 井架可分为塔形井架、前开口（K 形）井架、A 形井架和桅形井架四种类型。

(3) 设计井架时，井架恒荷载计算用最大钩载作为主要荷载进行分析计算，同时考虑井架自重、设备和工具重量、工作绳作用力。

(4) 井架的动荷载计算主要考虑风荷载、立根荷载和立根盒荷载。

(5) 井架材料应选用焊接性能、力学性能、加工性能等较好，价格低廉、适合制造的材料。

(6) 针对井架的受压杆件，进行井架的局部稳定性校核计算。

(7) 井架除局部稳定性计算外，还应考虑井架整体稳定性。

复习思考题

8-1 简单叙述井架的功用。

8-2 简单叙述井架的使用要求。

8-3 井架有哪些结构类型？各有什么特点？

8-4 井架结构设计有哪些要求？

8-5 井架采用什么样的截面形式合理？

8-6 井架整体稳定性与哪些因素有关？

8-7 井架局部失稳的原因是什么？如何防止局部失稳现象的发生？

附录 A 疲劳计算的构件和连接分类

项次	简 图	说 明	类别
1	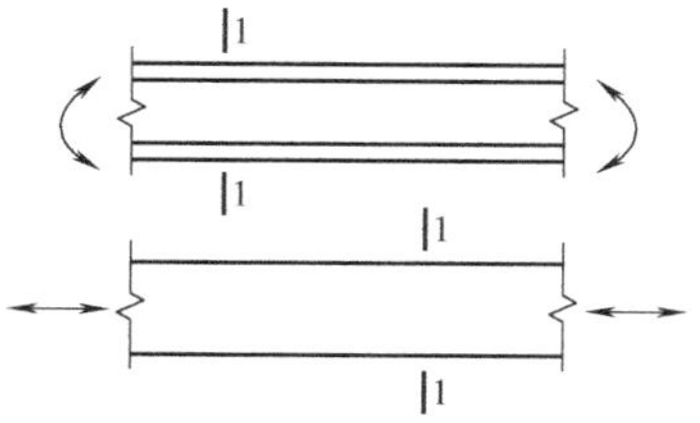	无连接处的主体金属 (1)轧制型钢 (2)钢板 a. 两边为轧制边或刨边 b. 两边为自动、半自动切割边(切割质量标准应符合现行国家标准《钢结构工程施工质量验收规范》GB 50205—2001)	 1 1 2
2	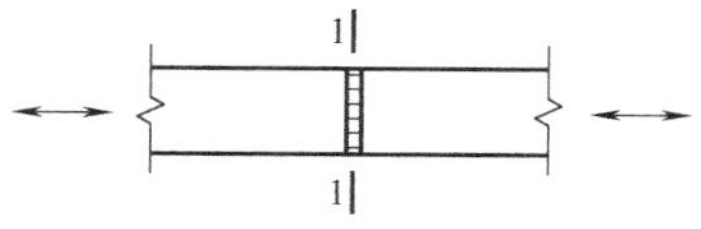	横向对接焊缝附近的主体金属 (1)符合现行国家质量标准《钢结构工程施工质量验收规范》GB 50205—2001 的一级焊缝 (2)经加工、磨平的一级焊缝	 3 2
3	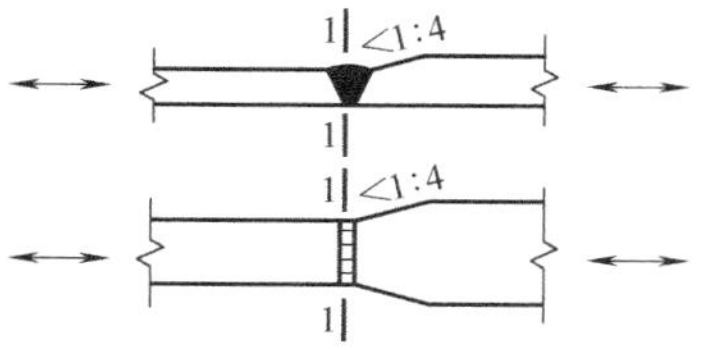	不同厚度(或宽度)横向对接焊缝附近的主体金属,焊缝加工成平滑过渡并符合一级焊缝标准	2
4	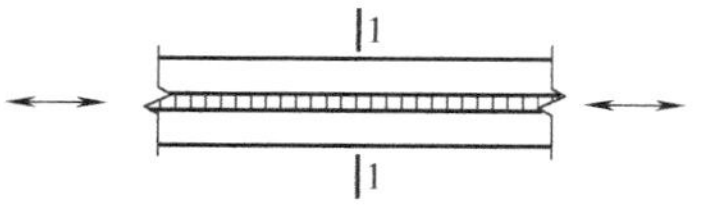	纵向对接焊缝附近的主体金属,焊缝符合二级焊缝标准	2
5	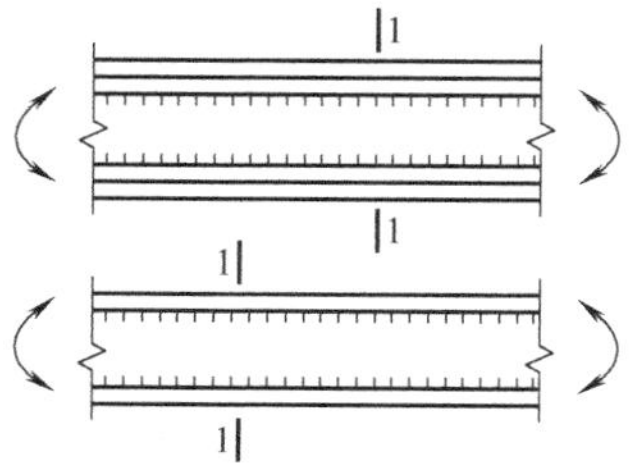	翼缘连接焊缝附近的主体金属 (1)翼缘板与腹板的连接焊缝 a. 自动焊,二级 T 形对接和角接组合焊缝 b. 自动焊,角焊缝,外观质量标准符合二级 c. 手工焊,角焊缝,外观质量标准符合二级 (2)双层翼缘板之间的连接焊缝 a. 自动焊,角焊缝,外观质量标准符合二级 b. 手工焊,角焊缝,外观质量标准符合二级	 2 3 4 3 4
6	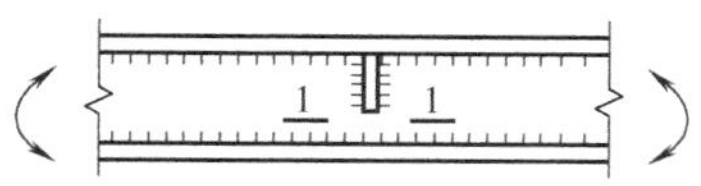	横向加劲肋端部附近的主体金属 (1)肋端不断弧(采用回焊) (2)肋端断弧	 4 5

续表

项次	简　图	说　明	类别
7	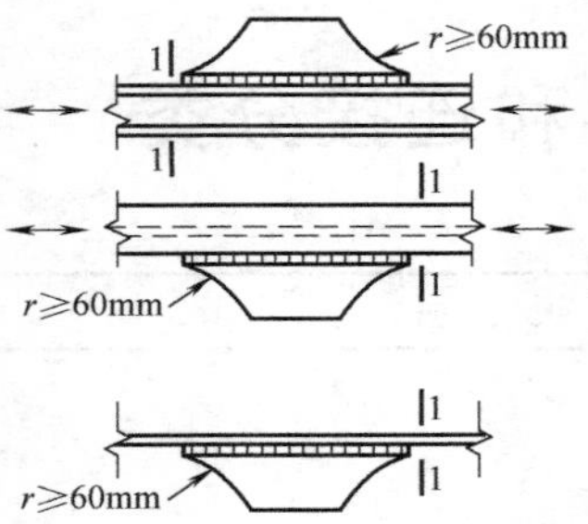	梯形节点板用对接焊缝焊于梁翼缘、腹板以及桁架构件处的主体金属，过渡处在焊后铲平、磨光、圆弧过渡，不得有焊接起弧、灭弧缺陷	5
8	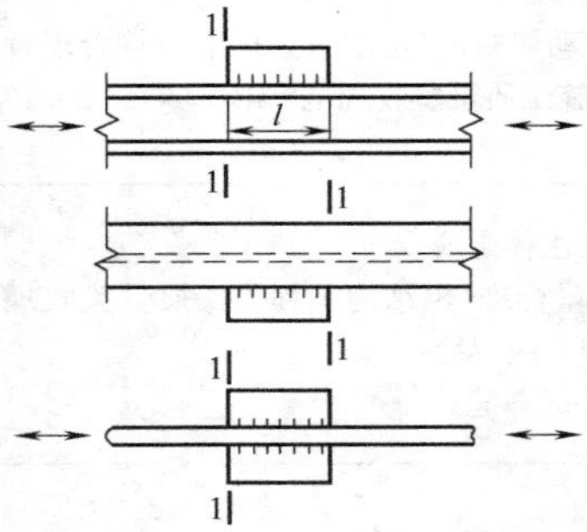	矩形节点板焊接于构件翼缘或腹板处的主体金属，$l>150$mm	7
9	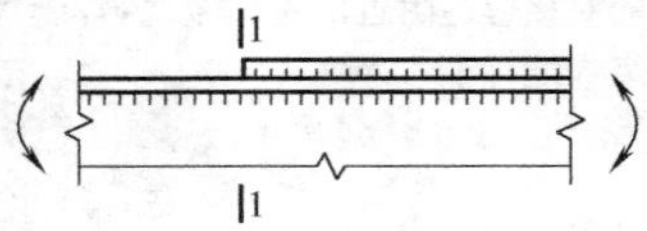	翼缘板中断处的主体金属(板端有正面焊缝)	7
10	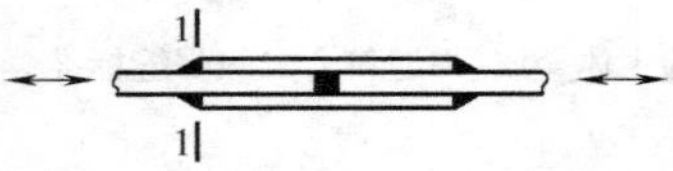	向正面角焊缝过渡处的主体金属	6
11	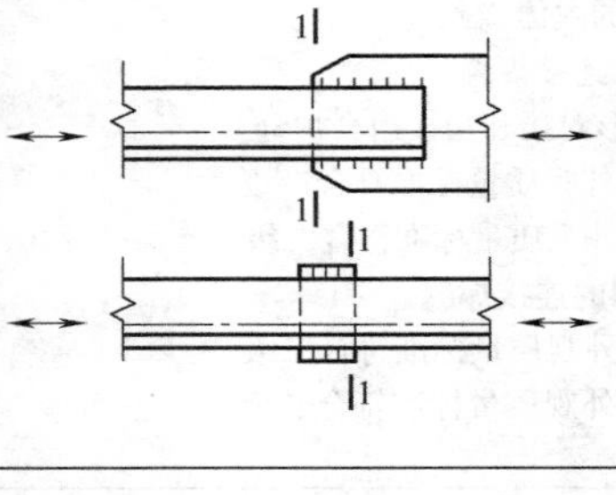	两侧面角焊缝连接端部的主体金属	8
12	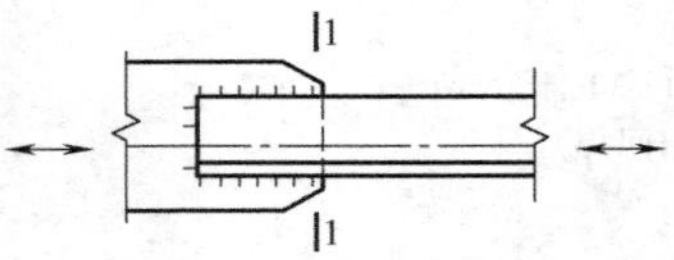	三面围焊的角焊缝端部主体金属	7

续表

项次	简　　图	说　　明	类别
13	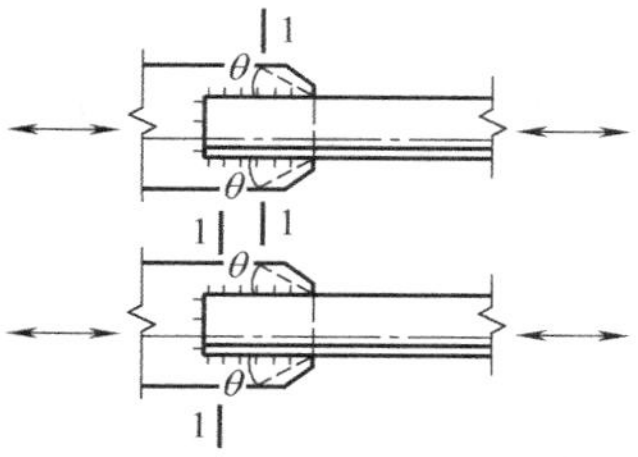	三面围焊或两侧面角焊缝连接的节点板主体金属（节点板计算宽度按应力扩散角 θ 等于 30°考虑）	7
14	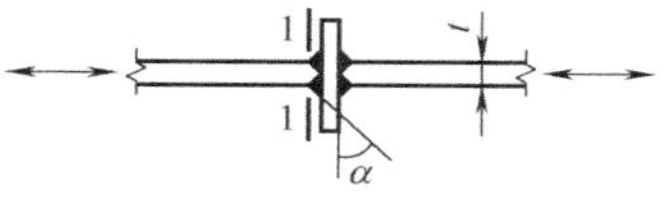	K 形坡口 T 形对接与角接组合焊缝处的主体金属，两板轴线偏离小于 0.15t，焊缝为二级，焊趾角 $\alpha \leqslant 45°$	5
15	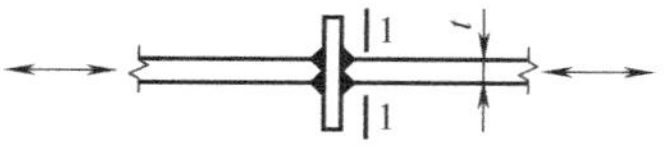	十字接头角焊缝处的主体金属，两板轴线偏离小于 0.15t	7
16	角焊缝	按有效截面确定的剪应力幅计算	8
17	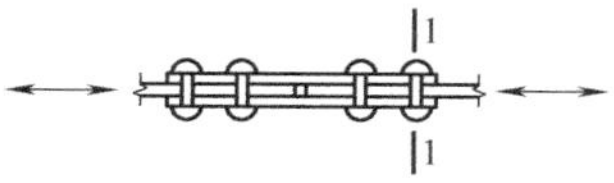 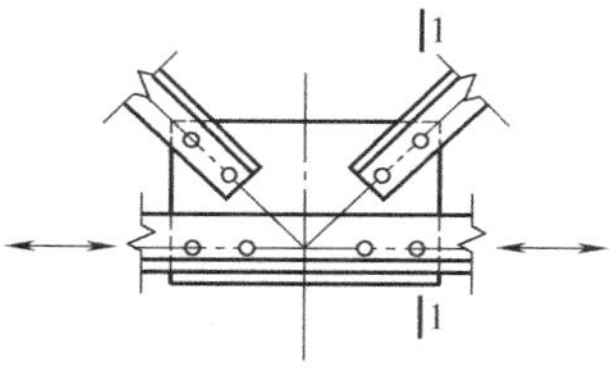	铆钉连接处的主体金属	3
18	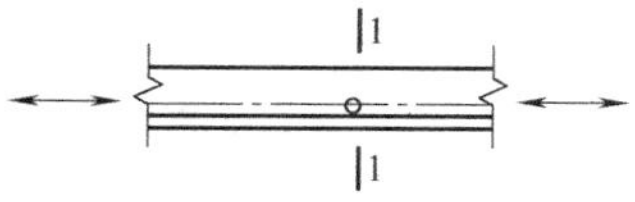	连系螺栓和虚孔处的主体金属	3
19	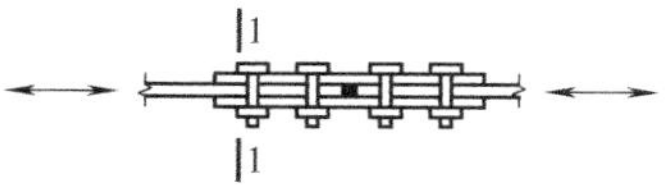	高强度螺栓摩擦型连接处的主体金属	2

注：1. 所有对接焊缝及 T 形对接和铰接组合焊缝均需焊透。所有焊缝的外形尺寸均应符合现行标准《钢结构设计标准》GB 50017—2017 的规定；

2. 角焊缝应符合《钢结构设计标准》GB 50017—2017 中 11.2.2 节和 11.2.3 节的要求；

3. 项次 16 中的剪应力幅 $\Delta\tau=\tau_{max}-\tau_{min}$，其中 τ_{min} 的正负值规定为：与 τ_{max} 同方向时，取正值；与 τ_{max} 反方向时，取负值；

4. 第 17、18 项中的应力应以净截面面积计算，第 19 项应以毛截面面积计算。

附录B　钢结构连接强度的确定及焊接材料特性

碳钢焊条的药皮类型和焊接电源（按 GB/T 5117—2012）　　附表 B-1

焊条系列	焊条型号	药皮类型	焊接位置	焊接电源
E43	E4300	特殊型	—	—
	E4301	钛铁矿型	全位置角焊	交流或直流正、反接
	E4303	钛钙型	全位置角焊	交流或直流正、反接
	E4310	高纤维素钠型	全位置角焊	直流反接
	E4311	高纤维素钾型	全位置角焊	交流或直流反接
	E4312	高钛钠型	全位置角焊	交流或直流正接
	E4313	高钛钾型	全位置角焊	交流或直流正、反接
	E4315	低氢钠型	全位置角焊	直流反接
	E4316	低氢钾型	全位置角焊	交流或直流反接
	E4320	氧化铁型	水平角焊	交流或直流正接
	E4322	氧化铁型	平焊	交流或直流正、反接
	E4323	铁粉钛钙型	平焊、水平角焊	交流或直流正、反接
	E4324	铁粉钛型	平焊、水平角焊	交流或直流正、反接
	E4327	铁粉氧化型	平焊、水平角焊	交流或直流正接
	E4328	铁粉低氢型	平焊、水平角焊	交流或直流反接
E50	E5001	钛铁矿型	全位置角焊	交流或直流正、反接
	E5003	钛钙型	全位置角焊	交流或直流正、反接
	E5011	高纤维素钾型	全位置角焊	交流或直流反接
	E5014	铁粉钛型	全位置角焊	交流或直流正、反接
	E5015	低氢钠型	全位置角焊	直流反接
	E5016	低氢钾型	全位置角焊	交流或直流反接
	E5018	铁粉低氢钾型	全位置角焊	交流或直流反接
	E5024	铁粉钛型	平焊、水平角焊	交流或直流正、反接
	E5027	铁粉氧化铁型	平焊、水平角焊	交流或直流正接
	E5028	铁粉低氢型	平焊、水平角焊	交流或直流反接
	E5048	铁粉低氢型	全位置角焊	交流或直流反接

注：1. 直径不大于 4.0mm 的 E5014、E5015、E5016、E5018 及直径不大于 5.0mm 的其他型号的焊条可适用于立焊和仰焊；

2. E4322 型焊条适宜单道焊。

附表 B-2

碳钢焊条熔敷金属的化学成分和机械性能（GB/T 5117—2012）

焊条系列	焊条型号	化学成分(%)								机械性能						
		Mn	Si	Ni	Cr	Mo	V	S	P	抗拉强度 f_x		屈服强度 f_y		伸长率 δ_N (%)	冲击试验	
										N/mm²	kgf/mm²	N/mm²	kgf/mm²		V 形缺口冲击吸收功 A_{KV}(J)	试验温度
		≤								≥						
E43	E4300、E4301、E4303、E4323	—	—	—	—	—	—	0.035	0.040	420	43	330	34	22	27	0℃
	E4310、E4311、E4327	—	—	—	—	—	—	0.035	0.040	420	43	330	34	22	27	−30℃
	E4312、E4313、E4324	—	—	—	—	—	—	0.035	0.040	420	43	330	34	17	—	—
	E4315、E4316	1.25	0.90	0.30	0.20	0.30	0.08	0.035	0.040	420	43	330	34	22	27	−30℃
	E4320	—	—	—	—	—	—	0.035	0.040	420	43	330	34	22	—	—
	E4322	—	—	—	—	—	—	0.035	0.040	420	43	—	—	—	—	—
	E4328	1.25	0.90	0.30	0.20	0.30	0.08	0.035	0.040	420	43	330	34	22	27	−20℃
50	E5001、E5003	—	—	—	—	—	—	0.035	0.040	490	50	410	42	20	27	0℃
	E5011	—	—	—	—	—	—	0.035	0.040	490	50	410	42	20	27	−30℃
	E5014、E5024	1.25	0.90	0.30	0.20	0.30	0.08	0.035	0.040	490	50	410	42	17	—	—
	E5015、E5016、E5018、E5027	1.25	0.75	0.30	0.20	0.30	0.08	0.035	0.040	490	50	410	42	22	27	−30℃
	E5028	1.25	0.75	0.30	0.20	0.30	0.08	0.035	0.040	490	50	410	42	22	27	−20℃
	E5048	1.25	0.90	0.30	0.20	0.30	0.08	0.035	0.040	490	50	410	42	22	27	−30℃

注：1. E4315、E4316、E4328、E5014、E5024、E5048 焊条熔敷金属的锰、镍、铬、铝、钒元素总含量不大于 1.5%；

2. E5015、E5016、E5018、E5027、E5028 焊条熔敷金属的锰、镍、铬、铝、钒元素总含量不大于 1.75%。

低合金钢焊条的药皮类型和焊接电源（按 GB/T 5118—2012）　　附表 B-3

焊条系列	焊条型号	药皮类型	焊接位置	焊接电源
E50	E5010-×	高纤维素钠型	全位置焊接	直流反接
	E5011-×	高纤维素钾型	全位置焊接	交流或直流反接
	E5015-×	低氢钠型	全位置焊接	直流反接
	E5016-×	低氢钾型	全位置焊接	交流或直流反接
	E5018-×	铁粉低氢型	全位置焊接	交流或直流反接
	E5020-×	高氧化铁型	水平脚焊	交流或直流正接
			平焊	交流或直流正、反接
	E5027-×	铁粉氧化铁型	水平脚焊	交流或直流正接
			平焊	交流或直流正、反接
E55	E5500-×	特殊型	全位置焊接	交流或直流正、反接
	E5503-×	钛钙型	全位置焊接	交流或直流正、反接
	E5510-×	高纤维素钠型	全位置焊接	直流反接
	E5511-×	高纤维素钾型	全位置焊接	交流或直流反接
	E5513-×	高钛钾型	全位置焊接	交流或直流正、反接
	E5515-×	低氢钠型	全位置焊接	直流反接
	E5516-×	低氢钾型	全位置焊接	交流或直流反接
	E5518-×	铁粉低氢型	全位置焊接	交流或直流反接

注：1. 后缀字母×代表熔敷金属化学成分分类代号 A1、B1、B2 等；

2. 直径不大于 4.0mm 的 E5015-×、E5016-×、E5018-×、E5515-×、E5516-×、E5518-×型焊条及直径不大于 5.0mm 的其他类型焊条仅适用于立焊和仰焊。

附表 B-4

低合金钢焊条熔敷金属的化学成分和机械性能（按 GB/T 5118—2012）

焊条系列	焊条型号	化学成分(%)										机械性能						
		C	Mn	Si	Ni	Cr	Mo	V	Cu	S	P	抗拉强度 f_x		屈服强度 f_y		伸长率 δ_N(%)	冲击试验	
												N/mm²	kgf/mm²	N/mm²	kgf/mm²		V形缺口冲击吸收功 A_{KV}(J)	试验温度
		≤								≤	≤	≥	≥	≥	≥	≥	≥	
E50	E5010-A1、E5011-A1	0.12	≤0.06	≤0.40	—	—	0.40～0.65	—	—	0.035	0.035	490	50	390	40	22	—	—
E50	E5015-A1、E5016-A1	0.12	≤0.90	≤0.60	—	—	0.40～0.65	—	—	0.035	0.035	490	50	390	40	22	—	—
E50	E5018-A1	0.12	≤0.90	≤0.80	—	—	0.40～0.65	—	—	0.035	0.035	490	50	390	40	22	—	—
E50	E5020-A1	0.12	≤0.06	≤0.40	—	—	0.40～0.65	—	—	0.035	0.035	490	50	390	40	22	—	—
E50	E5027-A1	0.12	≤1.00	≤0.40	—	—	0.40～0.65	—	—	0.035	0.035	490	50	390	40	22	—	—
E50	E5010-G、E2011-G、E5015-G、E5016-G、E5018-G、E5020-G	—	≥1.00	≥0.80	≥0.50	≥0.30	≥0.20	≥0.10	—	—	—	490	50	390	40	22	—	—
E50	E5018-W	0.12	0.40～0.70	0.40～0.70	0.20～0.40	0.15～0.30	—	0.08	0.30～0.60	0.025	0.025	490	50	390	40	22	27	−20℃
E55	E5516-D3	0.12	1.00～1.75	≤0.60	—	—	0.40～0.65	—	—	0.035	0.035	540	55	440	45	17	27	−60℃
E55	E5518-D3	0.12	1.00～1.75	≤0.80	—	—	0.40～0.65	—	—	0.035	0.035	540	55	440	45	17	27	−60℃
E55	E5510-G、E5511-G	—	≥1.00	≥0.80	≥0.50	≥0.30	≥0.20	≥0.10	—	—	—	540	55	440	45	17	—	—
E55	E5513-G	—	≥1.00	≥0.80	≥0.50	≥0.30	≥0.20	≥0.10	—	—	—	540	55	440	45	17	—	—
E55	E5515-G、E5516-G、E5518-G	—	≥1.00	≥0.80	≥0.50	≥0.30	≥0.20	≥0.10	—	—	—	540	55	440	45	17	—	—
E55	E5518-W	0.12	0.50～1.30	0.35～0.8	0.40～0.80	0.45～0.70	—	—	0.3～0.75	0.035	0.035	540	55	440	45	17	27	−20℃

注：E5010-G、E2011-G、E5015-G、E5016-G、E5018-G、E5020-G、E5510-G、E5511-G、E5513-G、E5515-G、E5516-G、E5518-G 型焊条只要一个元素符合表中的规定即可，附加化学成分要求可由供需双方商定。

附录C　钢材和连接的强度设计值

钢材的强度设计值（N/mm²）　　附表C-1

钢材 牌号	钢材 厚度或直径(mm)	抗拉、抗压和抗弯 f	抗剪 f_v	端面承压(刨平顶紧) f_{ce}
Q235钢	≤16	215	125	325
	>16～40	205	120	
	>40～60	200	115	
	>60～100	190	110	
Q355钢	≤16	310	180	400
	>16～40	295	170	
	>40～60	265	155	
	>60～100	250	145	
Q390钢	≤16	350	205	415
	>16～40	335	190	
	>40～60	315	180	
	>60～100	295	170	
Q420钢	≤16	380	220	440
	>16～40	360	210	
	>40～60	340	195	
	>60～100	325	185	

注：附表中厚度系指计算点的钢材厚度，对轴心受拉和轴心受压构件系指截面中较厚板件的厚度。

焊缝的强度设计值（N/mm²）　　附表C-2

焊接方法和焊条型号	构件钢材		对接焊缝				角焊缝
	牌号	厚度或直径(mm)	抗压 f_c^w	焊接质量为下列等级时，抗拉 f_t^w		抗剪 f_v^w	抗拉、抗压和抗剪 f_t^w
				一级、二级	三级		
自动焊、半自动焊和E43型焊条的手工焊	Q235钢	≤16	215	215	185	125	160
		>16～40	205	205	175	120	
		>40～60	200	200	170	115	
		>60～100	190	190	160	110	
自动焊、半自动焊和E50型焊条的手工焊	Q355钢	≤16	310	310	265	180	200
		>16～35	295	295	250	170	
		>35～50	265	265	225	155	
		>50～100	250	250	210	145	

续表

焊接方法和焊条型号	构件钢材		对接焊缝				角焊缝
	牌号	厚度或直径（mm）	抗压 f_c^w	焊接质量为下列等级时，抗拉 f_t^w		抗剪 f_v^w	抗拉、抗压和抗剪 f_t^w
				一级、二级	三级		
自动焊、半自动焊和E55型焊条的手工焊	Q390钢	≤16	350	350	300	205	220
		>16～35	335	335	285	190	
		>35～50	315	315	270	180	
		>50～100	295	295	250	170	
	Q420钢	≤16	380	380	320	220	220
		>16～35	360	360	305	210	
		>35～50	340	340	290	195	
		>50～100	325	325	275	185	

注：1. 自动焊和半自动焊所采用的焊丝和焊剂，应保证其熔敷金属的力学性能不低于现行国家标准《埋弧焊用非合金钢及细晶粒钢实心焊丝、药芯焊丝和焊丝-焊剂组合分类要求碳钢焊丝和焊剂》GB/T 5293—2018 和《埋弧焊用热强钢实心焊丝、药芯焊丝和焊丝-焊剂组合分类要求》GB/T 12470—2018 中相关的规定；
2. 焊缝质量等级应符合现行国家标准《钢结构工程施工质量验收规范》GB 50205 的规定。其中厚度小于 8mm 钢材的对接焊缝，不应采用超声波探伤确定焊缝质量等级；
3. 对接焊缝在受压区的抗弯强度设计值取 f_c^w，在受拉区的抗弯强度设计值取 f_t^w；
4. 附表中厚度系指计算点的钢材厚度，对轴心受拉和轴心受压构件系指截面中较厚板件的厚度。

螺栓连接的强度设计值（N/mm^2） **附表 C-3**

螺栓的性能等级、锚栓和构件钢材的牌号		普通螺栓						锚栓	承压型连接高强度螺栓		
		C级螺栓			A级、B级螺栓						
		抗拉 f_t^b	抗剪 f_v^b	承压 f_c^b	抗拉 f_t^b	抗剪 f_v^b	承压 f_c^b	抗拉 f_t^b	抗拉 f_t^b	抗剪 f_v^b	承压 f_c^b
普通螺栓	4.6级、4.8级	170	140	—	—	—	—	—	—	—	—
	5.6级	—	—	—	210	190	—	—	—	—	—
	8.8级	—	—	—	400	320	—	—	—	—	—
锚栓	Q235钢	—	—	—	—	—	—	140	—	—	—
	Q355钢	—	—	—	—	—	—	180	—	—	—
承压型连接高强度螺栓	8.8级	—	—	—	—	—	—	—	400	250	—
	10.9级	—	—	—	—	—	—	—	500	310	—
构件	Q235钢	—	—	305	—	—	405	—	—	—	470
	Q355钢	—	—	385	—	—	510	—	—	—	590
	Q390钢	—	—	400	—	—	530	—	—	—	615
	Q420钢	—	—	425	—	—	560	—	—	—	655

注：1. A级螺栓用于 d≤24mm 和 l≤10d 或 l≤150mm（按较小值）的螺栓；B级螺栓用于 d>24mm 和 l>10d 或 l>150mm（按较小值）的螺栓。d 为公称直径，l 为螺杆公称长度；
2. A、B级螺栓孔的精度和孔壁表面粗糙度，C级螺栓孔的允许偏差和孔壁表面粗糙度，均应符合现行国家标准《钢结构工程施工质量验收规范》GB 50205 的要求。

结构构件或连接设计强度的折减系数 **附表 C-4**

项次	情 况	折减系数
1	单面连接的单角钢	
	(1)按轴心受力计算强度和连接	0.85
	(2)按轴心受压计算稳定性	
	等边角钢	$0.6+0.0015\lambda$，但不大于 1.0
	短边相连的不等边角钢	$0.5+0.0025\lambda$，但不大于 1.0
	长边相连的不等边角钢	0.70
2	无垫板的单面施焊对接焊缝	0.85
3	施工条件较差的高空安装焊缝和铆钉连接	0.90
4	沉头和半沉头铆钉连接	0.80

注：1. λ 为长细比，对中间无联系的单角钢压杆，应按最小回转半径计算，当 $\lambda<20$ 时，取 $\lambda=20$；

2. 当几种情况同时存在时，其折减系数应连乘。

附录 D 轴心受压构件的稳定系数

a 类截面轴心受压构件的稳定系数 φ 附表 D-1

$\lambda\sqrt{\frac{f_y}{235}}$	0	1	2	3	4	5	6	7	8	9
0	1.000	1.000	1.000	1.000	0.999	0.999	0.998	0.998	0.997	0.996
10	0.995	0.994	0.993	0.992	0.991	0.989	0.988	0.986	0.985	0.983
20	0.981	0.979	0.977	0.976	0.974	0.972	0.970	0.968	0.966	0.964
30	0.963	0.961	0.959	0.957	0.955	0.952	0.950	0.948	0.946	0.944
40	0.941	0.939	0.937	0.934	0.932	0.929	0.927	0.924	0.921	0.919
50	0.916	0.913	0.910	0.907	0.904	0.900	0.897	0.894	0.890	0.886
60	0.883	0.879	0.875	0.871	0.867	0.863	0.858	0.854	0.849	0.844
70	0.839	0.834	0.829	0.824	0.818	0.813	0.807	0.801	0.795	0.789
80	0.783	0.776	0.770	0.763	0.757	0.750	0.743	0.736	0.728	0.721
90	0.714	0.706	0.699	0.691	0.684	0.676	0.668	0.661	0.653	0.645
100	0.638	0.630	0.622	0.615	0.607	0.600	0.592	0.585	0.577	0.570
110	0.563	0.555	0.548	0.541	0.534	0.527	0.520	0.514	0.507	0.500
120	0.494	0.488	0.481	0.475	0.469	0.463	0.457	0.451	0.445	0.440
130	0.434	0.429	0.423	0.418	0.412	0.407	0.402	0.397	0.392	0.387
140	0.383	0.378	0.373	0.369	0.364	0.360	0.356	0.351	0.347	0.343
150	0.339	0.335	0.331	0.327	0.323	0.320	0.316	0.312	0.309	0.305
160	0.302	0.298	0.295	0.292	0.289	0.285	0.282	0.279	0.276	0.273
170	0.270	0.267	0.264	0.262	0.259	0.256	0.253	0.251	0.248	0.246
180	0.243	0.241	0.238	0.236	0.233	0.231	0.229	0.226	0.224	0.222
190	0.220	0.218	0.215	0.213	0.211	0.209	0.207	0.205	0.203	0.201
200	0.199	0.198	0.196	0.194	0.192	0.190	0.189	0.187	0.185	0.183
210	0.182	0.180	0.179	0.177	0.175	0.174	0.172	0.171	0.169	0.168
220	0.166	0.165	0.164	0.162	0.161	0.159	0.158	0.157	0.155	0.154
230	0.153	0.152	0.150	0.149	0.148	0.147	0.146	0.144	0.143	0.142
240	0.141	0.140	0.139	0.138	0.136	0.135	0.134	0.133	0.132	0.131
250	0.130	—	—	—	—	—	—	—	—	—

b 类截面轴心受压构件的稳定系数 φ **附表 D-2**

$\lambda\sqrt{\frac{f_y}{235}}$	0	1	2	3	4	5	6	7	8	9
0	1.000	1.000	1.000	0.999	0.999	0.998	0.997	0.996	0.995	0.994
10	0.992	0.991	0.989	0.987	0.985	0.983	0.981	0.978	0.976	0.973
20	0.970	0.967	0.963	0.960	0.957	0.953	0.950	0.946	0.943	0.939
30	0.936	0.932	0.929	0.925	0.922	0.918	0.914	0.910	0.906	0.903
40	0.899	0.895	0.891	0.887	0.882	0.878	0.874	0.870	0.865	0.861
50	0.856	0.852	0.847	0.842	0.838	0.833	0.828	0.823	0.818	0.813
60	0.807	0.802	0.797	0.791	0.786	0.780	0.774	0.769	0.763	0.757
70	0.751	0.745	0.739	0.732	0.726	0.720	0.714	0.707	0.701	0.694
80	0.688	0.681	0.675	0.668	0.661	0.655	0.648	0.641	0.635	0.628
90	0.621	0.614	0.608	0.601	0.594	0.588	0.581	0.575	0.568	0.561
100	0.555	0.549	0.542	0.536	0.529	0.523	0.517	0.511	0.505	0.499
110	0.493	0.487	0.481	0.475	0.470	0.464	0.458	0.453	0.447	0.442
120	0.437	0.432	0.426	0.421	0.416	0.411	0.406	0.402	0.397	0.392
130	0.387	0.383	0.378	0.374	0.370	0.365	0.361	0.357	0.353	0.349
140	0.345	0.341	0.337	0.333	0.329	0.326	0.322	0.318	0.315	0.311
150	0.308	0.304	0.301	0.298	0.295	0.291	0.288	0.285	0.282	0.279
160	0.276	0.273	0.270	0.267	0.265	0.262	0.259	0.256	0.254	0.251
170	0.249	0.246	0.244	0.241	0.239	0.236	0.234	0.232	0.229	0.227
180	0.225	0.223	0.220	0.218	0.216	0.214	0.212	0.210	0.208	0.206
190	0.204	0.202	0.200	0.198	0.197	0.195	0.193	0.191	0.190	0.188
200	0.186	0.184	0.183	0.181	0.180	0.178	0.176	0.175	0.173	0.172
210	0.170	0.169	0.167	0.166	0.165	0.163	0.162	0.160	0.159	0.158
220	0.156	0.155	0.154	0.153	0.151	0.150	0.149	0.148	0.146	0.145
230	0.144	0.143	0.142	0.141	0.140	0.138	0.137	0.136	0.135	0.134
240	0.133	0.132	0.131	0.130	0.129	0.128	0.127	0.126	0.125	0.124
250	0.123	—	—	—	—	—	—	—	—	—

c 类截面轴心受压构件的稳定系数 φ **附表 D-3**

$\lambda\sqrt{\frac{f_y}{235}}$	0	1	2	3	4	5	6	7	8	9
0	1.000	1.000	1.000	0.999	0.999	0.998	0.997	0.996	0.995	0.993
10	0.992	0.990	0.988	0.986	0.983	0.981	0.978	0.976	0.973	0.970
20	0.966	0.959	0.953	0.947	0.940	0.934	0.928	0.921	0.915	0.909
30	0.902	0.896	0.890	0.884	0.877	0.871	0.865	0.858	0.852	0.846
40	0.839	0.833	0.826	0.820	0.814	0.807	0.801	0.794	0.788	0.781
50	0.775	0.768	0.762	0.755	0.748	0.742	0.735	0.729	0.722	0.715

续表

$\lambda\sqrt{\frac{f_y}{235}}$	0	1	2	3	4	5	6	7	8	9
60	0.709	0.702	0.695	0.689	0.682	0.676	0.669	0.662	0.656	0.649
70	0.643	0.636	0.629	0.623	0.616	0.610	0.604	0.597	0.591	0.584
80	0.578	0.572	0.566	0.559	0.553	0.547	0.541	0.535	0.529	0.523
90	0.517	0.511	0.505	0.500	0.494	0.488	0.483	0.477	0.472	0.467
100	0.463	0.458	0.454	0.449	0.445	0.441	0.436	0.432	0.428	0.423
110	0.419	0.415	0.411	0.407	0.403	0.399	0.395	0.391	0.387	0.383
120	0.379	0.375	0.371	0.367	0.364	0.360	0.356	0.353	0.349	0.346
130	0.342	0.339	0.335	0.332	0.328	0.325	0.322	0.319	0.315	0.312
140	0.309	0.306	0.303	0.300	0.297	0.249	0.291	0.288	0.285	0.282
150	0.280	0.277	0.274	0.271	0.269	0.266	0.264	0.261	0.258	0.256
160	0.254	0.251	0.249	0.246	0.244	0.242	0.239	0.237	0.235	0.233
170	0.230	0.228	0.226	0.224	0.222	0.220	0.218	0.216	0.214	0.212
180	0.210	0.208	0.206	0.205	0.203	0.201	0.199	0.197	0.196	0.194
190	0.192	0.190	0.189	0.187	0.186	0.184	0.182	0.181	0.179	0.178
200	0.176	0.175	0.173	0.172	0.170	0.169	0.168	0.166	0.165	0.163
210	0.162	0.161	0.159	0.158	0.157	0.156	0.154	0.153	0.152	0.151
220	0.150	0.148	0.147	0.146	0.145	0.144	0.143	0.142	0.140	0.139
230	0.138	0.137	0.136	0.135	0.134	0.133	0.132	0.131	0.130	0.129
240	0.128	0.127	0.126	0.125	0.124	0.124	0.123	0.122	0.121	0.120
250	0.119	—	—	—	—	—	—	—	—	—

d 类截面轴心受压构件的稳定系数 φ **附表 D-4**

$\lambda\sqrt{\frac{f_y}{235}}$	0	1	2	3	4	5	6	7	8	9
0	1.000	1.000	0.999	0.999	0.998	0.996	0.994	0.992	0.990	0.987
10	0.984	0.981	0.978	0.974	0.969	0.965	0.960	0.955	0.949	0.944
20	0.937	0.927	0.918	0.909	0.900	0.891	0.883	0.874	0.865	0.857
30	0.848	0.840	0.831	0.823	0.815	0.807	0.799	0.790	0.782	0.774
40	0.766	0.759	0.751	0.743	0.735	0.728	0.720	0.712	0.705	0.697
50	0.690	0.683	0.675	0.668	0.661	0.654	0.646	0.639	0.632	0.625
60	0.618	0.612	0.605	0.598	0.591	0.585	0.578	0.572	0.565	0.559
70	0.552	0.546	0.540	0.534	0.528	0.522	0.516	0.510	0.504	0.498
80	0.493	0.487	0.481	0.476	0.470	0.465	0.460	0.454	0.449	0.444
90	0.439	0.434	0.429	0.424	0.419	0.414	0.410	0.405	0.401	0.397
100	0.394	0.390	0.387	0.383	0.380	0.376	0.373	0.370	0.366	0.363
110	0.359	0.356	0.353	0.350	0.346	0.343	0.340	0.337	0.334	0.331
120	0.328	0.325	0.322	0.319	0.316	0.313	0.310	0.307	0.304	0.301
130	0.299	0.296	0.293	0.290	0.288	0.285	0.282	0.280	0.277	0.275
140	0.272	0.270	0.267	0.265	0.262	0.260	0.258	0.255	0.253	0.251
150	0.248	0.246	0.244	0.242	0.240	0.237	0.235	0.233	0.231	0.229
160	0.227	0.225	0.223	0.221	0.219	0.217	0.215	0.213	0.212	0.210
170	0.208	0.206	0.204	0.203	0.201	0.199	0.197	0.196	0.194	0.192
180	0.191	0.189	0.188	0.186	0.184	0.183	0.181	0.180	0.178	0.177
190	0.176	0.174	0.173	0.171	0.170	0.168	0.167	0.166	0.164	0.163
200	0.162	—	—	—	—	—	—	—	—	—

附录 E　各种截面回转半径的近似值

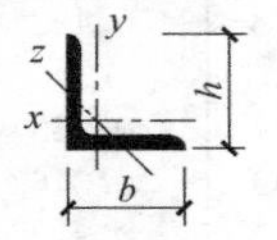 $i_x=0.30h$ $i_y=0.90b$ $i_z=0.195h$	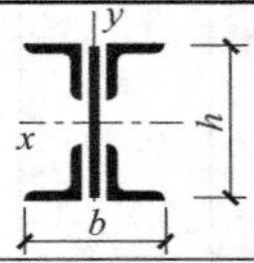 $i_x=0.40h$ $i_y=0.21b$	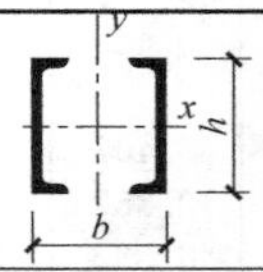 $i_x=0.38h$ $i_y=0.44b$	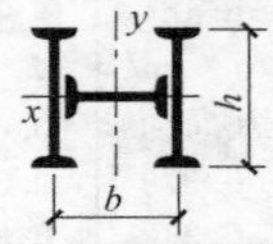 $i_x=0.32h$ $i_y=0.49b$
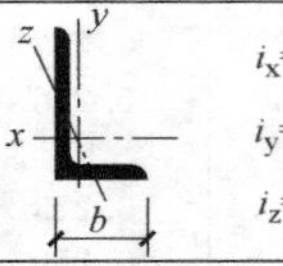 $i_x=0.32h$ $i_y=0.28b$ $i_z=0.09(b+h)$	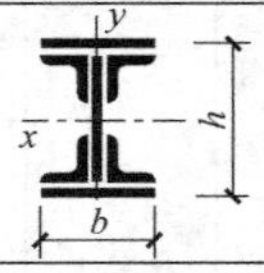 $i_x=0.45h$ $i_y=0.235b$	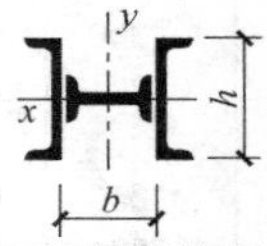 $i_x=0.32h$ $i_y=0.58b$	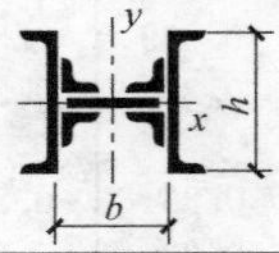 $i_x=0.29h$ $i_y=0.50b$
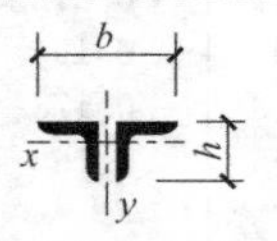 $i_x=0.30h$ $i_y=0.215b$	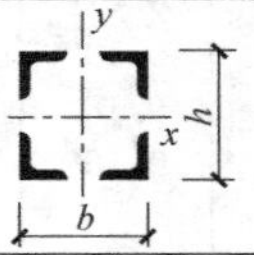 $i_x=0.43h$ $i_y=0.43b$	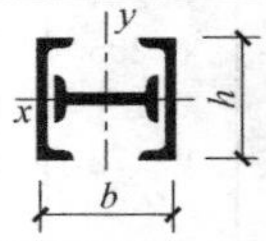 $i_x=0.32h$ $i_y=0.40b$	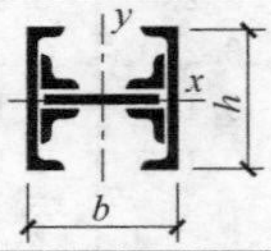 $i_x=0.29h$ $i_y=0.45b$
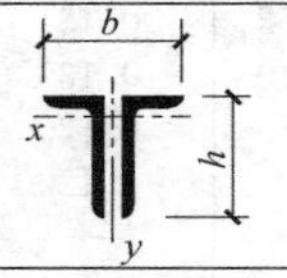 $i_x=0.32h$ $i_y=0.20b$	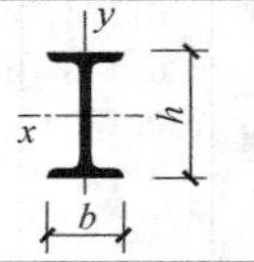 $i_x=0.39h$ $i_y=0.20b$	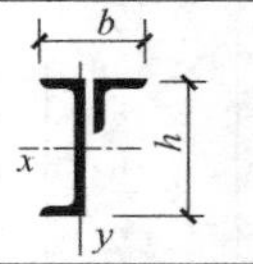 $i_x=0.38h$ $i_y=0.21b$	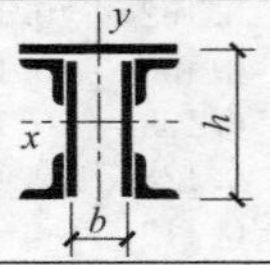 $i_x=0.39h$ $i_y=0.53b$
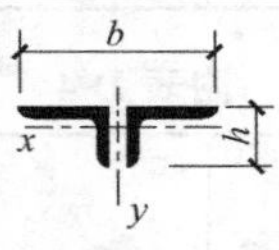 $i_x=0.28h$ $i_y=0.24b$	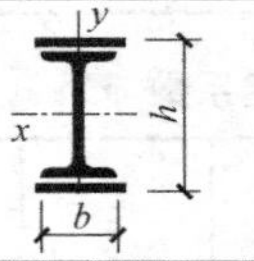 $i_x=0.42h$ $i_y=0.22b$	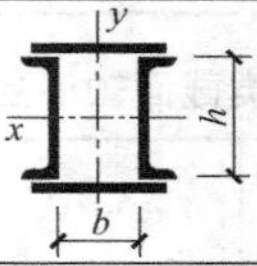 $i_x=0.44h$ $i_y=0.32b$	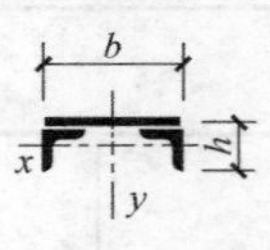 $i_x=0.28h$ $i_y=0.37b$
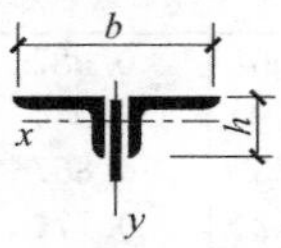 $i_x=0.30h$ $i_y=0.17b$	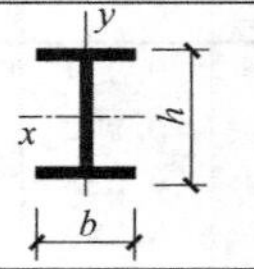 $i_x=0.43h$ $i_y=0.24b$	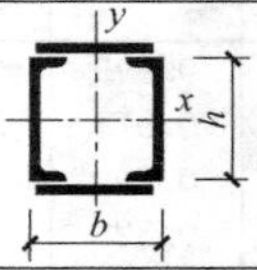 $i_x=0.44h$ $i_y=0.38b$	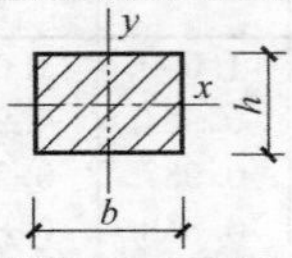 $i_x=0.29h$ $i_y=0.29b$
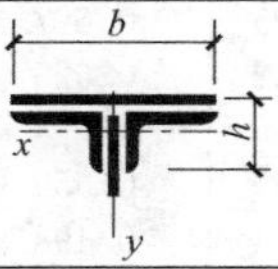 $i_x=0.28h$ $i_y=0.21b$	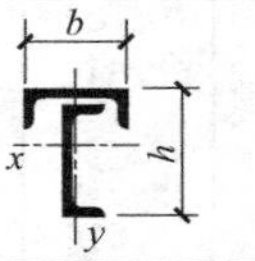 $i_x=0.365h$ $i_y=0.275b$	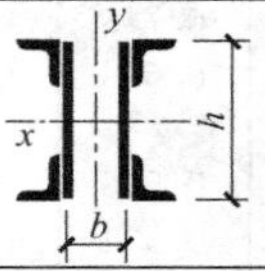 $i_x=0.37h$ $i_y=0.54b$	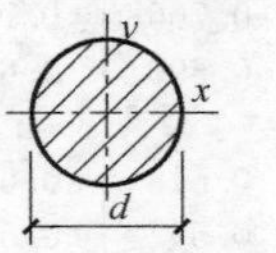 $i_x=0.25d$ $i_y=0.25d$
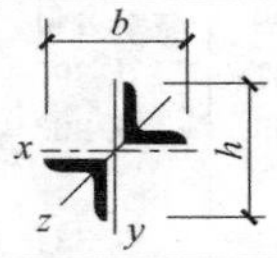 $i_x=0.21h$ $i_y=0.21b$ $i_z=0.185h$	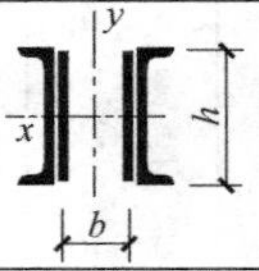 $i_x=0.35h$ $i_y=0.56b$	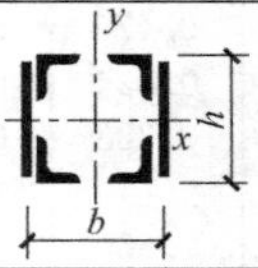 $i_x=0.37h$ $i_y=0.45b$	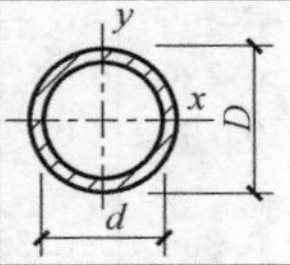 $i_x=i_y=$ $0.175(D+d)$
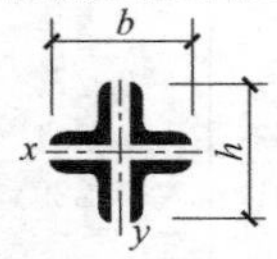 $i_x=0.21h$ $i_y=0.21b$	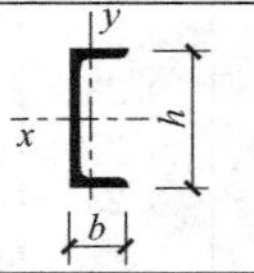 $i_x=0.39h$ $i_y=0.29b$	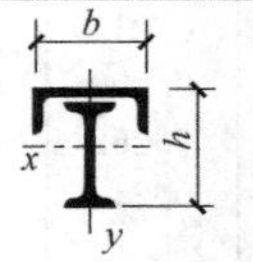 $i_x=0.40h$ $i_y=0.24b$	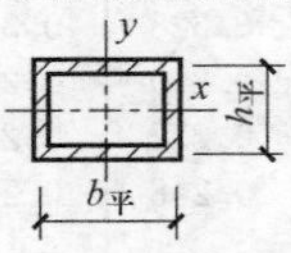 $i_x=0.40h_{平}$ $i_y=0.40b_{平}$
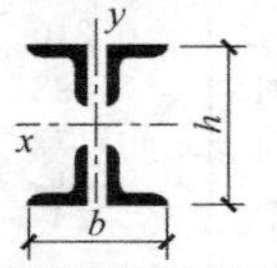 $i_x=0.45h$ $i_y=0.24b$	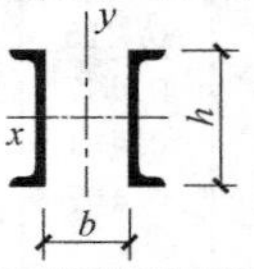 $i_x=0.38h$ $i_y=0.60b$	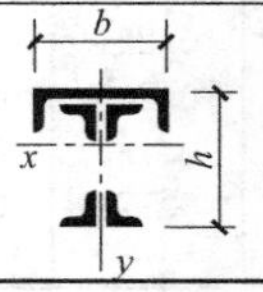 $i_x=0.41h$ $i_y=0.29b$	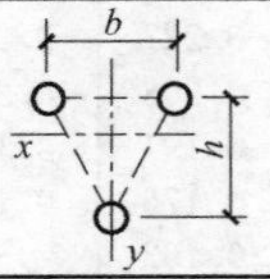 $i_x=0.47h$ $i_y=0.40b$

附录 F　钢材的规格及截面特性

热轧等边钢的规格及截面特性（按 GB/T 706—2016 计算）　　**附表 F-1**

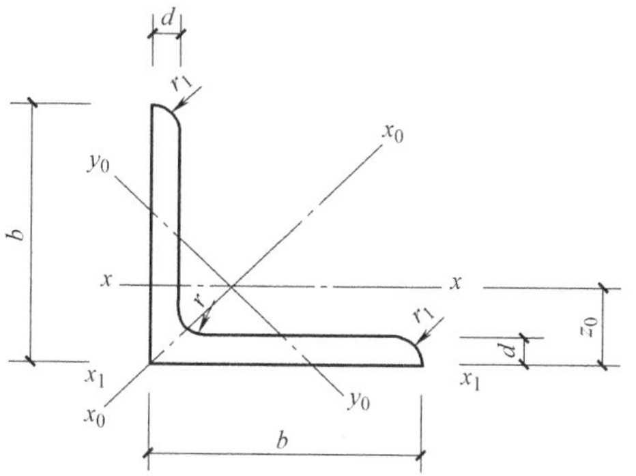

b—肢宽；I—截面惯性矩；z_0—形心距离；

d—肢厚；W—截面抵抗矩；$r_1=d/3$（肢端圆弧半径）；

r—内圆弧半径；i—回转半径

尺寸(mm)			截面面积	重量	表面积	x—x				x_0—x_0			y_0—y_0				x_1—x_1	z_0
b	d	r	A(cm²)	(kg/m)	(m²/m)	I_x (cm⁴)	i_x (cm)	$W_{x\min}$ (cm³)	$W_{x\max}$ (cm³)	I_{x0} (cm⁴)	i_{x0} (cm)	W_{x0} (cm³)	I_{y0} (cm⁴)	i_{y0} (cm)	$W_{y0\min}$ (cm³)	$W_{y0\max}$ (cm³)	I_{x1} (cm⁴)	(cm)
20	3	3.5	1.132	0.889	0.078	0.40	0.59	0.29	0.66	0.63	0.746	0.445	0.17	0.388	0.20	0.23	0.81	0.60
	4		1.459	1.145	0.077	0.50	0.59	0.36	0.78	0.78	0.731	0.552	0.22	0.388	0.24	0.29	1.09	0.64
25	3	3.5	1.432	1.124	0.098	0.82	0.76	0.46	1.12	1.29	0.949	0.730	0.34	0.487	0.33	0.37	1.57	0.73
	4		1.859	1.459	0.097	1.03	0.74	0.59	1.34	1.62	0.934	0.916	0.43	0.481	0.40	0.47	2.11	0.76
30	3	4.5	1.749	1.373	0.117	1.46	0.91	0.68	1.72	2.31	1.149	1.089	0.61	0.591	0.51	0.56	2.71	0.85
	4		2.276	1.786	0.117	1.84	0.90	0.87	2.08	2.92	1.133	1.376	0.77	0.582	0.62	0.71	3.63	0.89

续表

尺寸(mm)			截面面积 A(cm²)	重量 (kg/m)	表面积 (m²/m)	x—x				x_0—x_0			y_0—y_0				x_1—x_1	z_0 (cm)
b	d	r				I_x (cm⁴)	i_x (cm)	$W_{x\,min}$ (cm³)	$W_{x\,max}$ (cm³)	I_{x0} (cm⁴)	i_{x0} (cm)	W_{x0} (cm³)	I_{y0} (cm⁴)	i_{y0} (cm)	$W_{y0\,min}$ (cm³)	$W_{y0\,max}$ (cm³)	I_{x1} (cm⁴)	
36	3	4.5	2.109	1.656	0.141	2.58	1.11	0.99	2.59	4.09	1.393	1.607	1.07	0.712	0.76	0.82	4.67	1.00
	4		2.756	2.163	0.141	3.29	1.09	1.28	3.18	5.22	1.376	2.051	1.37	0.705	0.93	1.05	6.25	1.04
	5		3.382	2.654	0.141	3.95	1.08	1.56	3.68	6.24	1.358	2.451	1.65	0.698	1.09	1.26	7.84	1.07
40	3	5	2.359	1.852	0.157	3.59	1.23	1.23	3.28	5.69	1.553	2.012	1.49	0.795	0.96	1.03	6.41	1.09
	4		3.086	2.422	0.157	4.60	1.22	1.60	4.05	7.29	1.537	2.577	1.91	0.787	1.19	1.31	8.56	1.13
	5		3.791	2.976	0.156	5.53	1.21	1.96	4.72	8.76	1.520	3.097	2.30	0.779	1.39	1.58	10.74	1.17
45	3	5	2.659	2.088	0.177	5.17	1.39	1.58	4.25	8.20	1.756	2.577	2.14	0.897	1.24	1.31	9.12	1.22
	4		3.486	2.736	0.177	6.65	1.38	2.05	5.29	10.56	1.740	3.319	2.75	0.888	1.54	1.69	12.18	1.26
	5		4.292	3.369	0.176	8.04	1.37	2.51	6.20	12.74	1.723	4.004	3.33	0.881	1.81	2.04	15.25	1.30
	6		5.076	3.985	0.176	9.33	1.36	2.95	6.99	14.76	1.705	4.639	3.89	0.875	2.06	2.38	18.36	1.33
50	3	5.5	2.971	2.332	0.197	7.18	1.55	1.96	5.36	11.37	1.956	3.216	2.98	1.002	1.57	1.64	12.50	1.34
	4		3.897	3.059	0.197	9.26	1.54	2.56	6.70	14.69	1.942	4.155	3.82	0.990	1.96	2.11	16.69	1.38
	5		4.803	3.770	0.196	11.21	1.53	3.13	7.90	17.79	1.925	5.032	4.63	0.982	2.31	2.56	20.90	1.42
	6		5.688	4.465	0.196	13.05	1.51	3.68	8.95	20.68	1.907	5.849	5.42	0.976	2.63	2.98	25.14	1.46
56	3	6	3.343	2.624	0.221	10.19	1.75	2.48	6.86	16.14	2.197	4.076	4.24	1.126	2.02	2.09	17.56	1.48
	4		4.390	3.446	0.220	13.18	1.73	3.24	8.63	20.92	2.183	5.283	5.45	1.114	2.52	2.69	23.43	1.53
	5		5.415	4.251	0.220	16.02	1.72	3.97	10.22	25.42	2.167	6.419	6.61	1.105	2.98	3.26	29.33	1.57
	8		8.367	6.568	0.219	28.63	1.85	6.03	14.06	37.37	2.113	9.437	9.89	1.087	4.16	4.85	47.24	1.68
63	4	7	4.978	3.907	0.248	19.03	1.96	4.13	11.22	30.17	2.462	6.772	7.89	1.259	3.29	3.45	33.35	1.70
	5		6.143	4.822	0.248	23.17	1.94	5.08	13.33	36.77	2.447	8.254	9.57	1.248	3.90	4.20	41.73	1.74
	6		7.288	5.721	0.247	27.12	1.93	6.00	15.26	43.03	2.430	9.659	11.20	1.240	4.46	4.91	50.14	1.78
	8		9.515	7.469	0.247	34.46	1.90	7.75	18.59	54.56	2.395	12.247	14.33	1.227	5.47	6.26	67.11	1.85
	10		11.657	9.151	0.246	41.09	1.88	9.39	21.34	64.85	2.359	14.557	17.33	1.219	6.37	7.53	84.31	1.93

续表

尺寸(mm)			截面面积 A(cm²)	重量 (kg/m)	表面积 (m²/m)	$x—x$				$x_0—x_0$			$y_0—y_0$				$x_1—x_1$	z_0 (cm)
b	d	r				I_x (cm⁴)	i_x (cm)	$W_{x\,min}$ (cm³)	$W_{x\,max}$ (cm³)	I_{x0} (cm⁴)	i_{x0} (cm)	W_{x0} (cm³)	I_{y0} (cm⁴)	i_{y0} (cm)	$W_{y0\,min}$ (cm³)	$W_{y0\,max}$ (cm³)	I_{x1} (cm⁴)	
70	4	8	5.570	4.372	0.275	26.39	2.18	5.14	14.16	41.80	2.739	8.445	10.99	1.405	4.17	4.32	45.74	1.86
	5		6.875	5.397	0.275	32.21	2.16	6.32	16.89	51.08	2.726	10.320	13.34	1.393	4.95	5.26	57.21	1.91
	6		8.160	6.406	0.275	37.77	2.15	7.48	19.39	59.93	2.710	12.108	15.61	1.383	5.67	6.16	68.73	1.95
	7		9.424	7.398	0.275	43.09	2.14	8.59	21.68	68.35	2.693	13.809	17.82	1.375	6.34	7.02	80.29	1.99
	8		10.667	8.373	0.274	48.17	2.13	9.68	23.79	76.37	2.676	15.429	19.98	1.369	6.98	7.86	91.92	2.03
75	5	9	7.412	5.818	0.295	39.96	2.32	7.30	19.73	63.30	2.922	11.936	16.61	1.497	5.80	6.10	70.36	2.03
	6		8.797	6.905	0.294	46.91	2.31	8.63	22.69	74.38	2.908	14.025	19.43	1.486	6.65	7.14	84.51	2.07
	7		10.160	7.976	0.294	53.57	2.30	9.93	25.42	84.96	2.892	16.020	22.18	1.478	7.44	8.15	98.71	2.11
	8		11.503	9.030	0.294	59.96	2.28	11.20	27.93	95.07	2.875	17.926	24.86	1.470	8.19	9.13	112.97	2.15
	10		14.126	11.089	0.293	71.98	2.26	13.64	32.40	113.92	2.840	21.481	30.05	1.459	9.56	11.01	141.71	2.22
80	5	9	7.912	6.211	0.315	48.79	2.48	8.34	22.70	77.330	3.126	13.670	20.25	1.600	6.66	6.98	85.36	2.15
	6		9.397	7.376	0.314	57.35	2.47	9.87	26.16	90.980	3.112	16.083	23.72	1.589	7.65	8.18	102.50	2.19
	7		10.860	8.525	0.314	65.58	2.46	11.37	29.38	104.07	3.096	18.397	27.10	1.580	8.58	9.35	119.70	2.23
	8		12.303	9.658	0.314	73.49	2.44	12.83	32.36	116.60	3.079	20.612	30.39	1.572	9.46	10.48	136.97	2.27
	10		15.126	11.874	0.313	88.43	2.42	15.64	37.68	140.09	3.043	24.764	36.77	1.559	11.08	12.65	171.74	2.35
90	6	10	10.637	8.350	0.354	82.77	2.79	12.61	33.99	131.26	3.513	20.625	34.28	1.795	9.95	10.51	145.87	2.44
	7		12.301	9.656	0.354	94.83	2.78	14.54	38.28	150.47	3.497	23.644	39.18	1.785	11.19	12.02	170.30	2.48
	8		13.944	10.946	0.353	106.47	2.76	16.42	42.30	168.97	3.481	26.551	43.97	1.776	12.35	13.49	194.80	2.52
	10		17.167	13.476	0.353	128.58	2.74	20.07	49.57	203.90	3.446	32.039	53.26	1.761	14.52	16.31	244.08	2.59
	12		20.306	15.940	0.352	149.22	2.71	23.57	55.93	236.21	3.411	37.116	62.22	1.750	16.49	19.01	293.77	2.67
100	6	12	11.932	9.360	0.393	114.95	3.10	15.68	43.04	181.98	3.905	25.736	47.92	2.004	12.69	13.18	200.07	2.67
	7		13.796	10.830	0.393	131.86	3.09	18.10	48.57	208.97	3.892	29.553	54.74	1.992	14.26	15.08	233.54	2.71
	8		15.638	12.276	0.393	148.24	3.08	20.47	53.78	235.07	3.877	33.244	61.41	1.982	15.75	16.93	267.09	2.76
	10		19.261	15.120	0.392	179.51	3.05	25.06	63.29	284.68	3.844	40.259	74.35	1.965	18.54	20.49	334.48	2.84
	12		22.800	17.898	0.391	208.90	3.03	29.48	71.72	330.95	3.810	46.803	86.84	1.952	21.08	23.89	402.34	2.91
	14		26.256	20.611	0.391	236.53	3.00	33.73	79.19	374.06	3.774	52.900	98.99	1.942	23.44	27.17	470.75	2.99
	16		29.627	23.257	0.390	262.53	2.98	37.82	85.81	414.16	3.739	58.571	110.89	1.935	25.63	30.34	539.80	3.06

续表

尺寸(mm)			截面面积 A(cm^2)	重量 (kg/m)	表面积 (m^2/m)	$x—x$				$x_0—x_0$			$y_0—y_0$				$x_1—x_1$	z_0 (cm)
b	d	r				I_x (cm^4)	i_x (cm)	$W_{x\,min}$ (cm^3)	$W_{x\,max}$ (cm^3)	I_{x0} (cm^4)	i_{x0} (cm)	W_{x0} (cm^3)	I_{y0} (cm^4)	i_{y0} (cm)	$W_{y0\,min}$ (cm^3)	$W_{y0\,max}$ (cm^3)	I_{x1} (cm^4)	
110	7	12	15.196	11.928	0.433	177.16	3.41	22.05	59.78	280.94	4.300	36.119	73.28	2.196	17.51	18.41	310.64	2.96
	8		17.238	13.532	0.433	199.46	3.40	24.95	66.36	316.49	4.285	40.689	82.42	2.187	19.39	20.70	355.21	3.01
	10		21.261	16.690	0.432	242.19	3.38	30.60	78.48	384.39	4.252	49.419	99.98	2.169	22.91	25.10	444.65	3.09
	12		25.200	19.782	0.431	282.55	3.35	36.05	89.34	448.17	4.217	57.618	116.93	2.154	26.15	29.32	534.60	3.16
	14		29.056	22.809	0.431	320.71	3.32	41.31	99.07	508.01	4.181	65.312	133.40	2.143	29.14	33.38	625.16	3.24
125	8	14	19.750	15.504	0.492	297.03	3.88	32.52	88.20	470.89	4.883	53.275	123.16	2.497	25.86	27.18	521.01	3.37
	10		24.373	19.133	0.491	361.67	3.85	39.97	104.81	573.89	4.852	64.928	149.46	2.476	30.62	33.01	651.93	3.45
	12		28.912	22.696	0.491	423.16	3.83	41.17	119.88	671.44	4.819	75.964	174.88	2.459	35.03	38.61	783.42	3.53
	14		33.367	26.193	0.490	481.65	3.80	54.16	133.56	763.73	4.784	86.405	199.57	2.446	39.13	44.00	915.61	3.61
140	10	14	27.373	21.488	0.551	514.65	4.34	50.58	134.55	817.27	5.464	82.556	212.04	2.783	39.20	41.91	915.11	3.82
	12		32.512	25.522	0.551	603.68	4.31	59.80	154.62	958.79	5.431	96.851	248.57	2.765	45.02	49.12	1099.28	3.90
	14		37.567	29.490	0.550	688.81	4.28	68.75	173.02	1093.56	5.395	110.465	284.06	2.750	50.45	56.07	1284.22	3.98
	16		42.539	33.393	0.549	770.24	4.26	77.46	189.90	1221.81	5.359	123.420	318.67	2.737	55.55	62.81	1470.07	4.06
160	10	16	31.502	24.729	0.630	779.53	4.97	66.70	180.77	1237.30	6.267	109.362	321.76	3.196	52.75	55.63	1365.33	4.31
	12		37.441	29.391	0.630	916.58	4.95	78.98	208.58	1455.68	6.235	128.664	377.49	3.175	60.74	65.29	1639.57	4.39
	14		43.296	33.987	0.629	1048.36	4.92	90.95	234.37	1665.02	6.201	147.167	431.70	3.158	68.24	74.63	1914.68	4.47
	16		49.067	38.518	0.629	1175.08	4.89	102.63	258.27	1865.57	6.166	164.893	484.59	3.143	75.31	83.70	2190.82	4.55
180	12	16	42.241	33.159	0.710	1321.35	5.59	100.82	270.03	2100.10	7.051	164.998	542.61	3.584	78.41	83.60	2332.80	4.89
	14		48.896	38.383	0.709	1514.48	5.57	116.25	304.57	2407.42	7.020	189.143	621.53	3.570	88.38	95.73	2723.48	4.97
	16		55.467	43.542	0.709	1700.99	5.54	131.13	336.86	2703.37	6.981	212.395	698.60	3.549	97.83	107.52	3115.29	5.05
	18		61.955	48.634	0.708	1881.12	5.51	146.11	367.05	2988.24	6.945	234.776	774.01	3.535	106.79	119.00	3508.42	5.13
200	14	18	54.642	42.894	0.788	2103.55	6.20	144.70	385.08	3343.26	7.822	236.402	863.83	3.976	111.82	119.75	3734.10	5.46
	16		62.013	48.680	0.788	2366.15	6.18	163.65	426.99	3760.88	7.788	265.932	971.41	3.958	123.96	134.62	4270.39	5.54
	18		69.301	54.401	0.787	2620.64	6.15	182.22	466.45	4164.54	7.752	294.473	1076.74	3.942	135.52	149.11	4808.13	5.62
	20		76.505	60.056	0.787	2867.30	6.12	200.42	503.58	4554.55	7.716	322.052	1180.04	3.927	146.55	163.26	5347.51	5.69
	24		90.661	71.168	0.785	3338.20	6.07	235.78	571.45	5294.97	7.642	374.407	1381.43	3.904	167.22	190.63	6431.99	5.84

热轧不等边角钢的规格及截面特性表（按 GB/T 706—2016 计算） 附表 F-2

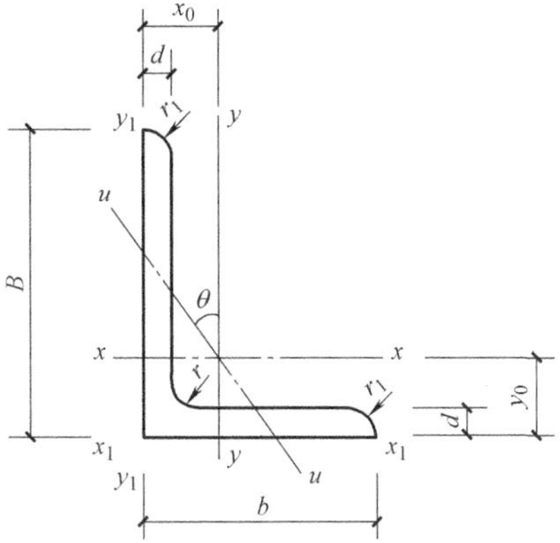

B—长肢宽；I—截面惯性矩；x_0、y_0—形心距离；
b—短肢宽；W—截面抵抗矩；r—内圆弧半径；
d—肢厚；i—回转半径；$r_1=d/3$(肢端圆弧半径)

尺寸(mm)				截面面积	重量	表面积	$x-x$				$y-y$				x_1-x_1		y_1-y_1		$u-u$			
B	b	d	r	A(cm²)	(kg/m)	(m²/m)	I_x (cm⁴)	i_x (cm)	$W_{x\,min}$ (cm³)	$W_{x\,max}$ (cm³)	I_y (cm⁴)	i_y (cm)	$W_{y\,min}$ (cm³)	$W_{y\,max}$ (cm³)	I_{x1} (cm⁴)	y_0 (cm)	I_{y1} (cm⁴)	x_0 (cm)	I_u (cm⁴)	i_u (cm)	W_u (cm³)	tanθ
25	16	3	3.5	1.162	0.912	0.080	0.70	0.78	0.43	0.82	0.22	0.435	0.19	0.53	1.56	0.86	0.43	0.42	0.13	0.34	0.16	0.392
	16	4		1.499	1.176	0.079	0.88	0.77	0.55	0.98	0.27	0.424	0.24	0.60	2.09	0.90	0.59	0.46	0.17	0.34	0.20	0.381
32	20	3	3.5	1.492	1.171	0.102	1.53	1.01	0.72	1.41	0.46	0.555	0.30	0.93	3.27	1.08	0.82	0.49	0.28	0.43	0.25	0.382
	20	4		1.939	1.522	0.101	1.93	1.00	0.93	1.72	0.57	0.542	0.39	1.08	4.37	1.12	1.12	0.53	0.35	0.42	0.32	0.374
40	25	3	4	1.890	1.484	0.127	3.08	1.28	1.15	2.32	0.93	0.701	0.49	1.59	6.39	1.32	1.59	0.59	0.56	0.54	0.40	0.386
	25	4		2.467	1.936	0.127	3.93	1.26	1.49	2.88	1.18	0.692	0.63	1.88	8.53	1.37	2.14	0.63	0.71	0.54	0.52	0.381
45	28	3	5	2.149	1.687	0.143	4.45	1.44	1.47	3.02	1.34	0.790	0.62	2.08	9.10	1.47	2.23	0.64	0.80	0.61	0.51	0.383
	28	4		2.806	2.203	0.143	5.69	1.42	1.91	3.76	1.70	0.778	0.80	2.49	12.14	1.51	3.00	0.68	1.02	0.60	0.66	0.380
50	32	3	5.5	2.431	1.908	0.161	6.24	1.60	1.84	3.89	2.02	0.912	0.82	2.78	12.49	1.60	3.31	0.73	1.20	0.70	0.68	0.404
	32	4		3.177	2.494	0.160	8.02	1.59	2.39	4.86	2.58	0.901	1.06	3.36	16.65	1.65	4.45	0.77	1.53	0.69	0.87	0.402

续表

尺寸(mm)				截面面积	重量	表面积	x—x				y—y				$x_1—x_1$		$y_1—y_1$		u—u			
B	b	d	r	A(cm²)	(kg/m)	(m²/m)	I_x (cm⁴)	i_x (cm)	$W_{x\,min}$ (cm³)	$W_{x\,max}$ (cm³)	I_y (cm⁴)	i_y (cm)	$W_{y\,min}$ (cm³)	$W_{y\,max}$ (cm³)	I_{x1} (cm⁴)	y_0 (cm)	I_{y1} (cm⁴)	x_0 (cm)	I_u (cm⁴)	i_u (cm)	W_u (cm³)	$\tan\theta$
56	36	3	6	2.743	2.153	0.181	8.88	1.80	2.32	5.00	2.92	1.032	1.05	3.63	17.54	1.78	4.70	0.80	1.73	0.79	0.87	0.408
	36	4		3.590	2.818	0.180	11.45	1.79	3.03	6.28	3.76	1.023	1.37	4.43	23.39	1.82	6.31	0.85	2.21	0.78	1.12	0.407
	36	5		4.415	3.466	0.180	13.86	1.77	3.71	7.43	4.49	1.008	1.65	5.09	29.24	1.87	7.94	0.88	2.67	0.78	1.36	0.404
63	40	4	7	4.058	3.185	0.202	16.49	2.02	3.87	8.10	5.23	1.135	1.70	5.72	33.30	2.04	8.63	0.92	3.12	0.88	1.40	0.398
	40	5		4.993	3.920	0.202	20.02	2.00	4.74	9.62	6.31	1.124	2.07	6.61	41.63	2.08	10.86	0.95	3.76	0.87	1.71	0.396
	40	6		5.908	4.638	0.201	23.36	1.99	5.59	11.01	7.29	1.111	2.43	7.36	49.98	2.12	13.14	0.99	4.38	0.86	2.01	0.393
	40	7		6.802	5.339	0.201	26.53	1.97	6.40	12.27	8.24	1.101	2.78	8.00	58.34	2.16	15.47	1.03	4.97	0.86	2.29	0.389
70	45	4	7.5	4.553	3.574	0.226	22.97	2.25	4.82	10.28	7.55	1.288	2.17	7.43	45.68	2.23	12.26	1.02	4.47	0.99	1.79	0.408
	45	5		5.609	4.403	0.225	27.95	2.23	5.92	12.26	9.13	1.276	2.65	8.64	57.10	2.28	15.39	1.06	5.40	0.98	2.19	0.407
	45	6		6.644	5.215	0.225	32.70	2.22	6.99	14.08	10.62	1.264	3.12	9.69	68.54	2.32	18.59	1.10	6.29	0.97	2.57	0.405
	45	7		7.657	6.011	0.225	37.22	2.20	8.03	15.75	12.01	1.252	3.57	10.60	79.99	2.36	21.84	1.13	7.16	0.97	2.94	0.402
75	50	5	8	6.125	4.808	0.245	34.86	2.39	6.83	14.65	12.61	1.435	3.30	10.75	70.23	2.40	21.04	1.17	7.32	1.09	2.72	0.436
	50	6		7.260	5.699	0.245	41.12	2.38	8.12	16.86	14.70	1.423	3.88	12.12	84.30	2.44	25.37	1.21	8.54	1.08	3.19	0.435
	50	8		9.467	7.431	0.244	52.39	2.35	10.52	20.79	18.53	1.399	4.99	14.39	112.50	2.52	34.23	1.29	10.87	1.07	4.10	0.429
	50	10		11.590	9.098	0.244	62.71	2.33	12.79	24.15	21.96	1.376	6.04	16.14	140.82	2.60	43.43	1.36	13.10	1.06	4.99	0.423
80	50	5	8	6.375	5.005	0.255	41.96	2.57	7.78	16.11	12.82	1.418	3.32	11.28	85.21	2.60	21.06	1.14	7.66	1.10	2.74	0.388
	50	6		7.560	5.935	0.255	49.49	2.56	9.25	18.58	14.95	1.406	3.91	12.71	102.26	2.65	25.41	1.18	8.94	1.09	3.23	0.386
	50	7		8.724	6.848	0.255	56.16	2.54	10.58	20.87	16.96	1.394	4.48	13.96	119.32	2.69	29.82	1.21	10.18	1.08	3.70	0.384
	50	8		9.867	7.745	0.254	62.83	2.52	11.92	23.00	18.85	1.382	5.03	15.06	136.41	2.73	34.32	1.25	11.38	1.07	4.16	0.381
90	56	5	9	7.212	5.661	0.287	60.45	2.90	9.92	20.81	18.32	1.594	4.21	14.70	121.32	2.91	29.53	1.25	10.98	1.23	3.49	0.385
	56	6		8.557	6.717	0.286	71.03	2.88	11.74	24.06	21.42	1.582	4.96	16.65	145.59	2.95	35.58	1.29	12.82	1.22	4.10	0.384
	56	7		9.880	7.756	0.286	81.01	2.86	13.49	27.12	24.36	1.570	5.70	18.38	169.87	3.00	41.71	1.33	14.60	1.22	4.70	0.383
	56	8		11.183	8.799	0.286	91.03	2.85	15.27	29.98	27.15	1.558	6.41	19.91	194.17	3.04	47.93	1.36	16.34	1.21	5.29	0.380

续表

尺寸(mm)				截面面积 A(cm²)	重量 (kg/m)	表面积 (m²/m)	x—x				y—y				$x_1—x_1$		$y_1—y_1$		u—u			
B	b	d	r				I_x (cm⁴)	i_x (cm)	$W_{x\,min}$ (cm³)	$W_{x\,max}$ (cm³)	I_y (cm⁴)	i_y (cm)	$W_{y\,min}$ (cm³)	$W_{y\,max}$ (cm³)	I_{x1} (cm⁴)	y_0 (cm)	I_{y1} (cm⁴)	x_0 (cm)	I_u (cm⁴)	i_u (cm)	W_u (cm³)	tanθ
100	63	6	10	9.617	7.550	0.320	99.06	3.21	14.64	30.62	30.94	1.794	6.35	21.69	199.71	3.24	50.50	1.43	18.42	1.38	5.25	0.394
	63	7		11.111	8.722	0.320	133.45	3.47	16.88	34.59	35.26	1.781	7.29	24.06	233.00	3.28	59.14	1.47	21.00	1.37	6.02	0.393
	63	8		12.584	9.878	0.319	127.37	3.18	19.08	38.33	39.39	1.769	8.21	26.18	266.32	3.32	67.88	1.50	23.50	1.37	6.78	0.391
	63	10		15.467	12.142	0.319	153.81	3.15	23.32	45.18	47.12	1.745	9.98	29.83	333.06	3.40	85.73	1.58	28.33	1.35	8.24	0.387
100	80	6	10	10.637	8.350	0.354	107.04	3.17	15.19	36.24	61.24	2.399	10.16	31.03	199.83	2.95	102.68	1.97	31.65	1.73	8.37	0.627
	80	7		12.301	9.656	0.354	122.73	3.16	17.52	40.96	70.08	2.387	11.71	34.79	233.20	3.00	119.98	2.01	36.17	1.71	9.60	0.626
	80	8		13.944	10.946	0.353	137.92	3.14	19.81	45.40	78.58	2.374	13.21	38.27	266.61	3.04	137.37	2.05	40.58	1.71	10.80	0.625
	80	10		17.167	13.476	0.353	166.87	3.12	24.24	53.54	94.65	2.348	16.12	44.45	333.63	3.12	172.48	2.13	49.10	1.69	13.12	0.622
110	70	6	10	10.637	8.350	0.354	133.37	3.54	17.85	37.80	42.92	2.009	7.900	27.36	265.78	3.53	69.08	1.57	25.36	1.54	6.53	0.403
	70	7		12.301	9.656	0.354	153.00	3.53	20.60	42.82	49.01	1.996	9.090	30.48	310.07	3.57	80.83	1.61	28.96	1.53	7.50	0.402
	70	8		13.944	10.946	0.353	172.04	3.51	23.30	47.57	54.87	1.984	10.25	33.31	354.39	3.62	92.70	1.65	32.45	1.53	8.45	0.401
	70	10		17.167	13.476	0.353	208.39	3.48	28.54	56.36	65.88	1.959	12.48	38.24	443.13	3.70	116.83	1.72	39.20	1.51	10.29	0.397
125	80	7	11	14.096	11.066	0.403	227.98	4.02	26.86	56.81	74.42	2.298	12.01	41.24	454.99	4.01	120.32	1.80	43.81	1.76	9.92	0.408
	80	8		15.989	12.551	0.403	256.77	4.01	30.41	63.28	83.49	2.285	13.56	45.28	519.99	4.06	137.85	1.84	49.15	1.75	11.18	0.407
	80	10		19.712	15.474	0.402	312.04	3.98	37.33	75.35	100.67	2.260	16.56	52.41	650.09	4.14	173.40	1.92	59.45	1.74	13.64	0.404
	80	12		23.351	18.330	0.402	364.41	3.95	44.01	86.34	116.67	2.235	19.43	58.46	780.39	4.22	209.67	2.00	69.35	1.72	16.01	0.400

续表

尺寸(mm)				截面面积 A(cm^2)	重量 (kg/m)	表面积 (m^2/m)	$x-x$				$y-y$				x_1-x_1		y_1-y_1		$u-u$			
B	b	d	r				I_x (cm^4)	i_x (cm)	$W_{x\,min}$ (cm^3)	$W_{x\,max}$ (cm^3)	I_y (cm^4)	i_y (cm)	$W_{y\,min}$ (cm^3)	$W_{y\,max}$ (cm^3)	I_{x1} (cm^4)	y_0 (cm)	I_{y1} (cm^4)	x_0 (cm)	I_u (cm^4)	i_u (cm)	W_u (cm^3)	$\tan\theta$
140	90	8	12	18.038	14.160	0.453	365.64	4.50	38.48	81.30	120.69	2.587	17.34	59.15	730.53	4.50	195.79	2.04	70.83	1.98	14.31	0.411
	90	10		22.261	17.475	0.452	445.50	4.47	47.31	97.19	146.03	2.561	21.22	68.94	913.20	4.58	245.93	2.12	85.82	1.96	17.48	0.409
	90	12		26.400	20.724	0.451	521.59	4.44	55.87	111.81	169.79	2.536	24.95	77.38	1096.09	4.66	296.89	2.19	100.21	1.95	20.54	0.406
	90	14		30.456	23.908	0.451	594.10	4.42	64.18	125.26	192.10	2.511	28.54	84.68	1279.26	4.74	348.82	2.27	114.13	1.94	23.52	0.403
160	100	10	13	25.315	19.872	0.512	668.69	5.14	62.13	127.69	205.03	2.846	26.56	89.94	1362.89	5.24	336.59	2.28	121.74	2.19	21.92	0.390
	100	12		30.054	23.592	0.511	784.91	5.11	73.49	147.54	239.06	2.820	31.28	101.45	1635.56	5.32	405.94	2.36	142.33	2.18	25.79	0.388
	100	14		34.709	27.247	0.510	896.30	5.08	84.56	165.97	271.20	2.795	35.83	111.53	1908.50	5.40	476.42	2.43	162.23	2.16	29.56	0.385
	100	16		39.281	30.835	0.510	1003.04	5.05	95.33	183.11	301.60	2.771	40.24	120.37	2181.79	5.48	548.22	2.51	181.57	2.15	33.25	0.382
180	110	10	14	28.373	22.273	0.571	956.25	5.81	78.96	162.37	278.11	3.131	32.49	113.91	1940.40	5.89	447.22	2.44	166.50	2.42	26.88	0.376
	110	12		33.712	26.464	0.571	1124.72	5.78	93.53	188.23	325.03	3.105	38.32	129.03	2328.38	5.98	538.94	2.52	194.87	2.40	31.66	0.374
	110	14		38.967	30.589	0.570	1286.91	5.75	107.76	212.46	369.55	3.082	43.97	142.41	2716.60	6.06	631.95	2.59	222.30	2.39	36.32	0.372
	110	16		44.139	34.649	0.569	1443.06	5.72	121.64	235.16	411.85	3.055	49.44	154.26	3105.15	6.14	726.46	2.67	248.94	2.37	40.87	0.369
200	125	12	14	37.912	29.761	0.641	1570.90	6.44	116.73	240.10	483.16	3.570	49.99	170.46	3193.85	6.54	787.74	2.83	285.79	2.75	41.23	0.392
	125	14		43.867	34.436	0.640	1800.97	6.41	134.65	271.86	550.83	3.544	57.44	189.24	3726.17	6.62	922.47	2.91	326.58	2.73	47.34	0.390
	125	16		49.739	39.045	0.639	2023.35	6.38	152.18	301.81	615.44	3.518	64.69	206.12	4258.85	6.70	1058.86	2.99	366.21	2.71	53.32	0.388
	125	18		55.526	43.588	0.639	2238.30	6.35	169.33	330.05	677.19	3.492	71.74	221.30	4792.00	6.78	1197.13	3.06	404.83	2.70	59.18	0.385

两个热轧不等边角钢的组合截面特性表（按 GB/T 706—2016 计算）

附表 F-3

角钢型号	两角钢的截面面积 (cm^2)	两角钢的重量 (kg/m)	 长肢相连时绕 y-y 轴回转半径 i_y(cm)								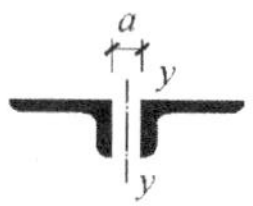 短肢相连时绕 y-y 轴回转半径 i_y(cm)							
			a= 0mm	a= 4mm	a= 6mm	a= 8mm	a= 10mm	a= 12mm	a= 14mm	a= 16mm	a= 0mm	a= 4mm	a= 6mm	a= 8mm	a= 10mm	a= 12mm	a= 14mm	a= 16mm
2∟25×16× 3	2.32	1.82	0.61	0.76	0.84	0.93	1.02	1.11	1.20	1.30	1.16	1.32	1.40	1.48	1.57	1.66	1.74	1.83
4	3.00	2.35	0.63	0.78	0.87	0.96	1.05	1.14	1.23	1.33	1.18	1.34	1.42	1.51	1.60	1.68	1.77	1.86
2∟32×20× 3	2.98	2.24	0.74	0.89	0.97	1.05	1.14	1.23	1.32	1.41	1.48	1.63	1.71	1.79	1.88	1.96	2.05	2.14
4	3.88	3.04	0.76	0.91	0.99	1.08	1.16	1.25	1.34	1.44	1.50	1.66	1.74	1.82	1.90	1.99	2.08	2.17
2∟40×25× 3	3.78	2.97	0.92	1.06	1.13	1.21	1.30	1.38	1.47	1.56	1.84	1.99	2.07	2.14	2.23	2.31	2.39	2.48
4	4.93	3.87	0.93	1.08	1.16	1.24	1.32	1.41	1.50	1.58	1.86	2.01	2.09	2.17	2.25	2.34	2.42	2.51
2∟45×28× 3	4.30	3.37	1.02	1.15	1.23	1.31	1.39	1.47	1.56	1.64	2.06	2.21	2.28	2.36	2.44	2.52	2.60	2.69
4	5.61	4.41	1.03	1.18	1.25	1.33	1.41	1.50	1.59	1.67	2.08	2.23	2.31	2.39	2.47	2.55	2.63	2.72
2∟50×32× 3	4.86	3.82	1.17	1.30	1.37	1.45	1.53	1.61	1.69	1.78	2.27	2.41	2.49	2.56	2.64	2.72	2.81	2.89
4	6.35	4.99	1.18	1.32	1.40	1.47	1.55	1.64	1.72	1.81	2.29	2.44	2.51	2.59	2.67	2.75	2.84	2.92
2∟56×36× 3	5.49	4.31	1.31	1.44	1.51	1.59	1.66	1.74	1.83	1.91	2.53	2.67	2.75	2.82	2.90	2.98	3.06	3.14
4	7.18	5.64	1.33	1.46	1.53	1.61	1.69	1.77	1.85	1.94	2.55	2.70	2.77	2.85	2.93	3.01	3.09	3.17
5	8.83	6.93	1.34	1.48	1.56	1.63	1.71	1.79	1.88	1.96	2.57	2.72	2.80	2.88	2.96	3.04	3.12	3.20
2∟63×40× 4	8.12	6.37	1.46	1.59	1.66	1.74	1.81	1.89	1.97	2.06	2.86	3.01	3.09	3.16	3.24	3.32	3.40	3.48
5	9.99	7.84	1.47	1.61	1.68	1.76	1.84	1.92	2.00	2.08	2.89	3.03	3.11	3.19	3.27	3.35	3.43	3.51
6	11.82	9.28	1.49	1.63	1.71	1.78	1.86	1.94	2.03	2.11	2.91	3.06	3.13	3.21	3.29	3.37	3.45	3.53
7	13.60	10.68	1.51	1.65	1.73	1.81	1.89	1.97	2.05	2.14	2.93	3.08	3.16	3.24	3.32	3.40	3.48	3.56

续表

角钢型号	两角钢的截面面积（cm^2）	两角钢的重量（kg/m）	 长肢相连时绕 y-y 轴回转半径 i_y(cm)								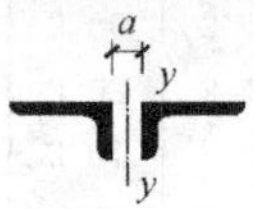 短肢相连时绕 y-y 轴回转半径 i_y(cm)							
			a=0mm	a=4mm	a=6mm	a=8mm	a=10mm	a=12mm	a=14mm	a=16mm	a=0mm	a=4mm	a=6mm	a=8mm	a=10mm	a=12mm	a=14mm	a=16mm
2∟70×45×4	9.11	7.15	1.64	1.77	1.84	1.91	1.99	2.07	2.15	2.23	3.17	3.31	3.39	3.46	3.54	3.62	3.69	3.77
5	11.22	8.81	1.66	1.79	1.86	1.94	2.01	2.09	2.17	2.25	3.19	3.34	3.41	3.49	3.57	3.64	3.72	3.80
6	13.29	10.43	1.67	1.81	1.88	1.96	2.04	2.11	2.20	2.28	3.21	3.36	3.44	3.51	3.59	3.67	3.75	3.83
7	15.31	12.02	1.69	1.83	1.90	1.98	2.06	2.14	2.22	2.30	3.23	3.38	3.46	3.54	3.61	3.69	3.77	3.86
2∟75×50×5	12.25	9.62	1.85	1.99	2.06	2.13	2.20	2.28	2.36	2.44	3.39	3.53	3.60	3.68	3.76	3.83	3.91	3.99
6	14.52	11.40	1.87	2.00	2.08	2.15	2.23	2.30	2.38	2.46	3.41	3.55	3.63	3.70	3.78	3.86	3.94	4.02
8	18.93	14.86	1.90	2.04	2.12	2.19	2.27	2.35	2.43	2.51	3.45	3.60	3.67	3.75	3.83	3.91	3.99	4.07
10	23.18	18.20	1.94	2.08	2.16	2.24	2.31	2.40	2.48	2.56	3.49	3.64	3.71	3.79	3.87	3.95	4.03	4.12
2∟80×50×5	12.75	10.01	1.82	1.95	2.02	2.09	2.17	2.24	2.32	2.40	3.66	3.80	3.88	3.95	4.03	4.10	4.18	4.26
6	15.12	11.87	1.83	1.97	2.04	2.11	2.19	2.27	2.34	2.43	3.68	3.82	3.90	3.98	4.05	4.13	4.21	4.29
7	17.45	13.70	1.85	1.99	2.06	2.13	2.21	2.29	2.37	2.45	3.70	3.85	3.92	4.00	4.08	4.16	4.23	4.32
8	19.73	15.49	1.86	2.00	2.08	2.15	2.23	2.31	2.39	2.47	3.72	3.87	3.94	4.02	4.10	4.18	4.26	4.34
2∟90×56×5	14.42	11.32	2.02	2.15	2.22	2.29	2.36	2.44	2.52	2.59	4.10	4.25	4.32	4.39	4.47	4.55	4.62	4.70
6	17.11	13.43	2.04	2.17	2.24	2.31	2.39	2.46	2.54	2.62	4.12	4.27	4.34	4.42	4.50	4.57	4.65	4.73
7	19.76	15.51	2.05	2.19	2.26	2.33	2.41	2.48	2.56	2.64	4.15	4.29	4.37	4.44	4.52	4.60	4.68	4.76
8	22.37	17.56	2.07	2.21	2.28	2.35	2.43	2.51	2.59	2.67	4.17	4.31	4.39	4.47	4.54	4.62	4.70	4.78
2∟100×63×6	19.23	15.10	2.29	2.42	2.49	2.56	2.63	2.71	2.78	2.86	4.56	4.70	4.77	4.85	4.92	5.00	5.08	5.16
7	22.22	17.44	2.31	2.44	2.51	2.58	2.65	2.73	2.80	2.88	4.58	4.72	4.80	4.87	4.95	5.03	5.10	5.18
8	25.17	19.76	2.32	2.46	2.53	2.60	2.67	2.75	2.83	2.91	4.60	4.75	4.82	4.90	4.97	5.05	5.13	5.21
10	30.93	24.28	2.35	2.49	2.57	2.64	2.72	2.79	2.87	2.95	4.64	4.79	4.86	4.94	5.02	5.10	5.18	5.26

角钢型号	两角钢的截面面积（cm^2）	两角钢的重量（kg/m）	长肢相连时绕 y-y 轴回转半径 i_y(cm)								短肢相连时绕 y-y 轴回转半径 i_y(cm)							
			a= 0mm	a= 4mm	a= 6mm	a= 8mm	a= 10mm	a= 12mm	a= 14mm	a= 16mm	a= 0mm	a= 4mm	a= 6mm	a= 8mm	a= 10mm	a= 12mm	a= 14mm	a= 16mm
2∟100×80×6	21.27	16.70	3.11	3.24	3.31	3.38	3.45	3.52	3.59	3.67	4.33	4.47	4.54	4.62	4.69	4.76	4.84	4.91
7	24.60	19.31	3.12	3.26	3.32	3.39	3.47	3.54	3.61	3.69	4.35	4.49	4.57	4.64	4.71	4.79	4.86	4.94
8	27.89	21.89	3.14	3.27	3.34	3.41	3.49	3.56	3.64	3.71	4.37	4.51	4.59	4.66	4.73	4.81	4.88	4.96
10	34.33	26.95	3.17	3.31	3.38	3.45	3.53	3.60	3.68	3.75	4.41	4.55	4.63	4.70	4.78	4.85	4.93	5.01
2∟110×70×6	21.27	16.70	2.55	2.68	2.74	2.81	2.88	2.96	3.03	3.11	5.00	5.14	5.21	5.29	5.36	5.44	5.51	5.59
7	24.60	19.31	2.56	2.69	2.76	2.83	2.90	2.98	3.05	3.13	5.02	5.16	5.24	5.31	5.39	5.46	5.53	5.62
8	27.89	21.89	2.58	2.71	2.78	2.85	2.92	3.00	3.07	3.15	5.04	5.19	5.26	5.34	5.41	5.49	5.56	5.64
10	34.33	26.95	2.61	2.74	2.82	2.89	2.96	3.04	3.12	3.19	5.08	5.23	5.30	5.38	5.46	5.53	5.61	5.69
2∟125×80×7	28.19	22.13	2.92	3.05	3.13	3.18	3.25	3.33	3.40	3.47	5.68	5.82	5.90	5.97	6.04	6.12	6.20	6.27
8	31.98	25.10	2.94	3.07	3.15	3.20	3.27	3.35	3.42	3.49	5.70	5.85	5.92	5.99	6.07	6.14	6.22	6.30
10	39.42	30.95	2.97	3.10	3.17	3.24	3.31	3.39	3.46	3.54	5.74	5.89	5.96	6.04	6.11	6.19	6.27	6.34
12	46.70	36.66	3.00	3.13	3.20	3.28	3.35	3.43	3.50	3.58	5.78	5.93	6.00	6.08	6.16	6.23	6.31	6.39
2∟140×90×8	36.08	28.32	3.29	3.42	3.49	3.56	3.63	3.70	3.77	3.84	6.36	6.51	6.58	6.65	6.73	6.80	6.88	6.95
10	44.52	34.95	3.32	3.45	3.52	3.59	3.66	3.73	3.81	3.88	6.40	6.55	6.62	6.70	6.77	6.85	6.92	7.00
12	52.80	41.45	3.35	3.49	3.56	3.63	3.70	3.77	3.85	3.92	6.44	6.59	6.66	6.74	6.81	6.89	6.97	7.04
14	60.91	47.82	3.38	3.52	3.59	3.66	3.74	3.81	3.89	3.97	6.48	6.63	6.70	6.78	6.86	6.93	7.01	7.09
2∟160×100×10	50.63	39.74	3.65	3.77	3.84	3.91	3.98	4.05	4.12	4.19	7.34	7.48	7.55	7.63	7.70	7.78	7.85	7.93
12	60.11	47.18	3.68	3.81	3.87	3.94	4.01	4.09	4.16	4.23	7.38	7.52	7.60	7.67	7.75	7.82	7.90	7.97
14	69.42	54.49	3.70	3.84	3.91	3.98	4.05	4.12	4.20	4.27	7.42	7.56	7.64	7.71	7.79	7.86	7.94	8.02
16	78.56	61.67	3.74	3.87	3.94	4.02	4.09	4.16	4.24	4.31	7.45	7.60	7.68	7.75	7.83	7.90	7.98	8.06
2∟180×110×10	56.75	44.55	3.97	4.10	4.16	4.23	4.30	4.36	4.44	4.51	8.27	8.41	8.49	8.56	8.63	8.71	8.78	8.86
12	67.42	52.93	4.00	4.13	4.19	4.26	4.33	4.40	4.47	4.54	8.31	8.46	8.53	8.60	8.68	8.75	8.83	8.90
14	77.93	61.18	4.03	4.16	4.23	4.30	4.37	4.44	4.51	4.58	8.35	8.50	8.57	8.64	8.72	8.79	8.87	8.95
16	88.28	69.30	4.06	4.19	4.26	4.33	4.40	4.47	4.55	4.62	8.39	8.53	8.61	8.68	8.76	8.84	8.91	8.99
2∟200×125×12	75.82	59.52	4.56	4.69	4.75	4.82	4.88	4.95	5.02	5.09	9.18	9.32	9.39	9.47	9.54	9.62	9.69	9.76
14	87.73	68.87	4.59	4.72	4.78	4.85	4.92	4.99	5.06	5.13	9.22	9.36	9.43	9.51	9.58	9.66	9.73	9.81
16	99.48	78.09	4.61	4.75	4.81	4.88	4.95	5.02	5.09	5.17	9.25	9.40	9.47	9.55	9.62	9.70	9.77	9.85
18	111.05	87.18	4.64	4.78	4.85	4.92	4.99	5.06	5.13	5.21	9.29	9.44	9.51	9.59	9.66	9.74	9.81	9.89

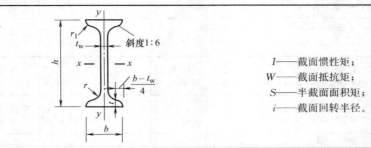

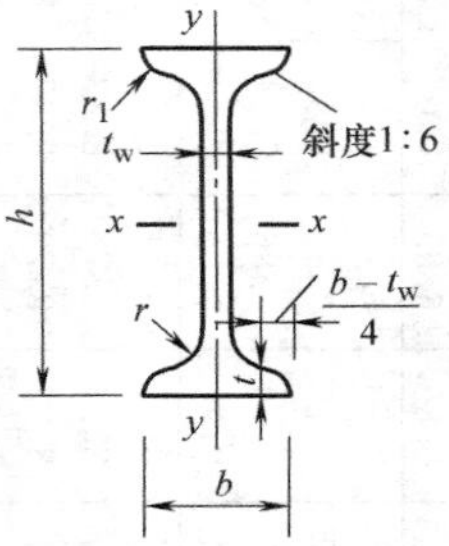

I——截面惯性矩；
W——截面抵抗矩；
S——半截面面积矩；
i——截面回转半径。

型号	尺寸 (mm)						截面面积 A (cm^2)	每米重量 (kg/m)	截面特性						
									x-x 轴				y-y 轴		
	h	b	t_w	t	r	r_1			I_x (cm^4)	W_x (cm^3)	S_x (cm^3)	i_x (cm)	I_y (cm^4)	W_y (cm^3)	i_y (cm)
I10	100	68	4.5	7.6	6.5	3.3	14.33	11.25	245	49.0	28.2	4.14	32.8	9.6	1.51
I12.6	126	74	5.0	8.4	7.0	3.5	18.10	14.21	488	77.4	44.2	5.19	46.9	12.7	1.61
I14	140	80	5.5	9.1	7.5	3.8	21.50	16.88	712	101.7	58.4	5.75	64.3	16.1	1.73
I16	160	88	6.0	9.9	8.0	4.0	26.11	20.50	1127	140.9	80.8	6.57	93.1	21.1	1.89
I18	180	94	6.5	10.7	8.5	4.3	30.74	24.13	1699	185.4	106.5	7.37	122.9	26.2	2.00
I20a	200	100	7.0	11.4	9.0	4.5	35.55	27.91	2369	236.9	136.1	8.16	157.9	31.6	2.11
I20b	200	102	9.0	11.4	9.0	4.5	39.55	31.05	2502	250.2	146.1	7.95	169.0	33.1	2.07
I22a	220	110	7.5	12.3	9.5	4.8	42.10	33.05	3406	309.6	177.7	8.99	225.9	41.1	2.32
I22b	220	112	9.5	12.3	9.5	4.8	46.50	36.50	3583	325.8	189.8	8.78	240.2	42.9	2.27
I25a	250	116	8.0	13.0	10.0	5.0	48.51	38.08	5017	401.4	230.7	10.17	280.4	48.4	2.40
I25b	250	118	10.0	13.0	10.0	5.0	53.51	42.01	5278	422.2	246.3	9.93	297.3	50.4	2.36
I28a	280	122	8.5	13.7	10.5	5.3	55.37	43.47	7115	508.2	292.7	11.34	344.1	56.4	2.49
I28b	280	124	10.5	13.7	10.5	5.3	60.97	47.86	7481	534.4	312.3	11.08	363.8	58.7	2.44
I32a	320	130	9.5	15.0	11.5	5.8	67.12	52.69	11080	692.5	400.5	12.85	459.0	70.6	2.62
I32b	320	132	11.5	15.0	11.5	5.8	73.52	57.71	11626	726.7	426.1	12.58	483.8	73.3	2.57
I32c	320	134	13.5	15.0	11.5	5.8	79.92	62.74	12173	760.8	451.7	12.34	510.1	76.1	2.53
I36a	360	136	10.0	15.8	12.0	6.0	76.44	60.00	15796	877.6	508.8	12.38	554.9	81.6	2.69
I36b	360	138	12.0	15.8	12.0	6.0	83.64	65.66	16574	920.8	541.2	14.08	583.6	84.6	2.64
I36c	360	140	14.0	15.8	12.0	6.0	90.84	71.31	17351	964.0	573.6	13.82	614.0	87.7	2.60
I40a	400	142	10.5	16.5	12.5	6.3	86.07	67.56	21714	1085.7	631.2	15.88	659.9	92.9	2.77
I40b	400	144	12.5	16.5	12.5	6.3	94.07	73.84	22781	1139.0	671.2	15.56	692.8	96.2	2.71
I40c	400	146	14.5	16.5	12.5	6.3	102.07	80.12	23847	1192.4	711.2	15.29	727.5	99.7	2.67
I45a	450	150	11.5	18.0	13.5	6.8	102.40	80.38	32241	1432.9	836.4	17.74	855.0	114.0	2.89
I45b	450	152	13.5	18.0	13.5	6.8	111.40	87.45	33759	1500.4	887.1	17.41	895.4	117.8	2.84
I45c	450	154	15.5	18.0	13.5	6.8	120.40	94.51	35278	1567.9	937.7	17.12	938.0	121.8	2.79
I50a	500	158	12.0	20.0	14.0	7.0	119.25	93.61	46472	1858.9	1084.1	19.74	1121.5	142.0	3.07
I50b	500	160	14.0	20.0	14.0	7.0	129.25	101.46	48556	1942.2	1146.6	19.38	1171.4	146.4	3.01
I50c	500	162	16.0	20.0	14.0	7.0	139.25	109.31	50639	2025.6	1209.1	19.07	1223.9	151.1	2.96
I56a	560	166	12.5	21.0	14.5	7.3	135.38	106.27	65576	2342.0	1368.8	22.01	1365.8	164.6	3.18
I56b	560	168	14.5	21.0	14.5	7.3	146.58	115.06	68503	2446.5	1447.2	21.62	1423.8	169.5	3.12
I56c	560	170	16.5	21.0	14.5	7.3	157.78	123.85	71430	2551.1	1525.6	21.28	1484.8	174.7	3.07
I63a	630	176	13.0	22.0	15.0	7.5	154.59	121.36	94004	2984.3	1747.4	24.66	1702.4	193.5	3.32
I63b	630	178	15.0	22.0	15.0	7.5	167.19	131.35	98171	3116.5	1846.6	24.23	1770.7	199.0	3.25
I63c	630	180	17.0	22.0	15.0	7.5	179.79	141.14	102339	3248.9	1945.9	23.86	1842.4	204.7	3.20

注：普通工字钢的通常长度：I10～I18，为 5～19m；I20～I63，为 6～19m。

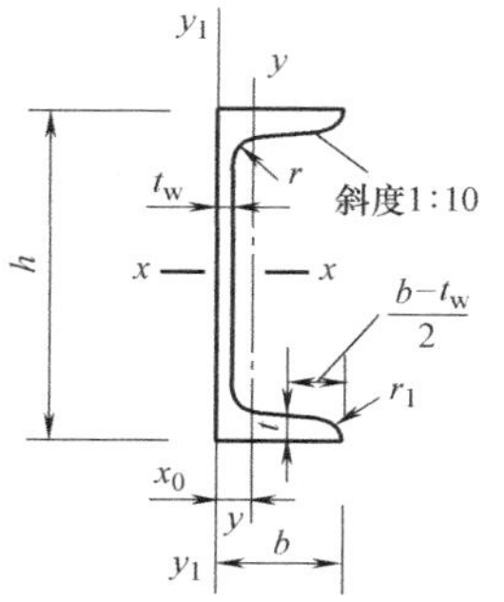

I——截面惯性矩；
W——截面抵抗矩；
S——半截面面积矩；
i——截面回转半径。

型号	尺寸(mm)						截面面积 A (cm²)	每米重量 (kg/m)	截面特性									
									x_0 (cm)	x-x 轴				y-y 轴				y_1-y_1 轴
	h	b	t_w	t	r	r_1				I_x (cm⁴)	W_x (cm³)	S_x (cm³)	i_x (cm)	I_y (cm⁴)	W_{ymax} (cm³)	W_{ymin} (cm³)	i_y (cm)	I_{y1} (cm⁴)
[5	50	37	4.5	7.0	7.0	3.50	6.92	5.44	1.35	26.0	10.4	6.4	1.94	8.3	6.2	3.5	1.10	20.9
[6.3	63	40	4.8	7.5	7.5	3.75	8.45	6.63	1.39	51.2	16.3	9.8	2.46	11.9	8.5	4.6	1.19	28.3
[8	80	43	5.0	8.0	8.0	4.00	10.24	8.04	1.42	101.3	25.3	15.1	3.14	16.6	11.7	5.8	1.27	37.4
[10	100	48	5.3	8.5	8.5	4.25	12.74	10.00	1.52	198.3	39.7	23.5	3.94	25.6	16.9	7.8	1.42	54.9
[12.6	126	53	5.5	9.0	9.0	4.50	15.69	12.31	1.59	388.5	61.7	36.4	4.98	38.0	23.9	10.3	1.56	77.8
[14a	140	58	6.0	9.5	9.5	4.75	18.51	14.53	1.71	563.7	80.5	47.5	5.52	53.2	31.2	13.0	1.70	107.2
[14b	140	60	8.0	9.5	9.5	4.75	21.31	16.73	1.67	609.4	87.1	52.4	5.35	61.2	36.6	14.1	1.69	120.6
[16a	160	63	6.5	10.0	10.0	5.00	21.95	17.23	1.79	866.2	108.3	63.9	6.28	73.4	40.9	16.3	1.83	144.1
[16b	160	65	8.5	10.0	10.0	5.00	25.15	19.75	1.75	934.5	116.8	70.3	6.10	83.4	47.6	17.6	1.82	160.8
[18a	180	68	7.0	10.5	10.5	5.25	25.69	20.17	1.88	1272.7	141.4	83.5	7.04	98.6	52.3	20.0	1.96	189.7
[18b	180	70	9.0	10.5	10.5	5.25	29.29	22.99	1.84	1369.9	152.2	91.6	6.84	111.0	60.4	21.5	1.95	210.1
[20a	200	73	7.0	11.0	11.0	5.50	28.83	22.63	2.01	1780.4	178.0	104.7	7.86	128.0	63.8	24.2	2.11	244.0
[20b	200	75	9.0	11.0	11.0	5.50	32.83	25.77	1.95	1913.7	191.4	114.7	7.64	143.6	73.7	25.9	2.09	268.4
[22a	220	77	7.0	11.5	11.5	5.75	31.84	24.99	2.10	2393.9	217.6	127.6	8.67	157.8	75.1	28.2	2.23	298.2
[22b	220	79	9.0	11.5	11.5	5.75	36.24	28.45	2.03	2571.3	233.8	139.7	8.42	176.5	86.8	30.1	2.21	326.3
[25a	250	78	7.0	12.0	12.0	6.00	34.91	27.40	2.07	3359.1	268.7	157.8	9.81	175.9	85.1	30.7	2.24	324.8
[25b	250	80	9.0	12.0	12.0	6.00	39.91	31.33	1.99	3619.5	289.6	173.5	9.52	196.4	98.5	32.7	2.22	355.1
[25c	250	82	11.0	12.0	12.0	6.00	44.91	35.25	1.96	3880.0	310.4	189.1	9.30	215.9	110.1	34.6	2.19	388.6
[28a	280	82	7.5	12.5	12.5	6.25	40.02	31.42	2.09	4752.5	339.5	200.2	10.90	217.9	104.1	35.7	2.33	393.3
[28b	280	84	9.5	12.5	12.5	6.25	45.62	35.81	2.02	5118.4	365.6	219.8	10.59	241.5	119.3	37.9	2.30	428.5
[28c	280	86	11.5	12.5	12.5	6.25	21.22	40.21	1.99	5484.3	391.7	239.4	10.35	264.1	132.6	40.0	2.27	467.3
[32a	320	88	8.0	14.0	14.0	7.00	48.50	38.07	2.24	7510.6	469.4	276.9	12.44	304.7	136.2	46.4	2.51	547.5
[32b	320	90	10.0	14.0	14.0	7.00	54.90	43.10	2.16	8056.8	503.5	302.5	12.11	335.6	155.0	49.1	2.47	592.9
[32c	320	92	12.0	14.0	14.0	7.00	61.30	48.12	2.13	8602.9	537.7	328.1	11.85	365.0	171.5	51.6	2.44	642.7
[36a	360	96	9.0	16.0	16.0	8.00	60.89	47.80	2.44	11874.1	659.7	389.9	13.96	455.0	186.2	63.6	2.73	818.5
[36b	360	98	11.0	16.0	16.0	8.00	68.09	53.45	2.37	12651.7	702.9	422.3	13.63	496.7	209.2	66.9	2.70	880.5
[36c	360	100	13.0	16.0	16.0	8.00	75.29	59.10	2.34	13429.3	746.1	454.7	13.36	536.6	229.5	70.0	2.67	948.0
[40a	400	100	10.5	18.0	18.0	9.00	75.04	58.91	2.49	17577.7	878.9	524.4	15.30	592.0	237.6	78.8	2.81	1057.9
[40b	400	102	12.5	18.0	18.0	9.00	83.04	65.19	2.44	18644.4	932.2	564.4	14.98	640.6	262.4	82.6	2.78	1135.8
[40c	400	104	14.5	18.0	18.0	9.00	91.04	71.47	2.42	19711.0	985.6	604.4	14.71	687.8	284.4	86.2	2.75	1220.3

注：普通槽钢的通常长度：[5～[8，为5～12m；[10～[18，为5～19m；[20～[40，为6～19m。

宽、中、窄翼缘 H 型钢的规格及截面特性（按 GB/T 11263—2017 计算） 附表 F-6

类型	型号（高度×宽度）	截面尺寸(mm)				截面面积（cm^2）	理论重量（kg/m）	截面特性参数					
								惯性矩（cm^4）		惯性半径（cm）		截面模量（cm^3）	
		$H\times B$	t_1	t_2	r			I_x	I_y	i_x	i_y	W_x	W_y
HW	100×100	100×100	6	8	10	21.90	17.2	383	134	4.18	2.47	76.5	26.7
	125×125	125×125	6.5	9	10	30.31	23.8	847	294	5.29	3.11	136	47.0
	150×150	150×150	7	10	13	40.55	31.9	1660	564	6.39	3.73	221	75.1
	175×175	175×175	7.5	11	13	51.43	40.3	2900	984	7.50	4.37	331	112
	200×200	200×200	8	12	16	64.28	50.5	4770	1600	8.61	4.99	477	160
		#200×204	12	12	16	72.28	56.7	5030	1700	8.35	4.85	503	167
	250×250	250×250	9	14	16	92.18	72.4	10800	3650	10.8	6.29	867	292
		#250×255	14	14	16	104.7	82.2	11500	3880	10.5	6.09	919	304
	300×300	#294×302	12	12	20	108.3	85.0	17000	5520	12.5	7.14	1160	365
		300×300	10	15	20	120.4	94.5	20500	6760	13.1	7.49	1370	450
		300×305	15	15	20	135.4	106	21600	7100	12.6	7.24	1440	466
	350×350	#344×348	10	16	20	146.0	115	33300	11200	15.1	8.78	1940	646
		350×350	12	19	20	173.9	137	40300	13600	15.2	8.84	2300	776
	400×400	#388×402	15	15	24	179.2	141	49200	16300	16.6	9.52	2540	809
		#394×398	11	18	24	187.6	147	56400	18900	17.3	10.0	2860	951
		400×400	13	21	24	219.5	172	66900	22400	17.5	10.1	3340	1120
		#400×408	21	21	24	251.5	197	71100	23800	16.8	9.73	3560	1170
		#414×405	18	28	24	296.2	233	93000	31000	17.7	10.2	4490	1530
		#428×407	20	35	24	361.4	284	119000	39400	18.2	10.4	5580	1930
		*458×417	30	50	24	529.3	415	187000	60500	18.8	10.7	8180	2900
		*498×432	45	70	24	770.8	605	298000	94400	19.7	11.1	12000	4370
HM	150×100	148×100	6	9	13	27.25	21.4	1040	151	6.17	2.35	140	30.2
	200×150	194×150	6	9	16	39.76	31.2	2740	508	8.30	3.57	283	67.7
	250×175	244×175	7	11	16	56.24	44.1	6120	985	10.4	4.18	502	113
	300×200	294×200	8	12	20	73.03	57.3	11400	1600	12.5	4.69	779	160
	350×250	340×250	9	14	20	101.5	79.7	21700	3650	14.6	6.00	1280	292
	400×300	390×300	10	16	24	136.7	107	38900	7210	16.9	7.26	2000	481
	450×300	440×300	11	18	24	157.4	124	56100	8110	18.9	7.18	2550	541
	500×300	482×300	11	15	28	146.4	115	60800	6770	20.4	6.80	2520	451
		488×300	11	18	28	164.4	129	71400	8120	20.8	7.03	2930	541
	600×300	582×300	12	17	28	174.5	137	103000	7670	24.3	6.63	3530	511
		588×300	12	20	28	192.5	151	118000	9020	24.8	6.85	4020	601
		#594×302	14	23	28	222.4	175	137000	10600	24.9	6.90	4620	701

续表

类型	型号（高度×宽度）	截面尺寸(mm)				截面面积(cm^2)	理论重量(kg/m)	截面特性参数					
		$H\times B$	t_1	t_2	r			惯性矩(cm^4)		惯性半径(cm)		截面模量(cm^3)	
								I_x	I_y	i_x	i_y	W_x	W_y
HN	100×50	100×50	5	7	10	12.16	9.54	192	14.9	3.98	1.11	38.5	5.96
	125×60	125×60	6	8	10	17.01	13.3	417	29.3	4.95	1.31	66.8	9.75
	150×75	150×75	5	7	10	18.16	14.3	679	49.6	6.12	1.65	90.6	13.2
	175×90	175×90	5	8	10	23.21	18.2	1220	97.6	7.26	2.05	140	21.7
	200×100	198×99	4.5	7	13	23.59	18.5	1610	114	8.27	2.20	163	23.0
		200×100	5.5	8	13	27.57	21.7	1880	134	8.25	2.21	188	26.8
	250×125	248×124	5	8	13	32.89	25.8	3560	255	10.4	2.78	287	41.1
		250×125	6	9	13	37.87	29.7	4080	294	10.4	2.79	326	47.0
	300×150	298×149	5.5	8	16	41.55	32.6	6460	443	12.4	3.26	433	59.4
		300×150	6.5	9	16	47.53	37.3	7350	508	12.4	3.27	490	67.7
	350×175	346×174	6	9	16	53.19	41.8	11200	792	14.5	3.86	649	91.0
		350×175	7	11	16	63.66	50.0	13700	985	14.7	3.93	782	113
	＃400×150	＃400×150	8	13	16	71.12	55.8	18800	734	16.3	3.21	942	97.9
	400×200	396×199	7	11	16	72.16	56.7	20000	1450	16.7	4.48	1010	145
		400×200	8	13	16	84.12	66.0	23700	1740	16.8	4.54	1190	174
	＃450×150	＃450×150	9	14	20	83.41	65.5	27100	793	18.0	3.08	1200	106
	450×200	446×199	8	12	20	84.95	66.7	29000	1580	18.5	4.31	1300	159
		450×200	9	14	20	97.41	76.5	33700	1870	18.6	4.38	1500	187
	＃500×150	＃500×150	10	16	20	98.23	77.1	38500	907	19.8	3.04	1540	121
	500×200	496×199	9	14	20	101.3	79.5	41900	1840	20.3	4.27	1690	185
		500×200	10	16	20	114.2	89.6	47800	2140	20.5	4.33	1910	214
		＃506×201	11	19	20	131.3	103	56500	2580	20.8	4.43	2230	257
	600×200	596×199	10	15	24	121.2	95.1	69300	1980	23.9	4.04	2330	199
		600×200	11	17	24	135.2	106	78200	2280	24.1	4.11	2610	228
		＃606×201	12	20	24	153.3	120	91000	2720	24.4	4.21	3000	271
	700×300	＃692×300	13	20	28	211.5	166	172000	9020	28.6	6.53	4980	602
		700×300	13	24	28	235.5	185	201000	10800	29.3	6.78	5760	722
	＊800×300	＊792×300	14	22	28	243.4	191	254000	9930	32.3	6.39	6400	662
		＊800×300	14	26	28	267.4	210	292000	11700	33.0	6.62	7290	782
	＊900×300	＊890×299	15	23	28	270.9	213	345000	10300	35.7	6.16	7760	688
		＊900×300	16	28	28	309.8	243	411000	12600	36.4	6.39	9140	843
		＊912×302	18	34	38	364.0	286	498000	15700	37.0	6.56	10900	1040

注：1.“＃”表示的规格为非常用规格；

2.“＊”表示的规格，目前国内尚未生产；

3. 型号属同一范围的产品，其内侧尺寸高度是一致的；

4. 截面面积计算公式为 $t_1(H-2t_2)+2Bt_2+0.858r^2$

宽、中、窄翼缘剖分 T 型钢的规格及截面特性（按 GB/T 11263—2017 计算）附表 F-7

类型	型号（高度×宽度）	截面尺寸(mm)					截面面积（cm^2）	理论重量（kg/m）	截面特性参数							对应 H 型钢系列
		h	B	t_1	t_2	r			惯性矩（cm^4）		惯性半径（cm）		截面模量（cm^3）		重心（cm）	
									I_x	I_y	i_x	i_y	W_x	W_y	C_x	型号
TW	50×100	50	100	6	8	10	10.95	8.56	16.1	66.9	1.21	2.47	4.03	13.4	1.00	100×100
	62.5×125	62.5	125	6.5	9	10	15.16	11.9	35.0	147	1.52	3.11	6.91	23.5	1.19	125×125
	75×150	75	150	7	10	13	20.28	15.9	66.4	282	1.81	3.73	10.8	37.6	1.37	150×150
	87.5×175	87.5	175	7.5	11	13	25.71	20.2	115	492	2.11	4.37	15.9	56.2	1.55	175×175
	100×200	100	200	8	12	16	32.14	25.2	185	801	2.40	4.99	22.3	80.1	1.73	200×200
		#100	204	12	12	16	36.14	28.3	256	851	2.66	4.85	32.4	83.5	2.09	
	125×250	125	250	9	14	16	46.09	36.2	412	1820	2.99	6.29	39.5	146	2.08	250×250
		#125	255	14	14	16	52.34	41.1	589	1940	3.36	6.09	59.4	152	2.58	
	150×300	#147	302	12	12	20	54.16	42.5	858	2760	3.98	7.14	72.3	183	2.83	300×300
		150	300	10	15	20	60.22	47.3	798	3380	3.64	7.49	63.7	225	2.47	
		150	305	15	15	20	67.72	53.1	1110	3550	4.05	7.24	92.5	283	3.02	
	175×350	#172	348	10	16	20	73.00	57.3	1230	5620	4.11	8.78	84.7	323	2.67	350×350
		175	350	12	19	20	86.94	68.2	1520	6790	4.18	8.84	104	388	2.86	
	200×400	#194	402	15	15	24	89.62	70.3	2480	8130	5.26	9.52	158	405	3.69	400×400
		#197	398	11	18	24	93.80	73.6	2050	9460	4.67	10.0	123	476	3.01	
		200	400	13	21	24	109.7	86.1	2480	11200	4.75	10.1	147	560	3.21	
		#200	408	21	21	24	125.7	98.7	3650	11900	5.39	9.73	229	584	4.07	
		#207	405	18	28	24	148.1	116	3620	15500	4.95	10.2	213	766	3.68	
		#214	407	20	35	24	180.7	142	4380	19700	4.92	10.4	250	967	3.90	
TM	74×100	74	100	6	9	13	13.63	10.7	51.7	75.4	1.95	2.35	8.80	15.1	1.55	150×100
	97×150	97	150	6	9	16	19.88	15.6	125	254	2.50	3.57	15.8	33.9	1.78	200×150
	122×175	122	175	7	11	16	28.12	22.1	289	492	3.20	4.18	29.1	56.3	2.27	250×175
	147×200	147	200	8	12	20	36.52	28.7	572	802	3.96	4.69	48.2	80.2	2.82	300×200
	170×250	170	250	9	14	20	50.76	39.9	1020	1830	4.48	6.00	73.1	146	3.09	350×250
	200×300	195	300	10	16	24	68.37	53.7	1730	3600	5.03	7.26	108	240	3.40	400×300
	220×300	220	300	11	18	24	78.69	61.8	2680	4060	5.84	7.18	150	270	4.05	450×300
	250×300	241	300	11	15	28	73.23	57.5	3420	3380	6.83	6.80	178	226	4.90	500×300
		244	300	11	18	28	82.23	64.5	3620	4060	6.64	7.03	184	271	4.65	
	300×300	291	300	12	17	28	87.25	68.5	6360	3830	8.54	6.63	280	256	6.39	600×300
		294	300	12	20	28	96.25	75.5	6710	4510	8.35	6.85	288	301	6.08	
		#297	302	14	23	28	111.2	87.3	7920	5290	8.44	6.90	339	351	6.33	

续表

类型	型号（高度×宽度）	截面尺寸(mm)					截面面积（cm^2）	理论重量（kg/m）	截面特性参数							对应H型钢系列
									惯性矩（cm^4）		惯性半径（cm）		截面模量（cm^3）		重心（cm）	
		h	B	t_1	t_2	r			I_x	I_y	i_x	i_y	W_x	W_y	C_x	型号
TN	50×50	50	50	5	7	10	6.079	4.79	11.9	7.45	1.40	1.11	3.18	2.98	1.27	100×50
	62.5×60	62.5	60	6	8	10	8.499	6.67	27.5	14.6	1.80	1.31	5.96	4.88	1.63	125×60
	75×75	75	75	5	7	10	9.079	7.14	42.7	24.8	2.17	1.65	7.46	6.61	1.78	150×75
	87.5×90	87.5	90	5	8	10	11.60	9.14	70.7	48.8	2.47	2.05	10.4	10.8	1.92	175×90
	100×100	99	99	4.5	7	13	11.80	9.26	94.0	56.9	2.82	2.20	12.1	11.5	2.13	200×100
		100	100	5.5	8	13	13.79	10.8	115	67.1	2.88	2.21	14.8	13.4	2.27	
	125×125	124	124	5	8	13	16.45	12.9	208	128	3.56	2.78	21.3	20.6	2.62	250×125
		125	125	6	9	13	18.94	14.8	249	147	3.62	2.79	25.6	23.5	2.78	
	150×150	149	149	5.5	8	16	20.77	16.3	395	221	4.36	3.26	33.8	29.7	3.22	300×150
		150	150	6.5	9	16	23.76	18.7	465	254	4.42	3.27	40.0	33.9	3.38	
	175×175	173	174	6	9	16	26.60	20.9	681	396	5.06	3.86	50.0	45.5	3.68	350×175
		175	175	7	11	16	31.83	25.0	816	492	5.06	3.93	59.3	56.3	3.74	
	200×200	198	199	7	11	16	36.08	28.3	1190	724	5.76	4.48	76.4	72.7	4.17	400×200
		200	200	8	13	16	42.06	33.0	1400	868	5.76	4.54	88.6	86.8	4.23	
	225×200	223	199	8	12	20	42.54	33.4	1880	790	6.65	4.31	109	79.4	5.07	450×200
		225	200	9	14	20	48.71	38.2	2160	936	6.66	4.38	124	93.6	5.13	
	250×200	248	199	9	14	20	50.64	39.7	2840	922	7.49	4.27	150	92.7	5.90	500×200
		250	200	10	16	20	57.12	44.8	3210	1070	7.50	4.33	169	107	5.96	
		#253	201	11	19	20	65.65	51.5	3670	1290	7.48	4.43	190	128	5.95	
	300×200	298	199	10	15	24	60.62	47.6	5200	991	9.27	4.04	236	100	7.76	600×200
		300	200	11	17	24	67.60	53.1	5820	1140	9.28	4.11	262	114	7.81	
		#303	201	12	20	24	76.63	60.1	6580	1360	9.26	4.21	292	135	7.76	

注："#"表示的规格为非常用规格

附录 G　梁的整体稳定系数

1. 等截面焊接工字形和轧制 H 型钢简支梁

等截面焊接工字形和轧制 H 型钢（附录图 G-1）简支梁的整体稳定系数 φ_b 应按下式计算：

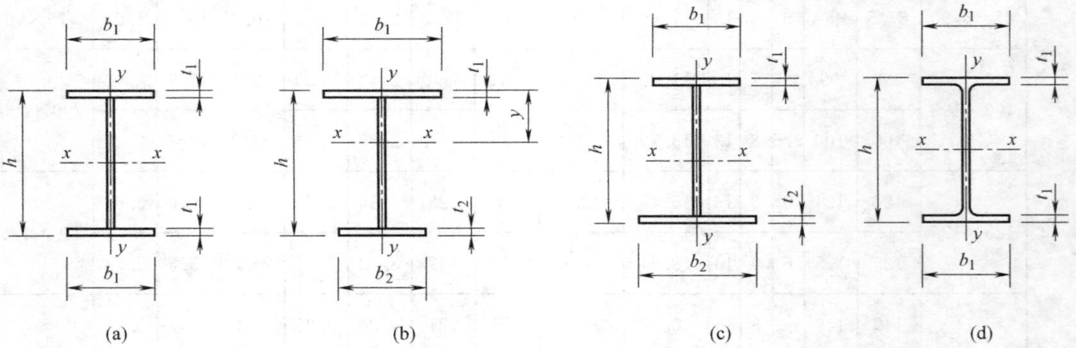

附录图 G-1　焊接工字形和轧制 H 型钢截面

（a）双轴对称焊接工字形截面；（b）加强受压翼缘的单轴对称焊接工字形截面；
（c）加强受拉翼缘的单轴对称焊接工字形截面；（d）轧制 H 型钢截面

$$\varphi_b=\beta_b\frac{4320}{\lambda_y^2}\cdot\frac{Ah}{W_x}\left[\sqrt{1+\left(\frac{\lambda_y t_1}{4.4h}\right)^2}+\eta_b\right]\frac{235}{f_y} \tag{G-1}$$

式中　β_b——梁整体稳定的等效临界弯矩系数，按附表 G-1 采用；

λ_y——梁在侧向支撑点间对截面弱轴 y-y 的长细比，$\lambda_y=l_1/i_y$，l_1为侧向支承点间的距离，i_y为梁毛截面对 y 轴的截面回转半径；

A——梁的毛截面面积；

h、t_1——梁截面的全高和受压翼缘厚度；

η_b——截面不对称影响系数；对双轴对称截面：$\eta_b=0$；对单轴对称工字形截面：加强受压翼缘：$\eta_b=0.8(2\alpha_b-1)$；加强受拉翼缘：$\eta_b=2\alpha_b-1$；$\alpha_b=\dfrac{I_1}{I_1+I_2}$；

I_1、I_2——分别为受压翼缘和受拉翼缘对 y 轴的惯性矩。

当按式（G-1）计算的 φ_b值大于 0.6 时，应用下式计算的 φ_b'代替 φ_b值：

$$\varphi_b'=1.07-\frac{0.282}{\varphi_b}\leqslant 1.0 \tag{G-2}$$

注：式（G-1）也适用于等截面铆接（或高强度螺栓连接）简支梁，其受压翼缘厚度 t_1 包括翼缘角钢厚度在内。

梁整体稳定的等效临界弯矩系数 **附表 G-1**

项次	侧向支承	荷载		$\xi \leqslant 2.0$	$\xi > 2.0$	适用范围
1	跨中无侧向支承	均布荷载作用在	上翼缘	$0.69+0.13\xi$	0.95	附录图 G-1(a)、(b)和(d)的截面
2			下翼缘	$1.73-0.20\xi$	1.33	
3		集中荷载作用在	上翼缘	$0.73+0.18\xi$	1.09	
4			下翼缘	$2.23-0.28\xi$	1.67	
5	跨度中点有一个侧向支承点	均布荷载作用在	上翼缘	1.15		附录图 G-1 中的所有截面
6			下翼缘	1.40		
7		集中荷载作用在截面高度上任意位置		1.75		
8	跨中有不少于两个等距离侧向支承点	任意荷载作用在	上翼缘	1.20		
9			下翼缘	1.40		
10	梁端有弯矩，但跨中无荷载作用			$1.75-1.05\left(\frac{M_2}{M_1}\right)+0.3\left(\frac{M_2}{M_1}\right)^2$，且$\leqslant 2.3$		

注：1. ξ 为参数，$\xi=\frac{l_1 t_1}{b_1 h}$；

2. M_1、M_2 为梁的端弯矩，使梁产生同向曲率时 M_1 和 M_2 取同号，产生反向曲率时取异号，$|M_1| \geqslant |M_2|$；

3. 表中项次 3、4 和 7 的集中荷载是指一个和少数几个集中荷载位于跨中央附近的情况，对其他情况的集中荷载，应按附表中项次 1、2、5、6 内的数值采用；

4. 附表中项次 8、9 的 β_b，当集中荷载作用在侧向支承点处时，取 $\beta_b=1.20$；

5. 荷载作用在上翼缘系指荷载作用点在翼缘表面，方向指向截面形心；荷载作用在下翼缘系指荷载作用点在翼缘表面，方向背向截面形心；

6. 对 $\alpha_b>0.8$ 的加强受压翼缘工字形截面，下列情况的 β_b 值应乘以相应的系数：

项次 1：当 $\xi \leqslant 1.0$ 时，乘以 0.95；

项次 3：当 $\xi \leqslant 0.5$ 时，乘以 0.90；当 $0.5<\xi \leqslant 1.0$ 时，乘以 0.95。

2. 轧制普通工字钢简支梁

轧制普通工字钢简支梁的整体稳定系数 φ_b 应按附表 G-2 采用，当所得的 φ_b 值大于 0.6 时，应按式（G-2）算得相应的 φ_b' 代替 φ_b 值。

轧制普通工字钢简支梁的 φ_b **附表 G-2**

项次	荷载情况			工字钢型号	自由长度 l_1(m) 2	3	4	5	6	7	8	9	10
1	跨中无侧向支承点的梁	集中荷载作用于	上翼缘	10～20	2.00	1.30	0.99	0.80	0.68	0.58	0.53	0.48	0.43
				22～32	2.40	1.48	1.09	0.86	0.72	0.62	0.54	0.49	0.45
				36～63	2.80	1.60	1.07	0.83	0.68	0.56	0.50	0.45	0.40
2			下翼缘	10～20	3.10	1.95	1.34	1.01	0.82	0.69	0.63	0.57	0.52
				22～40	5.50	2.80	1.84	1.37	1.07	0.86	0.73	0.64	0.56
				45～63	7.30	3.60	2.30	1.62	1.20	0.96	0.80	0.69	0.60
3		均布荷载作用于	上翼缘	10～20	1.70	1.12	0.84	0.68	0.57	0.50	0.45	0.41	0.37
				22～40	2.10	1.30	0.93	0.73	0.60	0.51	0.45	0.40	0.36
				45～63	2.60	1.45	0.97	0.73	0.59	0.50	0.44	0.38	0.35
4			下翼缘	10～20	2.50	1.55	1.08	0.83	0.68	0.56	0.52	0.47	0.42
				22～40	4.00	2.20	1.45	1.10	0.85	0.70	0.60	0.52	0.46
				45～63	5.60	2.80	1.80	1.25	0.95	0.78	0.65	0.55	0.49

续表

项次	荷载情况	工字钢型号	自由长度 l_1(m)								
			2	3	4	5	6	7	8	9	10
5	跨中有侧向支承点的梁(不论荷载作用点在截面高度上的位置)	10～20	2.20	1.39	1.01	0.79	0.66	0.57	0.52	0.47	0.42
		22～40	3.00	1.80	1.24	0.96	0.76	0.65	0.56	0.49	0.43
		45～63	4.00	2.20	1.38	1.01	0.80	0.66	0.56	0.49	0.43

注：1. 同附表 G-1 的注 3、5。
2. 附表中的 φ_b 适用于 Q235 钢。对其他钢号，附表中数值应乘以 $235/f_y$。

3. 轧制槽钢简支梁

轧制槽钢简支梁的整体稳定系数，不论荷载的形式和荷载作用点在截面高度上的位置，均可按下式计算：

$$\varphi_b=\frac{570bt}{l_1h}\cdot\frac{235}{f_y} \tag{G-3}$$

式中 h、b、t——分别为槽钢截面的高度、翼缘宽度和平均厚度。

按式（G-3）算得的 φ_b 大于 0.6 时，应按式（G-2）算得相应的 φ_b'代替 φ_b 值。

4. 双轴对称工字形等截面（含 H 型钢）悬臂梁

双轴对称工字形等截面（含 H 型钢）悬臂梁的整体稳定系数，可按式（G-1）计算，但式中系数 β_b 应按附表 G-3 查得，$\lambda_y=l_1/i_y$（l_1 为悬臂梁的悬伸长度）。当求得的 φ_b 大于 0.6 时，应按式（G-2）算得相应的 φ_b'代替 φ_b 值。

双轴对称工字形等截面（含 H 型钢）悬臂梁的系数 β_b　　附表 G-3

项次	荷载形式		$0.60\leqslant\xi\leqslant1.24$	$1.24<\xi\leqslant1.96$	$1.96<\xi\leqslant3.10$
1	自由端一个集中荷载作用在	上翼缘	$0.21+0.67\xi$	$0.72+0.26\xi$	$1.17+0.03\xi$
2		下翼缘	$2.94-0.65\xi$	$2.64-0.40\xi$	$2.15-0.15\xi$
3	均布荷载作用在上翼缘		$0.62+0.82\xi$	$1.25+0.31\xi$	$1.66+0.10\xi$

注：1. 本附表是按支承端为固定的情况确定的，当用于由邻跨延伸出来的伸臂梁时，应在构造上采取措施加强支承处的抗扭能力；
2. 附表中 ξ 见附表 G-1 注 1。

5. 受弯构件整体稳定系数的近似计算

均匀弯曲的受弯构件，当 $\lambda_y\leqslant120\sqrt{235/f_y}$ 时，其整体稳定系数 φ_b 可按下列近似公式计算：

1. 工字形截面（含 H 型钢）

1）双轴对称时：

$$\varphi_b=1.07-\frac{\lambda_y^2}{44000}\cdot\frac{f_y}{235} \tag{G-4}$$

2）单轴对称时：

$$\varphi_b=1.07-\frac{W_x}{(2\alpha_b+0.1)Ah}\cdot\frac{\lambda_y^2}{14000}\cdot\frac{f_y}{235} \tag{G-5}$$

2. T 形截面（弯矩作用在对称轴平面，绕 x 轴）

1）弯矩使翼缘受压时

双角钢 T 形截面：

$$\varphi_b = 1 - 0.0017\lambda_y\sqrt{f_y/235} \tag{G-6}$$

部分 T 型钢和两板组合 T 形截面：

$$\varphi_b = 1 - 0.0022\lambda_y\sqrt{f_y/235} \tag{G-7}$$

2）弯矩使翼缘受拉且腹板宽厚比不大于 $18\sqrt{235/f_y}$ 时

$$\varphi_b = 1 - 0.0005\lambda_y\sqrt{f_y/235} \tag{G-8}$$

按式（G-4）～式（G-8）所得的 φ_b 值大于 0.6 时，不需按式（G-2）换算成 φ_b' 值；当按式（G-4）和式（G-5）算得的 φ_b 值大于 1.0 时，取 $\varphi_b = 1.0$。

附录 H 柱的计算长度系数

无侧移框架柱的计算长度系数 μ **附表 H-1**

K_2 \ K_1	0	0.05	0.1	0.2	0.3	0.4	0.5	1	2	3	4	5	≥10
0	1.000	0.990	0.981	0.964	0.949	0.935	0.922	0.875	0.820	0.791	0.773	0.760	0.732
0.05	0.990	0.981	0.971	0.955	0.940	0.926	0.914	0.867	0.814	0.784	0.766	0.754	0.726
0.1	0.981	0.971	0.962	0.946	0.931	0.918	0.906	0.860	0.807	0.778	0.760	0.748	0.721
0.2	0.964	0.955	0.946	0.930	0.916	0.903	0.891	0.846	0.795	0.767	0.749	0.737	0.711
0.3	0.949	0.940	0.931	0.916	0.902	0.889	0.878	0.834	0.784	0.756	0.739	0.728	0.701
0.4	0.935	0.926	0.918	0.903	0.889	0.877	0.866	0.823	0.774	0.747	0.730	0.719	0.693
0.5	0.922	0.914	0.906	0.891	0.878	0.866	0.855	0.813	0.765	0.738	0.721	0.710	0.685
1	0.875	0.867	0.860	0.846	0.834	0.823	0.813	0.774	0.729	0.704	0.688	0.677	0.654
2	0.820	0.814	0.807	0.795	0.784	0.774	0.765	0.729	0.686	0.663	0.648	0.638	0.615
3	0.791	0.784	0.778	0.767	0.756	0.747	0.738	0.704	0.663	0.640	0.625	0.616	0.593
4	0.773	0.766	0.760	0.749	0.739	0.730	0.721	0.688	0.648	0.625	0.611	0.601	0.580
5	0.760	0.754	0.748	0.737	0.728	0.719	0.710	0.677	0.638	0.616	0.601	0.592	0.570
≥10	0.732	0.726	0.721	0.711	0.701	0.693	0.685	0.654	0.615	0.593	0.580	0.570	0.549

注：1. 附表中的计算长度系数 μ 值系按下式所得：

$$\left[\left(\frac{\pi}{\mu}\right)^2+2\ (K_1+K_2)\ -4K_1K_2\right]\frac{\pi}{\mu}\cdot\sin\frac{\pi}{\mu}-2\left[(K_1+K_2)\ \left(\frac{\pi}{\mu}\right)^2+4K_1K_2\right]\cos\frac{\pi}{\mu}+8K_1K_2=0$$

式中，K_1、K_2分别为相交于柱上端、柱下端的横梁线刚度之和与柱线刚度之和的比值。当横梁远端为铰接时，应将横梁线刚度乘以 1.5；当横梁远端为嵌固时，则将横梁线刚度乘以 2；

2. 当横梁与柱铰接时，取横梁线刚度为零；
3. 对底层框架柱：当柱与基础铰接时，取 $K_2=0$（对平板支座可取 $K_2=0.1$）；当柱与基础刚接时，取$K_2=10$；
4. 当与柱刚性连接的横梁所受轴心压力 N_b较大时，横梁线刚度应乘以折减系数 α_N；

横梁远端与柱刚接和横梁远端铰支时：$\alpha_N=1-N_b/N_{Eb}$；

横梁远端嵌固时：$\alpha_N=1-N_b/(2N_{Eb})$；

式中，$N_{Eb}=\pi^2EI_b/l^2$，I_b为横梁截面惯性矩；l 为横梁长度。

有侧移框架柱的计算长度系数 μ **附表 H-2**

K_2 \ K_1	0	0.05	0.1	0.2	0.3	0.4	0.5	1	2	3	4	5	≥10
0	∞	6.02	4.46	3.42	3.01	2.78	2.64	2.33	2.17	2.11	2.08	2.07	2.03
0.05	6.02	4.16	3.47	2.86	2.58	2.42	2.31	2.07	1.94	1.90	1.87	1.86	1.83
0.1	4.46	3.47	3.01	2.56	2.33	2.20	2.11	1.90	1.79	1.75	1.73	1.72	1.70
0.2	3.42	2.86	2.56	2.23	2.05	1.94	1.87	1.70	1.60	1.57	1.55	1.54	1.52
0.3	3.01	2.58	2.33	2.05	1.90	1.80	1.74	1.58	1.49	1.46	1.45	1.44	1.42
0.4	2.78	2.42	2.20	1.94	1.80	1.71	1.65	1.50	1.42	1.39	1.37	1.37	1.35
0.5	2.64	2.31	2.11	1.87	1.74	1.65	1.59	1.45	1.37	1.34	1.32	1.32	1.30
1	2.33	2.07	1.90	1.70	1.58	1.50	1.45	1.32	1.24	1.21	1.20	1.19	1.17
2	2.17	1.94	1.79	1.60	1.49	1.42	1.37	1.24	1.16	1.14	1.12	1.12	1.10
3	2.11	1.90	1.75	1.57	1.46	1.39	1.34	1.21	1.14	1.11	1.10	1.09	1.07
4	2.08	1.87	1.73	1.55	1.45	1.37	1.32	1.20	1.12	1.10	1.08	1.08	1.06
5	2.07	1.86	1.72	1.54	1.44	1.37	1.32	1.19	1.12	1.09	1.08	1.07	1.05
≥10	2.03	1.83	1.70	1.52	1.42	1.35	1.30	1.17	1.10	1.07	1.06	1.05	1.03

注：1. 附表中的计算长度系数 μ 值系按下式所得：

$$\left[36K_1K_2-\left(\frac{\pi}{\mu}\right)^2\right]\sin\frac{\pi}{\mu}+6(K_1+K_2)\frac{\pi}{\mu}\cdot\cos\frac{\pi}{\mu}=0$$

式中，K_1、K_2分别为相交于柱上端、柱下端的横梁线刚度之和与柱线刚度之和的比值。当横梁远端为铰接时，应将横梁线刚度乘以 0.5；当横梁远端为嵌固时，则应乘以 2/3；

2. 当横梁与柱铰接时，取横梁线刚度为零；
3. 对底层框架柱：当柱与基础铰接时，取 $K_2=0$（对平板支座可取 $K_2=0.1$）；当柱与基础刚接时，取 $K_2=10$；
4. 当与柱刚性连接的横梁所受轴心压力 N_b较大时，横梁线刚度应乘以折减系数 α_N；

横梁远端与柱刚接时：$\alpha_N=1-N_b/(4N_{Eb})$；

横梁远端铰支时：$\alpha_N=1-N_b/N_{Eb}$；

横梁远端嵌固时：$\alpha_N=1-N_b/(2N_{Eb})$；

式中，N_{Eb}的计算式见附表 H-1 注 4。

附表 H-3

柱上端为自由的单阶柱下段的计算长度系数 μ_2

简　图

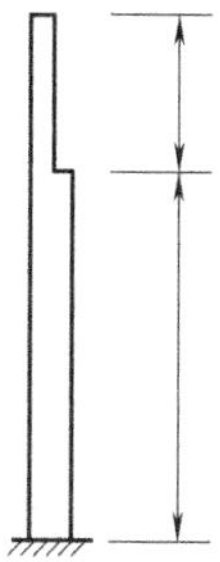

$K_1=\frac{I_1}{I_2}\cdot\frac{H_2}{H_1}$

$\eta_1=\frac{H_1}{H_2}\sqrt{\frac{N_2}{N_1}\cdot\frac{I_2}{I_1}}$

N_1——上段柱轴心力

N_2——下段柱轴心力

η_1 \ K_1	0.06	0.08	0.10	0.12	0.14	0.16	0.18	0.20	0.22	0.24	0.26	0.28	0.3	0.4	0.5	0.6	0.7	0.8
0.2	2.00	2.01	2.01	2.01	2.01	2.01	2.01	2.02	2.02	2.02	2.02	2.02	2.02	2.03	2.04	2.05	2.06	2.07
0.3	2.01	2.02	2.02	2.02	2.03	2.03	2.03	2.04	2.04	2.05	2.05	2.05	2.06	2.08	2.10	2.12	2.13	2.15
0.4	2.02	2.03	2.04	2.04	2.05	2.06	2.07	2.07	2.08	2.09	2.09	2.10	2.11	2.14	2.18	2.21	2.25	2.28
0.5	2.04	2.05	2.06	2.07	2.09	2.10	2.11	2.12	2.13	2.15	2.16	2.17	2.18	2.24	2.29	2.35	2.40	2.45
0.6	2.06	2.08	2.10	2.12	2.14	2.16	2.18	2.19	2.21	2.23	2.25	2.26	2.28	2.36	2.44	2.52	2.59	2.66
0.7	2.10	2.13	2.16	2.18	2.21	2.24	2.26	2.29	2.31	2.34	2.36	2.38	2.41	2.52	2.62	2.72	2.81	2.90
0.8	2.15	2.20	2.24	2.27	2.31	2.34	2.38	2.41	2.44	2.47	2.50	2.53	2.56	2.70	2.82	2.94	3.06	3.16
0.9	2.24	2.29	2.35	2.39	2.44	2.48	2.52	2.56	2.60	2.63	2.67	2.71	2.74	2.90	3.05	3.19	3.32	3.44
1.0	2.36	2.43	2.48	2.54	2.59	2.64	2.69	2.73	2.77	2.82	2.86	2.90	2.94	3.12	3.29	3.45	3.59	3.74
1.2	2.69	2.76	2.83	2.89	2.95	3.01	3.07	3.12	3.17	3.22	3.27	3.32	3.37	3.59	3.80	3.99	4.17	4.34
1.4	3.07	3.14	3.22	3.29	3.36	3.42	3.48	3.55	3.61	3.66	3.72	3.78	3.83	4.09	4.33	4.56	4.77	4.97
1.6	3.47	3.55	3.63	3.71	3.78	3.85	3.92	3.99	4.07	4.12	4.18	4.25	4.31	4.61	4.88	5.14	5.38	5.62
1.8	3.88	3.97	4.05	4.13	4.21	4.29	4.37	4.44	4.52	4.59	4.66	4.73	4.80	5.13	5.44	5.73	6.00	6.26
2.0	4.29	4.39	4.48	4.57	4.65	4.74	4.82	4.90	4.99	5.07	5.14	5.22	5.30	5.66	6.00	6.32	6.63	6.92
2.2	4.71	4.81	4.91	5.00	5.10	5.19	5.28	5.37	5.46	5.54	5.63	5.71	5.80	6.19	6.57	6.92	7.26	7.58
2.4	5.13	5.24	5.34	5.44	5.54	5.64	5.74	5.84	5.93	6.03	6.12	6.21	6.30	6.73	7.14	7.52	7.89	8.24
2.6	5.55	5.66	5.77	5.88	5.99	6.10	6.20	6.31	6.41	6.51	6.61	6.71	6.80	7.27	7.71	8.13	8.52	8.90
2.8	5.97	6.09	6.21	6.33	6.44	6.55	6.67	6.78	6.89	6.99	7.10	7.21	7.31	7.81	8.28	8.73	9.16	9.57
3.0	6.39	6.52	6.64	6.77	6.89	7.01	7.13	7.25	7.37	7.48	7.59	7.71	7.82	8.35	8.86	9.34	9.80	10.24

注：附表中的计算长度系数 μ_2 值系按下式计算得出：

$$\eta_1 K_1\cdot\tan\frac{\pi}{\mu_2}\cdot\tan\frac{\pi\eta_1}{\mu_2}-1=0$$

柱上端可移动但不能转动的单阶柱下段的计算长度系数 μ_2

附表 H-4

简图

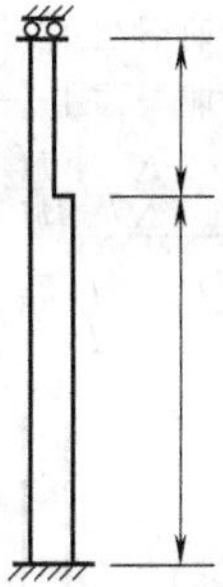

$K_1=\frac{I_1}{I_2}\cdot\frac{H_2}{H_1}$

$\eta_1=\frac{H_1}{H_2}\sqrt{\frac{N_2}{N_1}\cdot\frac{I_2}{I_1}}$

N_1——上段柱轴心力

N_2——下段柱轴心力

η_1 \ K_1	0.06	0.08	0.10	0.12	0.14	0.16	0.18	0.20	0.22	0.24	0.26	0.28	0.3	0.4	0.5	0.6	0.7	0.8
0.2	1.96	1.94	1.93	1.91	1.90	1.89	1.88	1.86	1.85	1.84	1.83	1.82	1.81	1.76	1.72	1.68	1.65	1.62
0.3	1.96	1.94	1.93	1.92	1.91	1.89	1.88	1.87	1.86	1.85	1.84	1.83	1.82	1.77	1.73	1.70	1.66	1.63
0.4	1.96	1.95	1.94	1.92	1.91	1.90	1.89	1.88	1.87	1.86	1.85	1.84	1.83	1.79	1.75	1.72	1.68	1.66
0.5	1.96	1.95	1.94	1.93	1.92	1.91	1.90	1.89	1.88	1.87	1.86	1.85	1.85	1.81	1.77	1.74	1.71	1.69
0.6	1.97	1.96	1.95	1.94	1.93	1.92	1.91	1.90	1.90	1.89	1.88	1.87	1.87	1.83	1.80	1.78	1.75	1.73
0.7	1.97	1.97	1.96	1.95	1.94	1.94	1.93	1.92	1.92	1.91	1.90	1.90	1.89	1.86	1.84	1.82	1.80	1.78
0.8	1.98	1.98	1.97	1.96	1.96	1.95	1.95	1.94	1.94	1.93	1.93	1.93	1.92	1.90	1.88	1.87	1.86	1.84
0.9	1.99	1.99	1.98	1.98	1.98	1.97	1.97	1.97	1.97	1.96	1.96	1.96	1.96	1.95	1.94	1.93	1.92	1.92
1.0	2.00	2.00	2.00	2.00	2.00	2.00	2.00	2.00	2.00	2.00	2.00	2.00	2.00	2.00	2.00	2.00	2.00	2.00
1.2	2.03	2.04	2.04	2.05	2.06	2.07	2.07	2.08	2.08	2.09	2.10	2.10	2.11	2.13	2.15	2.17	2.18	2.20
1.4	2.07	2.09	2.11	2.12	2.14	2.16	2.17	2.18	2.20	2.21	2.22	2.23	2.24	2.29	2.33	2.37	2.40	2.42
1.6	2.13	2.16	2.19	2.22	2.25	2.27	2.30	2.32	2.34	2.36	2.37	2.39	2.41	2.48	2.54	2.59	2.63	2.67
1.8	2.22	2.27	2.31	2.35	2.39	2.42	2.45	2.48	2.50	2.53	2.55	2.57	2.59	2.69	2.76	2.83	2.88	2.93
2.0	2.35	2.41	2.46	2.50	2.55	2.59	2.62	2.66	2.69	2.72	2.75	2.77	2.80	2.91	3.00	3.08	3.14	3.20
2.2	2.51	2.57	2.63	2.68	2.73	2.77	2.81	2.85	2.89	2.92	2.95	2.98	3.01	3.14	3.25	3.33	3.41	3.47
2.4	2.68	2.75	2.81	2.87	2.92	2.97	3.01	3.05	3.09	3.13	3.17	3.20	3.24	3.38	3.50	3.59	3.68	3.75
2.6	2.87	2.94	3.00	3.06	3.12	3.17	3.22	3.27	3.31	3.35	3.39	3.43	3.46	3.62	3.75	3.86	3.95	4.03
2.8	3.06	3.14	3.20	3.27	3.33	3.38	3.43	3.48	3.53	3.58	3.62	3.66	3.70	3.87	4.01	4.13	4.23	4.32
3.0	3.26	3.34	3.41	3.47	3.54	3.60	3.65	3.70	3.75	3.80	3.85	3.89	3.93	4.12	4.27	4.40	4.51	4.61

注：附表中的计算长度系数 μ_2 值系按下式计算得出：

$$\tan\frac{\pi\eta_1}{\mu_2}+\eta_1 K_1\cdot\tan\frac{\pi}{\mu_2}=0$$

附录 I 螺栓和锚栓规格

螺栓螺纹处的有效截面面积 **附表 I-1**

公称直径	12	14	16	18	20	24	26	27	30
螺栓有效面积 A_e(cm)	0.84	1.15	1.57	1.92	2.45	3.03	3.53	4.59	5.61
公称直径	33	36	39	42	45	48	52	56	60
螺栓有效面积 A_e(cm)	6.94	8.17	9.76	11.2	13.1	14.7	17.6	20.3	23.6
公称直径	64	68	72	76	80	85	90	95	100
螺栓有效面积 A_e(cm)	26.8	30.6	34.6	38.9	43.4	49.5	55.9	62.7	70.0

锚栓规格 **附表 I-2**

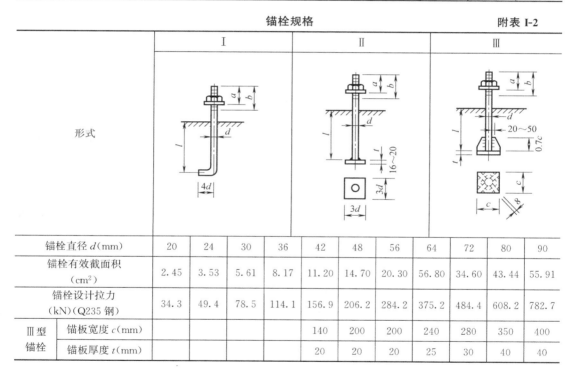

	Ⅰ				Ⅱ			Ⅲ			
形式	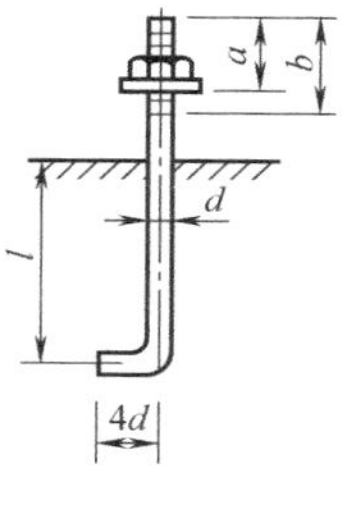				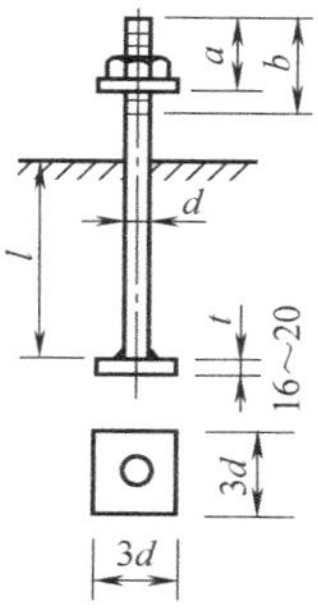			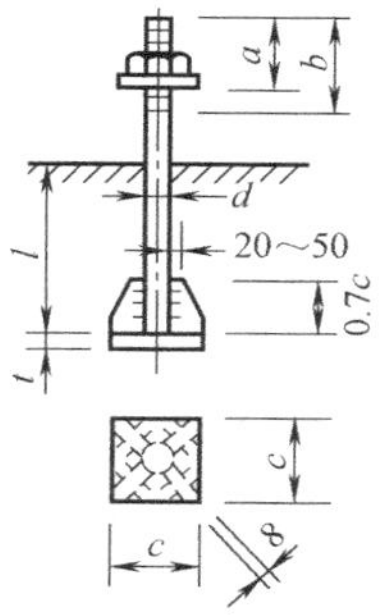			
锚栓直径 d(mm)	20	24	30	36	42	48	56	64	72	80	90
锚栓有效截面积 (cm^2)	2.45	3.53	5.61	8.17	11.20	14.70	20.30	56.80	34.60	43.44	55.91
锚栓设计拉力 (kN)(Q235 钢)	34.3	49.4	78.5	114.1	156.9	206.2	284.2	375.2	484.4	608.2	782.7
Ⅲ型锚栓 锚板宽度 c(mm)					140	200	200	240	280	350	400
Ⅲ型锚栓 锚板厚度 t(mm)					20	20	20	25	30	40	40

参考文献

[1] 中华人民共和国国家标准. 钢结构设计标准 GB 50017—2017 [S]. 北京：中国建筑工业出版社，2018.

[2] 中华人民共和国国家标准. 建筑结构荷载规范 GB 50009—2012 [S]. 北京：中国建筑工业出版社，2012.

[3] 中华人民共和国国家标准. 建筑抗震设计规范（2016 年版）GB 50011—2010 [S]. 北京：中国建筑工业出版社，2010.

[4] 中华人民共和国国家标准. 冷弯薄壁型钢结构技术规范 GB 50018—2002 [S]. 北京：中国计划出版社，2002.

[5] 中华人民共和国国家标准. 门式刚架轻型房屋钢结构技术规范 GB 51022—2015 [S]. 北京：中国建筑工业出版社，2015.

[6] 中华人民共和国国家标准. 钢结构工程施工质量验收规范 GB 50205—2001 [S]. 北京：中国计划出版社，2002.

[7] 中华人民共和国行业标准. 高层民用建筑钢结构技术规程 JGJ 99—2015 [S]. 北京：中国建筑工业出版社，2015.

[8] 中华人民共和国国家标准. 门式刚架轻型房屋钢结构技术规范 GB 51022—2015 [S]. 北京：中国建筑工业出版社，2016.

[9] 中华人民共和国行业标准. 轻型钢结构住宅技术规程 JGJ 209—2010 [S]. 北京：中国建筑工业出版社，2010.

[10] 中华人民共和国国家标准. 石油天然气工业　钻井和采油设备　钻井和修井井架、底座 GB/T 25428—2015 [S]. 北京：中国标准出版社，2016.

[11] 中国建筑标准设计研究院. 梯形钢屋架 97G511（图集）[S]. 北京，2004.

[12] 中国钢结构协会. 建筑钢结构施工手册 [M]. 北京：中国计划出版社，2002.

[13] 《钢结构设计手册》编委会. 钢结构设计手册（上、下册）（第三版）[M]. 北京：中国建筑工业出版社，2004.

[14] 魏潮文，弓晓芸，陈友泉. 轻型房屋钢结构应用技术手册 [M]. 北京：中国建筑工业出版社，2005.

[15] 沈祖炎，陈以一，陈扬骥. 房屋钢结构设计 [M]. 北京：中国建筑工业出版社，2008.

[16] 陈绍蕃，顾强. 钢结构（上册）——钢结构基础（第四版） [M]. 北京：中国建筑工业出版社，2018.

[17] 陈绍蕃，郭成喜. 钢结构（下册）——房屋建筑钢结构设计（第四版）[M]. 北京：中国建筑工业出版社，2018.

[18] 魏明钟. 钢结构（第 2 版）[M]. 武汉：武汉理工大学出版社，2002.

[19] 赵风华. 钢结构设计原理 [M]. 北京：高等教育出版社，2013.

[20] 陈富生，邱国桦，范重. 高层建筑钢结构设计（第二版）[M]. 北京：中国建筑工业出版社，2004.

[21] 包头钢铁设计研究总院. 钢结构设计与计算（第 2 版）[M]. 北京：机械工业出版社，2006.

[22] 刘大海，杨翠如. 高楼钢结构设计 [M]. 北京：中国建筑工业出版社，2003.

[23] 王明贵，储德文. 轻型钢结构住宅 [M]. 北京：中国建筑工业出版社，2011.

[24] 丁阳. 钢结构设计原理（第 2 版）[M]. 天津：天津大学出版社，2011.

[25] 夏志斌，姚谏. 钢结构—原理与设计（第二版）[M]. 北京：中国建筑工业出版社，2011.
[26] 王国周，瞿履谦. 钢结构原理与设计 [M]. 北京：清华大学出版社，1993.
[27] 周绥平，窦立军. 钢结构（第3版）[M]. 武汉：武汉理工大学出版社，2009.
[28] 徐占发. 建筑钢结构与构件设计 [M]. 北京：中国建材工业出版社，2003.
[29] 王静峰，肖亚明. 钢结构基本原理 [M]. 合肥：合肥工业大学出版社，2015.
[30] Leonard Spiegel. 钢结构（第四版）[M]. 北京：清华大学出版社，2004.
[31]《石油钻机》编委会. 石油钻机 [M]. 北京：石油工业出版社，2012.